U0183936

Grasshopper 在土木工程设计分析中的应用

张　学　王言磊　编著

科 学 出 版 社
北　京

内 容 简 介

基于当前智能设计和建造的发展背景和实际需求，本书介绍数字参数化建模软件 Grasshopper 在土木工程结构智能化设计分析中的应用。首先讲解 Grasshopper 的基础知识，使读者能快速接受 Grasshopper 的操作逻辑；然后针对土木工程建筑中常见的结构柱、框架梁、楼板、结构墙、结构基础和结构楼梯等构件的建模思路进行讨论，给出采用 Grasshopper 进行参数化建模的操作方法；接着介绍桥梁结构及空间桁架结构的参数化建模方法，拓展本书内容的应用场景；最后，根据两个模拟设计任务，系统地介绍参数化建模技术在桥梁结构及房屋建筑结构数字化设计中的应用方式，为基于 Grasshopper 的多个软件联动智能设计提供思路。

本书可供高等院校土木工程和智能建造相关专业学生使用，也可供土木工程结构设计人员、管理人员和参数化建模爱好者参考。

图书在版编目(CIP)数据

Grasshopper 在土木工程设计分析中的应用/张学，王言磊编著. —北京：科学出版社，2023.11

ISBN 978-7-03-076341-9

Ⅰ. ①G… Ⅱ. ①张…②王… Ⅲ. ①土木工程-建筑设计-计算机辅助设计-应用软件 Ⅳ. ①TU201.4

中国国家版本馆 CIP 数据核字（2023）第 177881 号

责任编辑：任加林　吴超莉 / 责任校对：马英菊
责任印制：吕春珉 / 封面设计：东方人华平面设计部

科学出版社出版
北京东黄城根北街 16 号
邮政编码：100717
http://www.sciencep.com

北京九州迅驰传媒文化有限公司 印刷
科学出版社发行　各地新华书店经销
*
2023 年 11 月第 一 版　开本：787×1092 1/16
2023 年 11 月第一次印刷　印张：18
字数：419 000

定价：62.00 元

（如有印装质量问题，我社负责调换〈九州迅驰〉）
销售部电话 010-62136230　编辑部电话 010-62135397-2028

前　言

随着国家重大战略需求的调整，新工科建设不断推进，传统土木工程专业教育不断发展转型。数字化、参数化模型技术成为土木工程和智能建造专业的重要知识储备。数字化、参数化模型技术在工程前期的方案推敲、异型概念，以及中期的建筑立面、后期的深化设计等方面都有巨大的应用潜力。传统土木工程专业的学生掌握参数化建模软件后可以参与大型和复杂工程项目的智能设计，提高专业竞争力和综合能力。在数字时代背景下，具备参数化建模分析能力成为土木工程专业人才必备的基础学科素养。

本书聚焦参数化建模及分析技术在土木工程中的应用，基于参数化建模软件 Grasshopper 展开。Grasshopper 作为一种可视化的编程语言，主要应用于建筑设计领域，在建筑表面效果制作和复杂曲面选型方面发挥着重要作用。该软件在土木工程参数化建模及智能设计中也有着巨大的应用潜力，通过控制重要参数自动调整模型，可以大幅减少结构选型中的重复建模工作，进而实现建筑-结构设计迭代优化，提高结构设计和分析的效率。作者采用通俗易懂的方式，介绍 Grasshopper 软件的基本操作；面向土木工程的房屋建筑、桥梁和大跨空间等结构形式，讲解参数化建模的思路和具体操作方法；结合典型桥梁和房屋建筑结构的设计实例，给出系统的智能设计方案。

本书由张学、王言磊编著。其中，第 1 章、第 4 章、第 6 章、第 9 章至第 12 章由张学撰写，第 2 章、第 3 章、第 5 章、第 7 章、第 8 章由王言磊撰写。全书由张学统稿。

在本书撰写过程中，闫荟锴、赵玉鑫和闫智昊参与了模型建立和校准等工作，王逸凡、王天厚、贺志涵等为本书的出版做了很多辅助性工作。本书的出版得到了大连理工大学教材出版基金项目（项目编号：JC2022023）的资助。在本书编写过程中，作者参考了大量相关文献资料，在此谨向这些文献的作者表示衷心的感谢。

虽然在撰写过程中，作者力求叙述准确、完善，但由于水平有限，书中难免有不足之处，恳请广大读者批评指正。

目录

CONTENTS

第 1 章 绪论……1

1.1 土木工程学科发展简介……1

1.2 智慧建造概念发展历程简介……1

1.3 Grasshopper 在智能设计中的独特优势……2

第 2 章 Grasshopper 基础知识……4

2.1 Grasshopper 简介……4

2.2 用户界面……4

2.2.1 菜单栏……4

2.2.2 文件浏览控制器……5

2.2.3 运算器面板……6

2.2.4 标题栏……7

2.2.5 工作区工具栏……7

2.3 Grasshopper 运算器操作简介……9

2.3.1 运算器简介……9

2.3.2 扩展弹出菜单……9

2.3.3 运算器数据继承……10

2.3.4 数据匹配……11

2.4 Grasshopper 常用快捷键操作说明……12

2.5 点/向量基本原理……13

2.6 曲线基本原理……17

2.6.1 NURBS 曲线……19

2.6.2 Interpolated 曲线……19

2.6.3 Kinky 曲线……20

2.6.4 Polyline 曲线……21

2.6.5 Poly 弧线……21

2.7 曲面基本原理……22

2.7.1 曲面的概念……22

2.7.2 曲面的常用概念……22

2.7.3 创建曲面的基本原则 ······ 23
2.7.4 曲面的创建 ······ 23
2.8 结构体基本原理 ······ 25
2.8.1 结构柱建模 ······ 26
2.8.2 结构柱布置 ······ 28
2.8.3 结构柱修改 ······ 29
2.8.4 结构柱参数 ······ 30
2.9 Grasshopper 中的数据处理 ······ 32
2.9.1 树形数据的概念 ······ 32
2.9.2 树形数据处理规则 ······ 33
2.9.3 树形数据的基本使用 ······ 34
2.9.4 运用 List 和 Sequence 功能处理数据 ······ 40
第 3 章 标注与出图 ······ 54
3.1 Grasshopper 标注简介 ······ 54
3.1.1 Text Tag 运算器 ······ 54
3.1.2 Text Tag 3D 运算器 ······ 54
3.1.3 Aligned Dimension 运算器 ······ 55
3.1.4 Line Dimension 运算器 ······ 56
3.2 运用 Rhino 标注和出图 ······ 57
3.2.1 Rhino 标注 ······ 57
3.2.2 Rhino 出图 ······ 58
3.2.3 Rhino 图纸配置 ······ 59
第 4 章 结构柱 ······ 64
4.1 参数建模 ······ 64
4.1.1 点线面体建模法 ······ 64
4.1.2 Box Rectangle 建模法 ······ 67
4.1.3 Box 建模法 ······ 68
4.2 参数提取 ······ 69
4.2.1 提取基本几何元素 ······ 69
4.2.2 提取基本几何参数 ······ 70
4.3 参数修改 ······ 71
4.3.1 基本参数修改 ······ 71
4.3.2 整体参数修改 ······ 72
4.4 参数联动 ······ 77

4.5 实例应用 …… 79

第 5 章 结构框架梁和楼板 …… 84

5.1 参数建模 …… 84

5.1.1 Box 建模法 …… 84

5.1.2 Box 2Pt 建模法 …… 84

5.1.3 Dash Pattern 建模法 …… 89

5.1.4 Extrude 建模法 …… 91

5.2 参数提取 …… 94

5.2.1 提取长度参数 …… 94

5.2.2 提取边界 …… 95

5.3 参数修改 …… 96

5.4 参数联动 …… 97

5.5 实例应用 …… 99

第 6 章 结构墙 …… 102

6.1 参数建模 …… 102

6.1.1 差集建模法 …… 102

6.1.2 简化差集建模法 …… 104

6.1.3 并集建模法 …… 104

6.1.4 矩形组建模法 …… 106

6.2 参数提取 …… 107

6.3 参数修改 …… 108

6.4 参数联动 …… 109

6.5 实例应用 …… 113

第 7 章 结构基础 …… 117

7.1 参数建模 …… 117

7.1.1 独立基础建模 …… 117

7.1.2 条形基础建模 …… 120

7.2 参数联动 …… 122

7.3 实例应用 …… 123

第 8 章 结构楼梯 …… 126

8.1 参数建模 …… 126

8.1.1 Point 建模法 …… 126

8.1.2 Line 建模法…128
8.2 参数修改…129
8.3 实例应用…130

第 9 章 桥梁结构参数化建模…135

9.1 拱桥模型案例…135
9.2 斜拉桥模型案例…144
9.2.1 主梁建模流程…144
9.2.2 主塔建模流程…146
9.2.3 利用镜像完成全桥建模…151
9.3 异型主塔斜拉桥模型案例…152
9.4 悬索桥模型案例…161
9.4.1 加劲梁建模流程…161
9.4.2 主塔建模流程…164

第 10 章 空间桁架结构参数化建模…173

10.1 平面桁架…173
10.2 空间桁架（1）…177
10.3 空间桁架（2）…183
10.4 空间桁架（3）…189

第 11 章 桥梁结构智能化设计…196

11.1 桥梁设计中 Grasshopper 自联动参数化模型的优势…196
11.2 建模流程…196
11.2.1 跨中、端截面段主梁建模…196
11.2.2 过渡段主梁建模…199
11.2.3 全桥主梁建模…202
11.2.4 支座建模…203
11.2.5 盖梁建模…203
11.2.6 桥墩及基础建模…205
11.2.7 桥面铺装建模…207

第 12 章 房屋建筑结构智能化设计…209

12.1 房屋建筑结构设计的特点…209
12.2 基于位移的抗震设计方法…209
12.3 参数化设计与传统设计…211

12.4 实现参数化抗震设计的两种方案 ······213
12.5 仅基于 Grasshopper 的方案 ······214
12.5.1 运行框架流程 ······214
12.5.2 插件介绍 ······216
12.5.3 联动模型模块 ······216
12.5.4 有限元分析模块 ······222
12.5.5 遗传算法优化模块 ······226
附录 A Grasshopper 与 Midas Civil 的交互及建模分析 ······227
附录 B 仅基于 Grasshopper 方案的算例 ······253
附录 C 多软件联合的方案 ······261
参考文献 ······275

第1章　绪　论

1.1　土木工程学科发展简介

土木工程是一门历史悠久的学科，最早可以追溯到新石器时期。这个时期的古人利用石头、树枝、泥土等天然材料搭建庇护所，这便是土木工程构筑物最早的雏形。从新石器时期到17世纪中叶，土木工程建设材料有了一定进步，从最初完全采用天然材料，发展到使用人工烧制的砖和瓦等。但是，建设技术仍以经验为主，缺乏系统的理论。因此，各地的建筑形式深受地理环境的影响。例如，西方建筑遗址多为砖石结构，而我国则以木结构为主。17世纪中叶到第二次世界大战前，土木工程发展为一门独立的学科，相关理论和技术已形成系统并逐渐完善，建筑材料也逐渐以混凝土与钢材为主。第二次世界大战后，高速发展的全球经济与科技提供了新的施工机械与技术，城市化进程的加速促使大量需求涌现，这些因素的叠加造就了土木工程学科的进一步发展。

新时期的土木工程学科发展也面临困境。传统的建造方式过于粗放，产生过度的能耗和环境污染，与当前绿色科技发展的需求相悖。同时，传统工程技术效率偏低，对人力依赖较高，缺少内生发展潜力。为此，推进传统土木工程行业转型成为国家战略。一个重要标志就是国家高度重视并积极推进的“新基建”工作。2021年3月，《中华人民共和国国民经济和社会发展第十四个五年规划和2035年远景目标纲要》单列出“加快数字化发展，建设数字中国”并指出，迎接数字时代，激活数据要素潜能，推进网络强国建设，加快建设数字经济、数字社会、数字政府，以数字化转型整体驱动生产方式、生活方式和治理方式变革。借助数字技术推动产业革命，催生新产业新业态新模式，实现土木工程设施的智慧建造成为新时代的需求。

1.2　智慧建造概念发展历程简介

在2013年的汉诺威工业博览会上，德国联邦教育及研究部和联邦经济技术部提出“工业4.0”的概念，对制造业的未来发展前景进行了描绘。他们认为，人类将迎来以信息物理融合系统为基础，以生产高度数字化、网络化、机器自组织为标志的第四次工业革命。

智慧建造依靠建筑信息模型（building information model，BIM）、地理信息系统（geographic information system，GIS）、物联网（internet of things，IoT）、大数据（big data）等现代化技术，搭建传统建造手段与信息化技术相结合的工程信息化技术平台。其应用主要体现在深化设计及优化、信息化管理、动态检测、工厂化加工、精密监控和自动化安装6大典型场景。智慧建造的提出无疑为建筑行业的改革提供了理想答案：①智慧建造的精细化管理方式会替代施工现场原来的粗放式生产方式；②智慧建造的实施可提高工程质量，延长工程的服役寿命，实现构筑物全寿期低碳排放；③通过引入先进的信息化技术，促进项目参与方紧密联系，协同工作，实现转型升级。

具体到土木工程行业，实现数字化、参数化建模是建筑工程智能化的关键途径。例如，建筑工程前期的方案推敲、异型概念，到中期的建筑立面、后期的深化设计等方面，都需要参数化模型，这也是实现建筑工程设计、施工组织及全寿命运行管理等过程智能化的必要手段。传统的BIM软件多聚焦于提升图纸可视化及多方协作交互，对于参数化模型的深度应用有所不足。因此，引入功能丰富的参数化模型软件势在必行。

1.3 Grasshopper在智能设计中的独特优势

Grasshopper是一门基于Rhino平台运行的可视化编程语言，也是智能设计中热门的参数化设计软件之一。虽然Grasshopper是根据程序算法生成模型的，但是其设计者将常用功能的复杂算法程序集合编写成一个个浅显易懂的运算器。正是这些运算器的出现，结构设计者不需要掌握太多的编程方面的知识，只需将参数输入并将相应的运算器连接起来，便可生成可视化的模型，完成大部分的常规建筑物设计。这样，设计者就可以节省学习软件所需的精力，从而专注于建筑结构的设计，这也是Grasshopper相比于其他智能设计软件显著的优势。此外，这些运算器赋予Grasshopper强大的造型功能，设计者运用节点、各种线型与多变的几何算法，即可建立精确的模型。即使是传统CAD难以解决的复杂的空间曲线，也可以通过Grasshopper运算器的简单组合轻松解决。Grasshopper还支持自定义运算器，对于拥有编程基础的设计师，可以通过编写自己常用命令的运算器程序来简化设计流程，提升设计效率，并提高自身的设计能力上限。

此外，在利用Grasshopper进行建筑设计时，可以通过在Grasshopper运算器之间添加函数关系，使建筑参数之间产生联系，进而使其所有结构的各个单元在几何关系上联动起来。在设计过程中，若需更改设计，则只需更改模型的参数，自联动模型便自动生成修改后的模型，即“一键修改”。此外，Grasshopper还具有强大的导入导出功能，在设计过程中可以将在Grasshopper中建立模型的不同角度视图导入CAD中，从而简化传统的CAD制图工作。因此，Grasshopper的自联动模型不是只能应用于设计最初的草图构思阶段，而是直到最终成果显现的整个建筑设计过程都可以起到辅助作用。

Grasshopper 本身就是 BIM 类参数化建模软件，在建立 Grasshopper 的参数化模型后就不再需要使用其他 BIM 类软件进行建模工作。Grasshopper 与其他 BIM 类软件可直接交互，模型直接导入即可用于后续的 BIM 设计工作。在减轻传统建筑设计工作量的同时，也避免了以往 BIM 设计往往需要二次翻模的问题，从而提升整体的工程设计效率。

第 2 章 Grasshopper 基础知识

2.1 Grasshopper 简介

Grasshopper（简称 GH）是数据化设计方向的主流软件之一，同时与交互设计也有重叠的区域。简单来说，Grasshopper 是一款在 Rhino 环境下运行的采用程序算法生成模型的插件。不同于 Rhino Script，Grasshopper 不需要用户掌握太多程序语言的知识就可以通过一些简单的流程方法实现想要的模型。

与传统设计方法相比，Grasshopper 最大的特点有两个：一是通过输入指令，计算机根据拟定的算法自动生成结果，算法结果不限于模型、视频流媒体及可视化方案；二是通过编写算法程序，机械性的重复操作及大量具有逻辑的演化过程可被计算机的循环运算取代，方案调整也可通过修改参数直接实现，这些方式可以有效地提升设计人员的工作效率。

Grasshopper 主要应用在建筑设计领域，是近几年在我国开始兴起的，可用于建筑表皮效果制作、复杂曲面造型创建。

2.2 用户界面

加载好插件后，在命令栏输入 Grasshopper，按回车键，即可直接进入 Grasshopper 的操作界面，如图 2.1 所示。

Grasshopper 窗口主要由菜单栏、文件浏览控制器、运算器面板、标题栏、工具栏等组成。

2.2.1 菜单栏

菜单栏和 Windows 的经典菜单非常相似，如图 2.2 所示。

顶端的 File、Edit 等菜单用于文件管理及显示设置等操作。下面的 Params、Maths 等菜单为被分类的运算器菜单，而且每个菜单下都包含几大分类运算器，如 Maths 下的 Domain 和 Operators 子菜单又包含许多同类操作的运算器。所谓运算器，就是一个包含一段代码的工具包，左端为输入端，需要按要求输入相应的数据参数，结果为由代码处理后生成的所需要的数据，即输出端。

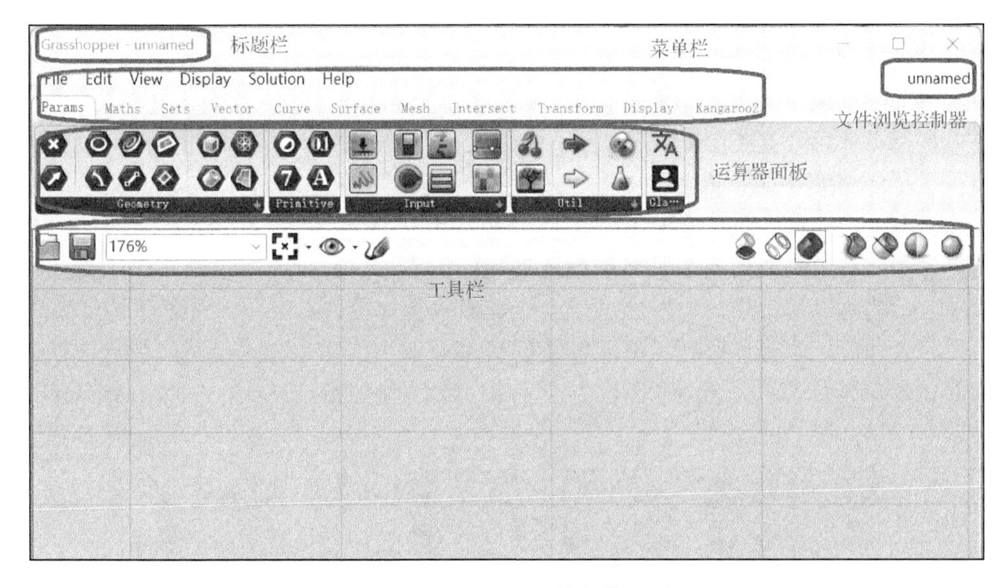

图 2.1　Grasshopper 的操作界面

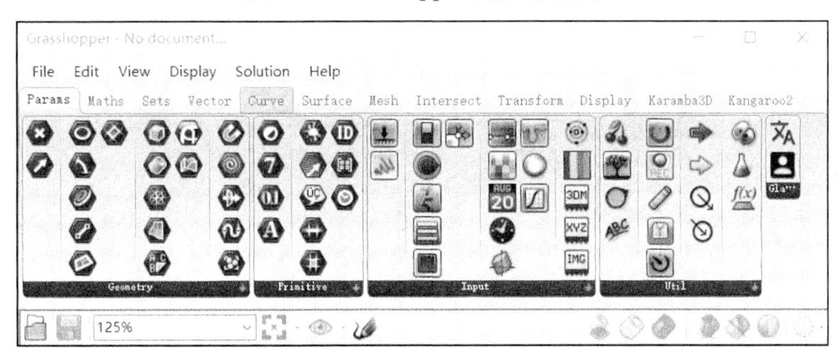

图 2.2　菜单栏

2.2.2　文件浏览控制器

在文件浏览控制器（图 2.3）中，用户可以在已经载入的文件间快速地切换。

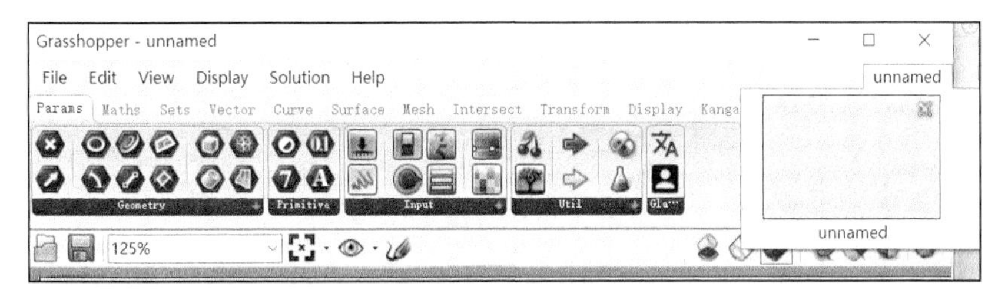

图 2.3　文件浏览控制器

2.2.3　运算器面板

运算器面板包含所有的运算器目录，不同的运算器在其对应的目录中（例如，Params 目录中是所有原始数据类型，Curve 目录中是所有相关的曲线），不同的目录可以在工具栏面板里找到；可根据个人习惯调整工具栏的高度和宽度，以适应不同数量的按钮。

除此之外，工具栏面板［图 2.4（a）］还包括所有目录中的运算器，由于一些运算器不常用，因此在工具栏面板中只显示最近使用的运算器。如果需要使用某个未在工具栏面板中显示的运算器，用户可以通过以下操作查找运算器：首先单击面板下方的竖向箭头，系统会弹出一个提供所有运算器按钮的目录面板［图 2.4（b）］；然后用户可以在弹出的面板中单击所需的运算器按钮，也可以直接将按钮拖到工作区（即 Grasshopper 的窗口）。

（a）

（b）

图 2.4　运算器菜单

还可以通过输入其名称找到运算器：在工作区的任何位置双击，都会弹出一个搜索对话框（图 2.5），输入用户所需要的运算器名称后按回车键，光标附近便会出现一个满足用户需求的参数或运算器的列表。

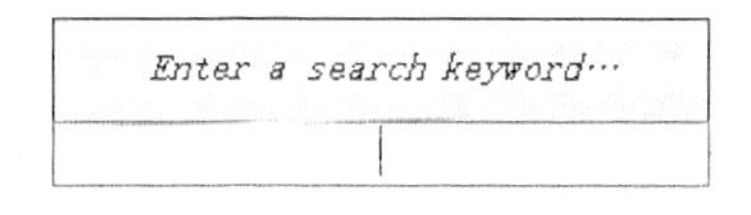

图 2.5 搜索对话框

2.2.4 标题栏

Grasshopper 的标题栏与 Windows 窗口的使用方法不太一样。若窗口没有最小化或最大化，则双击标题栏会收起或展开该窗口，这样不需要把窗口移到屏幕最下面或其他窗口后面就可以直接最小化。需要注意的是：如果用户关掉了标题栏编辑器，Grasshopper 的预览窗口会从视图上消失；但它并不是真的被关闭了，当再次输入 Grasshopper 命令时，该窗口与其之前的数据和装载的文件会重新出现。

2.2.5 工作区工具栏

工作区工具栏提供了常用功能的快捷方式。通过菜单也可以使用所有的工具，而且可以根据自己的喜好选择隐藏工具栏（它可以在 View 菜单中重新被激活），如图 2.6 所示。

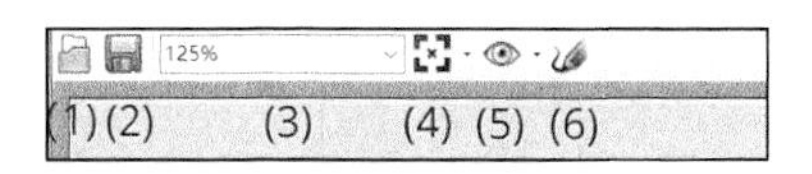

图 2.6 工作区工具栏

工作区工具栏包含下列工具。

（1）：打开 Grasshopper 文件的快捷方式。

（2）：保存当前 Grasshopper 文件的快捷方式。

（3）125%：默认工作区显示比例。

（4）：放大工作区显示比例。软件为适应屏幕大小而自动调整画面大小，单击右侧向下箭头可选择将屏幕中心移到工作区的角落。

（5）：命名视角，包含一个存储和载入已设定视角的菜单。

（6）：草图工具。默认的草图工具设置可以进行改变，如线宽、线型和颜色。但是，它很难画出直线或预设的图形。为了解决这个问题，在工作区画线后，右击该线，在弹出的快捷菜单中选择 Load from Rhino（从 Rhino 加载）命令，然后选择 Rhino 中预设的图形（可以是 2D 图形，如矩形、圆形、星形等），按回车键，用户先前所画的草图线就会被 Rhino 中设定的图形取代。

注意：用户的草图对象可能已经从用户曾用 Rhino 加载的初始位置偏移。Grasshopper 将把用户的草图放在工作区（左上角）和 Rhino 中 xy 平面的原点位置。

（7）状态栏。在选中物体和插件时，状态栏会根据选中的插件提供可能需要的运算器。右击状态栏的省略号可以查看历史操作。如图 2.7 所示，使用 Move（移动）运算器时，控制栏出现 x、z 向量运算器。

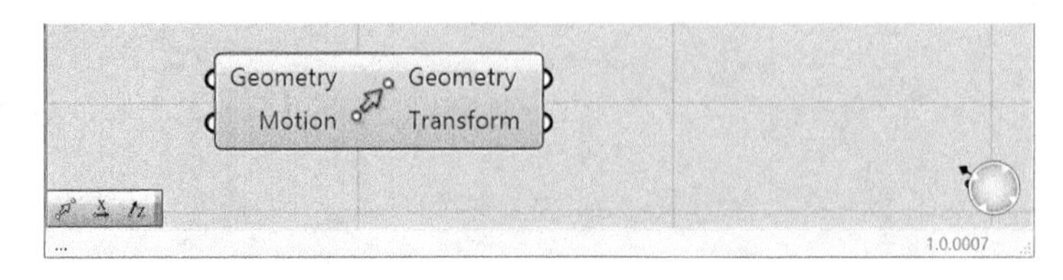

图 2.7　状态栏

图 2.8　远程控制面板

（8）远程控制面板。在 Grasshopper 中，远程控制面板默认是关闭的。用户可以通过单击“视窗”→“远程控制面板”来开启。面板记录所有滑动和逻辑关系，也提供基本预览、事件和文件转化控制，如图 2.8 所示。

（9）视角预览显示。Grasshopper 窗口会悬浮在 Rhino 主界面的上方，如图 2.9 所示，此时 Rhino 主界面便作为视角预览窗口。双击特定视窗可将其放大显示，图 2.9 显示了透视图。此时，图形以不同颜色显示。

蓝色：被鼠标选取的图形。

绿色：Grasshopper 界面中被选取运算器对应的图形。

红色：未被选取的图形。

点图形：用叉表示。

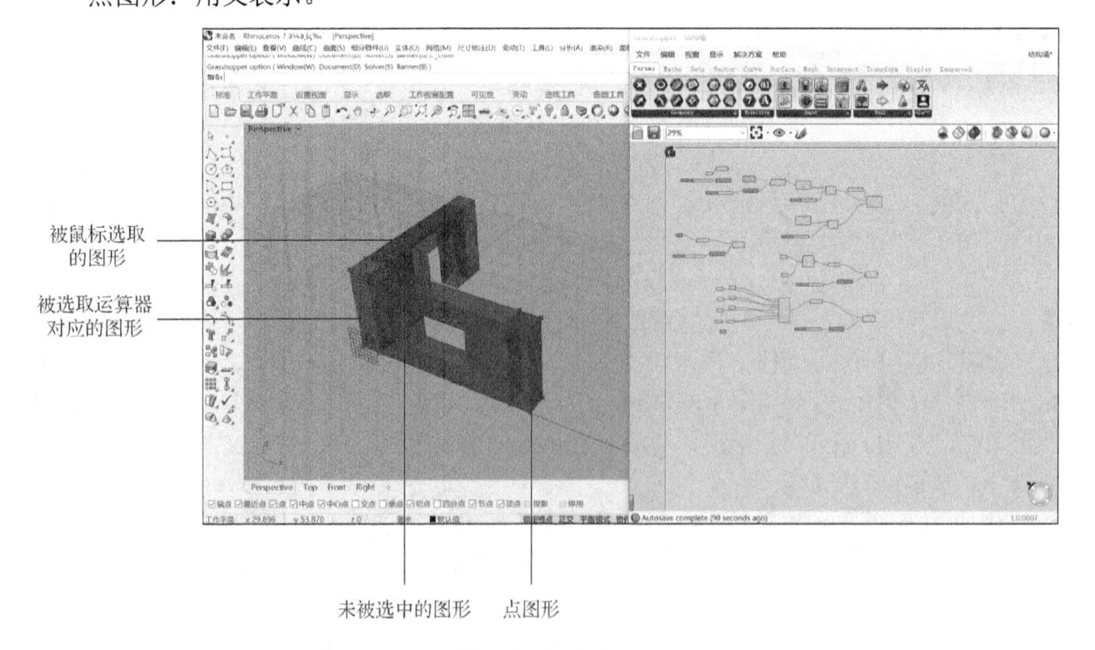

图 2.9　视角预览

2.3　Grasshopper 运算器操作简介

2.3.1　运算器简介

运算器是构成 Grasshopper 逻辑运算的基本计算单元。运算器一般有一系列参数，输入参数位于左侧，输出参数位于右侧。运算器的输入参数端接收错误参数会导致运算器变成红色。

运算器有以下几种状态。

（1）运算器被鼠标选中，如图 2.10 所示。

（2）运算器正常工作，如图 2.11 所示。

（3）运算器正常但缺少参数，如图 2.12 所示。

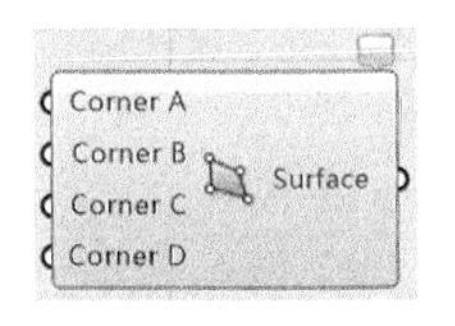

图 2.10　运算器被鼠标选中（绿色）

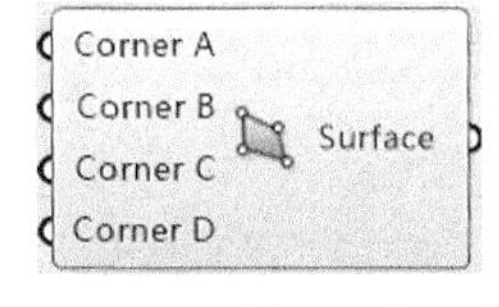

图 2.11　运算器正常工作（浅灰色）

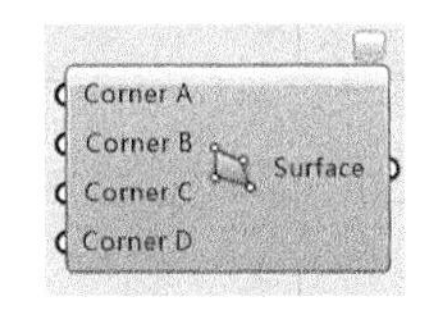

图 2.12　运算器正常但缺少参数（橙色）

（4）运算器异常，如图 2.13 所示。

（5）隐藏运算器，如图 2.14 所示。

（6）运算器停止工作，如图 2.15 所示。

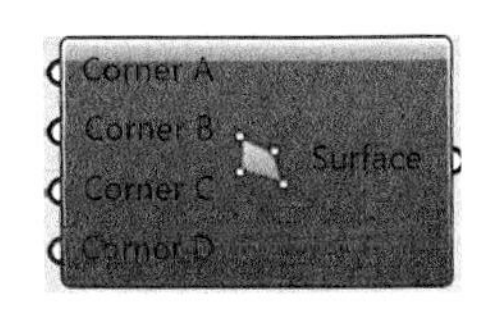

图 2.13　运算器异常（红色）

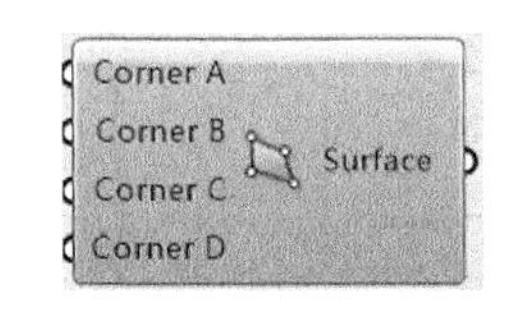

图 2.14　隐藏运算器（深灰色）

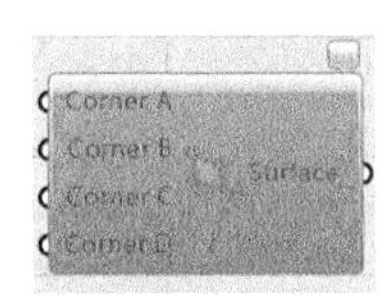
图 2.15　运算器停止工作(灰色)

2.3.2　扩展弹出菜单

所有运算器都有扩展弹出菜单，右击运算器即可弹出扩展弹出菜单。如图 2.16 所示，若运算器发生错误，将会在扩展弹出菜单中的 Runtime errors（运行时错误）中显示发生的错误。

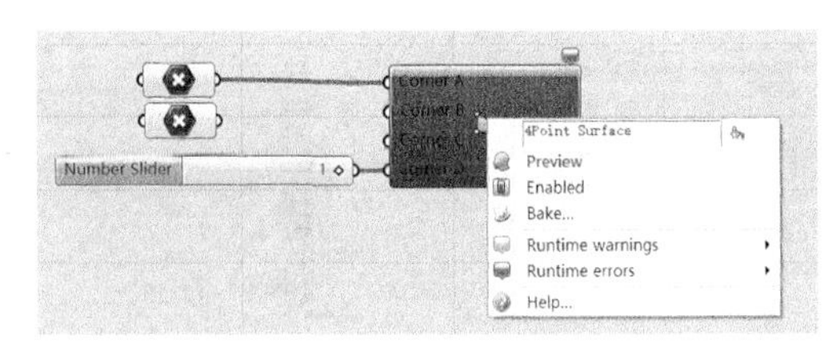

图 2.16　扩展弹出菜单

2.3.3 运算器数据继承

数据存储在参数中，输入参数用于接收数据，输出参数用于传出数据。

如图 2.17 所示，Point（点）运算器和 Surface（曲面）运算器没有进行连接，所有对象都是无关的。

用户可以对运算器进行连接。单击运算器旁的小圆圈（俗称“把手”），会出现一根连接线并依附于光标，如图 2.18 所示。将连接线拖到另一个运算器的“把手”处，释放鼠标左键，便确立了这个连接的建立，如图 2.19 所示。

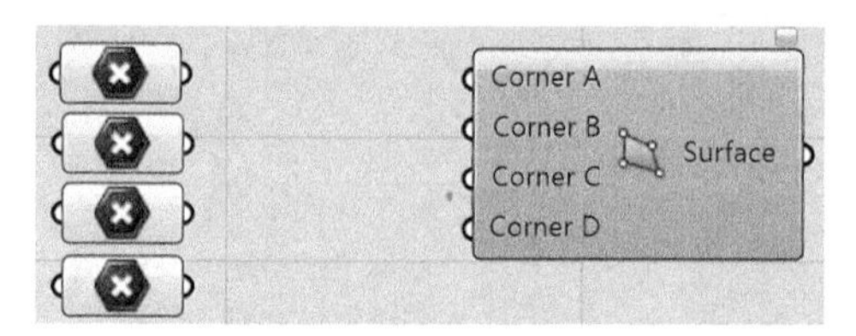

图 2.17　未连接状态

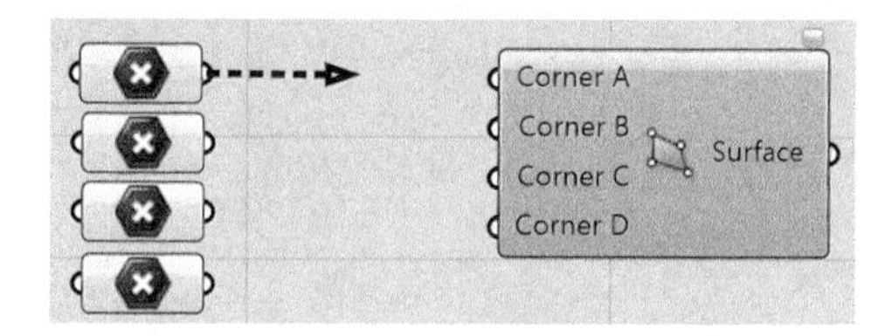

图 2.18　连接时

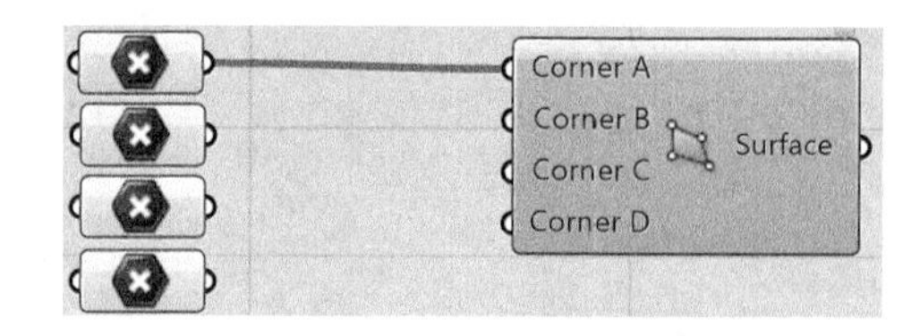

图 2.19　连接成功

在默认状态下，确定新的连接会清除原先的连接线，如图 2.20 所示。如果按住 Shift 键，再进行连接操作，可以增加一条连接线，如图 2.21 所示。

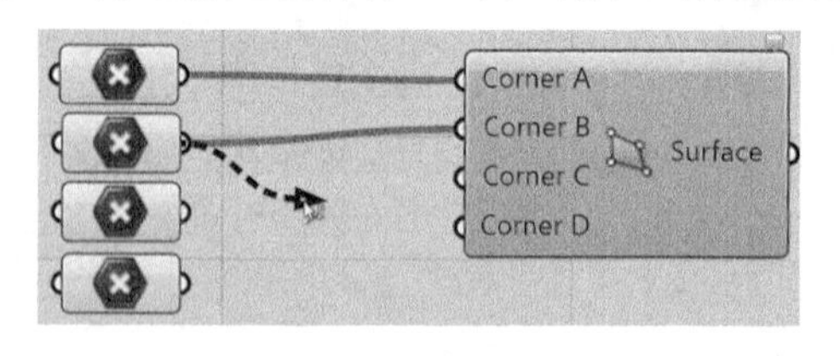

图 2.20　增加连接

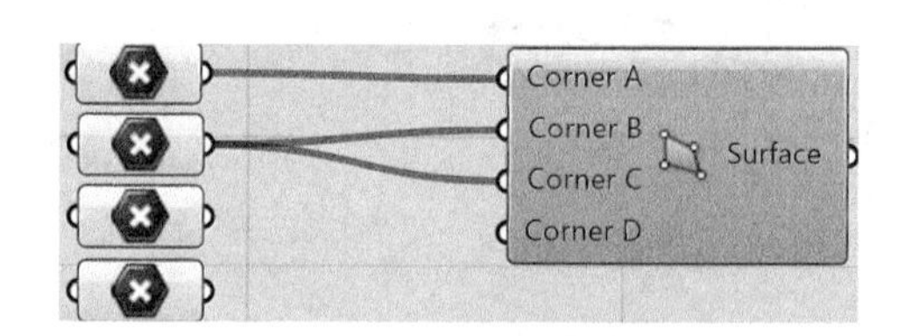

图 2.21　多点连接

如果想删除一条连接线，按住 Ctrl 键，重复连接的操作，便可将连接线删除，如图 2.22 和图 2.23 所示。

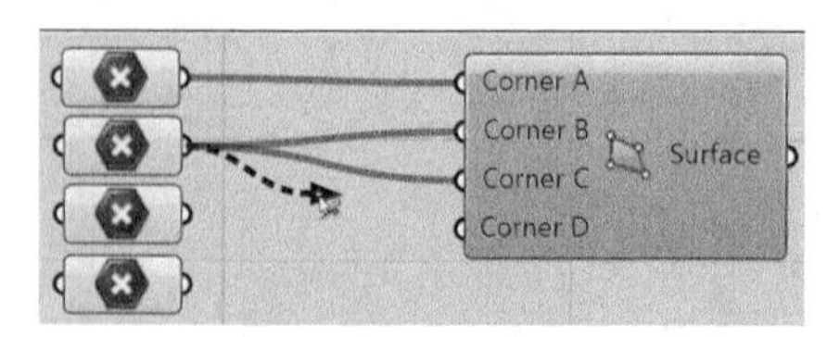

图 2.22　修改连接

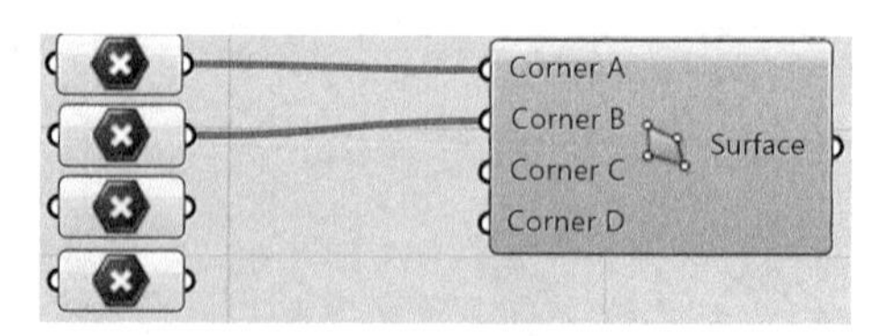

图 2.23　删除连接

2.3.4　数据匹配

数据匹配是一个没有明确解决方案的问题。当一个运算器和不同规模的输入数据进行映射时，数据匹配问题就会产生。例如，一个通过不同点生成线段的运算器，这个运算器必须连接两个提供点坐标的参量（数据流 A 和数据流 B，如图 2.24 所示）。

在 A 和 B 之间连接线段的方式有很多，Grasshopper 支持如下 3 种匹配规则。

（1）Shortest List（短排法）规则：一对一连接，直到某一数据流没有数据，如图 2.25 所示。

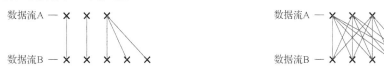

图 2.24　数据流 A 和数据流 B 示意图　　　图 2.25　Shortest List 规则

（2）Longest List（长排法）规则：连接输出变量，直到所有数据流都没有数据，如图 2.26 所示。

（3）Cross Reference（数据交叉处理）规则，将所有可能的连接都连接上，如图 2.27 所示。这种连接存在一定风险。

图 2.26　Longest List 规则　　　图 2.27　Cross Reference 规则

连接示例如图 2.28 和图 2.29 所示。

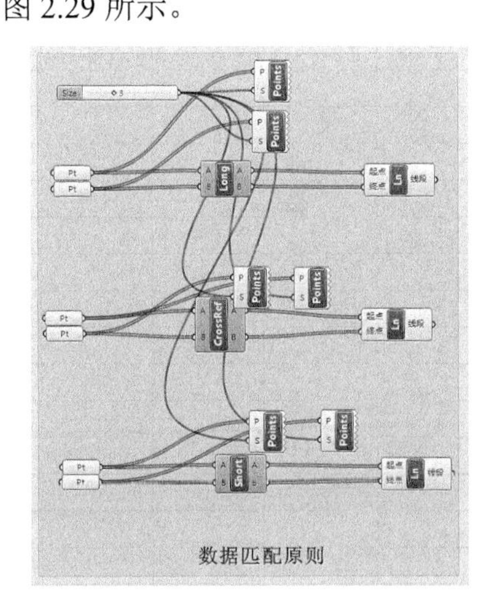

图 2.28　数据匹配原则运算器连接示例

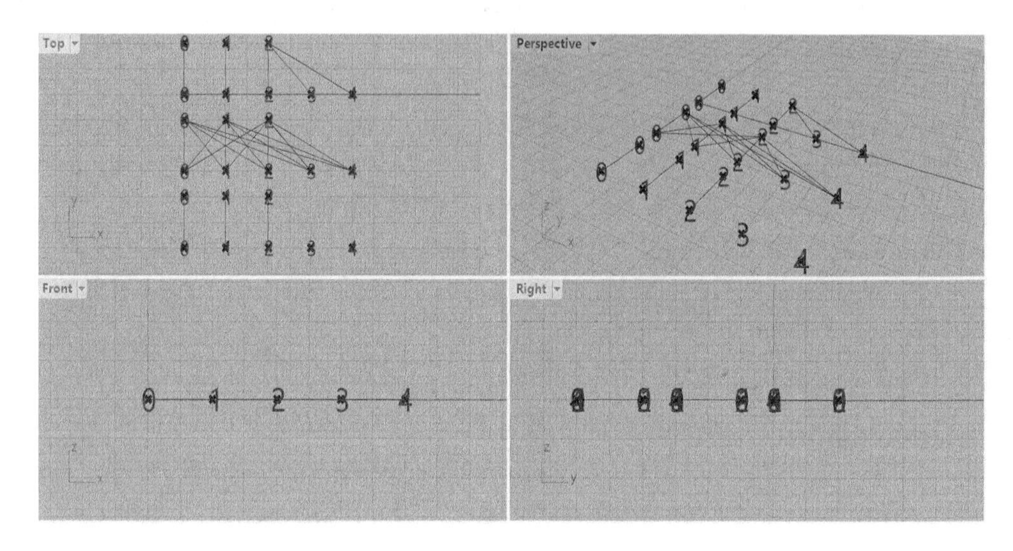

图 2.29　数据匹配示意图

2.4　Grasshopper 常用快捷键操作说明

1. 常用快捷键

- 单击鼠标右键+拖动：上下左右移动面板。
- 单击鼠标右键+按 Ctrl 键+拖动：放大或缩小。
- 滚动鼠标中键：放大或缩小。
- 单击鼠标中键：呼出“轮盘”菜单。
- 按空格键+双击鼠标左键：呼出“搜索”对话框。
- 按 Alt 键+单击鼠标左键：分割工作面板。

2. 空白面板处的快捷键

- 单击鼠标左键+拖动：框选。
- 按 Shift 键+单击鼠标左键+拖动：框选新增。
- 按 Ctrl 键+单击鼠标左键+拖动：框选移除。
- 单击鼠标右键：呼出“面板”菜单。
- 双击鼠标左键：呼出“搜索”对话框。

3. 运算器上的快捷键

- 单击鼠标左键+拖动：拖动所选运算器。
- 单击鼠标左键+按 Shift 键+拖动：沿 90° 正交方向拖动所选计算器。

- 单击鼠标左键+拖动+按 Alt 键：复制所有正在拖动的运算器。
- 单击鼠标左键：选择物件（如果物件已被选中则无效）。
- 按 Shift 键+单击鼠标左键：增加选择物件。
- 按 Ctrl 键+单击鼠标左键：从选择的物件中移除一个物件。
- 按 Ctrl 键+Alt 键+单击鼠标左键：显示运算器在主菜单中的位置。
- 单击鼠标右键：运算器的详细菜单。

4. 在一个输入/输出控制上的快捷键

- 单击鼠标左键+拖动：创建一根新的连线（清除旧连线）。
- 单击鼠标左键+按 Shift 键+拖动：在不清除旧连线的情况下新增一根连线。
- 单击鼠标左键+按 Ctrl 键+拖动：删除一根现有的连线。
- 单击鼠标左键+按 Ctrl 键+Shift 键+拖动：将所有现有连线移到其运算器。
- 单击鼠标左键+拖动+单击鼠标右键：当一个运算器连向多个运算器时，连接一个运算器后右击，且不释放鼠标左键，可以继续连接其他运算器。
- 单击鼠标左键+拖动+单击鼠标右键+按 Shift 键：当一个运算器连向多个运算器（从后往前连）时，连接一个运算器后右击，可以继续连接其他运算器。
- 单击鼠标左键+拖动+单击鼠标右键+按 Ctrl 键：连续地减去连线。

5. 工具栏运算器上的快捷键

- 单击鼠标左键+按 Shift 键：选择多个运算器。

6. 其他快捷键

- 双击工作区空白处，激活运算器搜索栏：输入名称，快速获得运算器。
- 双击空白处输入数字，直接按回车键，就能快速输入一个 slider，可以输入 a<x<b，直接设定最大值 b 和最小值 a。
- 按 F3 键激活查找功能，输入运算器名称，可以定位所有该名称运算器在图中的位置。
- 选中多个运算器，按 Ctrl+G 组合键，快速建立群组（group）。

2.5 点/向量基本原理

在物理学中，向量是一个具有长度、方向和作用点的几何对象。一个向量表示一个有确定方向的线段（通常用箭头表示），连接了起点 A 和终点 B。向量的长度即线段的长度，其方向即 B 点相对于 A 点的方向，如图 2.30 所示。

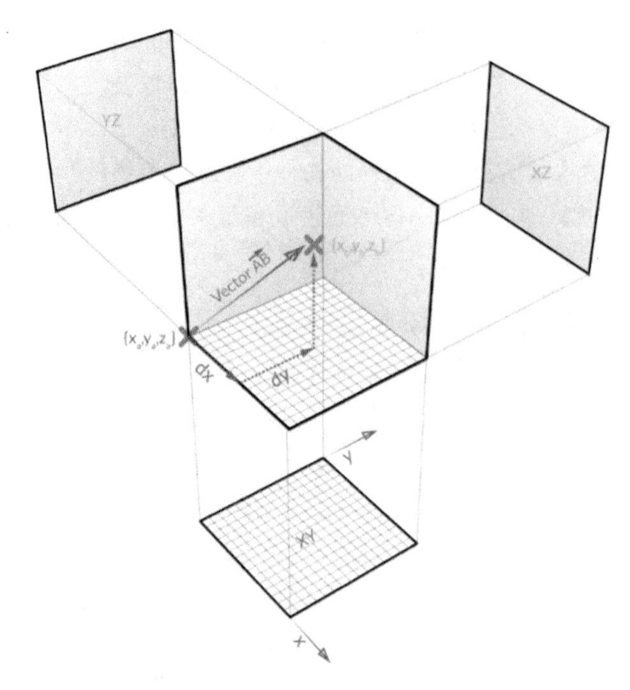

图 2.30　向量示意图

三维空间中的点一般表示为(x, y, z)。二维空间中的点一般表示为(x, y)或(u, v)，这取决于是哪种二维空间。二维空间限定在一个有限曲面上，它仍然是连续的，也就是说，假设表面上有无限多个点，但是这些点之间的最大距离是非常有限的。二维参数坐标只有在不超过一定范围时才有效。在示例绘图中，u 和 v 方向的范围都设置在 0.0～1.0，但它可以是任何有限域。一个坐标为(1.5, 0.6)的点在表面外的某个地方，因此无效。

由于定义这个特定参数空间的曲面驻留在规则的三维空间中，可以将二维参数坐标转换为三维世界坐标。例如，二维表面上的点(0.2, 0.5)在三维世界坐标系中与点(1.8, 2.0, 4.1)相同。一旦变换或变形定义点的曲面，对应于(0.2, 0.5)的三维坐标就会发生变化。

在 Rhino 中，向量与点是不能辨别的。如图 2.31 所示，它们都是用笛卡儿坐标系中代表 X、Y、Z 坐标值的三个双精度浮点数（一种能存储带小数的数值的变量）来表示的。不同之处在于，点的坐标是绝对的，而向量则是相对的。当处理表示点的三个数值时，它们表示空间中的一个特定坐标。当处理表示向量的三个数值时，它们表示一个特定的方向。向量之所以被称为相对的，是因为它们仅仅表明箭头的起点和终点之间的不同。注意：向量不是实际存在的几何实体，它们只是信息。这意味着，Rhino 中没有向量的视觉化表示，不过可以用向量信息去指导特定的几何操作，如平移、旋转和定位。Rhino 坐标轴工作视图和示例如图 2.32 和图 2.33 所示。

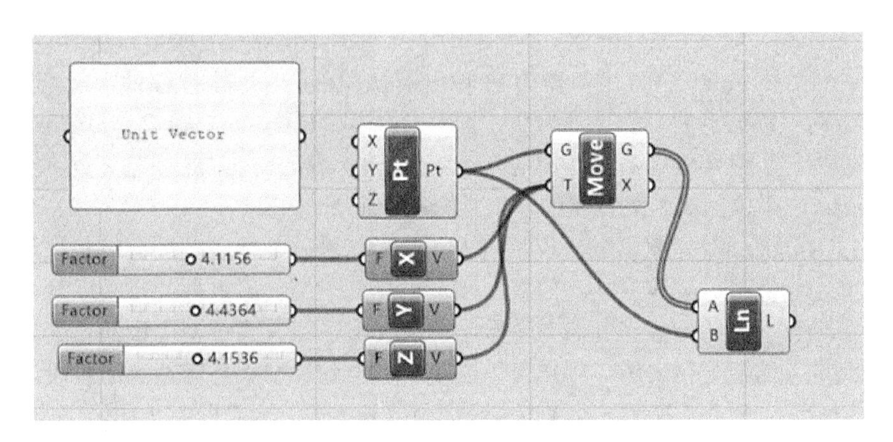

图 2.31　向量和点的案例

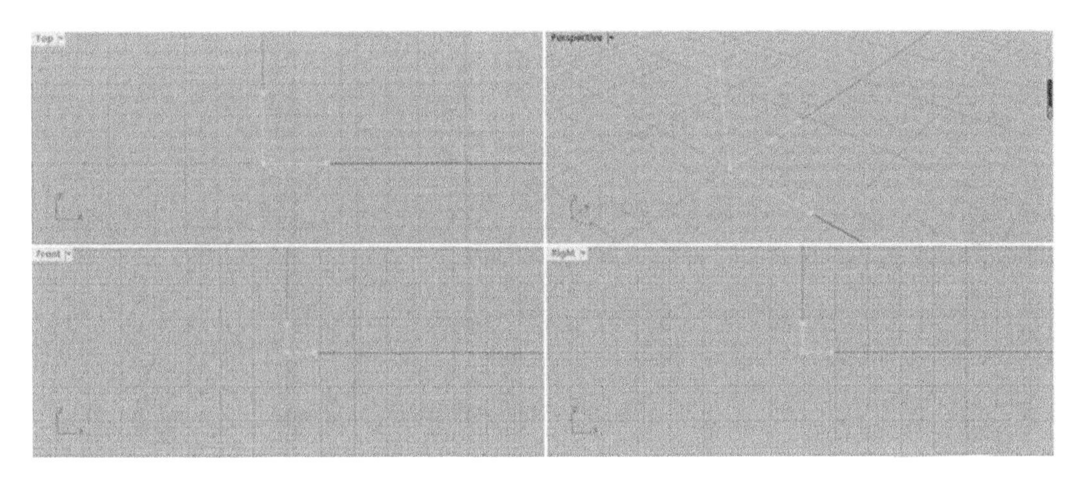

图 2.32　Rhino 坐标轴工作视图

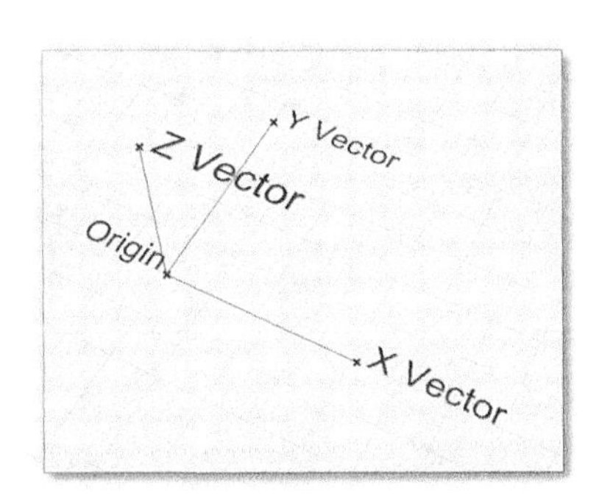

图 2.33　Rhino 坐标轴示例

在图 2.31 中，首先用 Point XYZ（图中用 Pt 标注）运算器在原点（0，0，0）处创建一个点；然后将 Point XYZ 运算器的 Pt 输出项与 Move 运算器的 G 输入项相连，准备沿某向量方向平移该点的复制点。为此，拖动 Unit X、Unit Y、Unit Z 运算器到工作区。这些运算器指定了直角坐标系 xyz 中的一个向量方向。用户可以通过连接数字滑块与每个 Unit Vector（单位向量）运算器的输入项来指定向量的长度。

在连接 Unit Vector 运算器的输出项与 Move 运算器的 T 输入项的同时按住 Shift 键，可以连接多个运算器。观察 Rhino 的视图，可以看到一个在原点处的点，以及三个分别沿 x、y、z 轴移动后的新点。任意改变数字滑块的值，将看到每个向量的长度也发生变化。要得到向量的视觉化表示，用户可以创建从原点到每个平移后新点的线段，方法类似于画一个箭头。为此，拖动一个 Line（图中用 Ln 标注）运算器到工作区，连接 Move 运算器的 G 输出项与 Line 运算器的 A 输入项，以及 Point 运算器的 Pt 输出项与 Line 运算器的 B 输入项。点/向量操作汇总见表 2.1。

表 2.1　点/向量操作汇总

运算器	运算器的位置索引	描述	示例
 Dist	Vector/Point/Distance	计算两点间距离（A 和 B 输入项）	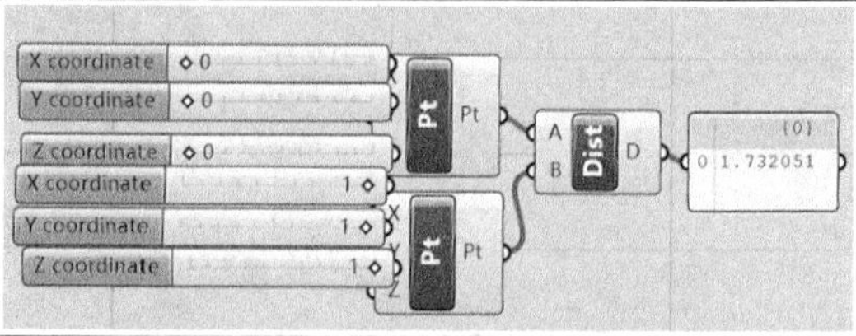
 pDecon	Vector/Point/Deconstruct	将一个点分解为 X、Y、Z 运算器	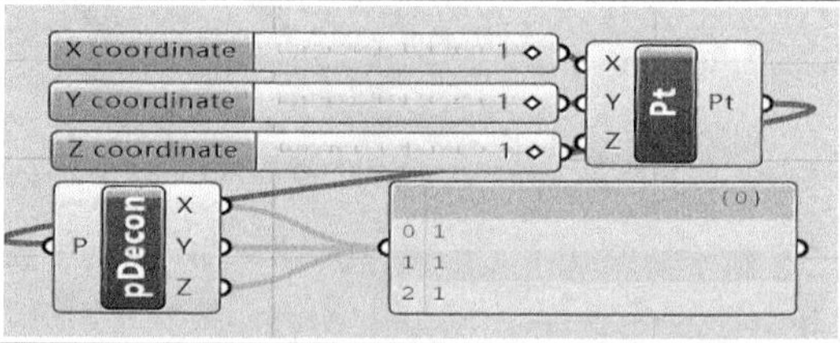
 Angle	Vector/Angle	计算两向量间夹角，输出其弧度值	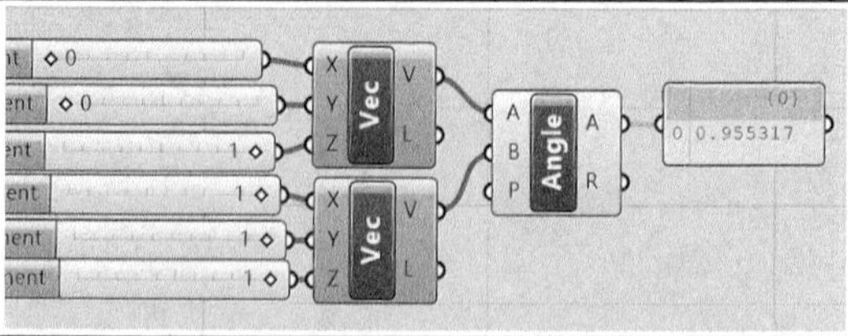
 VLen	Vector/Length	计算向量长度	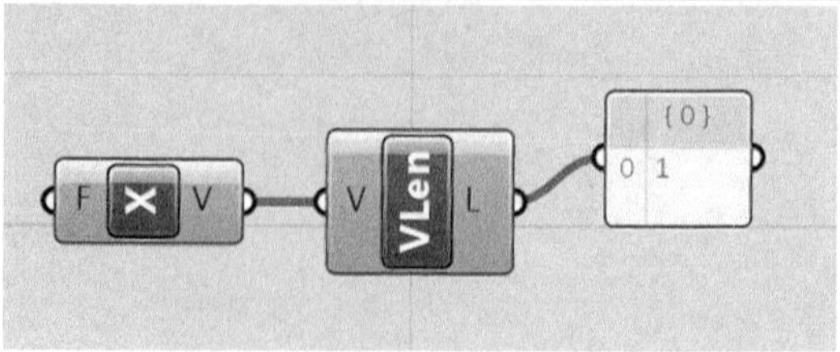

续表

运算器	运算器的位置索引	描述	示例
DeVec	Vector/Deconstruct Vector	将一个向量拆分成它的 X、Y、Z 运算器	
Vec2Pt	Vector/Vector/Vector 2Pt	在两定点间创建一个向量	
Rev	Vector/Vector/Reverse	取所有坐标的相反数使向量反向，长度不变	
Unit	Vector/Vector/Unit Vector	将向量的各坐标除以向量长度得到长度为 1 的向量	

2.6　曲线基本原理

由于曲线是几何物体，因此有大量特性可以用来描述或研究。例如，曲线的起点与终点坐标间距为 0，表明曲线闭合。每个曲线都有很多控制点及特殊点。例如，平面性是一个普适属性，而正交矢量是一个特定属性。

Grasshopper 有一系列工具用来表达 Rhino 的更高级的曲线，如 NURBS 曲线和复合曲线。下面通过曲线的例子来看看 Grasshopper 的 spline 运算器。

首先用户需要创建一系列点（定义曲线所需要的点）：打开示例文件夹中的 Source Files（源文件）中的 Curve Types.3dm。在场景中有 6 个点在 xy 平面上，对它们进行顺序标记。

在 Source Files 中打开 Curve Types.ghx，用户可以看到点运算器连接了几个曲线运算器，而这几个曲线运算器是用不同方法来定义曲线的。对于这些运算器，首先必须把

RhinoSet 场景中的点赋值到 Grasshopper 的 Point 参量中。操作方法如下：右击 Point 参量，在弹出的快捷菜单中选择 Set MultiplePoints（设置多个点），当进行选点操作时，确定按照从左到右的顺序选择。这时，一条曲线就出现了，选完后按回车键返回 Grasshopper 界面，全部 6 个点都有一个红✖在顶部［图 2.34（a）］，表明这个点已经被赋值到 Grasshopper 的 Point 参量中，如图 2.34（b）所示。

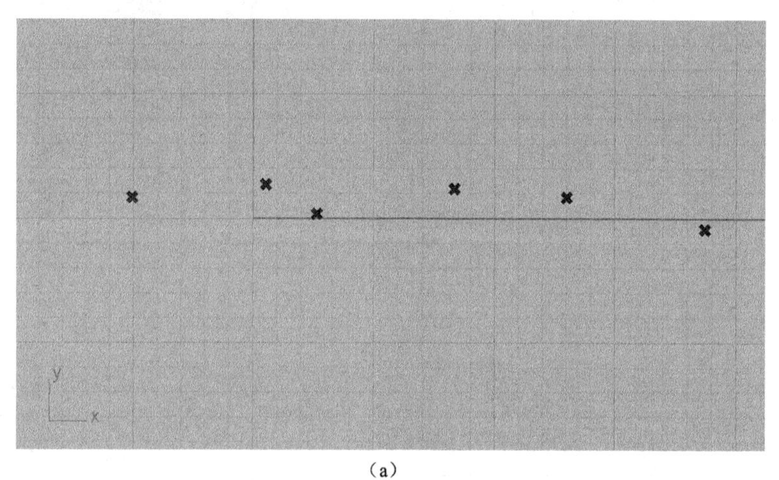

（a）

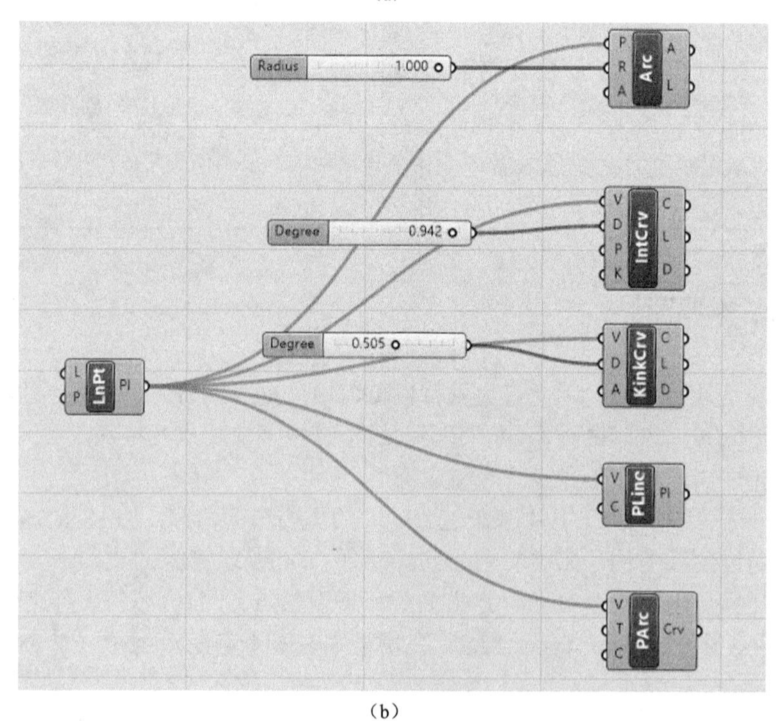

（b）

图 2.34　创建曲线

2.6.1 NURBS 曲线

非均匀有理 B 样条（non-uniform rational B-spline，NURBS）曲线运算器如图 2.35 所示。

图 2.35 NURBS 曲线运算器

NURBS 曲线是 Rhino 中可利用的精确定义的一种曲线。NURBS 曲线运算器的 P 输入项定义了曲线的控制点，选择 Rhino 场景中的点后，就可以准确地描述这些控制点了。NURBS 曲线运算器的 R 输入项设定了曲线的阶数。阶数一般是 1～11 的正整数。一般来说，阶数决定了控制点影响曲线的范围，范围越大，值越高。曲线形状如图 2.36 所示。

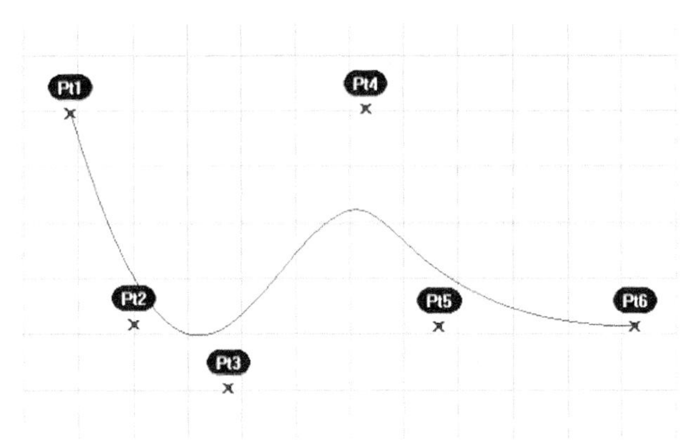

图 2.36 NURBS 曲线示意图

2.6.2 Interpolated 曲线

Interpolated 曲线运算器如图 2.37 所示。

Interpolated 曲线与 NURBS 曲线有些不同，Interpolated 曲线完全经过控制点。通过指定的坐标创建 NURBS 曲线是比较困难的事情，即使移动单个控制点来创建通过控制点的曲线也是比较困难的。创建这类曲线的操作如下：在搜索对话框中输入 Interpolated Curves（插值曲线）后按回车键，弹出 Interpolated 曲线运算器，输入项类似 NURBS 曲线的 V 输入项，接着，它会要求用

图 2.37 Interpolated 曲线运算器

户指定点来创建曲线。当然，Interpolated Curves 方式所创建的曲线会自动地通过这些点，不考虑曲线的阶数。在创建 NURBS 曲线仅在阶数设置为 1 时，才有这样的效果。此外，P 输入项决定所创建曲线的周期性。用户在运算器的输出项中会看到一些输出模式，C、L 和 D 输出项一般指定曲线的长度和曲线域。Interpolated 曲线形状如图 2.38 所示。

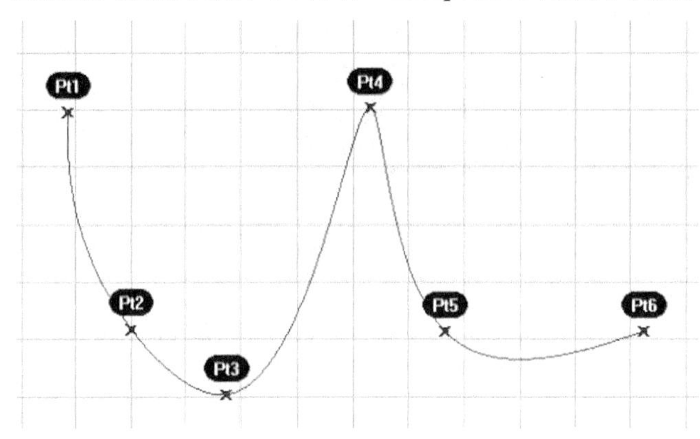

图 2.38　Interpolated 曲线示意图

2.6.3　Kinky 曲线

Kinky 曲线运算器如图 2.39 所示。

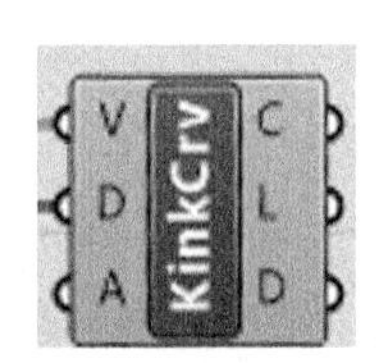

图 2.39　Kinky 曲线运算器

Kinky 曲线其实就是变异的 Interpolated 曲线，它的很多属性和 Interpolated 曲线是一样的。唯一不同的是，Kinky 曲线允许控制曲线的转角限值，将一个 numeric slider 和 Kinky 曲线运算器的 A 输入项相连，以此来观察阈值的实时变化。需要注意的是，A 输入项需要输入一个 radian（弧度），在 A 输入项中由 expression（表达式）将通过滑杆输入的数值从角度转变为弧度。Kinky 曲线形状如图 2.40 所示。

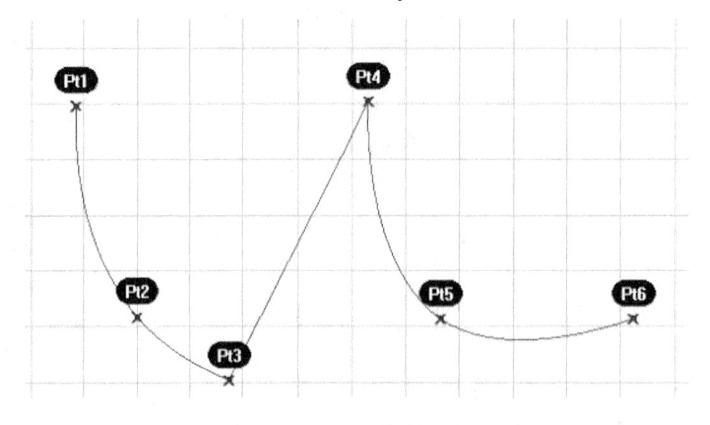

图 2.40　Kinky 曲线示意图

2.6.4 Polyline 曲线

Polyline 曲线运算器如图 2.41 所示。

图 2.41 Polyline 曲线运算器

Polyline 曲线的平滑效果非常好，这是因为 Polyline 曲线可以由线、多义线以及角度值为 1 的 NURBS 曲线组成。从本质上来讲，Polyline 曲线类似于一系列点。但不同的是，Polyline 曲线把多义线的点作为一系列点，并且把点连成多段线。由于复合曲线是一个连接两个或者多个点/线段的集合，这就使复合曲线总是经过它的控制点，因此它在某些方面类似于 Interpolated 曲线。与上述曲线类型类似，Polyline 曲线运算器的 V 输入项需要指定一系列点以确定线的范围。Polyline 运算器中的 C 输入项用于定义 Polyline 曲线是否闭合，如果第一个点的位置和最后一个点的位置一致，那么生成的线将成为一个闭合的圆环。在 Polyline 曲线运算器中有一点不同，即输出结果只有曲线本身。Polyline 曲线形状如图 2.42 所示。

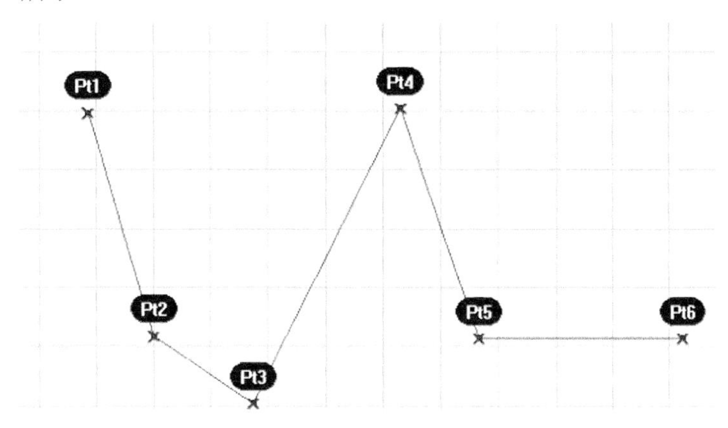

图 2.42 Polyline 曲线示意图

2.6.5 Poly 弧线

Poly 弧线运算器如图 2.43 所示。

图 2.43 Poly 弧线运算器

Poly 弧线和 Polyline 曲线几乎相同，唯一不同的是，在 Poly 弧线运算器定义时用弧线连接所有点而不存在直线，每一段多义弧线都是独一无二的，运算器计算每一个控制点所需要的切点，以生成一条平滑的曲线，并且每段弧线间的过渡都是连续的。这个运算器中没有其他输入项，只有最初的一系列点，并且输出项也只有曲线。Poly 弧线形状如图 2.44 所示。

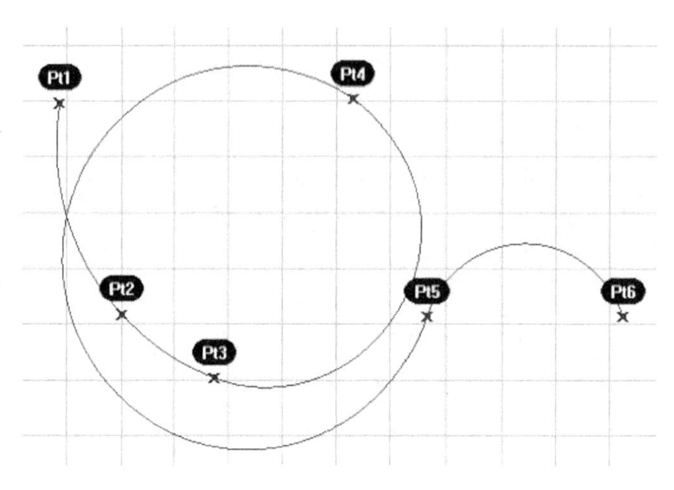

图 2.44　Poly 弧线示意图

2.7　曲面基本原理

2.7.1　曲面的概念

除了一些基本的面的类型，如球形、圆锥形、平面形和圆筒形，Rhino 还支持三种自由曲面类型，其中最常用的就是 NURBS 曲面。和曲线一样，所有可能的曲面形状都可以通过 NURBS 曲面进行描绘，这也是 Rhino 的默认面类型，如图 2.45 所示。

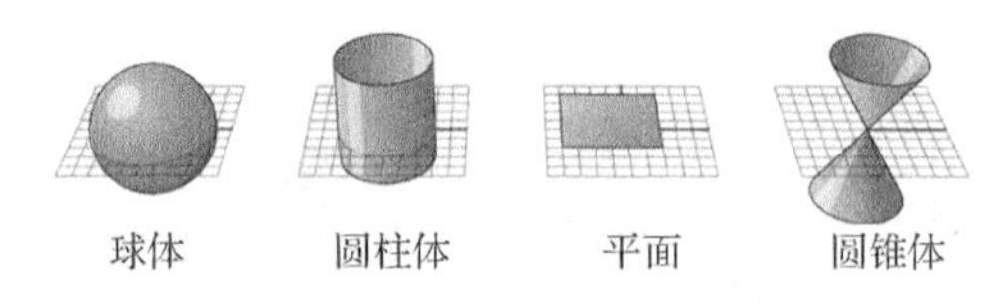

图 2.45　曲面示意图

实体模型的外表是由曲面组成的。曲面定义了实体的外形，曲面可以是平的，也可以是弯曲的。曲面模型与实体模型的区别在于所包含的信息和完备性不同：实体模型总是封闭的，没有任何缝隙和重叠边；曲面模型可以不封闭，几个曲面之间可以不相交，可以有缝隙和重叠。实体模型所包含的信息是完备的，系统知道哪些空间位于实体“内部”，哪些空间位于实体“外部”，而曲面模型则缺乏这种信息完备性。可以把曲面看作极薄的“薄壁特征”，曲面只有形状，没有厚度。当把多个曲面结合在一起，使曲面的边界重合并且没有缝隙后，可以把结合的曲面进行“填充”，将曲面转化成实体。

2.7.2　曲面的常用概念

NURBS 曲面和 NURBS 曲线相似。它们对于形状、法线、切线、曲率和其他一些属性的计算标准是一样的。

一般来讲，UG 曲面建模，是指通过曲线构造方法生成主要或大面积曲面，然后进行曲面的过渡和连接、光顺处理、曲面的编辑等以完成整体造型。在使用过程中，经常会遇到以下常用概念。

（1）行与列：行定义曲面的 U 方向，列是大致垂直于曲面行方向的纵向曲线方向（V 方向）。

（2）曲面的阶次：阶次是一个数学概念，是定义曲面的三次多项式方程的最高次数。建议用户尽可能采用三次曲面，阶次过高会使系统的计算量过大，产生意外结果，在数据交换时容易使数据丢失。

（3）公差：一些自由形状曲面建立时采用近似方法，需要使用距离公差和角度公差，分别反映近似曲面和理论曲面所允许的距离误差和面法向角误差。

（4）截面线：指控制曲面的 U 方向的方位和尺寸变化的曲线组，可以是多条曲线，或者是单条曲线。曲线不必光顺，而且每条截面线内的曲线数量可以不同，一般不超过 150 条。

（5）引导线：用于控制曲线的 V 方向的方位和尺寸。可以是样条曲线、实体边缘和面的边缘，也可以是单条曲线，还可以是多条曲线。最多可选择 3 条。

2.7.3　创建曲面的基本原则

曲面建模不同于实体建模，其不是完全参数化的特征。在曲面建模时，需要注意以下基本原则。

（1）创建曲面的边界曲线尽可能简单。一般情况下，曲线阶次不大于 3。当需要曲率连续时，可以考虑使用五阶曲线。

（2）用于创建曲面的边界曲线要保持光滑连续，避免产生尖角、交叉和重叠。另外，在创建曲面时，需要对所使用的曲线进行曲率分析，曲率半径要尽可能大，否则会造成加工困难和形状复杂。

（3）避免创建非参数化的曲面特征。

（4）曲面要尽量简洁，面要尽量做大。对不需要的部分要进行裁剪。曲面的张数要尽量少。

（5）根据不同部件的形状特点，合理使用各种曲面特征创建方法。曲面特征之间的圆角过渡尽可能在实体上操作。

（6）曲面的曲率半径和内圆角半径不能太小，要略大于标准刀具的半径，否则容易造成加工困难。

2.7.4　曲面的创建

一般来说，创建曲面都是从曲线开始的。可以通过点创建曲线来创建曲面，也可以通过抽取或使用视图区已有的特征边缘线创建曲面。

创建曲面的命令集成在 Surface 工具栏下的 Freeform 工具集中，如图 2.46 所示。下面对主要命令进行简单介绍。

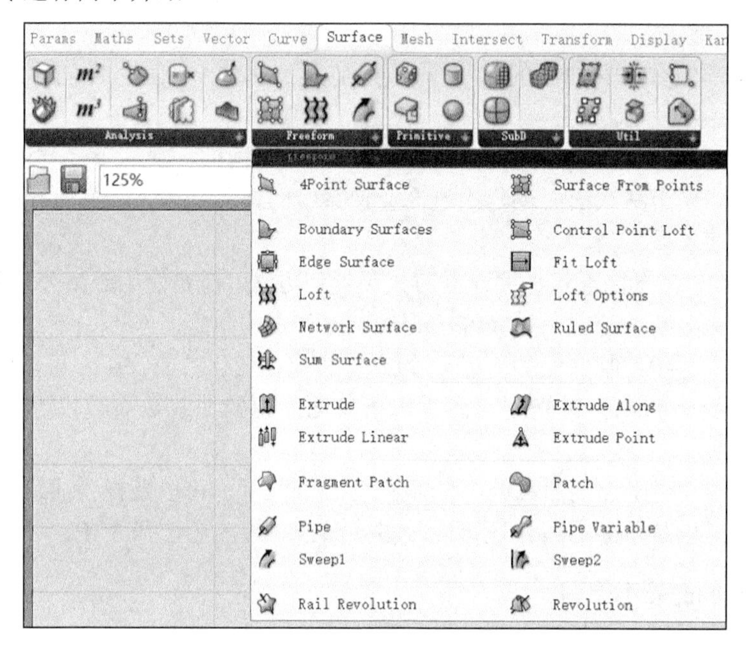

图 2.46　Freeform 工具集

Boundary Surfaces：是指边界曲面，该命令对应的是 Rhino 的平面线建立曲面。顾名思义，就是要用平面的线条创建曲面，而且这个线条是闭合的，如图 2.47 所示。

Control Point Loft：是指控制点放样，简单地说就是放样。在图 2.48 中准备一条多段线，把这条多段线连接到一个移动命令上，之后把这条多段线和移动后的线一同连到 C 端口，这样就完成放样了。

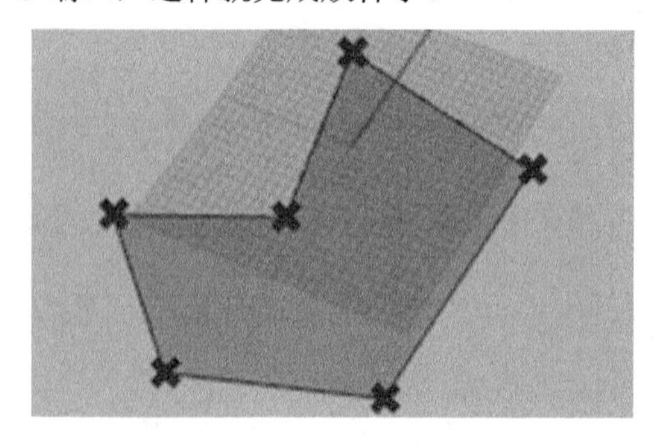

图 2.47　Boundary Surfaces

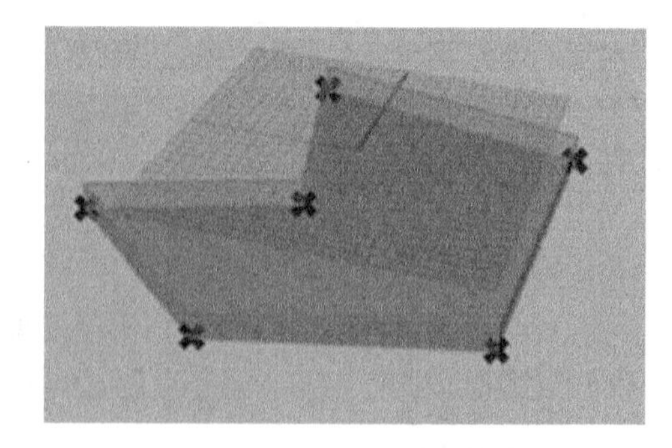

图 2.48　Control Point Loft

Edge Surface：是指边界曲面。在 Grasshopper 中使用非常简单，只要在输入端 ABCD 中输入三个以上的边界条件就可以形成曲面，如图 2.49 所示。

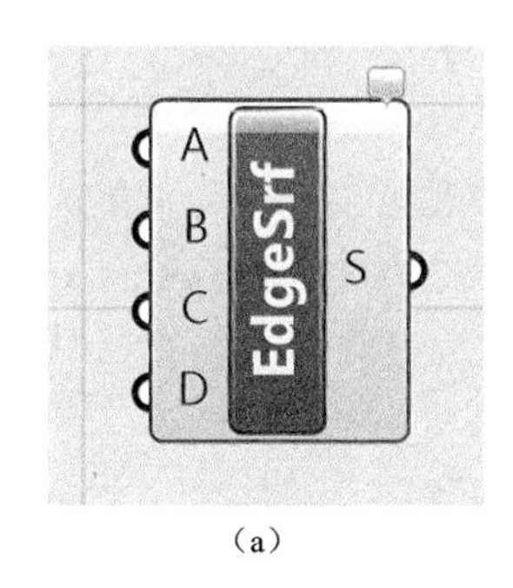

（a）

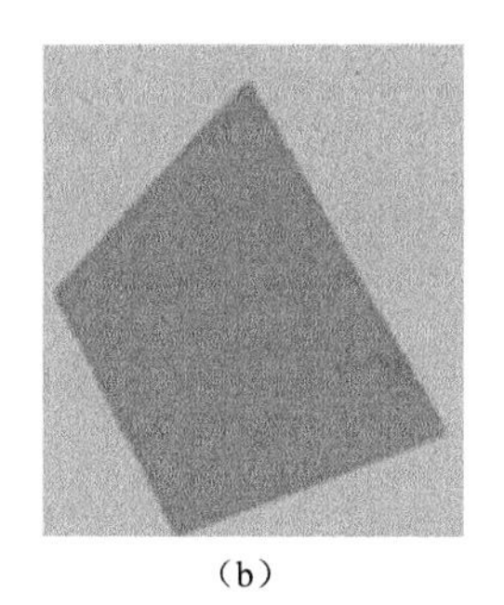

（b）

图 2.49　Edge Surface

Fit Loft：是指曲线放样，根据多条结构曲线放样生成曲面，如图 2.50 所示。

Loft Options：是指放样的参数，如图 2.51 所示。

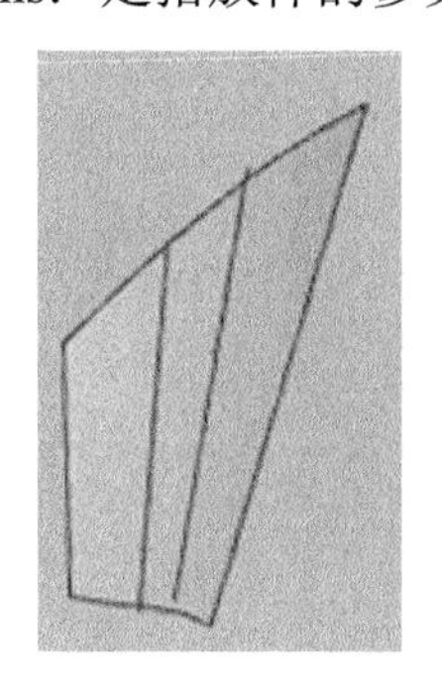

图 2.50　Fit Loft

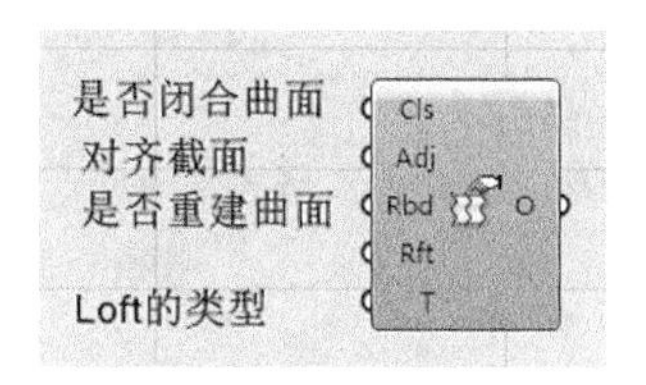

图 2.51　Loft Options

Network Surface：利用网格线建立曲面，该命令在 Rhino 里也很常用，在 Grasshopper 里的使用方法与 Rhino 类似，指定 U、V 方向的曲线就可以。U、V 两个方向的曲线数量最少是两条。需要注意的是，在 Grasshopper 里曲线的方向要一致，如果曲线的方向不一致，则会导致生成的曲面扭曲。

Sum Surface：两个方向的曲线交叉生成曲面，如图 2.52 所示。

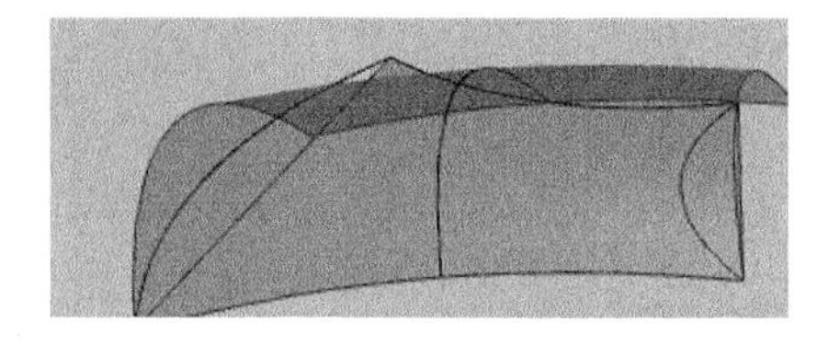

图 2.52　Sum Surface

2.8　结构体基本原理

下面用一个结构柱的案例来说明结构体的基本原理。

2.8.1 结构柱建模

通过Box运算器创建结构柱的方法示意图如图2.53所示。直接选中Box运算器右击，在弹出的快捷菜单中选择Set one Box（设置一个盒子）命令，Grasshopper界面消失，用户可以在出现的Rhino界面中绘制一个长方体。当选中此Box运算器时，Rhino界面的结构柱也会高亮显示。

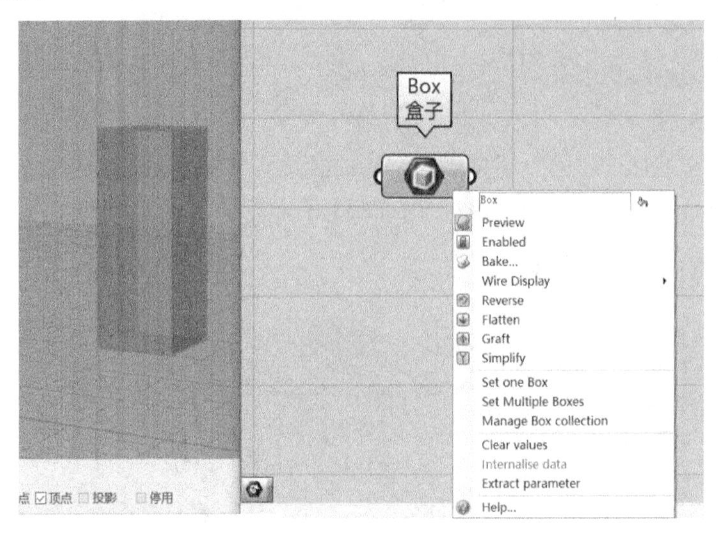

图2.53 通过Box运算器创建结构柱示例

用户也可以通过 Extrude 运算器拾取矩形创建结构柱。具体操作如下：指定一个Rectangle运算器拾取一个矩形，使用Boundary Surfaces表示矩形的边界曲面，指定一个z向量，运用Extrude指令，使矩形挤出为一个结构柱，运用Move指令，复制形成另一个结构柱。灵活使用Move运算器，可以高效地生成结构柱，如图2.54和图2.55所示。

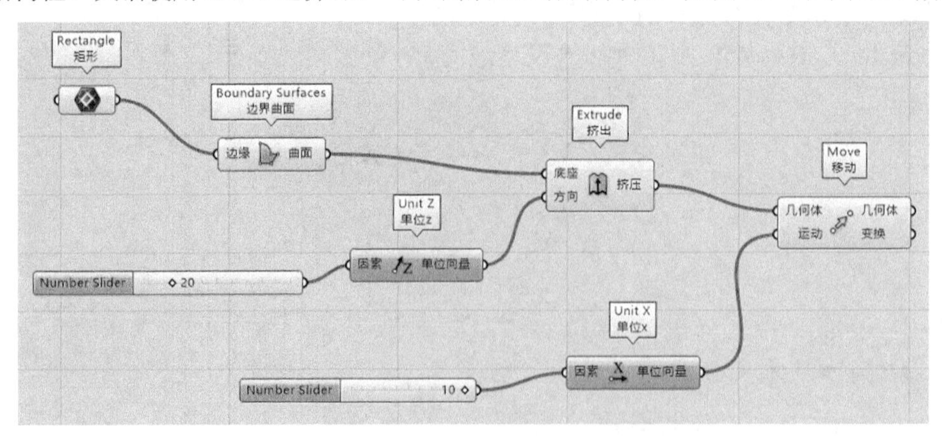

图2.54 结构柱移动的运算器连接

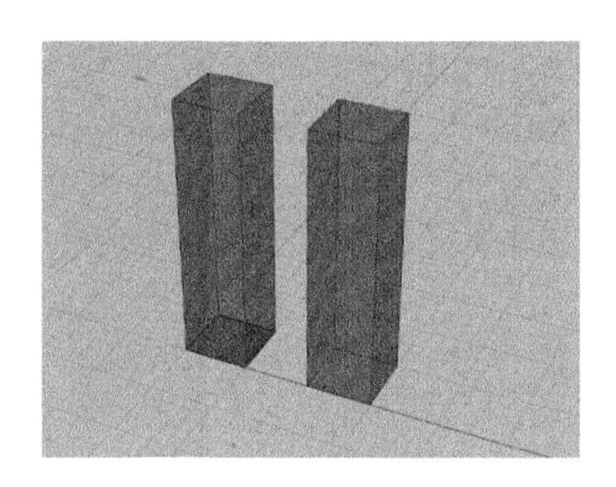

图 2.55　结构柱移动

还可以采取以下方法创建结构柱：指定点→指定工作平面→生成矩形→生成曲面→挤出形成结构柱，如图 2.56 所示。

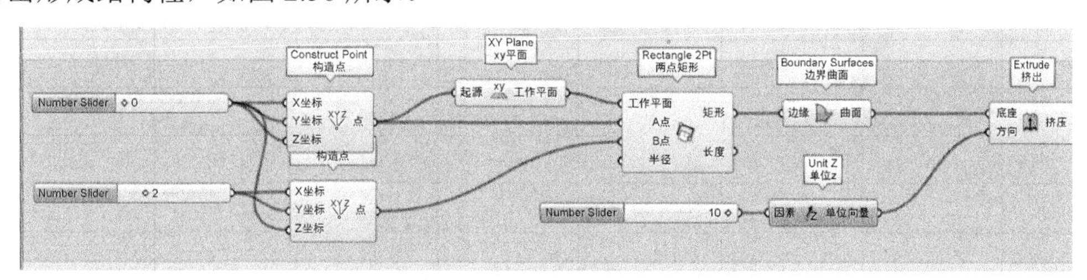

图 2.56　由曲面挤出结构柱

用户也可以使用 Surface 工具栏下的 Primitive 工具集中的命令生成结构柱，如图 2.57 所示。

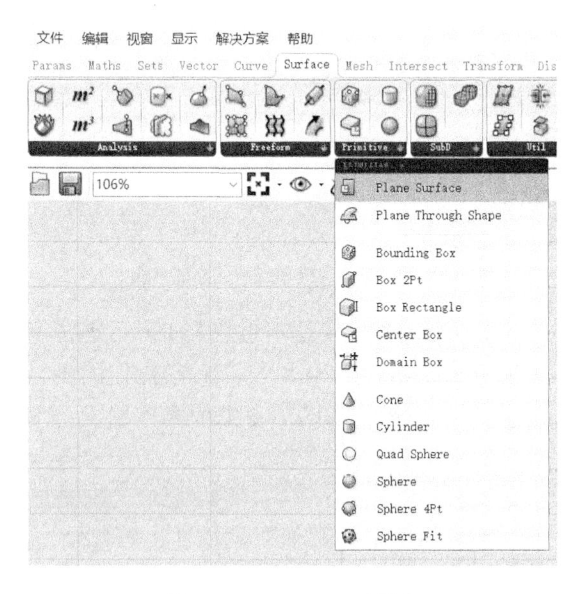

图 2.57　Primitive 工具集

下面分别演示使用 Primitive 工具集中不同的命令生成结构柱的过程。

- Center Box：确定中心平面→确定长宽→确定上下拉伸长度→生成结构柱，如图 2.58 所示。
- Domain Box：确定工作平面→指定 x、y、z 坐标区间→生成结构柱，如图 2.58 所示。

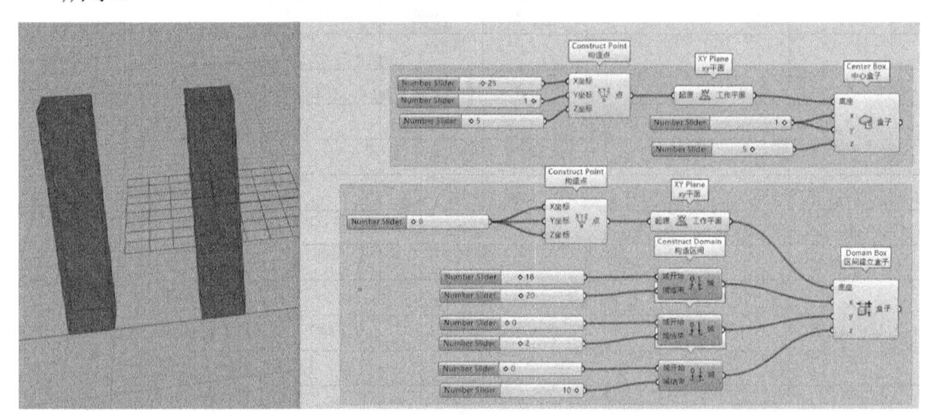

图 2.58　Center Box 和 Domain Box

- Box 2Pt：确定工作平面→确定两点坐标→生成结构柱，如图 2.59 所示。
- Box Rectangle：生成矩形→指定拉伸高度→生成结构柱，如图 2.59 所示。

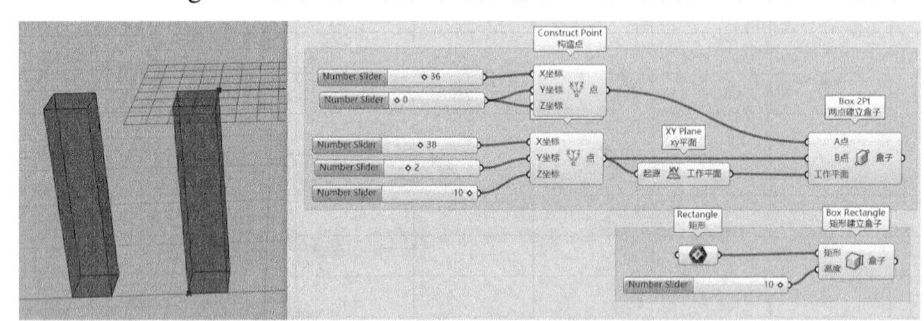

图 2.59　Box 2Pt 和 Box Rectangle

由以上例子可见，Grasshopper 的建模基本思想与 Rhino 基本相同，均为利用平面图形的挤出、拉伸、指定基点等操作形成立体结构。各类操作的难易程度不同，需要的参数也不同。用户可以根据需要，选择合适的指令生成立体结构。

2.8.2　结构柱布置

在前面已经提到，可以使用 Move 运算器对结构柱进行复制、移动。Move 运算器实际上可以接收多组数据，高效完成结构布置。

使用 Panel 指令列出所移动距离，如图 2.60 所示。

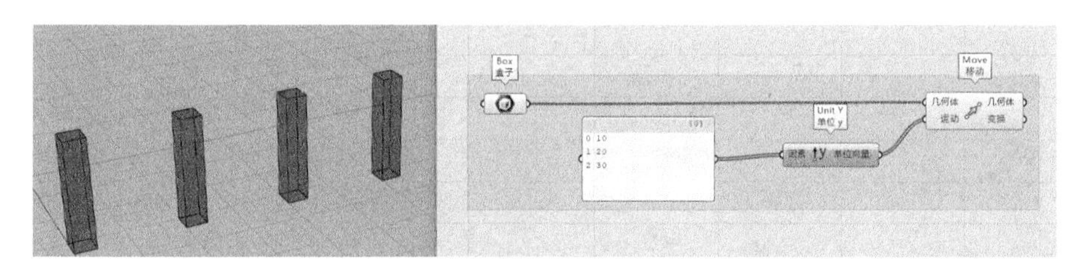

图 2.60　规定移动距离

使用 Range 运算器或 Series 运算器生成移动距离（生成等差数列），如图 2.61 所示。

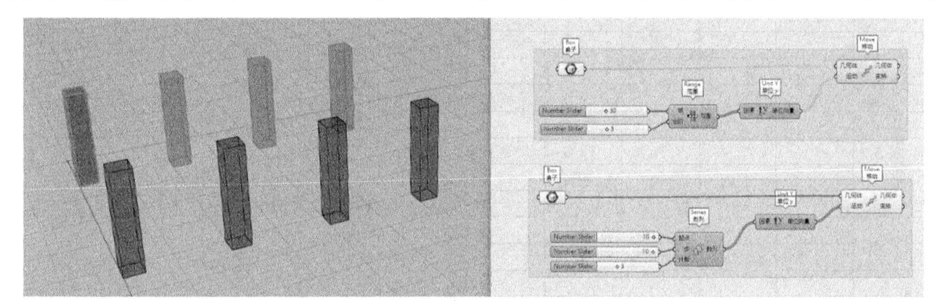

图 2.61　利用数列移动

使用 Evaluate 运算器或 Expression 运算器，对数据进行处理后输出所移动的距离，如图 2.62 所示。

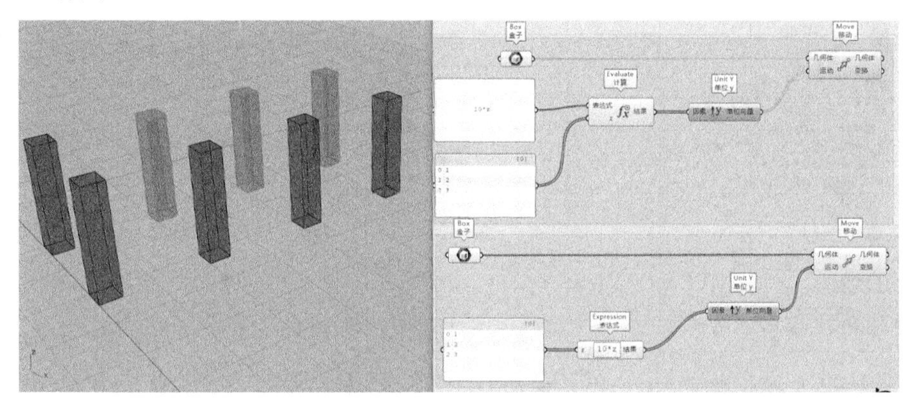

图 2.62　利用运算器移动

在结构设计中，布置结构的位置是非常基本的操作。这类工作往往是重复劳动，会耗费大量精力。此时，参数化建模就显现出其高效性。下面通过结构柱的例子来讲述结构布置的要领。

2.8.3　结构柱修改

除复制、移动操作外，还有很多方法可以对结构柱进行修改。

缩放功能由 Scale 与 Scale NU 运算器完成。用户需要输入准备缩放的集合体，指定缩放中心或工作平面，并输入缩放比，缩放后的图形如图 2.63 所示。

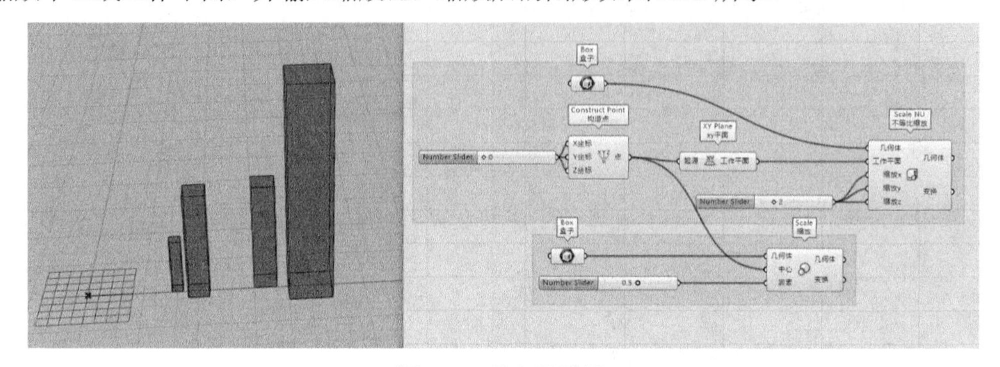

图 2.63　几何体缩放

旋转功能由 Rotate 运算器完成。用户需要输入准备旋转的几何体，指定旋转角度，与工作平面形成旋转角度的图形如图 2.64 所示。

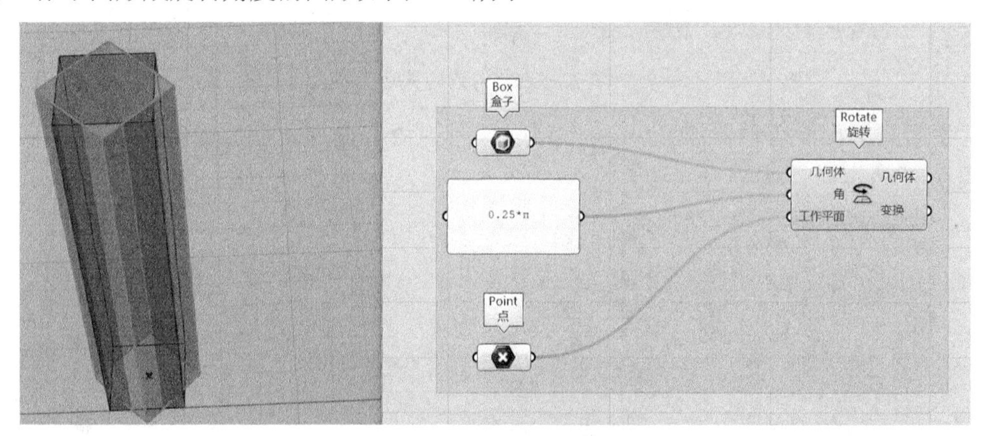

图 2.64　几何体旋转

2.8.4　结构柱参数

结构柱涉及各种参数，用户可以使用特定的运算器提取结构或信息，如图 2.65 所示。下面用一个结构柱的例子展示信息提取的过程。

使用 Brep Wireframe 运算器，可以提取结构柱的线框。

使用 Deconstruct Brep 运算器或 Deconstruct Box 运算器，可以进行解构操作，并将结果输出到列表。其中，Deconstruct Brep 解构出组成原结构体的结构，包括面、边缘、顶点等，并以列表（item）的形式输出，可以使用 List Item 指令接收列表。使用 Deconstruct Box 运算器分析原结构体的位置信息并输出，如图 2.66 所示。用户也可以使用 Box Properties 运算器、Area 运算器、Volume 运算器查看结构体的各种属性，如图 2.67 所示。

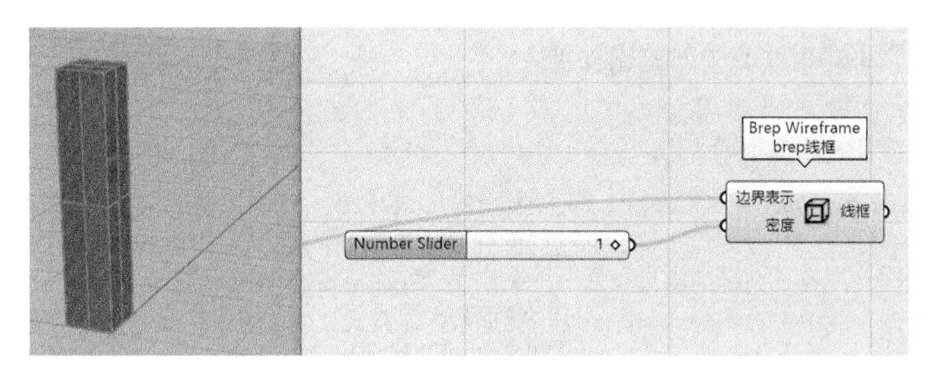

图 2.65 显示参数

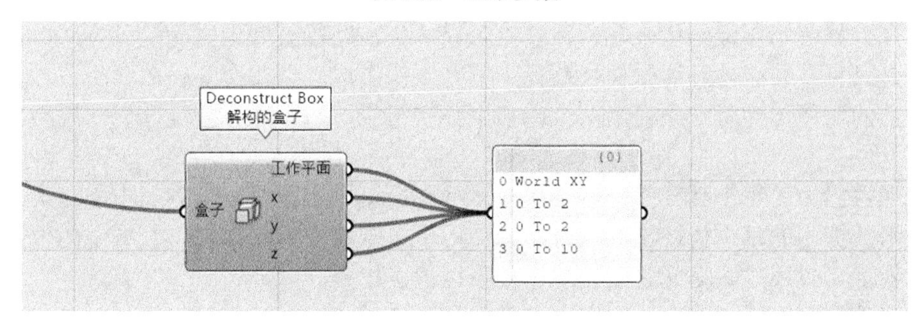

图 2.66 显示位置信息

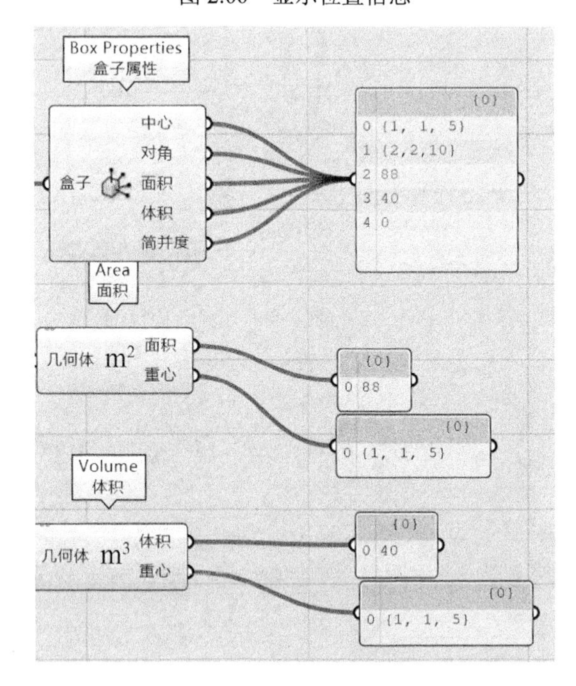

图 2.67 显示几何参数

2.9 Grasshopper 中的数据处理

2.9.1 树形数据的概念

在 Grasshopper 中，列表用于管理两个及以上的数据，每个数据都有对应的编号（索引），编号从 0 开始，在 Grasshopper 界面中显示为实线；树形数据用于组织两个或两个以上的列表，每个列表的编号也从 0 开始，在 Grasshopper 界面中显示为虚线。使用一个运算器生成多个数据时，会自动使用树形数据来管理。Grasshopper 中的数据可以说都是树形数据，即使有些数据是线性数据，但其实都是路径 0 下的，即线性数据是树形数据的一种特殊形式。

树形数据使用层级结构来管理树枝，可以从树枝路径直观地看到这种方式。最简单的情况是只有一层树枝，这时树枝路径由单个数据组成，即每个路径的索引值。当有两个及以上的树枝结构时，路径由两个或多个数字组成，每个数字指定分支在层级结构上的索引。

树形数据中的每个列表都是一个树枝，等同于单个数据是一个列表中的元素。

树形数据中的每个树枝都有一个路径，用于指定单个列表在树形数据中的位置，任何一个数都可以通过数据元素所在的树枝路径检索出来。

树形数据可以通过 Param Viewer 运算器进行查看，双击可以转换显示样式，如图 2.68 和图 2.69 所示。

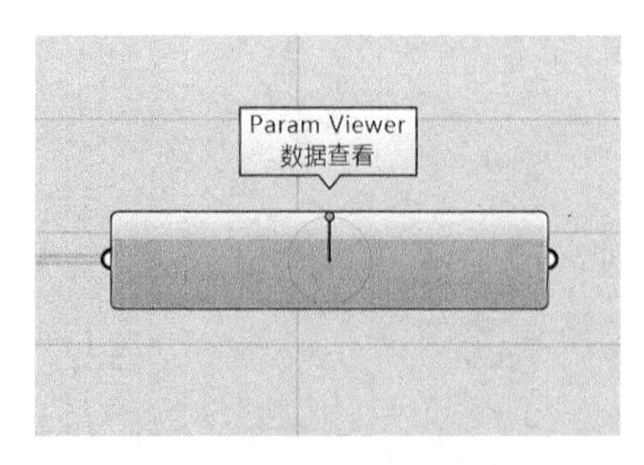

图 2.68　Param Viewer

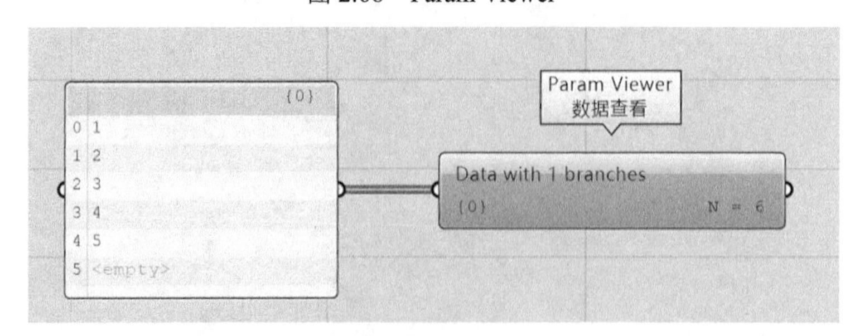

图 2.69　Param Viewer 示例

2.9.2　树形数据处理规则

树形数据适用于较为复杂的数据处理。树形数据可能是多个层次，且有不同的路径长度。现以路径长度为条件分情况介绍数据的配对方式。

在路径长度相等的情况下，若枝干数量相同，输入端的两组数据里枝干分别一一配对。若枝干数量不同，如图 2.70 所示，输入端的两组数据里枝干先一一配对，枝干较多组中多出来的枝干分别与枝干较少组的最后一个枝干配对。枝干配对后，每组配对好的枝干之间进行枝干内数据配对。运算方式依然分为 3 种，遵循前面讲到的线性数据的运算规律。

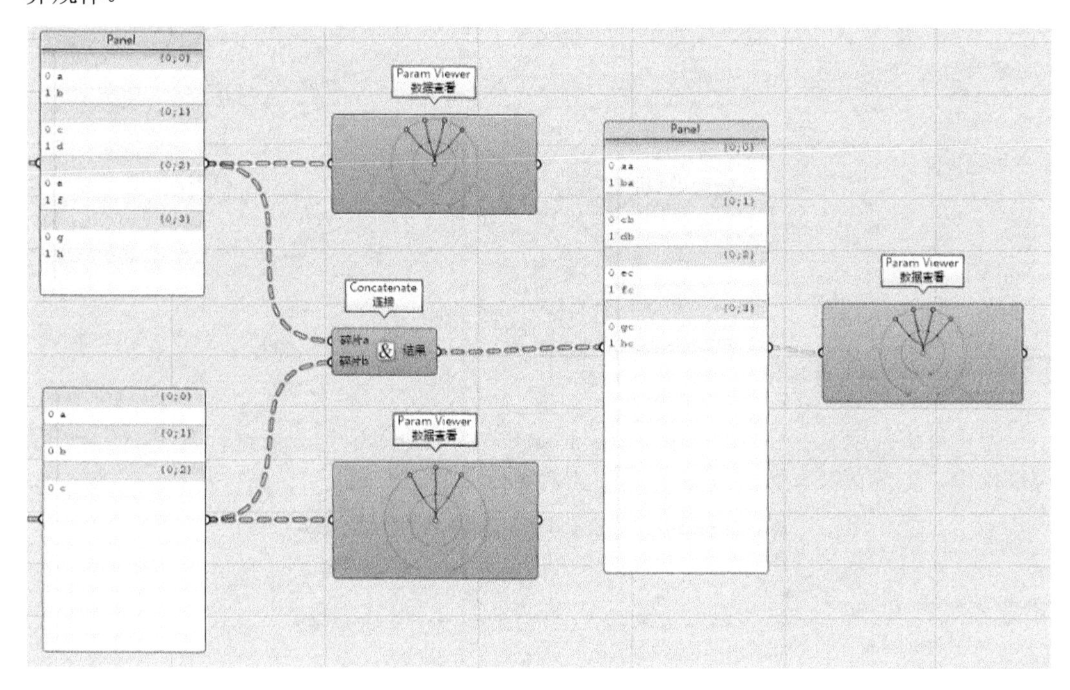

图 2.70　树形数据

当路径长度不相等时，在进行配对之前，首先要区分不同路径在运算次序上的优先级。排序的规律为：先从枝干最长的数组的树枝根部开始进行排序，直到枝干的顶端。然后是这条枝干最近的分叉，在这个分叉枝干里依然从根部的数据开始排列，直到分叉枝干的顶端，以此类推。最长的枝干排序结束后，再对第二长的枝干进行排序。以此类推，直到完成全部的排序。

运算器会对排序后的每个数组进行一对一的配对运算。在配对运算的过程中，遵循 Shortest list 模式、Longest list 模式和 Cross reference 模式的规则。下面的讲解以运算器默认的 Longest list 模式为例。数组都保存在树形数据的末端枝条中，如图 2.71 所示。当两个树形数据的末端枝条数量不一致而不能一一配对时，多出来一方的剩余数组将分别与另一方的最后一个数组进行配对，配对运算结果的路径以枝干较长的路径命名。

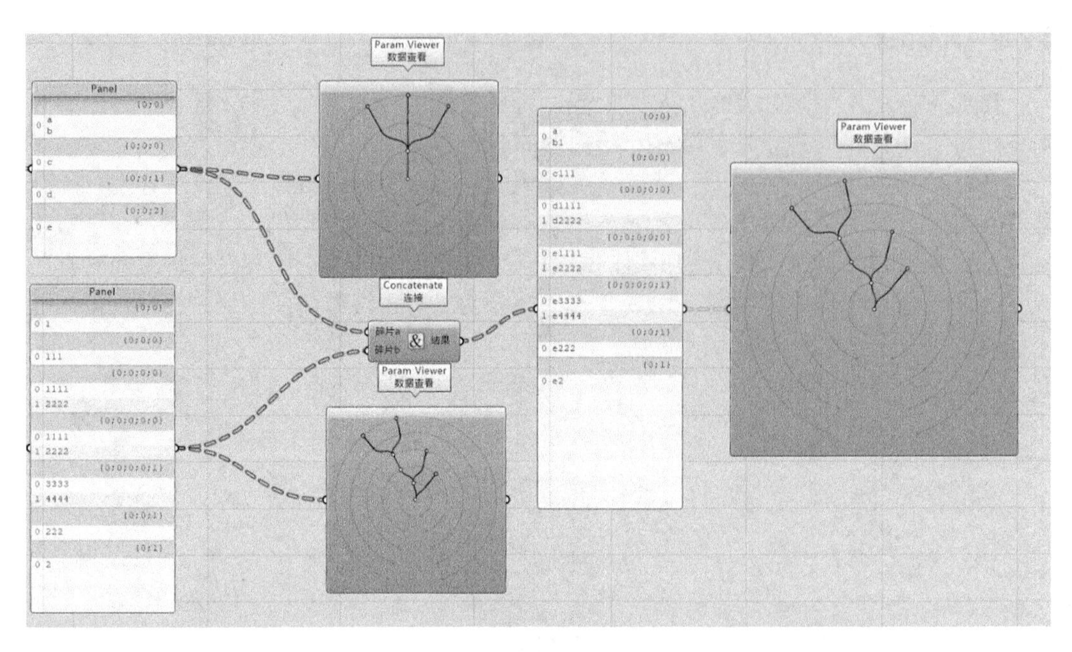

图 2.71　树形数据案例

2.9.3　树形数据的基本使用

用户可以使用 Sets 工具栏下的 Tree 工具集中的命令对数据列表进行查看、组合、筛选等操作，如图 2.72 所示。下面对其中的常用命令进行介绍。

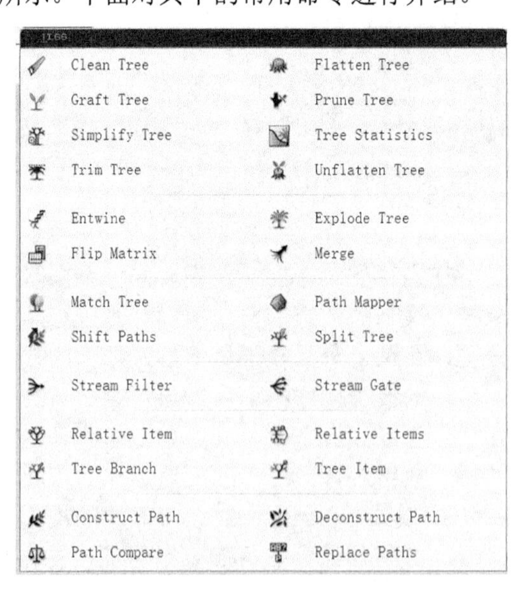

图 2.72　Tree 工具集

（1）Graft Tree：可将所有数据单独成组，放入单独的数据路径下，如图 2.73 所示。

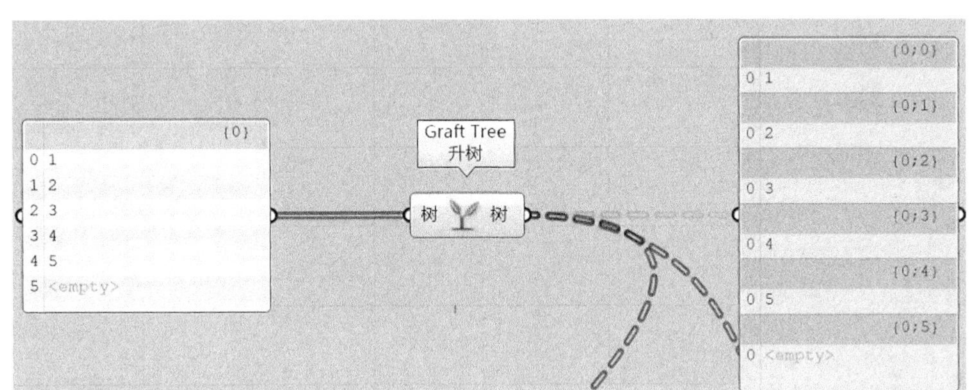

图 2.73 Graft Tree

（2）Shift Paths：其作用与 Graft Tree 相近，输入 1 与 Graft Tree 效果相同；输入大于 1 的数 n，即将数据放到高 n 级的路径中；输入-1，则将所有数据放入上一级路径。

（3）Flatten Tree：用于删除所有数据结构，将所有数据归入 0 的路径下。

（4）Unflatten Tree：根据指南端输入的参考数据，将数据结构拍平的数据进行数据还原，如图 2.74 所示。

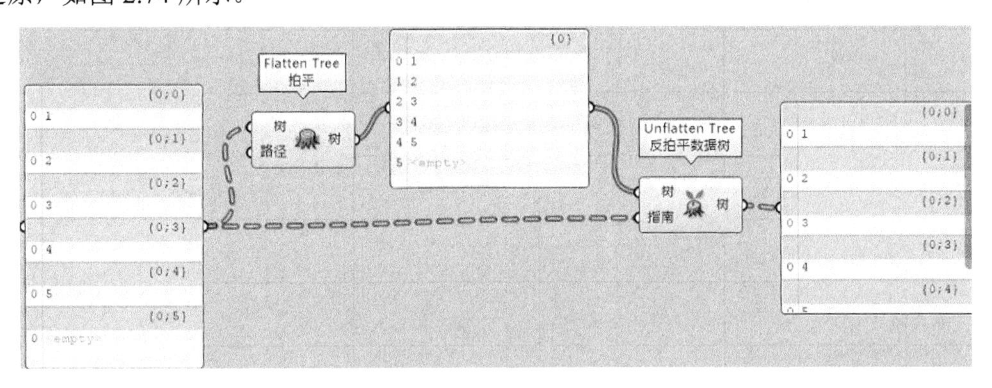

图 2.74 Unflatten Tree

（5）Prune Tree：用于删除数据结构中数据数量小于 N_0 或大于 N_1 的数据路径，如图 2.75 所示。

（6）Simplify Tree：可简化数据结构，对数据结构中多余、重复的数据路径进行简化，如图 2.76 所示。

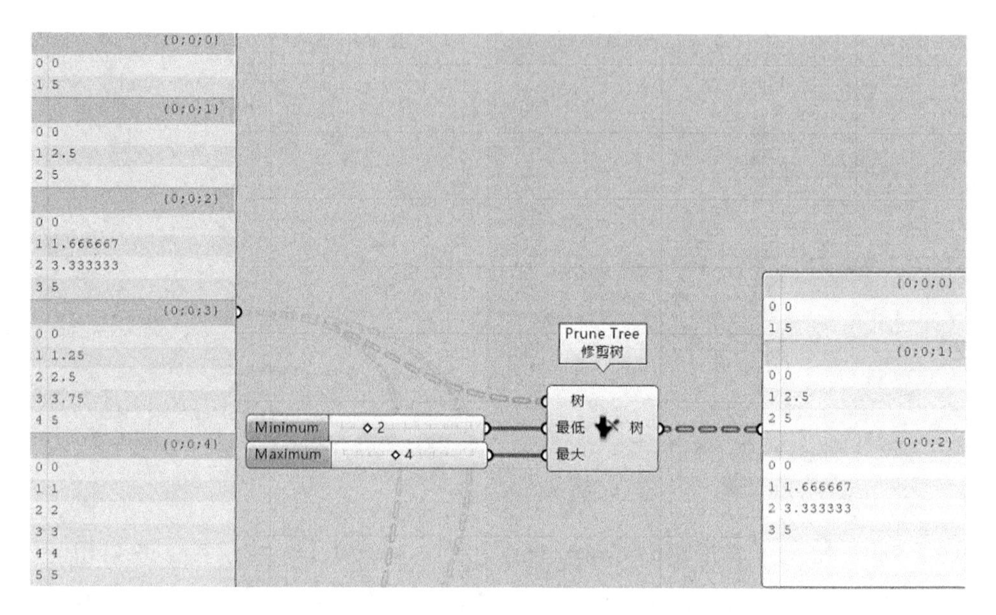

图 2.75　Prune Tree

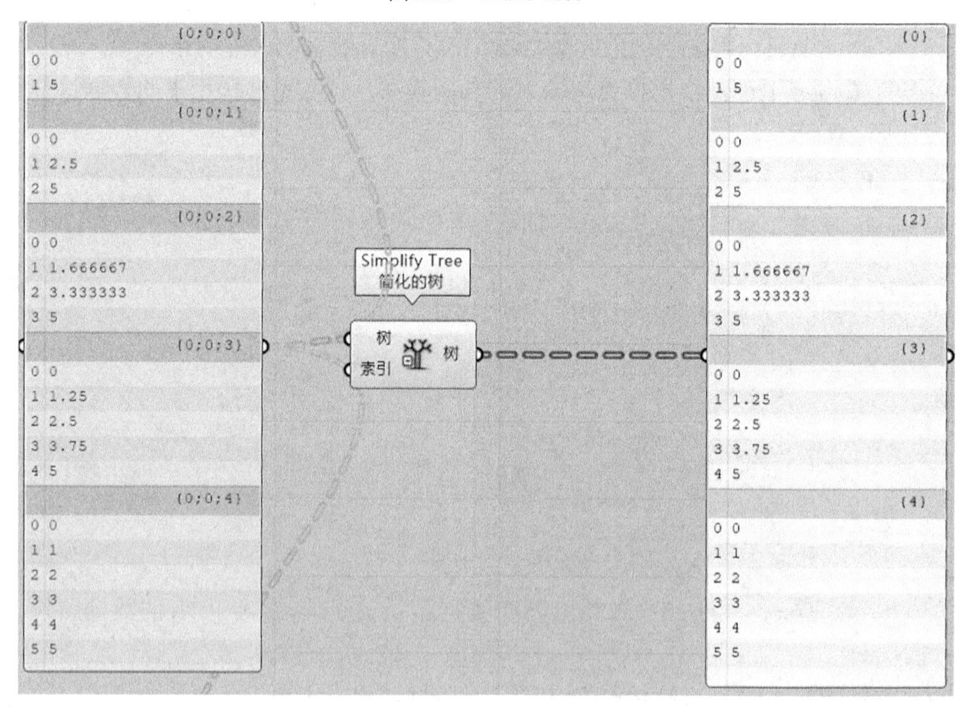

图 2.76　Simplify Tree

（7）Trim Tree：将最外围的数据合并到上一级来简化数据结构，如图 2.77 所示。

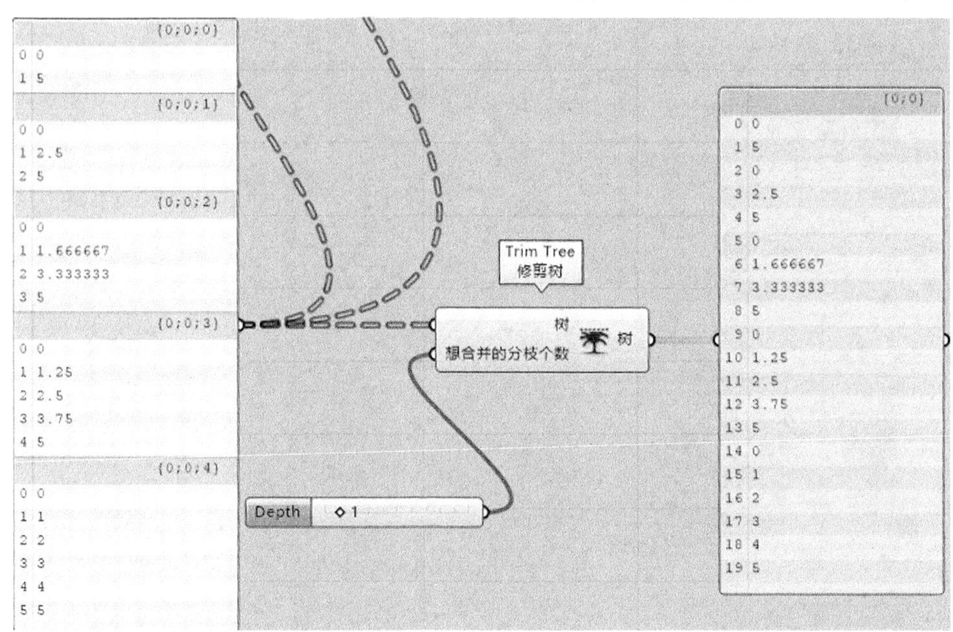

图 2.77　Trim Tree

（8）Clean Tree：用于删除非法路径以及数据为空的路径，如图 2.78 所示。

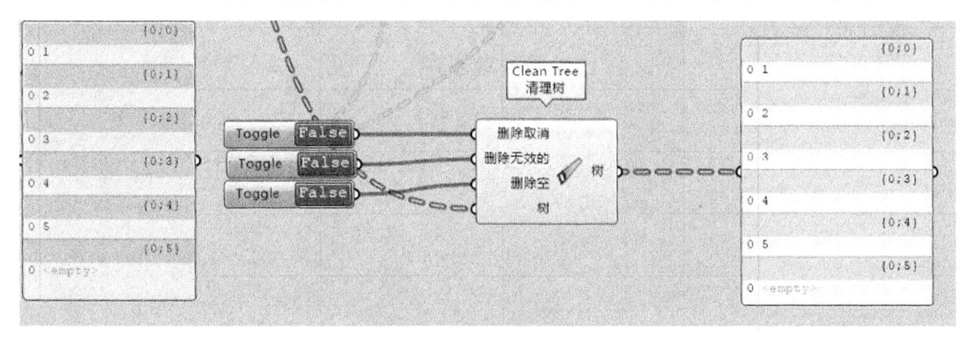

图 2.78　Clean Tree

（9）Tree Statistics：用于返回数据结构的各项数据，如图 2.79 所示。

（10）Entwine：用于将数据定制路径名后组合到一起。选择 Entwine 运算器并右击，在弹出的快捷菜单中选择 Flatten Inputs（拍平输入）命令，可取消默认的拍平输入端数据结构，如图 2.80 所示。

（11）Explode Tree：将数据结构分解成单独的路径进行输出，若输出端与数据结构的总数不一致则会报错，如图 2.81 所示。

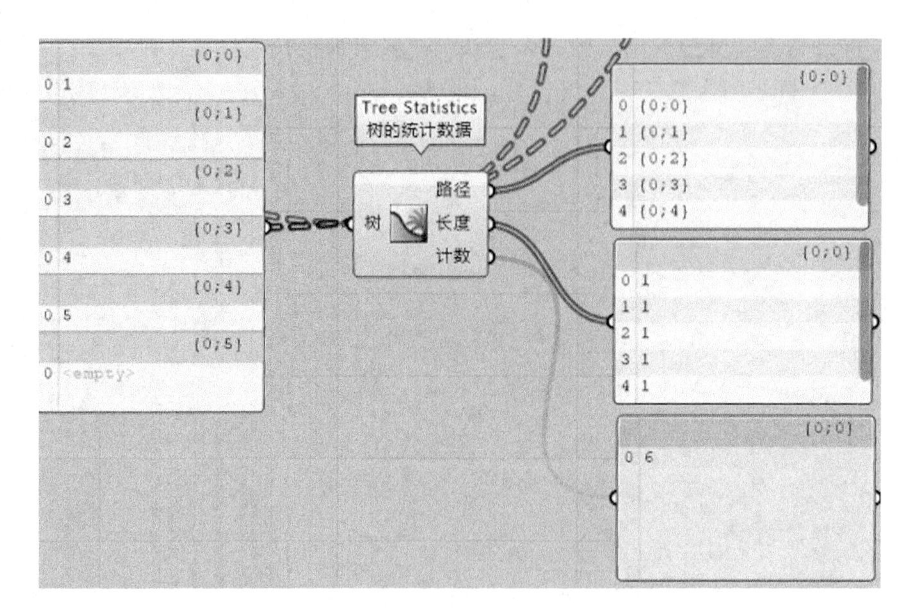

图 2.79　Tree Statistics

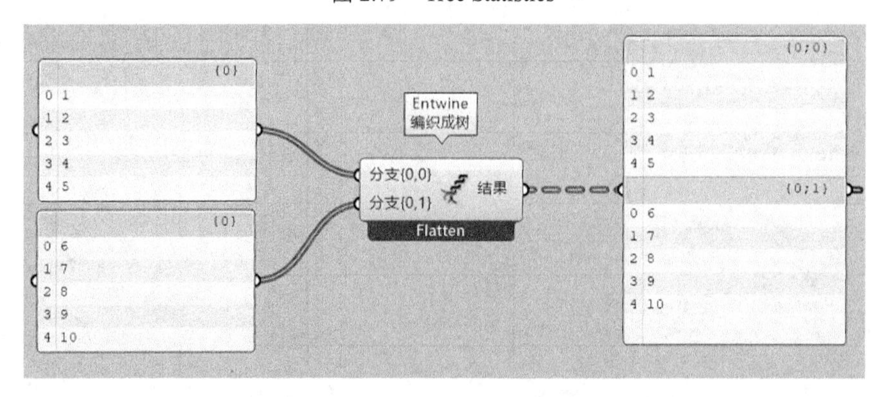

图 2.80　Entwine

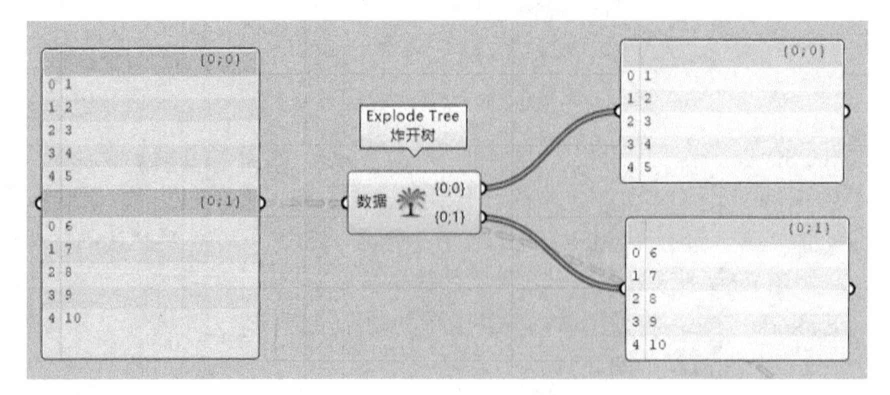

图 2.81　Explode Tree

（12）Merge：用于合并数据，如图 2.82 所示。

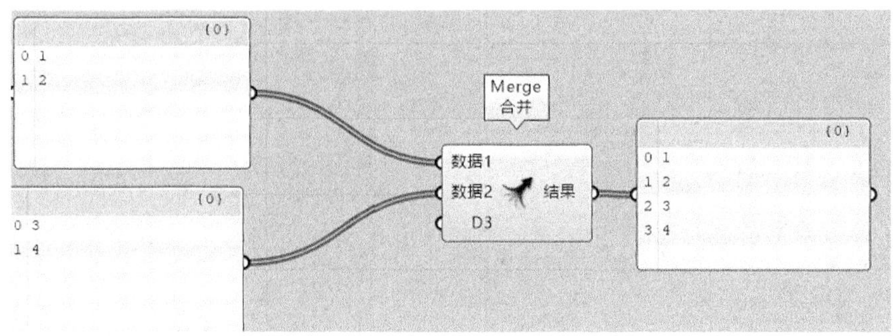

图 2.82 Merge

（13）Match Tree：用于匹配数据结构，将“要修改的树”端输入的数据结构匹配成与“需要的数据结构”端输入的数据结构的名称一致，若“要修改的树”和“需要的数据结构”输入端的数据是不相同的路径数量，则会报错，如图 2.83 所示。

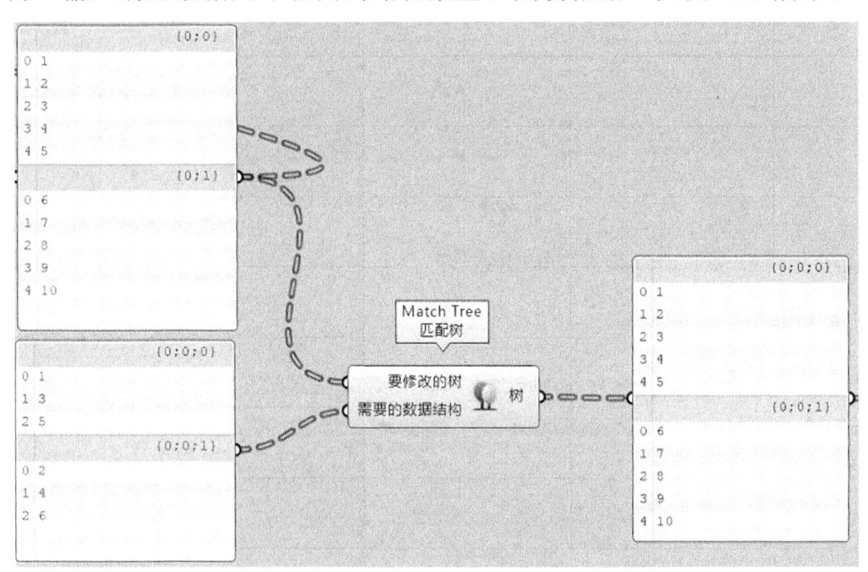

图 2.83 Match Tree

（14）Split Tree：用于输入需要被处理的树形数据，根据“掩码”端输入的数据被筛选/切分的规则，在“积极的”端输出符合筛选规则的数据，在“负”端输出不符合筛选规则的数据，如图 2.84 所示。

（15）Stream Filter：用于过滤数据流，如图 2.85 所示。

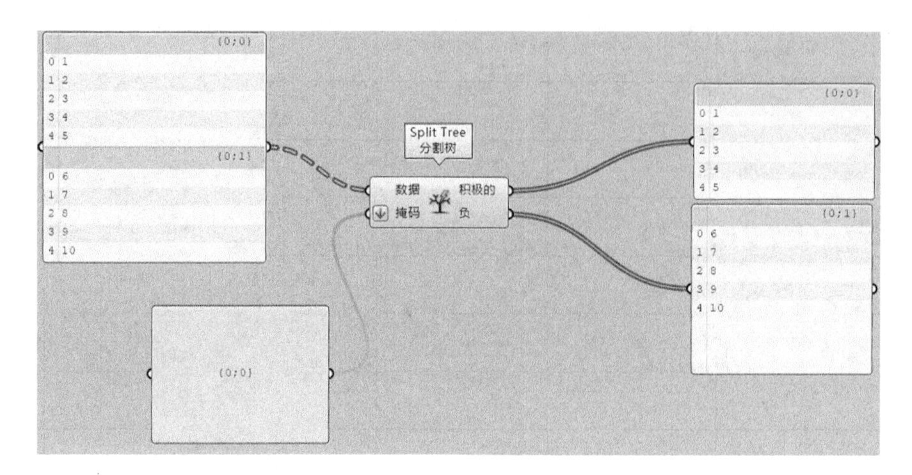

图 2.84 Split Tree

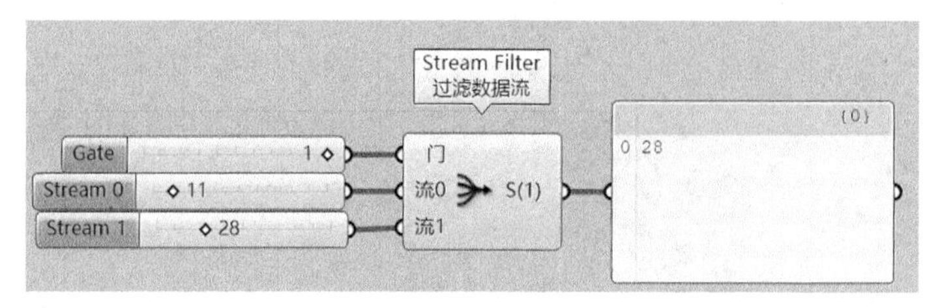

图 2.85 Stream Filter

2.9.4 运用 List 和 Sequence 功能处理数据

1. List 组

List 组主要用来对列表进行运算处理，是很常用和重要的部分，如图 2.86 所示。

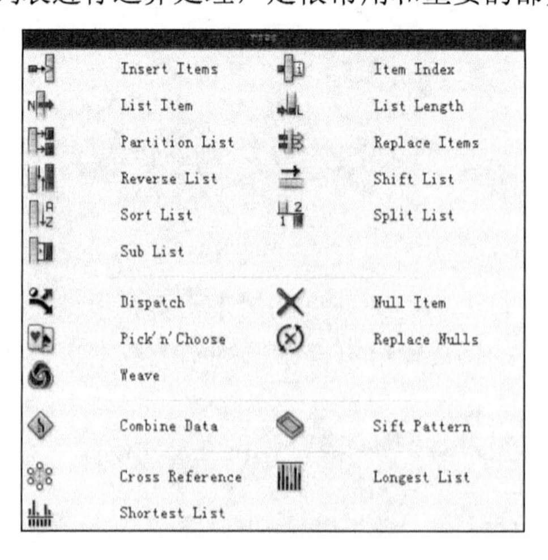

图 2.86 List 组

下面对 List 组中常用的运算器的功能进行介绍。

（1）Insert Items，如图 2.87 所示。在示例列表中编号 3 的位置插入文字“犀牛”。

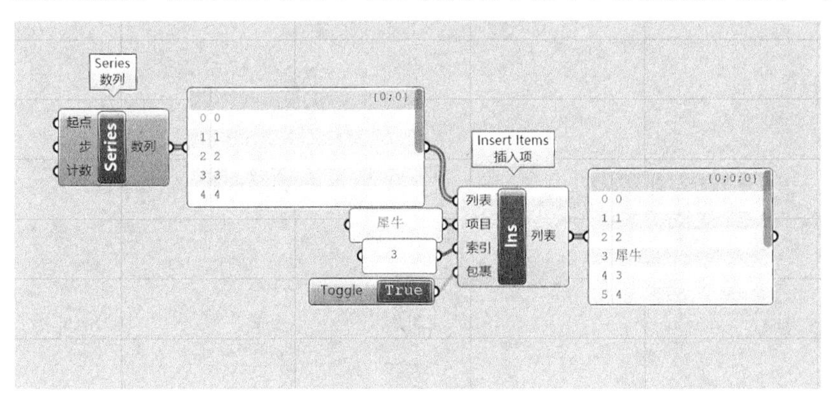

图 2.87　Insert Items

Insert Items：插入数据到列表中。

输入端“列表”：要插入数据的目标列表。

输入端“项目”：插入什么数据。

输入端“索引”：插入数据的编号。

输入端“包裹”：控制插入数据是否循环。

输出端“列表”：已插入的结果列表。

（2）List Item，如图 2.88 所示。在示例列表中选择编号为 2 的数据。

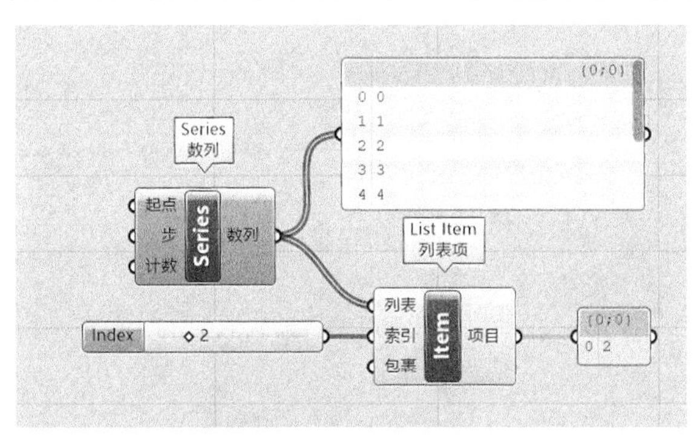

图 2.88　List Item

List Item：根据编号选择列表中的数据。

输入端“列表”：需要选择数据的原始列表。

输入端“索引”：选择数据的编号。

输入端“包裹”：控制选择数据是否循环。

输出端“项目”：已选择的数据。

（3）Partition List，如图 2.89 所示。将示例列表划分成两个数据一组的列表。

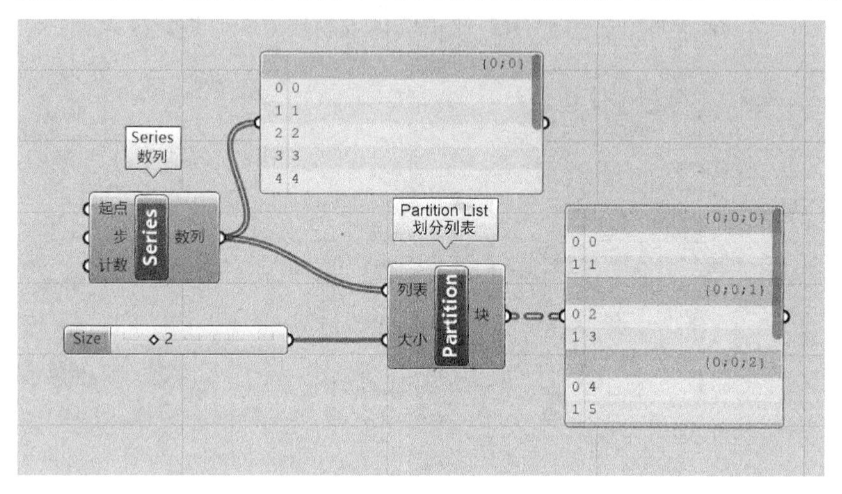

图 2.89　Partition List

Partition List：按数量划分列表。

输入端“列表”：需要作为划分数据的原始列表。

输入端“大小”：指定多少个数据划分在一起。

输出端“块”：划分的数据列表。

（4）Reverse List，如图 2.90 所示。

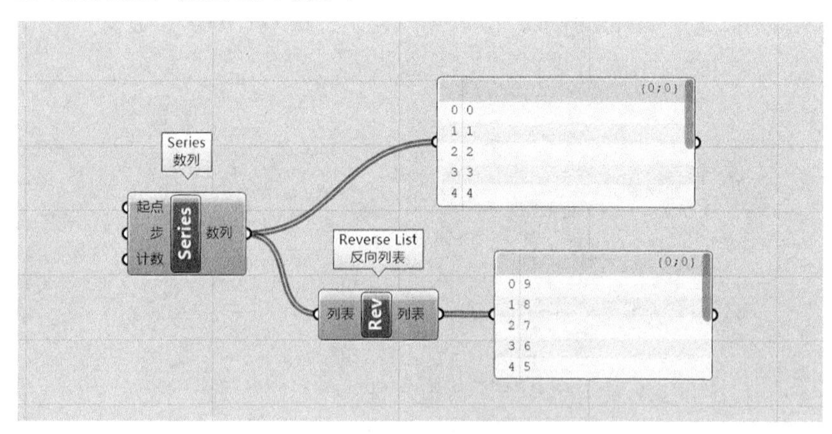

图 2.90　Reverse List

Reverse List：反转数据列表的顺序。

输入端“列表”：需要反转的列表。

输出端“列表”：反转后的列表。

（5）Sort List，如图 2.91 所示。

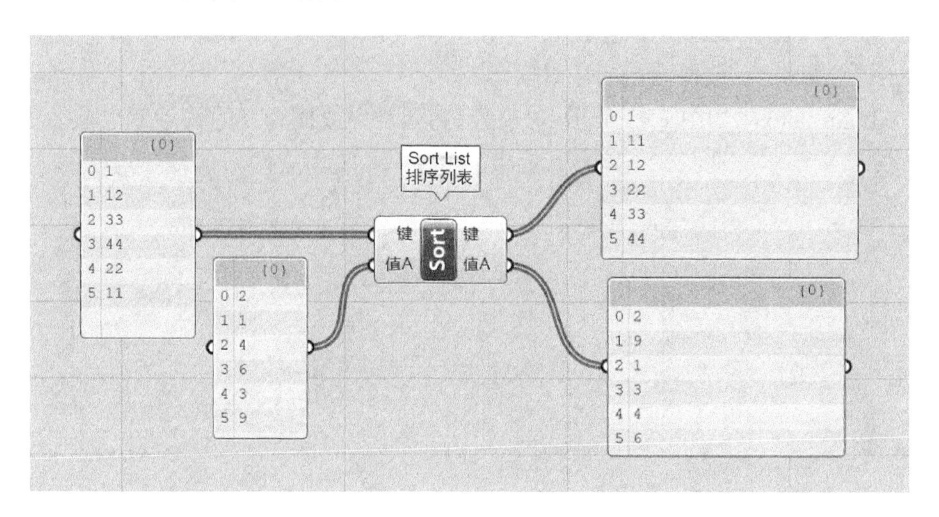

图 2.91 Sort List

Sort List：排序列表，按照编号的大小顺序排列编号和与编号关联的对象。

输入端“键”：需要排列的列表数据（数值、字符等）。

输入端“值 A”：需要排序的物体对象。

输出端“键”：排列好的列表数据。

输出端“值 A”：已排序的物体对象。

（6）Sub List，如图 2.92 所示。选取示例列表中编号 2 到编号 4 的数据。

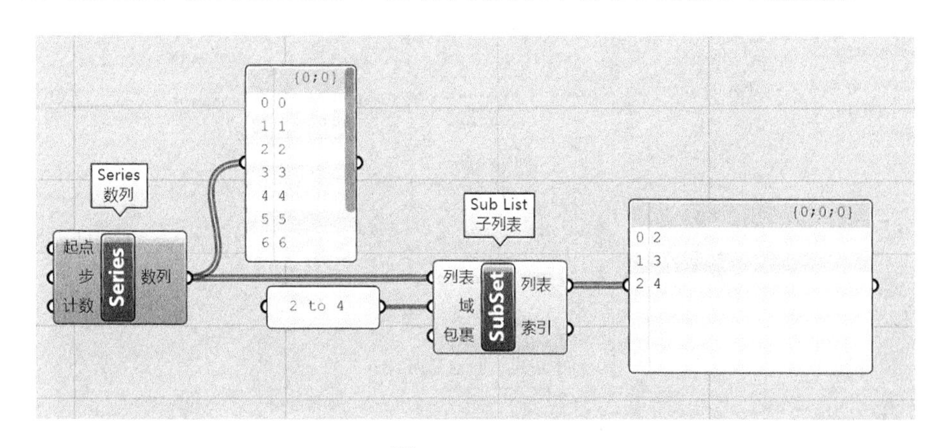

图 2.92 Sub List

Sub List：输入一个区间，将元列表在指定区间内的项选择出来。

输入端“列表”：原始数据列表。

输入端“域”：选取数据的区间，作为分割依据。

输入端“包裹”：控制是否映射超出范围的数据区间。

输出端“列表”：选取的数据列表。

输出端“索引”：选取数据的项目索引。

（7）Item Index，如图 2.93 所示。找出示例列表中数据为 3 的编号。

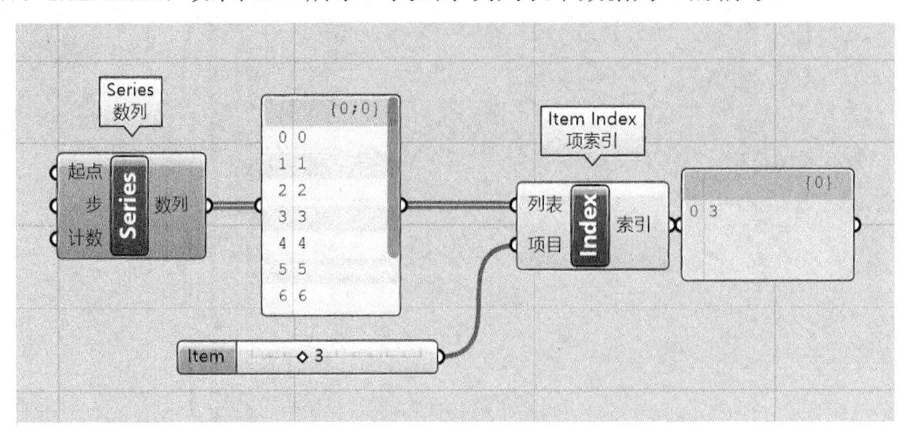

图 2.93 Item Index

Item Index：检索数据列表中的某一项，输出它的编号。

输入端“列表”：检索的目标数据列表。

输入端“项目”：检索的数据值。

输出端“索引”：检索数据的编号。

（8）List Length，如图 2.94 所示。显示出示例列表的长度。

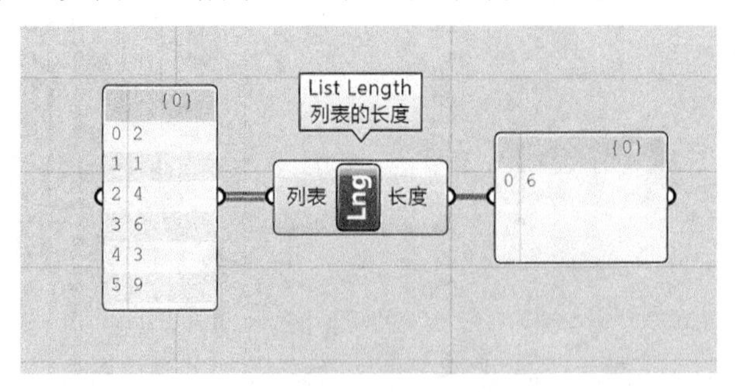

图 2.94 List Length

List Length：计算数据列表的长度。

输入端“列表”：需要计算长度的列表。

输出端“长度”：列表长度。

（9）Replace Items，如图 2.95 所示。将文字“犀牛”插入到示例列表编号 3 的位置。

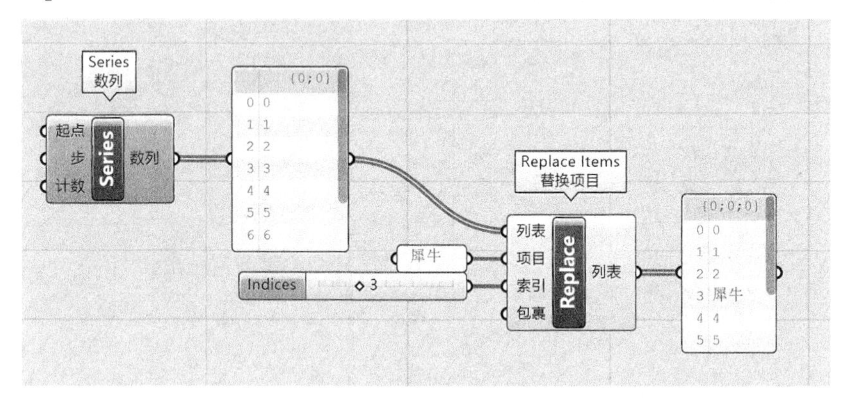

图 2.95 Replace Items

Replace Items：替换列表指定项的数据内容。

输入端“列表”：需要作为替换数据的原始列表。

输入端“项目”：需要替换的数据。

输入端“索引”：替换数据第几项的编号。

输入端“包裹”：控制是否循环替换数据。

输出端“列表”：替换数据后的列表。

（10）Shift List，如图 2.96 所示。将示例列表向正值方向偏移 2 个单位。

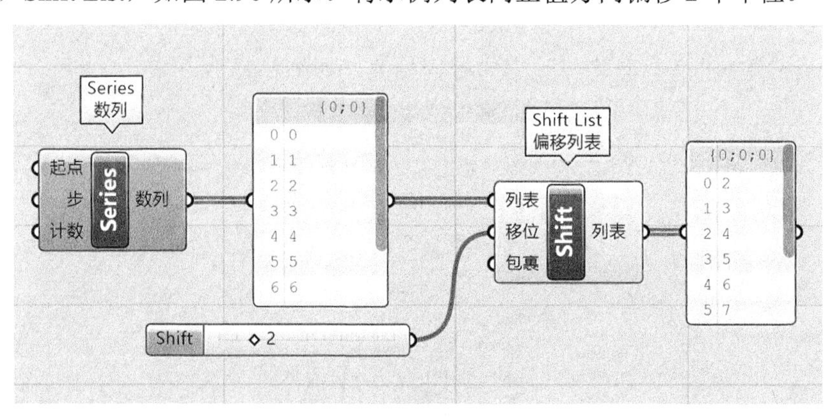

图 2.96 Shift List

Shift List：根据输入值偏移数据，向上或向下滚动列表。

输入端“列表”：需要偏移数据的原始列表。

输入端“移位”：偏移数量（正值为向上滚动，负值为向下滚动）。

输入端“包裹”：为 True 时，保留数据；为 False 时，删除数据。

输出端“列表”：偏移后的列表。

（11）Split List，如图 2.97 所示。将示例列表在编号 5 的位置上划分成两个列表。

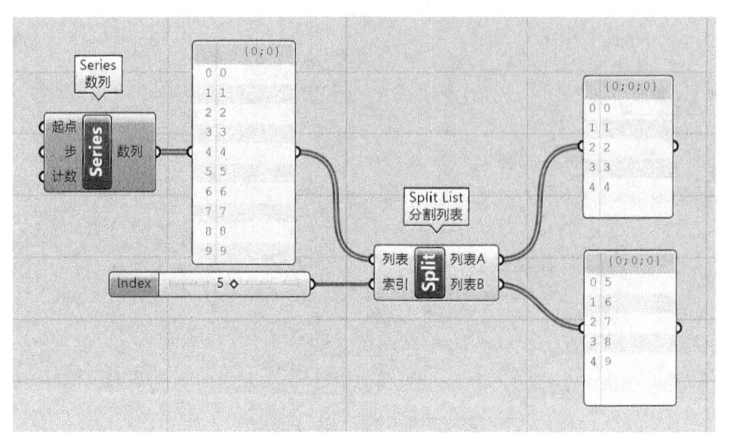

图 2.97　Split List

Split List：根据输入编号，将数据列表划分为两个列表。
输入端“列表”：需要划分的原始数据列表。
输入端“索引”：在哪个编号上进行划分。
输出端“列表 A”：分割出的列表。
输出端“列表 B”：分割出的列表。

2. Sequence 组

Sequence 组中的运算器均与数据的处理相关，如图 2.98 所示。

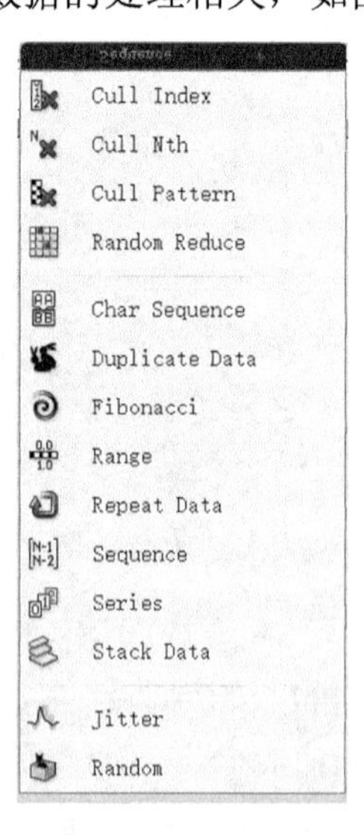

图 2.98　Sequence 组

下面分别介绍各运算器的功能。

（1）Cull Index，如图 2.99 所示。删除示例列表中编号 5 对应的数据。

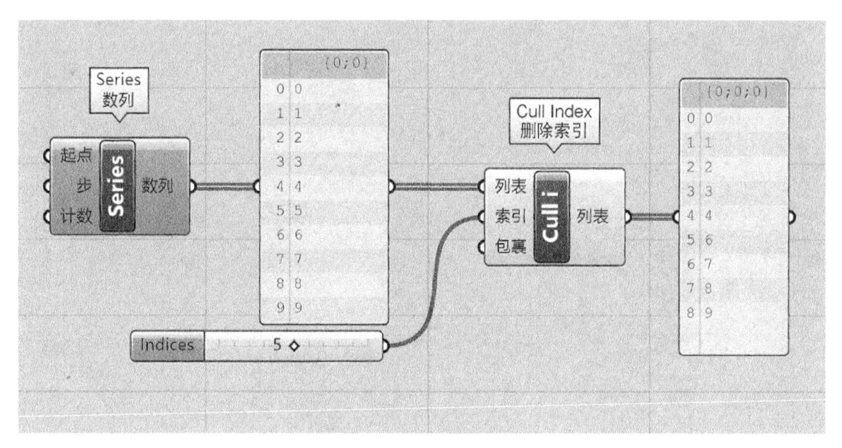

图 2.99　Cull Index

Cull Index：将列表上指定编号的数据删除。

输入端“列表”：要删除的数据所属的原数据列表。

输入端“索引”：要删除的数据编号。

输入端“包裹”：控制删除操作是否循环。

输出端“列表”：删除数据后的列表。

（2）Cull Nth，如图 2.100 所示。移除示例列表中奇数编号的数据。

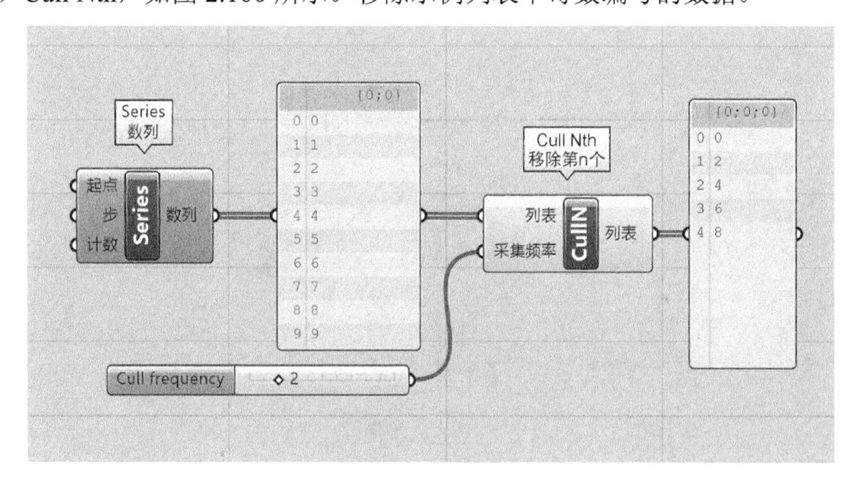

图 2.100　Cull Nth

Cull Nth：移除列表中的第 n 个数据（往后循环，直到列表结束）。

输入端“列表”：需要移除的数据列表。

输入端“采集频率”：列表中的排列编号。

输出端“列表”：移除数据后的列表。

（3）Cull Pattern，如图 2.101 所示。根据布尔值（0，1，0）来筛选示例列表。

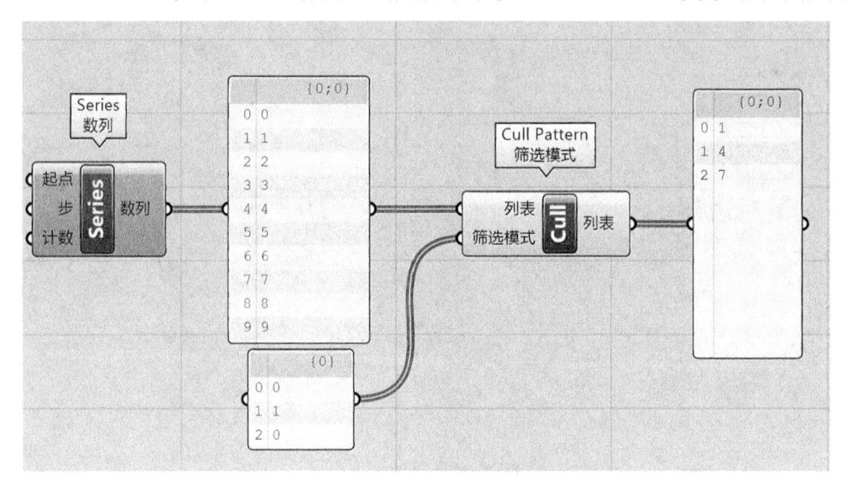

图 2.101　Cull Pattern

Cull Pattern：根据布尔值来保留或删除数据。

输入端“列表”：需要操作的数据列表。

输入端“筛选模式”：输入布尔值（循环）。

输出端“列表”：筛选后的列表。

（4）Random Reduce，如图 2.102 所示。将示例列表随机减少 3 个数据。

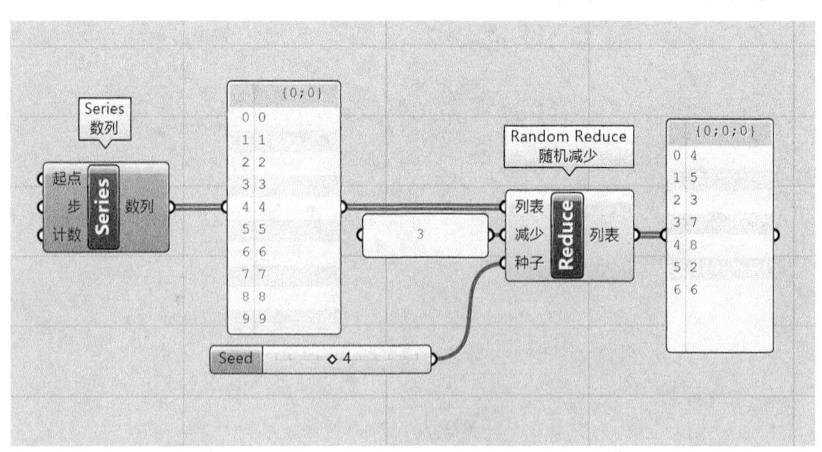

图 2.102　Random Reduce

Random Reduce：随机从一个列表中删除指定数目的数据。

输入端“列表”：输入被删除数据。

输入端“减少”：删除数据的数量。

输入端“种子”：随机值控制。

输出端“列表”：随机减少后的列表。

（5）Duplicate Data，如图 2.103 所示。将示例列表复制一组。

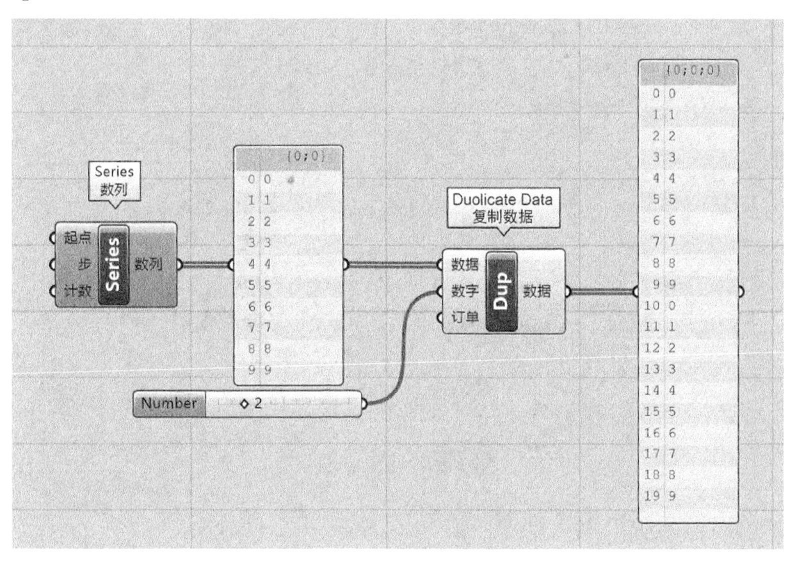

图 2.103　Duplicate Data

Duplicate Data：复制数据。

输入端“数据”：需要复制的原始数据。

输入端“数字”：需要复制多少次。

输入端“订单”：布尔值，是否保持数据排序。

输出端“数据”：复制后的列表。

（6）Fibonacci，如图 2.104 所示。

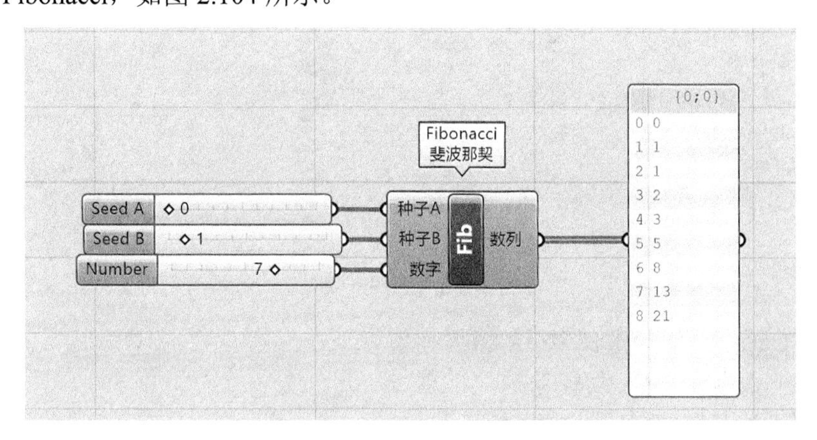

图 2.104　Fibonacci

Fibonacci：斐波那契数列，设置 A、B 两项，第 N 项等于前两项的综合。
输入端“种子 A”：斐波那契数列第一项。
输入端“种子 B”：斐波那契数列第二项。
输入端“数字”：数列中数字的个数。
输出端“数列”：按照输入端要求得到的斐波那契数列。
（7）Range，如图 2.105 所示。

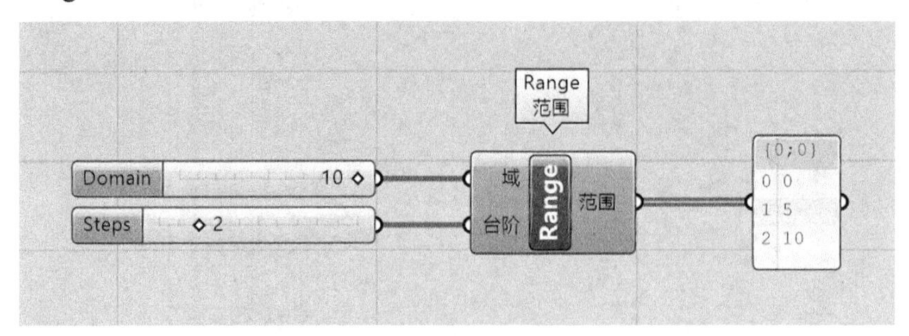

图 2.105　Range

Range：将一个给定范围区间等分。
输入端“域”：范围区间。
输入端“台阶”：平均分成多少份。
输出端“范围”：等分得到的列表。
（8）Repeat Data，如图 2.106 所示。

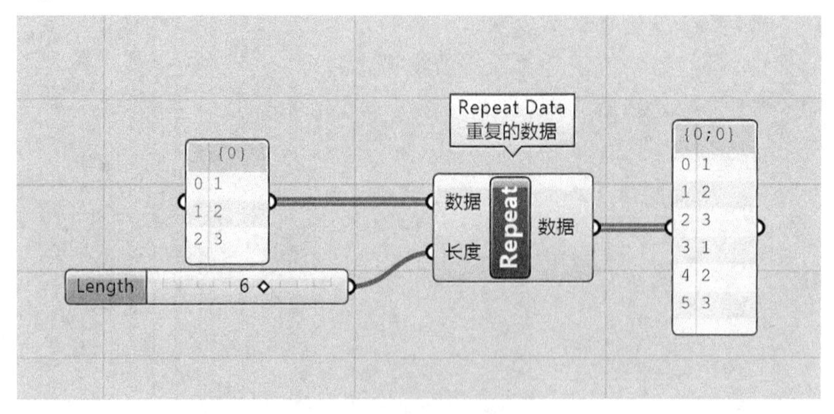

图 2.106　Repeat Data

Repeat Data：按照给定长度循环数据列表。
输入端“数据”：输入数据列表。
输入端“长度”：重复的列表长度。
输出端“数据”：重复后的列表。

（9）Sequence，如图 2.107 所示。

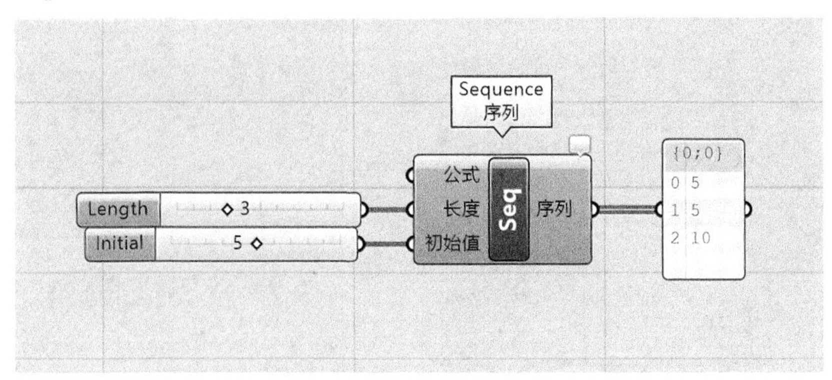

图 2.107　Sequence

Sequence：根据设置列表长度和预排文字产生列表数据。

输入端“公式”：输入计算公式，默认为斐波那契数列公式。

输入端“长度”：计算结果列表长度。

输入端“初始值”：计算公式初始值。

输出端“序列”：结果列表。

（10）Stack Data，如图 2.108 所示。

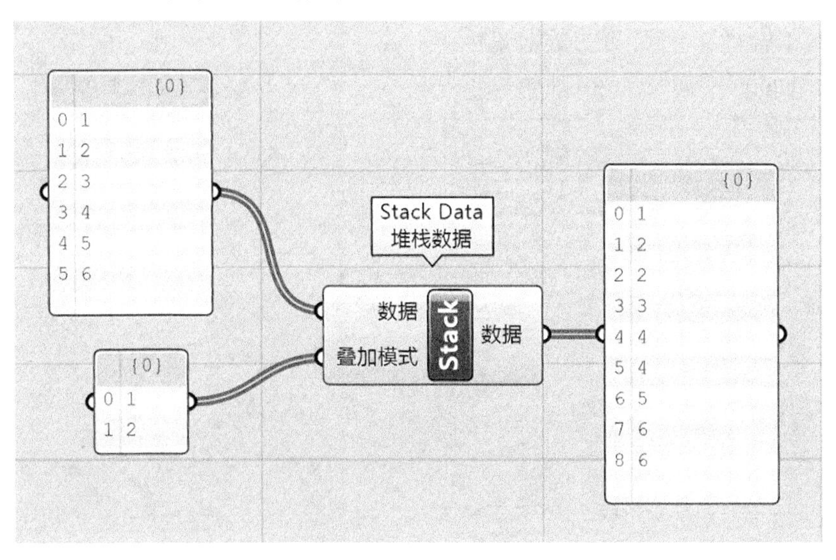

图 2.108　Stack Data

Stack Data：根据指定的叠加数量来生成列表数据。

输入端“数据”：需要叠加的数据列表。

输入端“叠加模式”：叠加的数据列表。

输出端“数据”：叠加后的数据列表。

（11）Jitter，如图 2.109 所示。

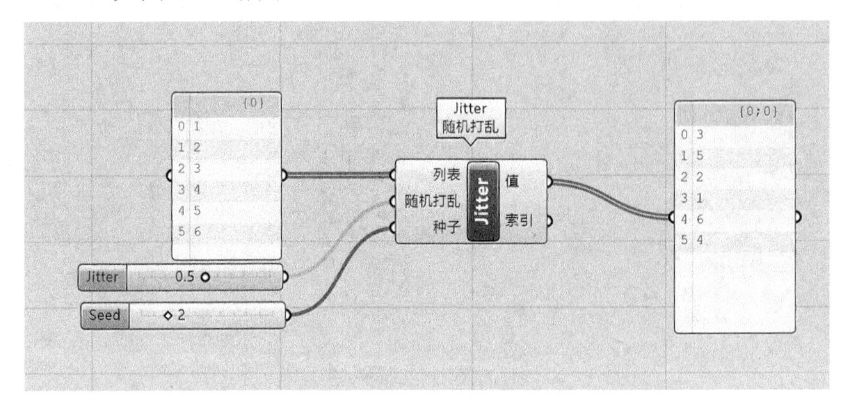

图 2.109 Jitter

Jitter：打乱数据重新排列。

输入端“列表”：需要打乱的数据。

输入端“随机打乱”：打乱强度（0 为无变化，1 为完全打乱）。

输入端“种子”：打乱随机种子值。

输出端“值”：打乱后的数据。

输出端“索引”：打乱后的数据编号。

（12）Random，如图 2.110 所示。

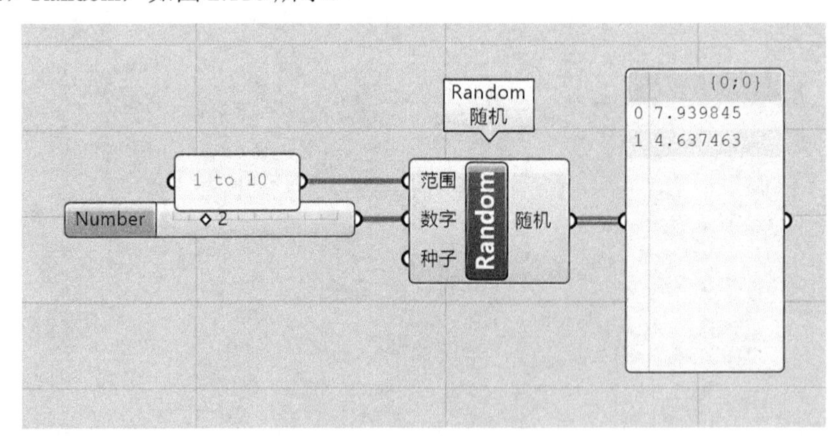

图 2.110 Random

Random：常用的运算器，随机产生一组数。

输入端“范围”：随机生成的范围。

输入端“数字”：随机生成的个数。

输入端“种子”：随机的种子值。
输出端“随机”：得到的随机数据。
（13）Char Sequence，如图 2.111 所示。

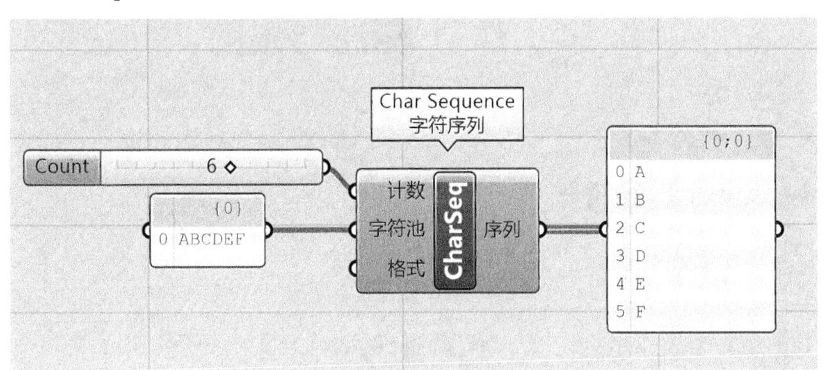

图 2.111 Char Sequence

Char Sequence：创建 1 个文本字符序列。
输入端“计数”：序列中元素的个数。
输入端“字符池”：序列中可用元素。
输入端“格式”：掩码格式选择。
输出端“序列”：所得到的结果序列。
（14）Series，如图 2.112 所示。

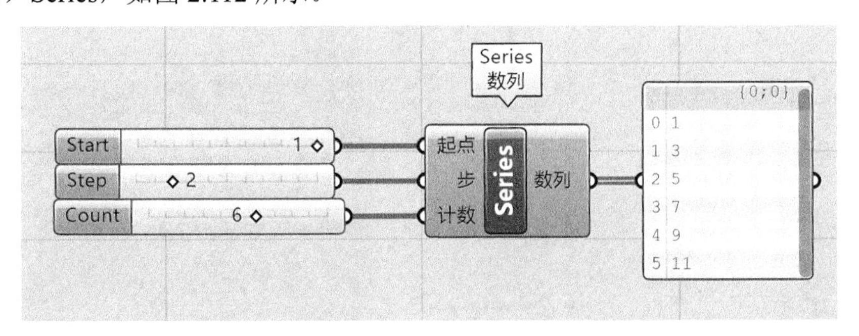

图 2.112 Series

Series：创建一个数列。
输入端“起点”：数列初始值。
输入端“步”：数列的步长。
输入端“计数”：数列中值的个数。
输出端“数列”：所得到的数列。

第 3 章　标注与出图

3.1　Grasshopper 标注简介

3.1.1　Text Tag 运算器

Text Tag 运算器的作用为定义一个几何体的名称及显示颜色。用户需要在 Location（位置）端口输入需要定义的集合体，并分别在输入端输入定义的文本及颜色，即可在 Rhino 界面中看到相应的变化。示例中定义了（0，0，0）坐标点显示蓝色“原点”字样，如图 3.1～图 3.3 所示。

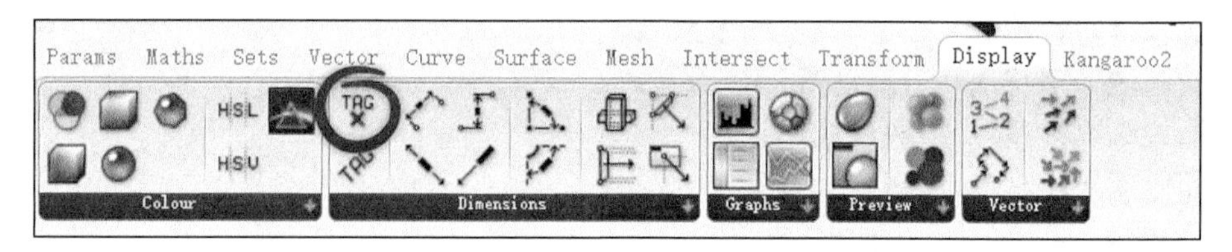

图 3.1　Text Tag

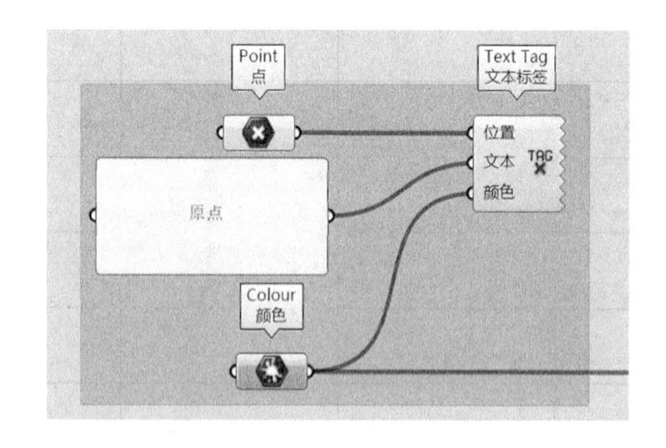

图 3.2　Text Tag 应用

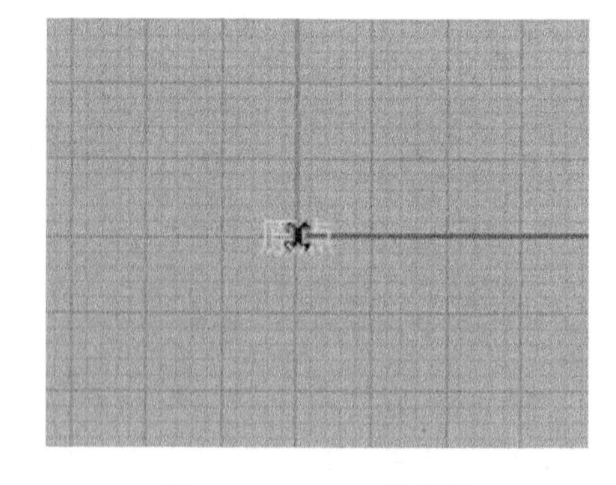

图 3.3　Text Tag 示意图

3.1.2　Text Tag 3D 运算器

Text Tag 3D 运算器为指定显示在某一平面的运算器。在 Location 输入端，输入指定平面，相应地输入定义文本、字体大小、文字颜色等，在对应平面即出现相应的文本。

与 Text Tag 运算器不同的是，Text Tag 3D 运算器显示在固定的平面中，而不会像 Text Tag 运算器显示的文字一样随时朝向屏幕。Text Tag 3D 运算器默认左下角与（0，0，0）坐标对齐，若想改变文字位置，可在 Justification（对齐）输入端输入需要对齐的位置。具体如图 3.4～图 3.6 所示。

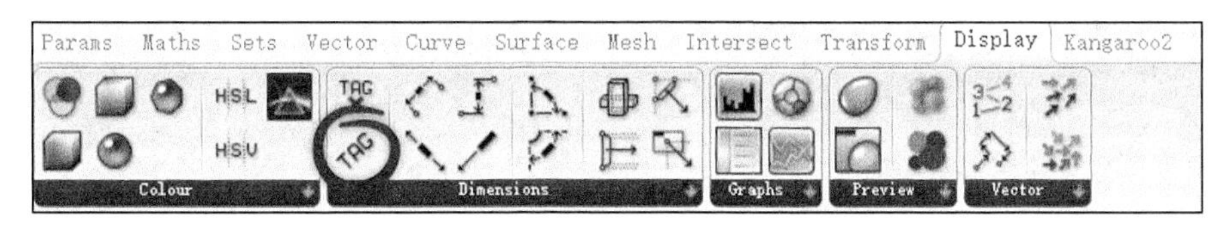

图 3.4　Text Tag 3D

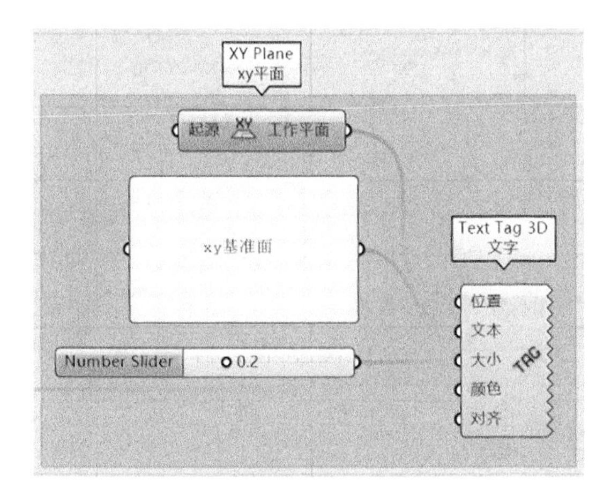

图 3.5　Text Tag 3D 应用

图 3.6　Text Tag 3D 示意图

3.1.3　Aligned Dimension 运算器

Aligned Dimension 运算器用于在两点间绘制标注。在该运算器的输入端需要输入显示该标注的工作平面、标注的起点与终点、标注文本的偏移量与大小，必要时可添加文本进行描述。若用包含文本的 Panel 与文本输入端相连，标注内容即被替换。具体如图 3.7～图 3.9 所示。

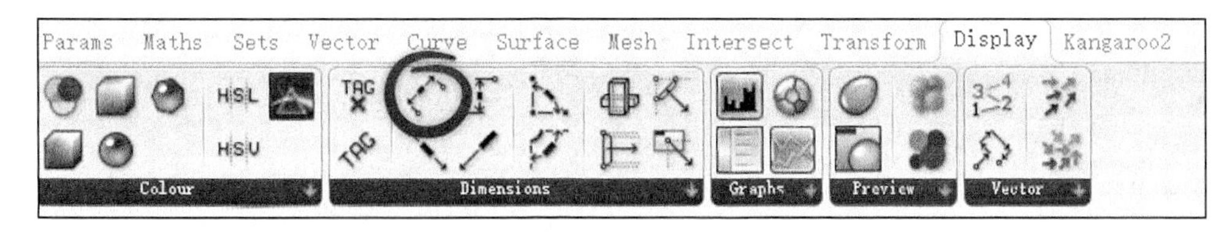

图 3.7　Aligned Dimension

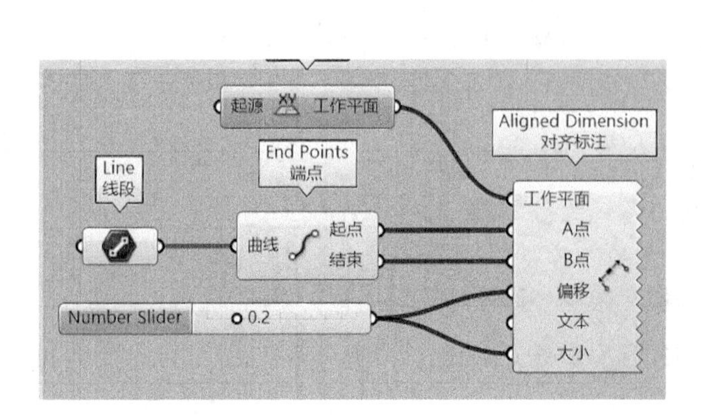

图 3.8 Aligned Dimension 应用

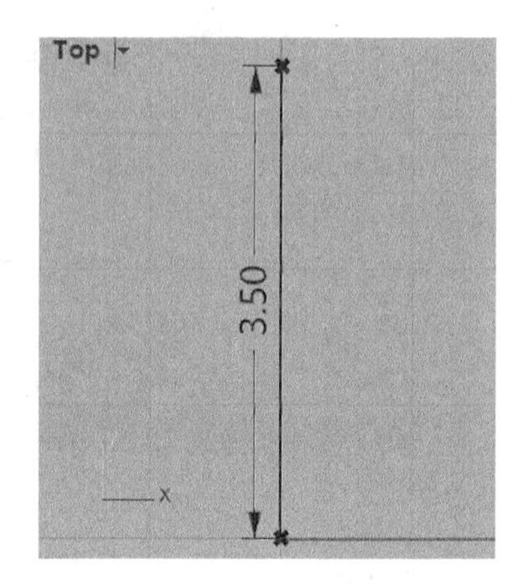

图 3.9 Aligned Dimension 示意图

3.1.4 Line Dimension 运算器

Line Dimension 运算器可视为 Aligned Dimension 运算器的简化版，只需输入线段、文本（可不输入）、大小。与 Aligned Dimension 运算器不同，Line Dimension 运算器标注的数据直接为线段的长度，而非其在某一平面上的投影长度。此外，该标注直接与标注线段重合。具体如图 3.10～图 3.12 所示。

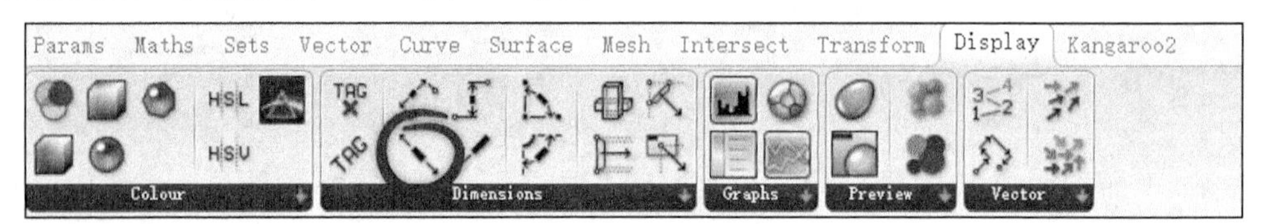

图 3.10 Line Dimension

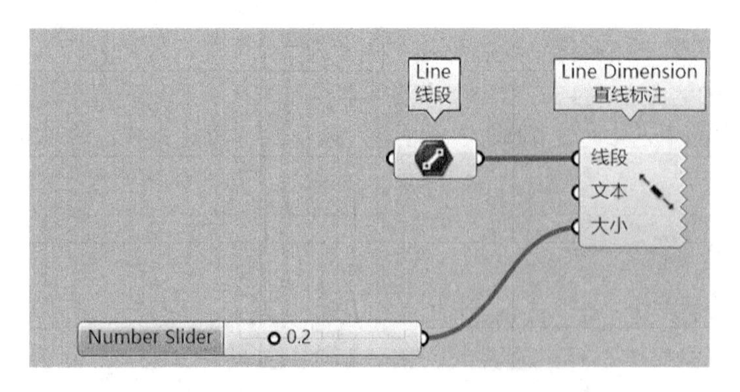

图 3.11 Line Dimension 应用

图 3.12 Line Dimension 示意图

3.2 运用 Rhino 标注和出图

Rhino 还可以生成模型的二维图纸。Rhino 有以下注解内容：尺寸标注、文字方块、标注引线、注解点和剖面线。

3.2.1 Rhino 标注

用户可以在所有工作视窗中标注尺寸。这些尺寸与当前视窗的工作平面是平行的，尺寸标注指令配合物件锁点一起使用，为模型提供精确的数值。Rhino 中有许多不同类型的尺寸标注方式用于注释模型。本节研究直线、半径、直径和角度等尺寸标注方式。

注解样式控制尺寸和文本标注的显示方式。例如，尺寸标注文字位于尺寸标注线上方还是尺寸标注线内部，尺寸标注线的端点显示为箭头、斜线或圆点，尺寸标注的文字为小数、分数或英尺和英寸。新模型将以默认的注解样式打开。

用户可以新增其他注解样式，将目前的注解样式分配成新增的样式，或者修改目前的注解样式，以使所有尺寸标注的样式都随之更新。用户还可以从其他模型中导入一个注解样式，或者将注解样式添加到模板中，以便打开新模型时能始终找到该样式。

尺寸标注类型如图 3.13 和图 3.14 所示。

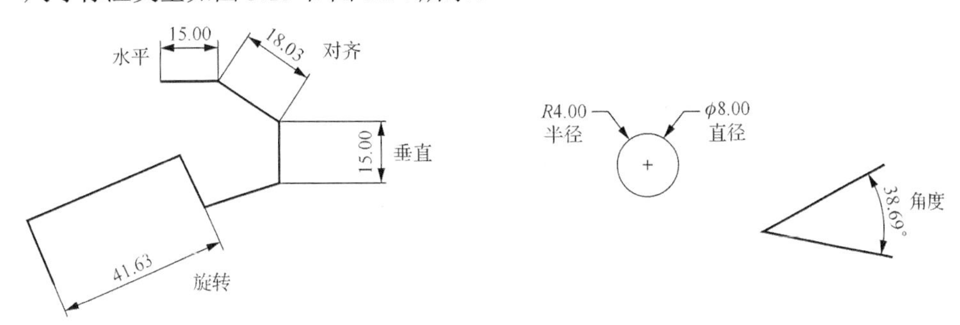

图 3.13 尺寸标注类型 1

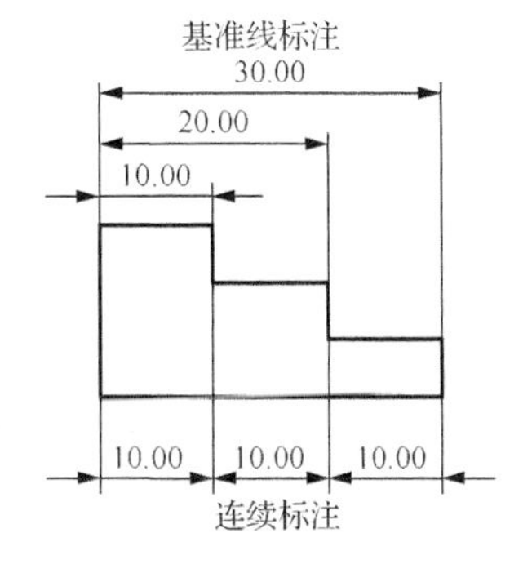

图 3.14 尺寸标注类型 2

3.2.2 Rhino 出图

Print 指令允许一次打印一个工作视窗或数个图纸配置。下面用一个模型案例讲解出图过程。

（1）打开模型 Print.3dm。

（2）把 Top 工作视窗作为当前视图。

（3）在“文件”菜单中选择“打印”命令，弹出“打印设置”窗口。

（4）在“打印设置”窗口的“目标”选项下，打印机选项选择内置的“Rhino PDF”，“尺寸”选项选择“Letter”“横向”，“输出类型”选择“点阵输出”，“输出颜色”选择“显示颜色”，如图 3.15 所示。

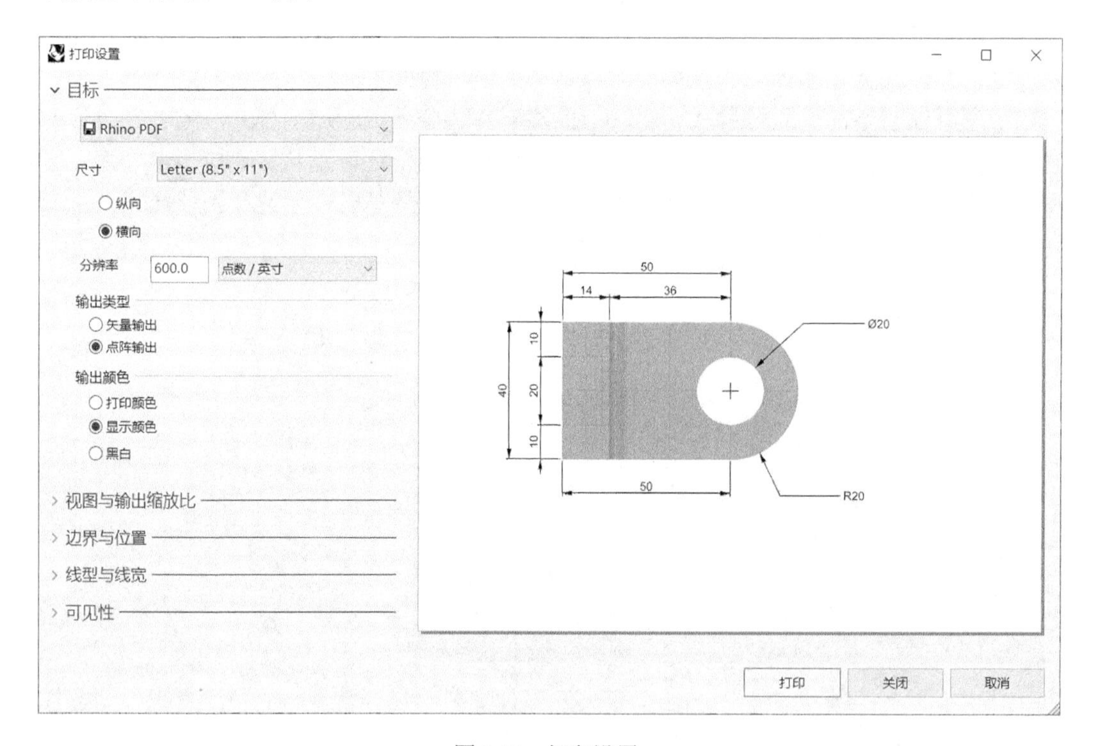

图 3.15　打印设置

（5）在“视图与输出缩放比”选项下，工作视窗选择“Top”，并选择“最大范围”单选按钮。

（6）在“视图与输出缩放比”选项下，选择“缩放比”为“2∶1”，“纸上尺寸”为“1.0 毫米”，“模型尺寸”为“0.5 毫米”，如图 3.16 所示。Rhino 二维图纸上的 1 毫米相当于模型尺寸的 0.5 毫米。

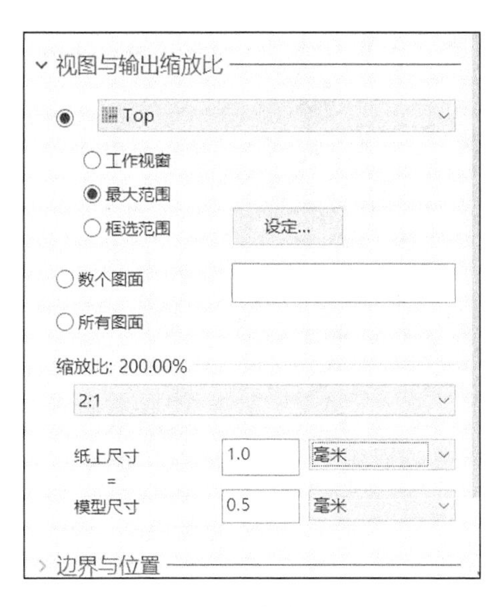

图 3.16 缩放比例

（7）单击“打印”按钮。

（8）在弹出的“保存 PDF 文件”对话框中，选择一个保存位置并输入名称来保存 PDF 文件。

3.2.3 Rhino 图纸配置

1. 新增图纸配置的步骤

Rhino 具有图纸配置功能，它可以将数个工作视窗（子视图）集合打印在一张图纸上。这些子视图可以包括不同的缩放比例、大小、图层颜色、图层可见性和物件的可见性。此外，用户可以对模型添加多个图纸配置。下面介绍新增图纸配置的步骤。

（1）在“图层”面板上，设置 Details（元件）图层为当前图层。

（2）在标题栏的“查看”菜单中，选择“图纸配置”，然后选择“新增图纸配置”命令。或者单击位于 Rhino 图形区域下方的工作视窗标签栏上的“图纸配置”。

在默认情况下，新增图纸配置的“名称”是“图纸 1”。图纸的尺寸单位与模型的单位一致。

选择不同的单位系统可以让用户以更熟悉的单位绘制二维图纸，而不需要更改图纸配置的单位。

（3）在弹出的“新增图纸配置”对话框中，设置“宽度”为“8.5 英寸”，“高度”为“11.0 英寸”，如图 3.17 所示。

（4）设置“起始子视图数”为“4”，单击“确定”按钮。

图 3.17 新增图纸设置

（5）双击，激活子视图 Perspective，如图 3.18 所示。

（6）在查看功能表下，单击“着色模式”，将显示模式切换为着色模式。

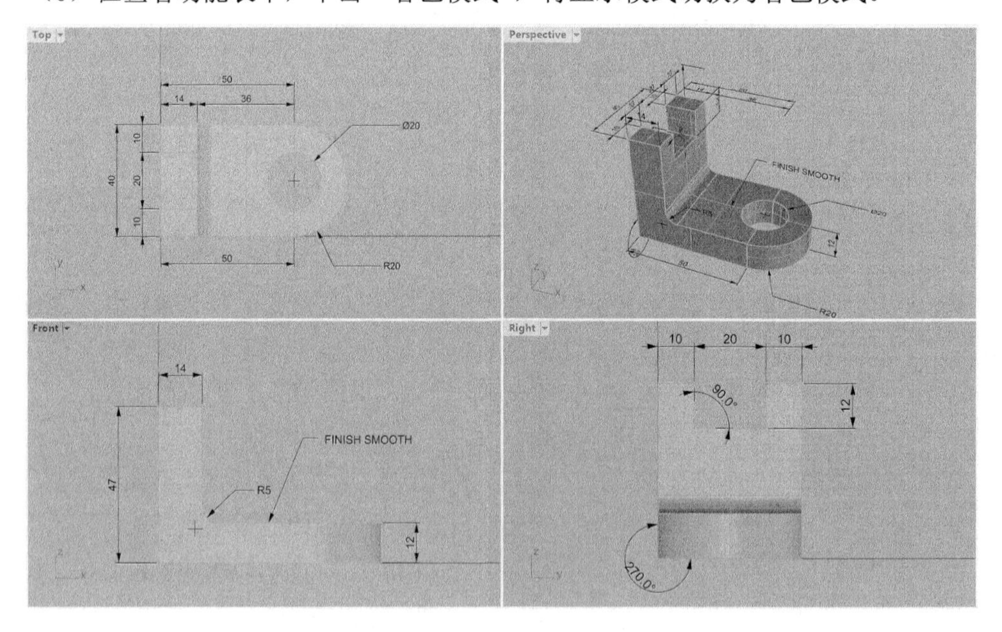

图 3.18 图纸示例

2. 隐藏物件

如果想在任意子视图中禁止显示几何体，则可以在子视图中隐藏物件或者关闭子视图中的图层。使用 HideInDetail 指令可以使物件隐藏在子视图中，使用 ShowInDetail 指令可以使物件变得可见。此外，在“图层”面板中，如果关闭子视图图层，则处于激活状态的子视图中位于该图层的物件被隐藏，而在其他子视图或工作视窗中的物件是可见的。具体步骤如下。

（1）双击激活 Perspective 子视图。

（2）在“图层”面板中，向右拖动滑块或者从停靠端拖出“图层”面板并水平拉伸。

（3）选中“Text”图层，单击子视图，打开列中的灯泡图标，如图 3.19 所示。

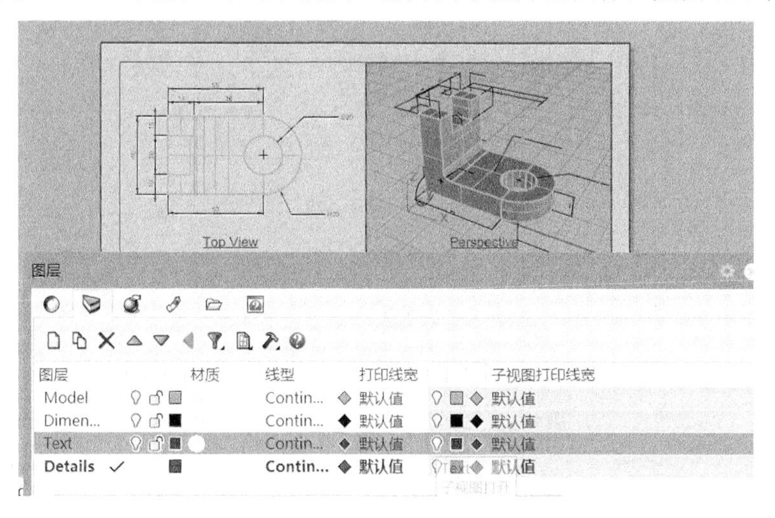

图 3.19　设置图层

（4）选中“Dimension”图层，单击子视图，打开列中的灯泡图标，如图 3.20 所示。

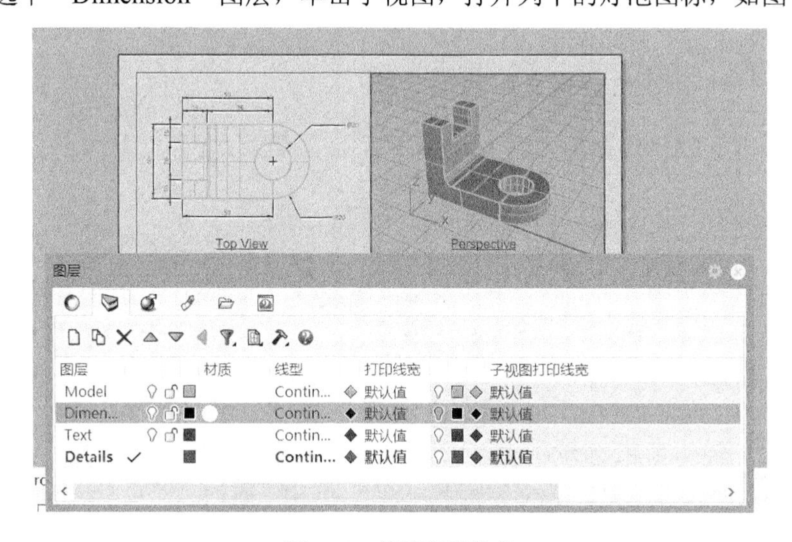

图 3.20　设置图层数值

该图层上的所有物件会在目前的子视图中变得不可见，但在其他子视图是可见的，如图 3.21 所示。

注意：在“图层”面板中，模型的可见性和子图层的设置都由“检视”按钮控制。在图 3.21 中，选择的是“显示所有的图层设置”。

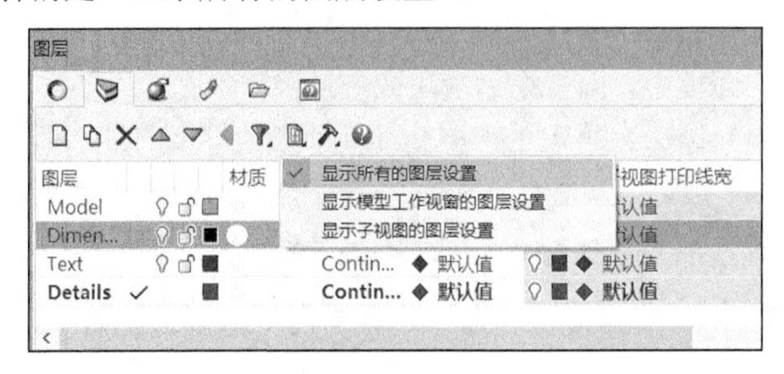

图 3.21　显示图层

（5）再次双击子视图 Perspective，取消激活。

（6）选取子视图的边界框。

（7）在“属性：物件”面板下，设置打印线宽为“不打印”，如图 3.22 所示。如果设置了线宽，子视图的边界将会打印出来。

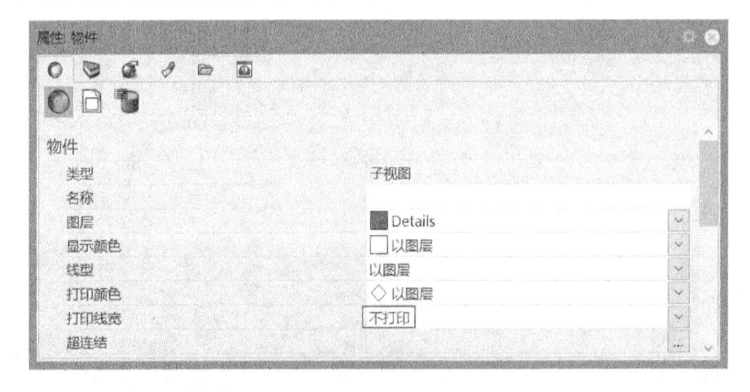

图 3.22　物件属性

3. 缩放子视图

平行投影的子视图可以为它们分配合理的缩放值。合理的缩放值会确定每个纸张单元有多少个模型单元。通过为子视图分配缩放值，可以将图纸配置设置为 1∶1。此外，通过为子视图分配不同的缩放比例，可以使子视图拥有多种不同的缩放值。具体步骤如下。

（1）选中子视图 Top，但不激活。

（2）在“属性”面板中，单击“详情”按钮，弹出“属性：详情”对话框，如图 3.23 所示。

（3）在缩放值区域，设置图纸尺寸为 1 毫米，模型尺寸为 1 毫米。缩放比设置为 1∶1。

如果用户设置图纸尺寸为1毫米，模型尺寸为2毫米，则图纸尺寸为模型尺寸的一半或者说缩放比为1∶2。

如果用户设置图纸尺寸为1毫米，模型尺寸为10毫米，则缩放比为1∶10。

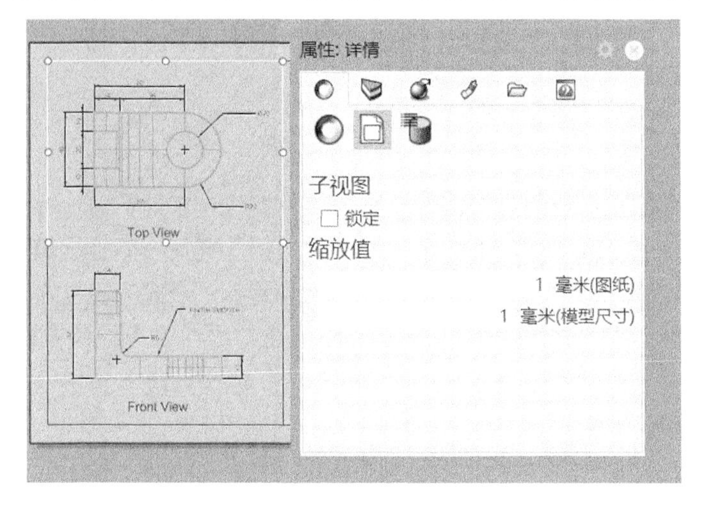

图3.23 属性详情

（4）双击，激活该子视图，将几何体平移到工作视窗的中心位置。

（5）再次双击该子视图，取消激活。

（6）选中子视图，在“属性”面板中单击“详情”按钮，然后在“属性：详情”中选择“锁定”复选框。选择“锁定”复选框后可以防止视图被缩放或者平移。

（7）在子视图Front和子视图Right中重复上面的步骤完成子视图Top的缩放操作。

第4章　结构柱

结构柱是独立承担荷载的重要构件，承担梁及板传过来的荷载，并将荷载传至基础上，一般为框架柱或者排架柱，上部承担着纵梁，钢筋直径一般也比较大，竖向受力钢筋和箍筋都是经过计算确定的。结构柱都有自己的基础，一般为独立基础，也有柱下条形基础或箱形基础。本章介绍使用 Grasshopper 构建结构柱的方法和应用。

4.1　参数建模

4.1.1　点线面体建模法

点线面体建模法是一种基本的建模方法，总体思路就是点-线-面-体的层层构造，用户可以先使用 Point 或 Construct Point 建立所需的点，如图 4.1 和图 4.2 所示。

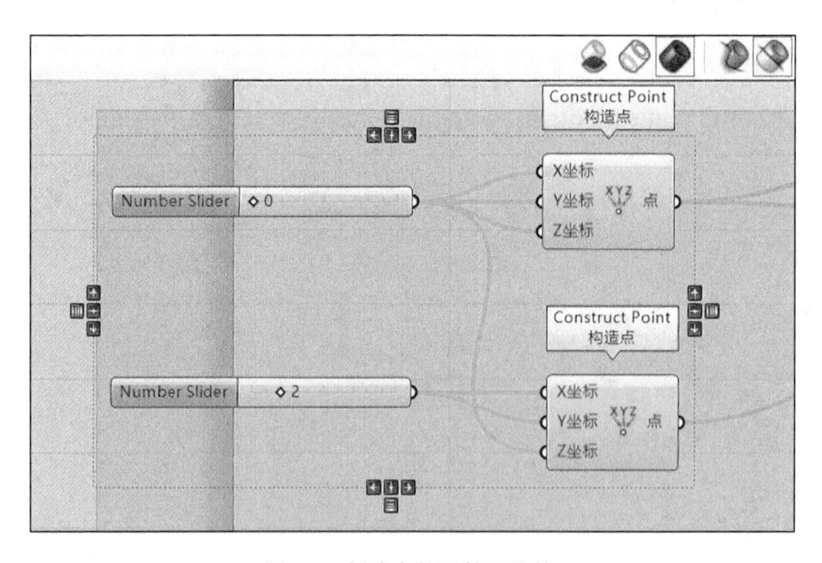

图 4.1　创建点的运算器连接

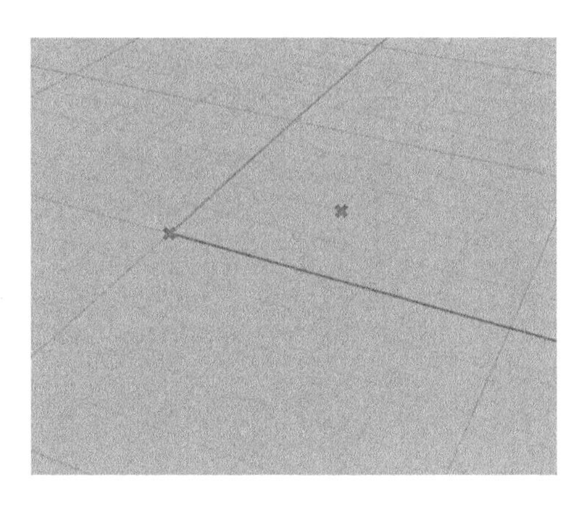

图 4.2 创建的点

在确定好两个基本坐标点之后，使用 Rectangle 2Pt 创建矩形。值得注意的是，工作平面的选择须与点平面一致，如图 4.3 和图 4.4 所示。

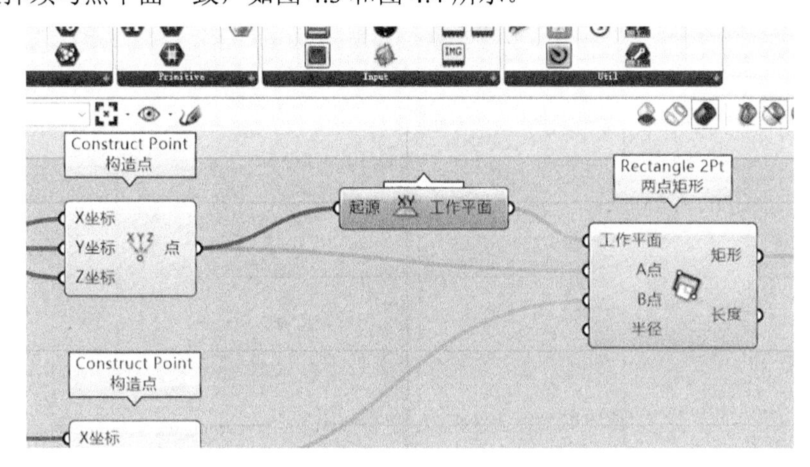

图 4.3 创建矩形的运算器连接

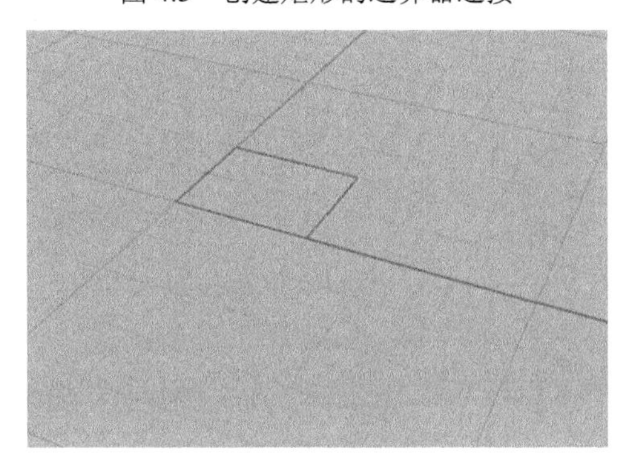

图 4.4 创建的矩形

在 Surface 菜单栏下选择 Boundary Surfaces，将矩形与其对应边界连接，创建一个封闭曲面，如图 4.5 和图 4.6 所示。

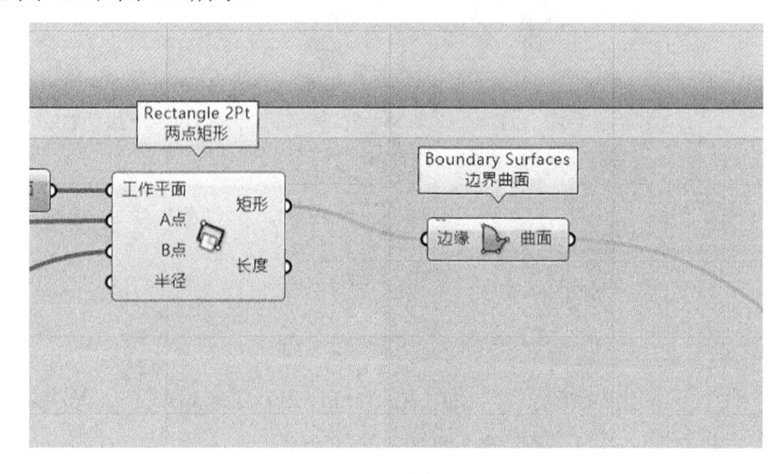

图 4.5　创建曲面的运算器连接

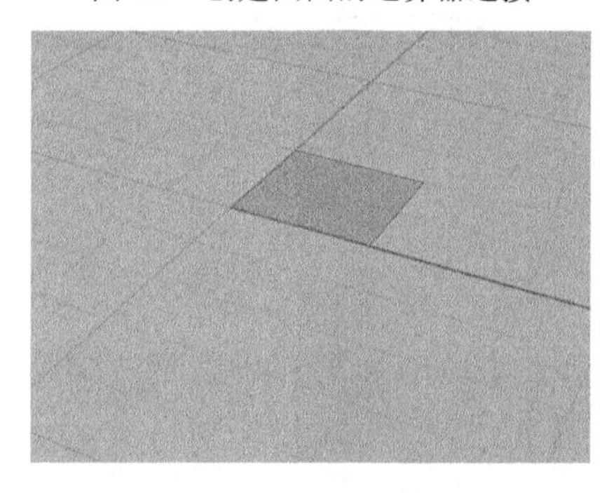

图 4.6　创建的曲面

根据所构造模型的几何特征，选取 Extrude 作为由面到体的工具，并规定好拉伸的方向和距离，如图 4.7 和图 4.8 所示。

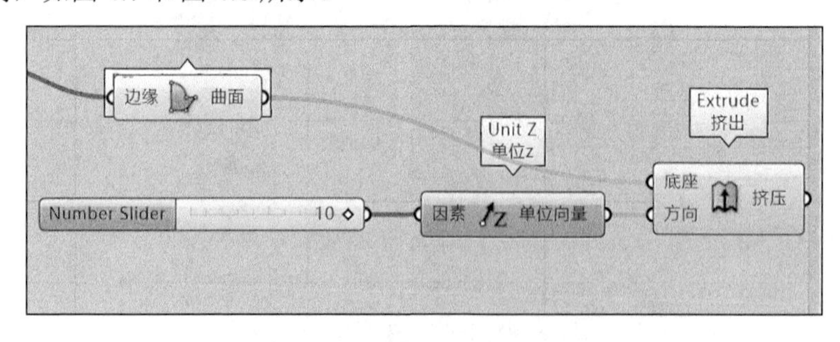

图 4.7　挤压成体的运算器连接

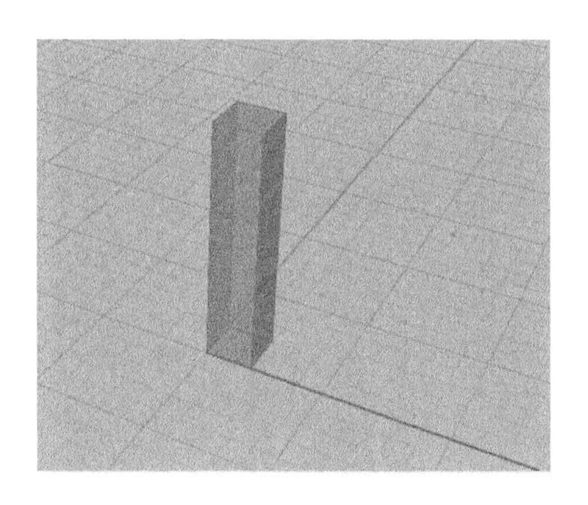

图 4.8 挤压成体

4.1.2 Box Rectangle 建模法

在实际建模过程中，大都会选择更快捷的方法。用户可以使用 Params 目录下 Geometry 选项组中的 Rectangle 简化矩形的绘制。右击 Rectangle 运算器，在弹出的快捷菜单中选择 Set one Rectangle（设置一个矩形）命令，随后 Grasshopper 界面消失，用户直接在 Rhino 中进行操作即可，如图 4.9 和图 4.10 所示。

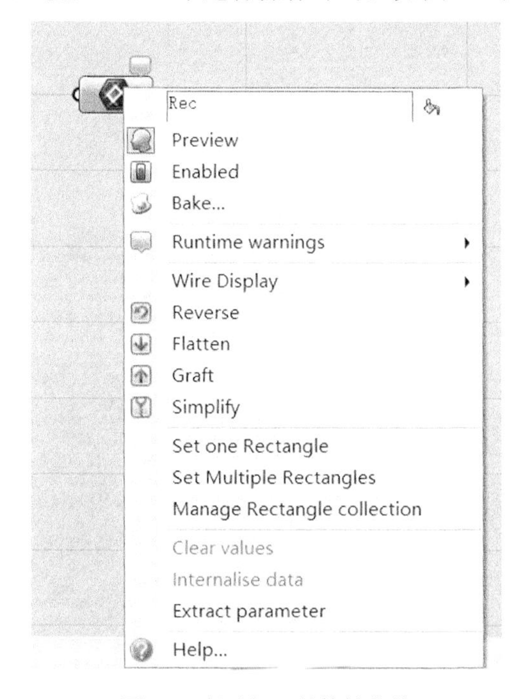

图 4.9 创建矩形的快捷菜单

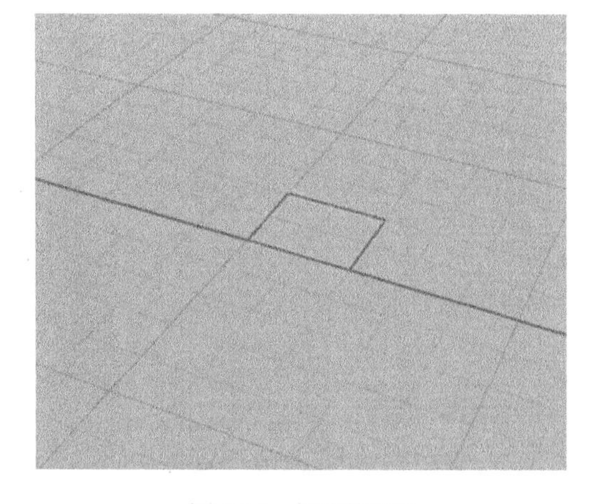

图 4.10 创建的矩形

针对类似结构柱的长方体，用户可以使用 Box Rectangle 运算器完成结构柱的创建，如图 4.11 和图 4.12 所示。

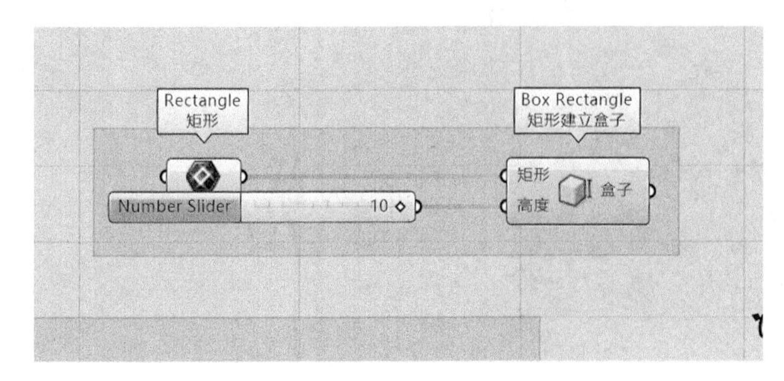

图 4.11　创建结构柱的运算器连接

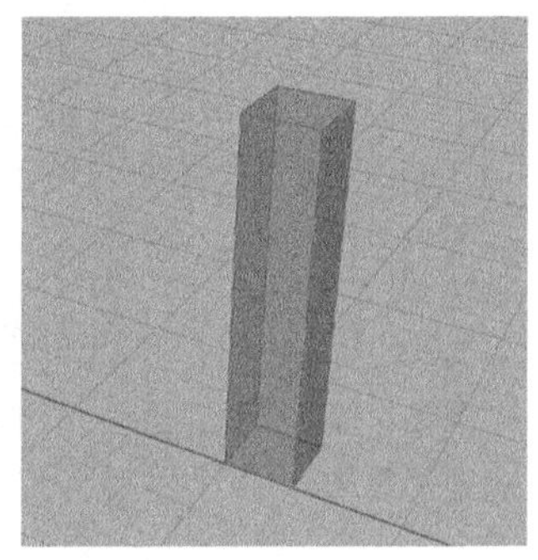

图 4.12　创建的结构柱

4.1.3　Box 建模法

右击 Box 运算器，然后在弹出的快捷菜单中选择 Set one Box 命令，如图 4.13 所示。随后 Grasshopper 界面消失，用户可以在出现的 Rhino 界面中绘制符合尺寸的结构柱，如图 4.14 所示。

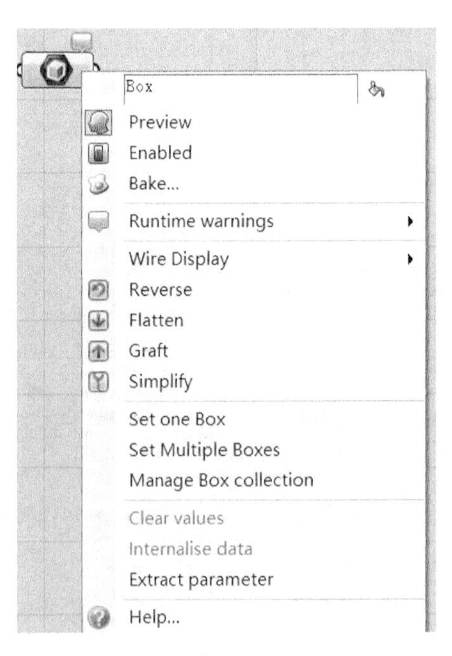

图 4.13　选择 Set one Box 命令

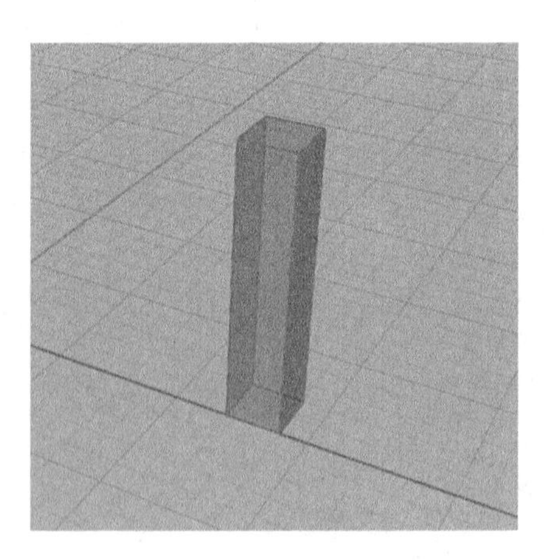

图 4.14　创建的结构柱

4.2 参数提取

4.2.1 提取基本几何元素

在模型创建过程中，用户可以使用 Deconstruct Brep 对结构柱的顶点、边线和面进行参数提取，如图 4.15 和图 4.16 所示。

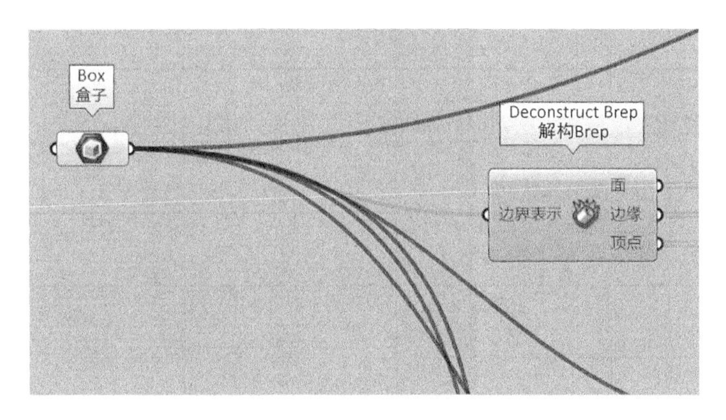

图 4.15 提取基本几何元素的运算器连接

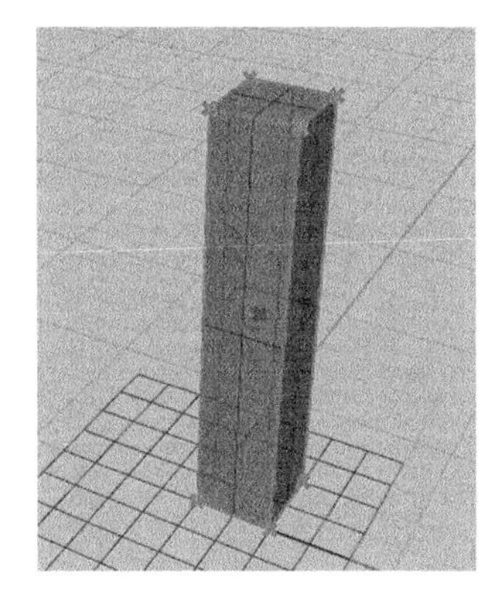

图 4.16 提取的基本几何元素

对所提取的数据，系统会有一组默认编号，用户可以使用 List Item 选取需要的部分。

（1）选取特定面，如图 4.17 和图 4.18 所示。

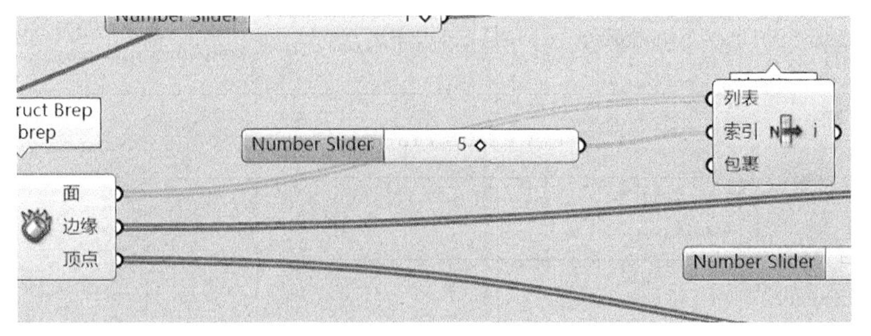

图 4.17 选取特定面的运算器连接

图4.18 选取的特定面

（2）选取特定线，如图 4.19 和图 4.20 所示。

（3）选取特定点，如图 4.21 和图 4.22 所示。

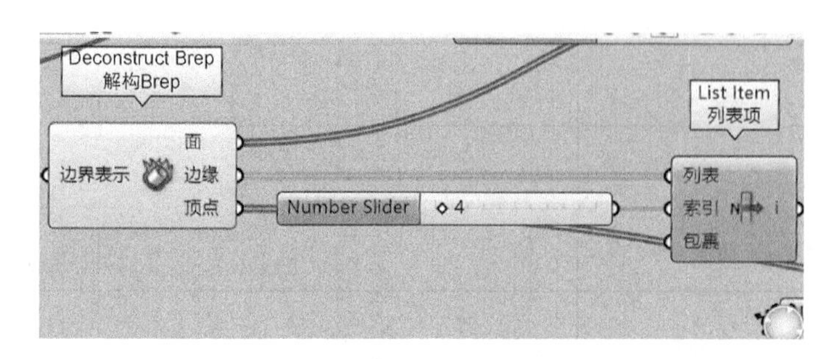

图 4.19 选取特定线的运算器连接

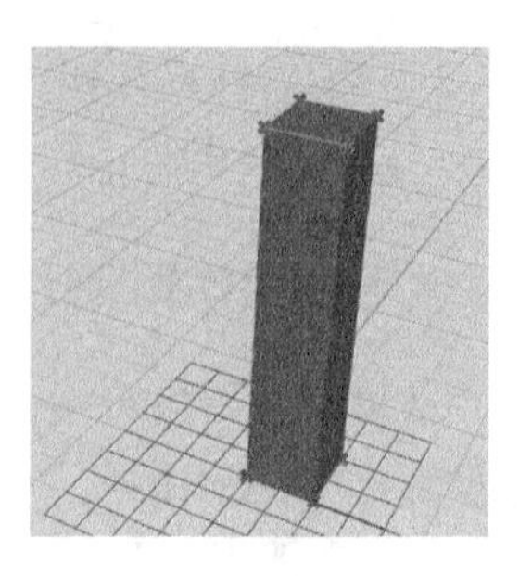

图 4.20 选取的特定线

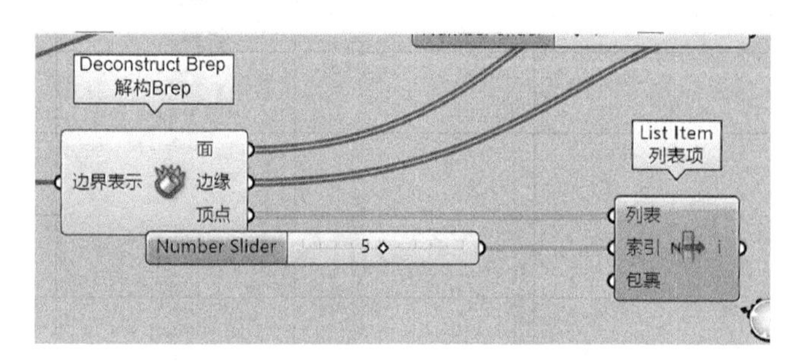

图 4.21 选取特定点的运算器连接

图 4.22 选取的特定点

4.2.2 提取基本几何参数

Grasshopper 可以对结构进行大概分析，用户可以使用 Box Properties 和 Deconstruct Box 获得结构柱的中心、对角向量、面积、体积和坐标范围，如图 4.23～图 4.26 所示。

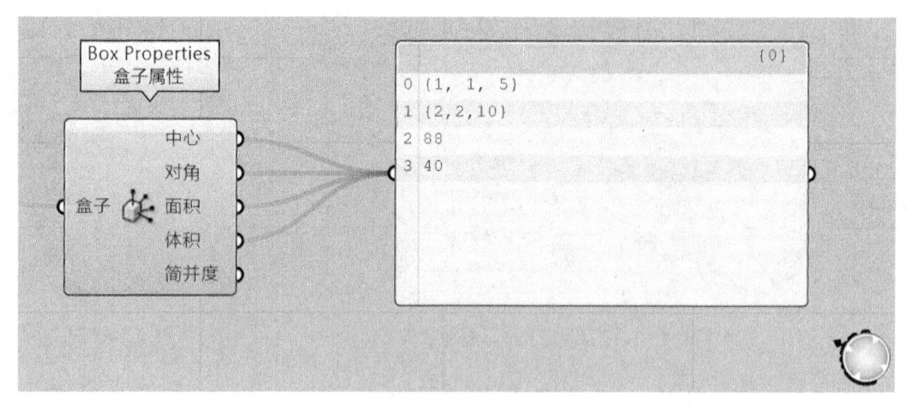

图 4.23 Box Properties

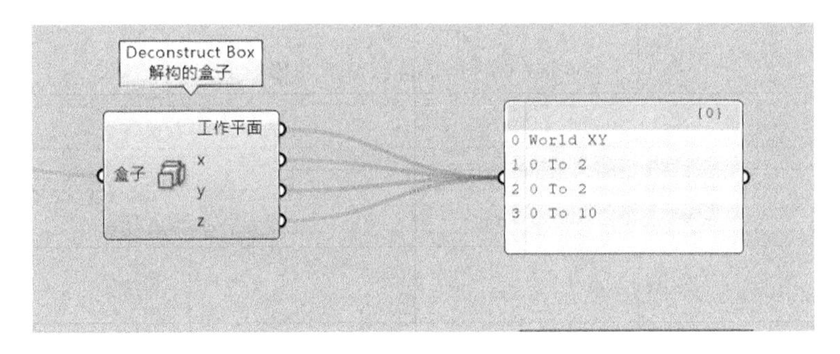

图 4.24 Deconstruct Box

同样地，使用 Area 和 Volume 也可以快捷地获得一些几何参数，如图 4.25 和图 4.26 所示。

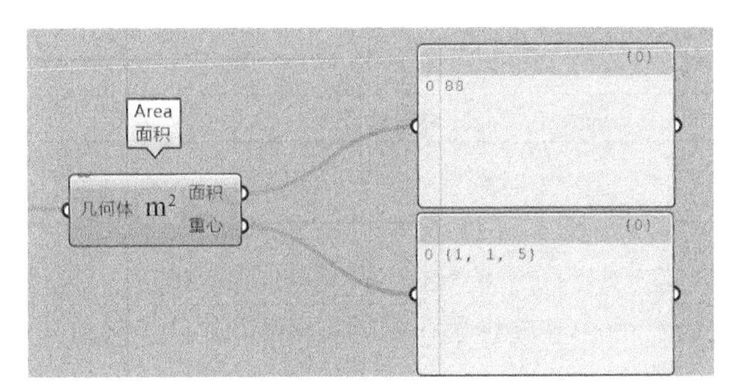

图 4.25 Area

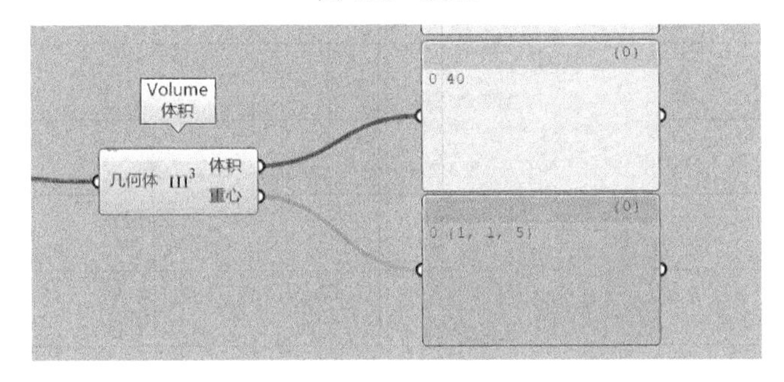

图 4.26 Volume

4.3 参数修改

4.3.1 基本参数修改

1. 点线面体建模法参数修改

具体修改内容和方法见表 4.1。

表 4.1 点线面体建模法参数修改

参数修改内容	方法
结构柱截面参数	对构造矩形中的 A 点和 B 点坐标进行修改
结构柱高度	对 Extrude 中拉伸方向的长度进行修改

2. Box Rectangle 建模法参数修改

具体修改内容和方法见表 4.2。

表 4.2 Box Rectangle 建模法参数修改

参数修改内容	方法
结构柱截面参数	右击 Rectangle 运算器，在弹出的快捷菜单中选择 Set one Rectangle 命令，然后在 Rhino 中重新绘制矩形
结构柱高度	对 Box Rectangle 中的高度模块进行修改

3. Box 建模法参数修改

右击 Box 运算器，在弹出的快捷菜单中选择 Set one Box 命令，然后在 Rhino 中重新绘制结构柱，直接修改截面和高度参数，最终结果如图 4.27 所示。

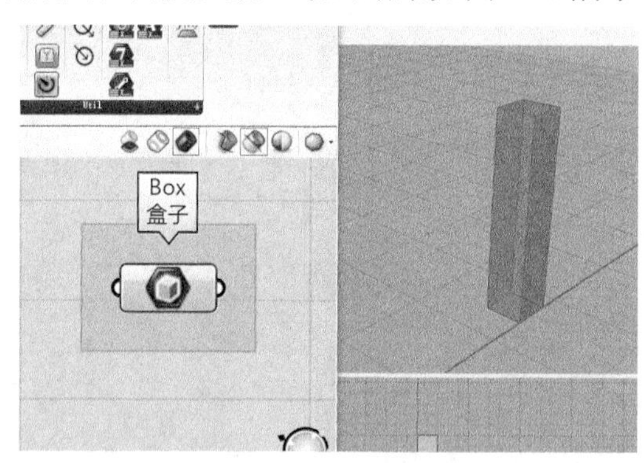

图 4.27 Box 建模示例

4.3.2 整体参数修改

1. 改变结构柱的布置间距和数量

对于使用 Box 和 Move 创建的结构柱组，在 Range 的 Domain 中修改布置间距，在 Range 的“台阶”中修改柱子的数量。例如，将“域”的数值从 30 修改为 45，如图 4.28～图 4.30 所示。

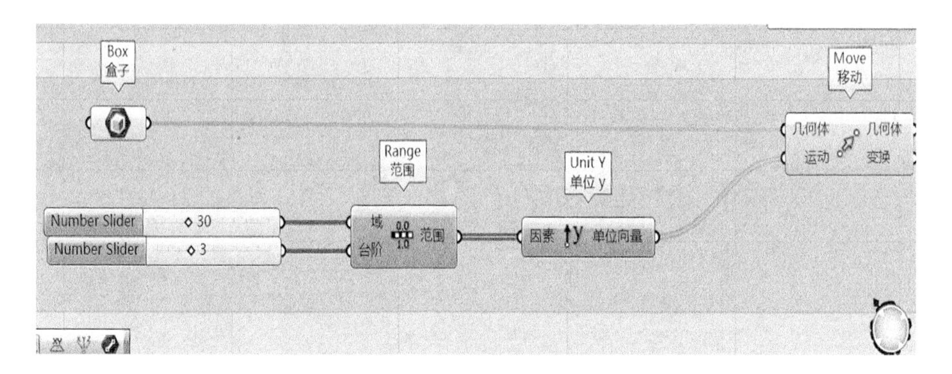

图 4.28　结构柱移动前参数设置

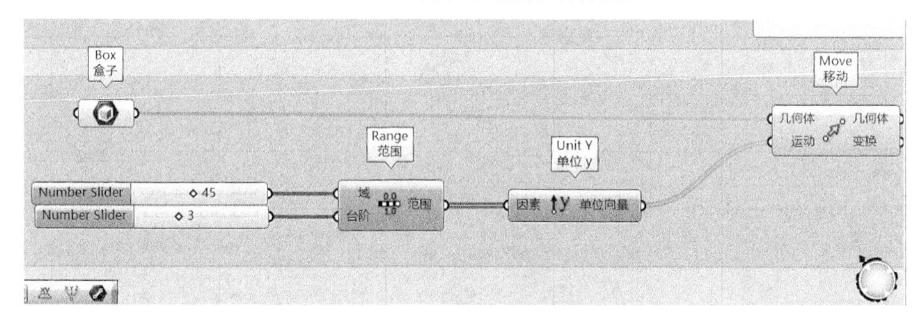

图 4.29　结构柱移动后参数设置

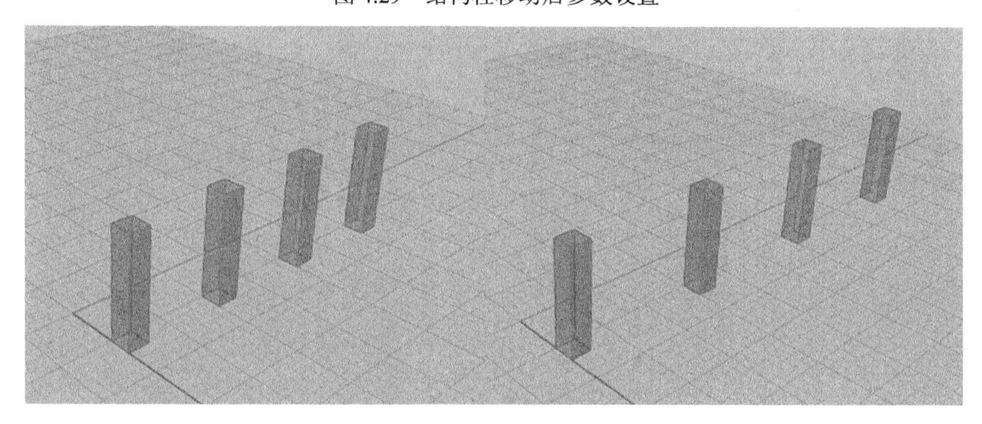

图 4.30　结构柱移动示意图

2. 删除部分结构柱

用户可以使用 Sub List 选取待删除的结构柱，如图 4.31 所示。

接着右击原本的结构柱组，在弹出的快捷菜单中选择 Preview（预览）命令删除结构柱，如图 4.32～图 4.34 所示。

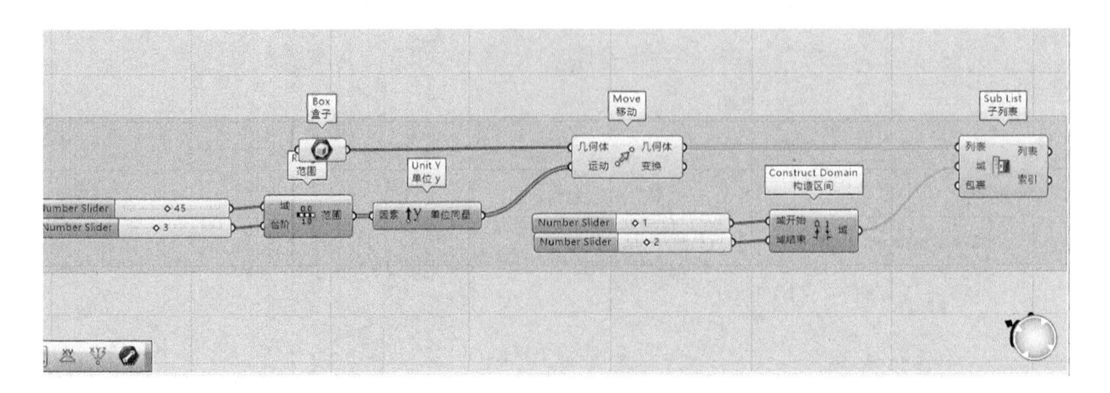

图 4.31　选中待删除的结构柱

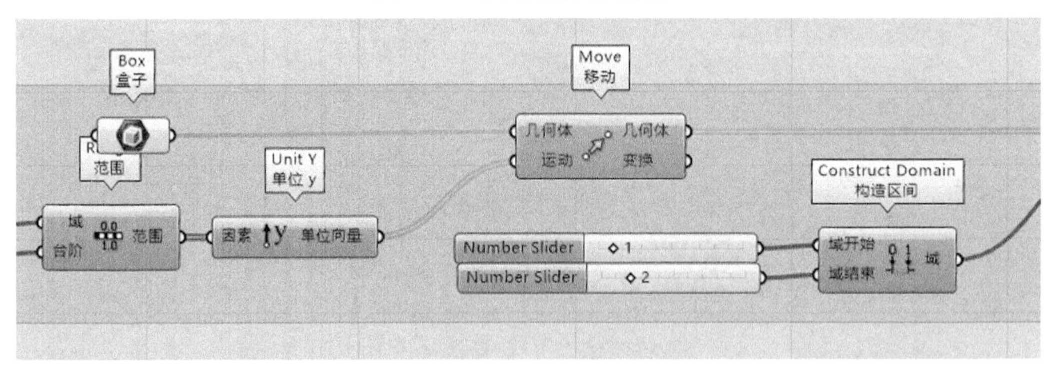

图 4.32　删除结构柱

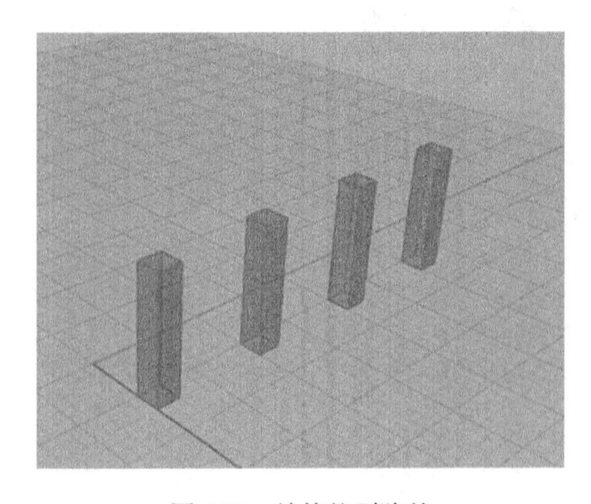

图 4.33　结构柱删除前

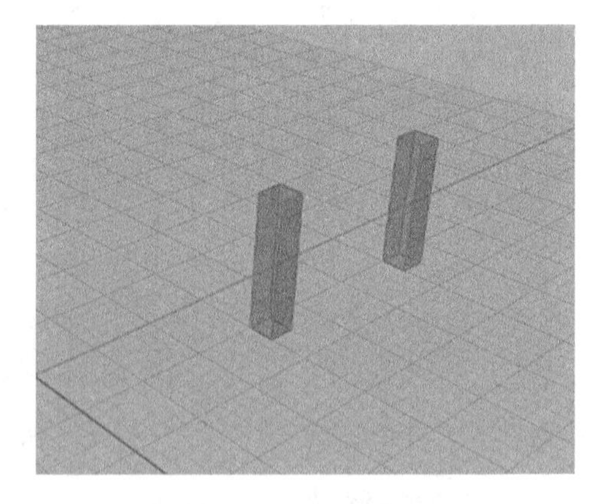

图 4.34　结构柱删除后

3. 旋转结构柱

用户可以使用 Rotate 完成结构柱的旋转操作，选取合适的旋转平面和角度即可。在下面的案例中，实现了结构柱 45° 的旋转操作，如图 4.35～图 4.38 所示。

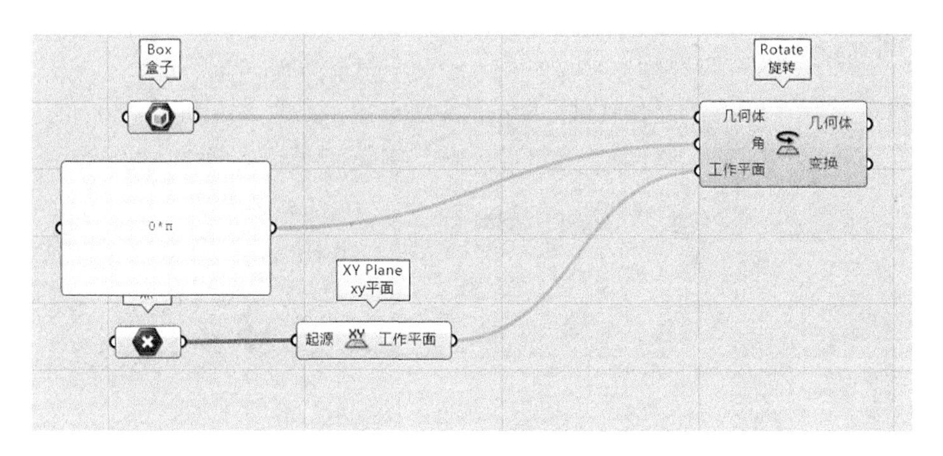

图 4.35 结构柱旋转前参数设置

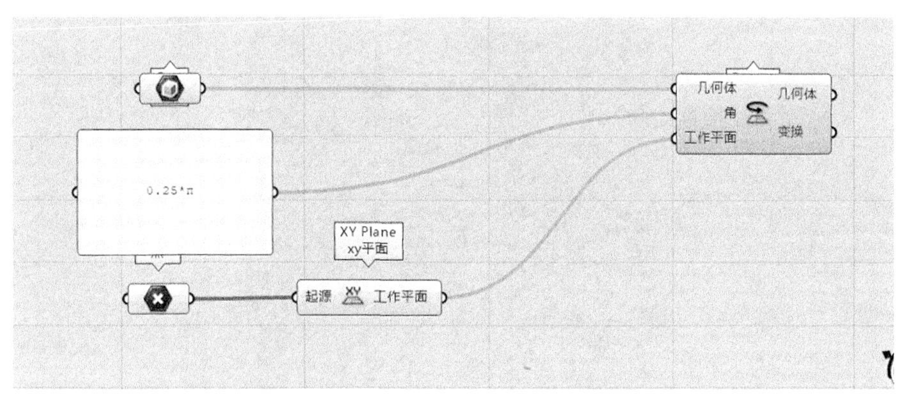

图 4.36 结构柱旋转后参数设置

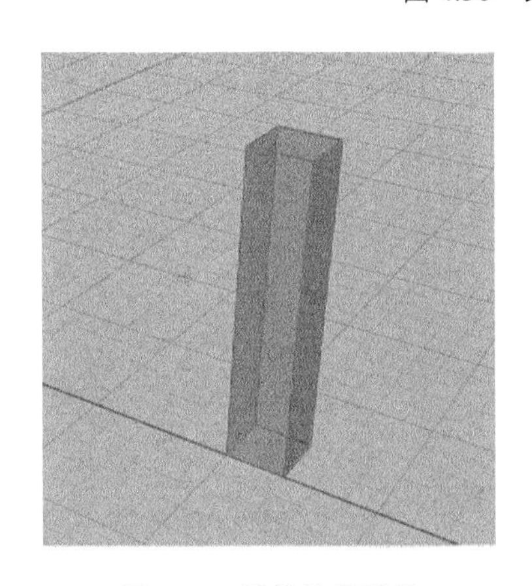

图 4.37 结构柱旋转前

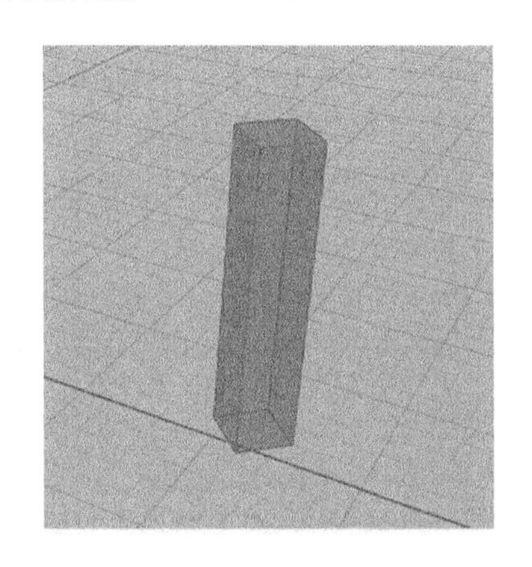

图 4.38 结构柱旋转后

4. 缩放结构柱

用户可以使用 Scale 对结构柱进行简单的中心缩放，如图 4.39 和图 4.40 所示。

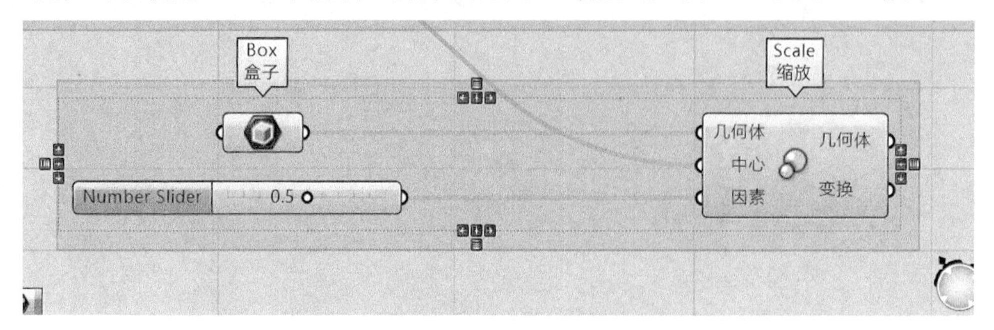

图 4.39　缩放结构柱的参数设置

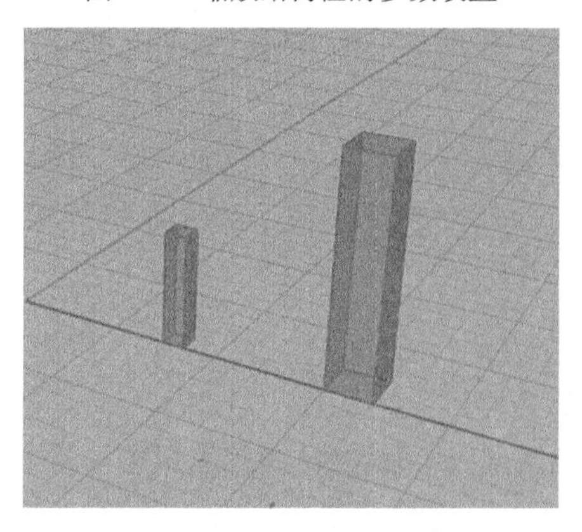

图 4.40　结构柱缩放示意图

对于需要不同坐标轴、不同缩放比例的模型，用户可以使用 Scale NU 来进行逐一缩放，如图 4.41 和图 4.42 所示。

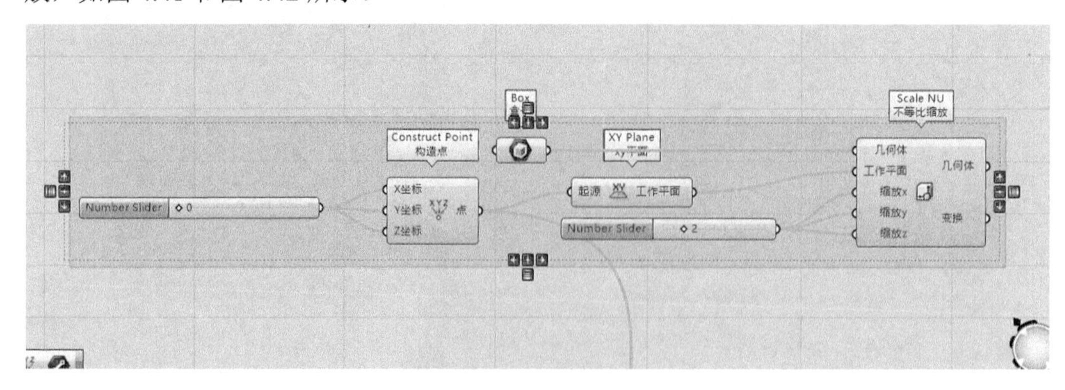

图 4.41　Scale NU 设置

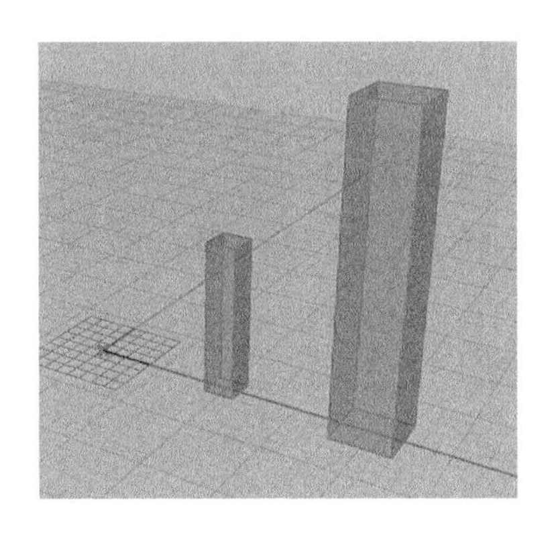

图 4.42 使用 Scale NU 缩放示意图

4.4 参数联动

在未来理想的参数化建模中，模型不再是参数的简单堆砌，而是参数之间互相有联系的智能结构模型。本书提出了一种创新的参数联动思路。

首先，创建一个结构柱，如图 4.43 和图 4.44 所示。

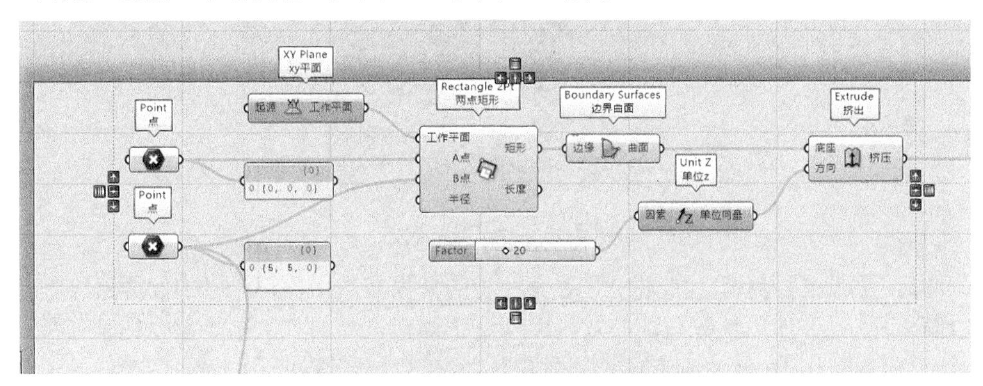

图 4.43 创建结构柱的运算器连接

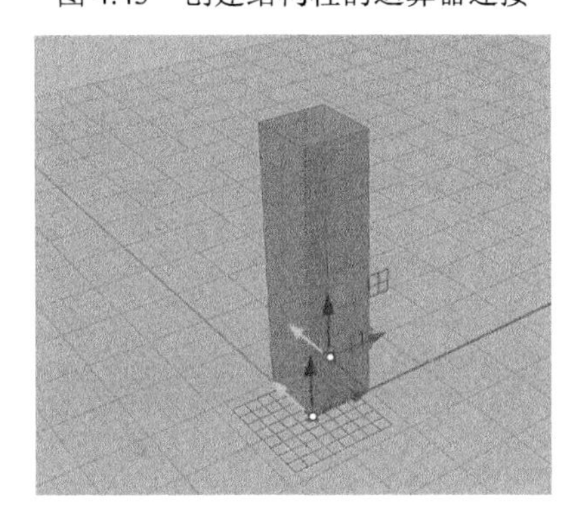

图 4.44 创建结构柱

接着，使用 Move 运算器对结构柱进行简单布置，使其沿 x 轴移动，如图 4.45 和图 4.46 所示。

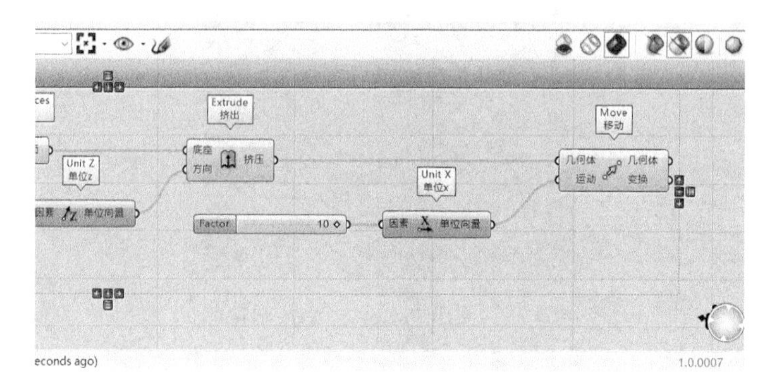

图 4.45　布置结构柱的运算器连接

图 4.46　布置的结构柱

此时，假设一种情况，如果需要改变柱子的截面参数而保证柱子的间距不变，除了重新建模，还可以使用参数联动的方法实现这个操作，从而大大减少建模的工作量。

用户可以使用 Deconstruct 运算器将关键点位的 x 变量提取，然后和结构柱沿 x 轴布置的长度变量通过 Expression 运算器或 Evaluate 运算器连接，在其中编写符合要求的函数关系即可，如图 4.47 和图 4.48 所示。

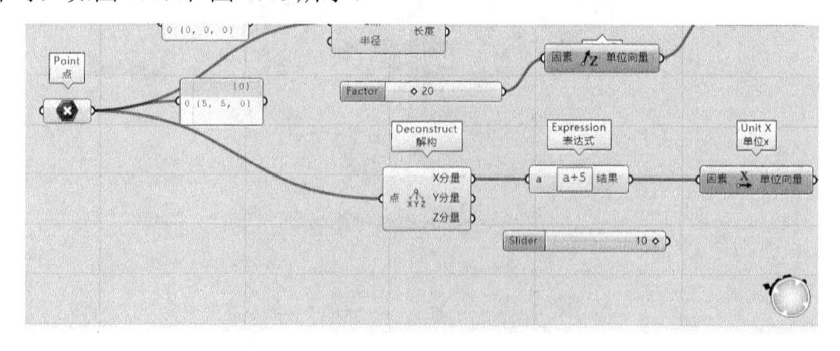

图 4.47　设置联动关系

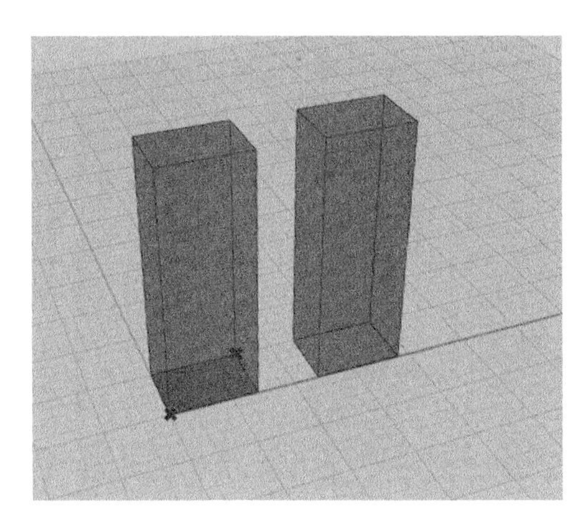

图 4.48 设置联动关系后的结构柱

4.5 实例应用

按照图 4.49 所给柱网图创建并布置尺寸为 0.5m×0.5m×3.5m 的结构柱。

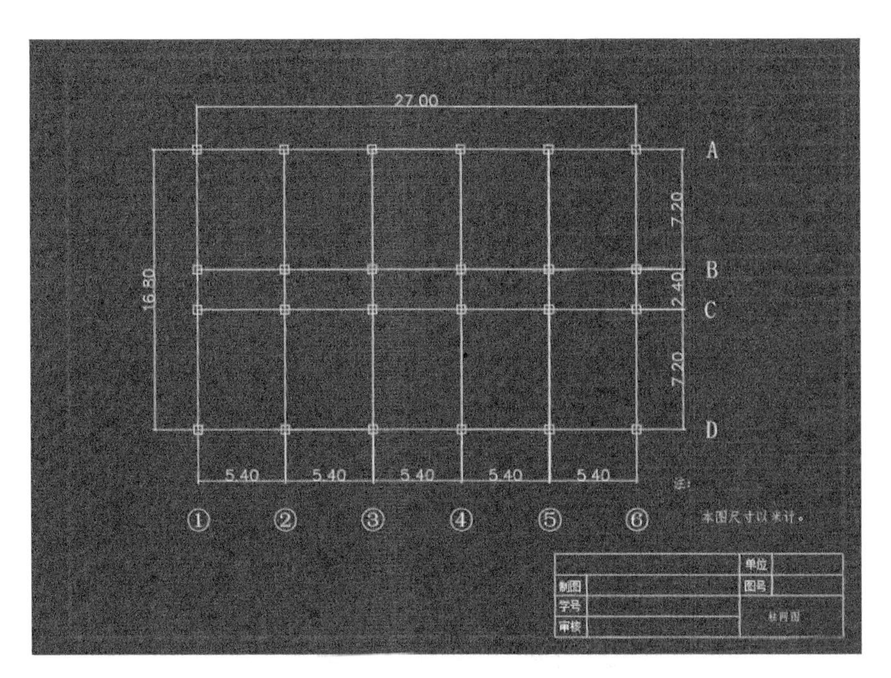

图 4.49 柱网图

（1）绘制矩形，如图 4.50 和图 4.51 所示。

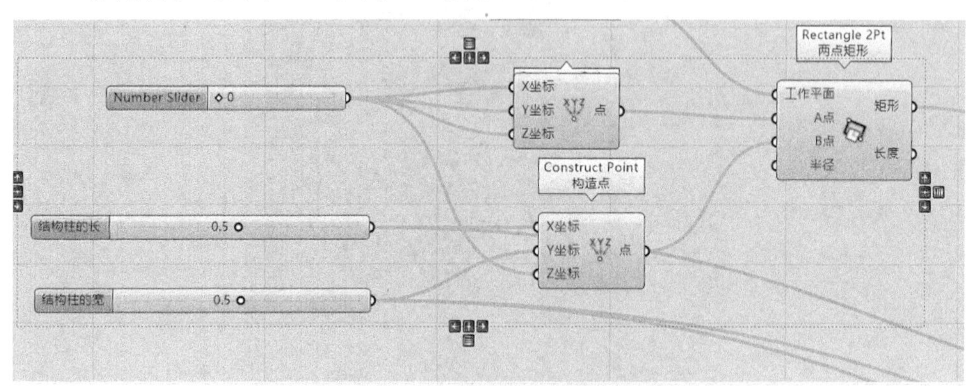

图 4.50　绘制矩形的运算器连接

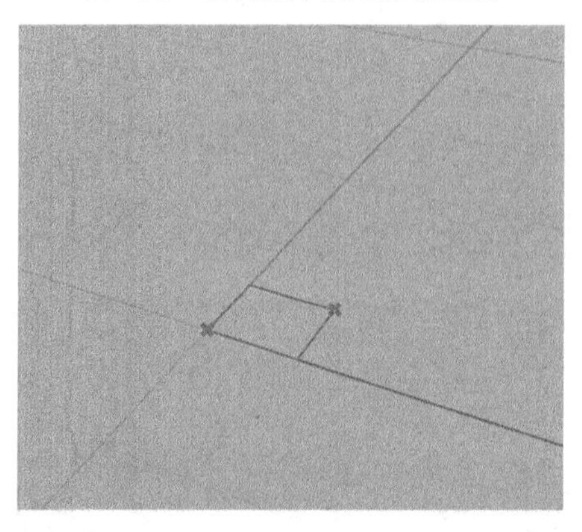

图 4.51　绘制的矩形

（2）拉伸成体，如图 4.52 和图 4.53 所示。

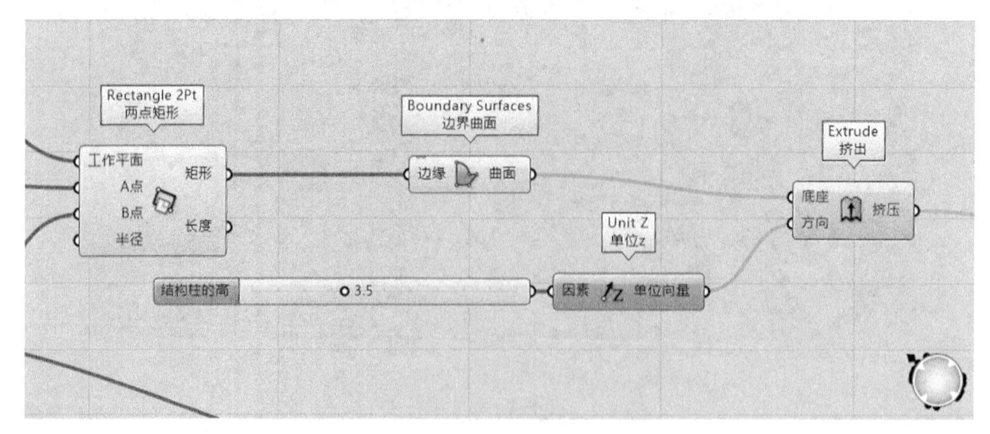

图 4.52　拉伸成体的运算器连接

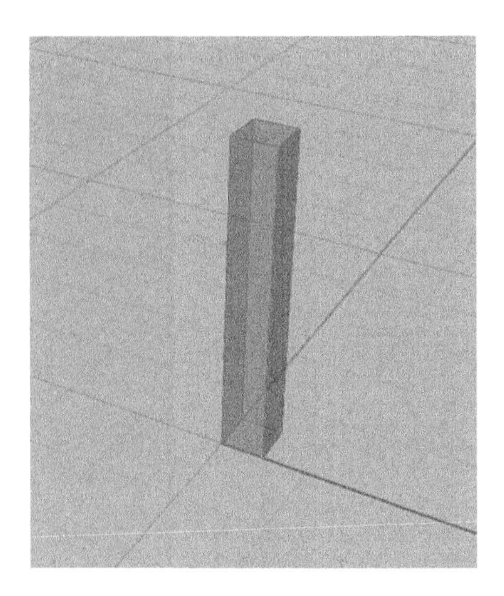

图 4.53 矩形拉伸后示意图

（3）结构柱布置。在单层厂房、多层厂房中，承重结构柱在平面排列时形成的网格称为柱网，其尺寸由柱距和跨度确定。柱网有统一的模数，可方便施工；使用现浇钢筋混凝土，结构稳固，具有良好的抗震性；也方便室内布置。可以在柱与柱之间建非承重隔墙，以对空间进行任意分隔；也可不建任何墙体，创造开敞的办公空间或公共空间。

在 Grasshopper 中，可以利用 Move 运算器布置柱网。Move 运算器可以接收多组数据，以高效地完成结构柱布置，如图 4.54 和图 4.55 所示。

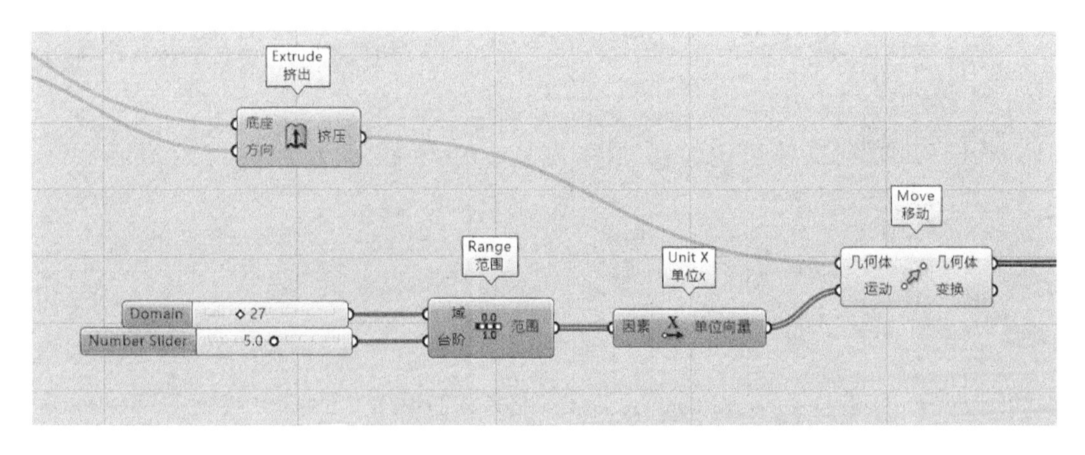

图 4.54 结构柱布置的运算器连接

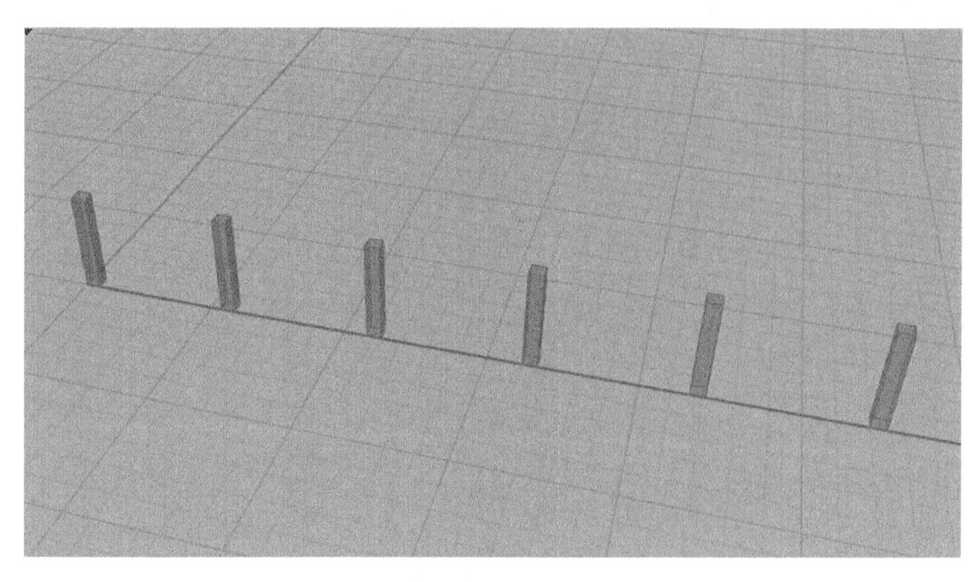

图 4.55　结构柱布置示意图

接下来，使用 Move 运算器在 y 轴方向进行布置。在结构设计中，柱网的确立是非常基本的操作。但这类工作往往是重复劳动，会耗费大量精力。此时，参数化建模就显现出其高效性，如图 4.56 所示。

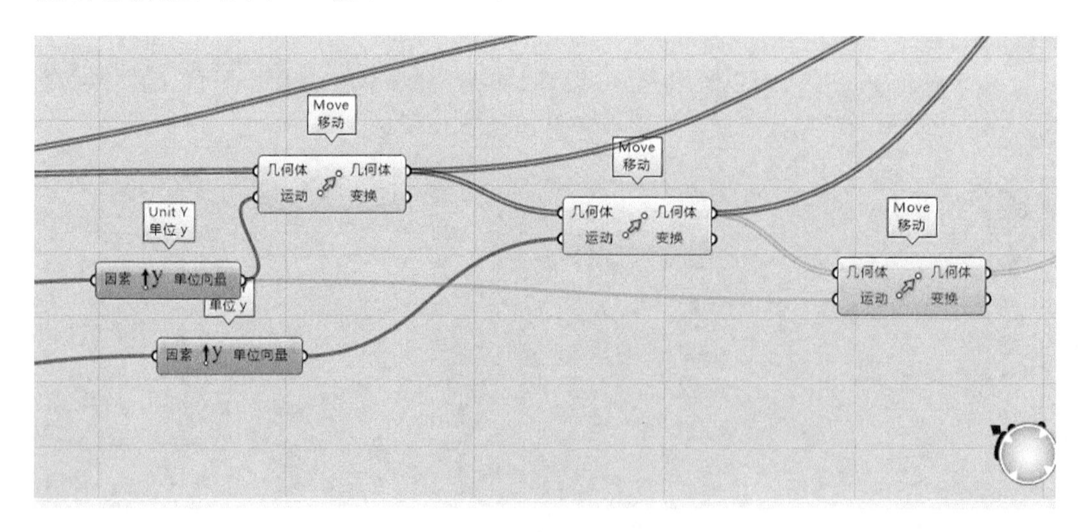

图 4.56　使用 Move 运算器进行布置

（4）使用 Merge 运算器将结构柱编制成组，如图 4.57 和图 4.58 所示。

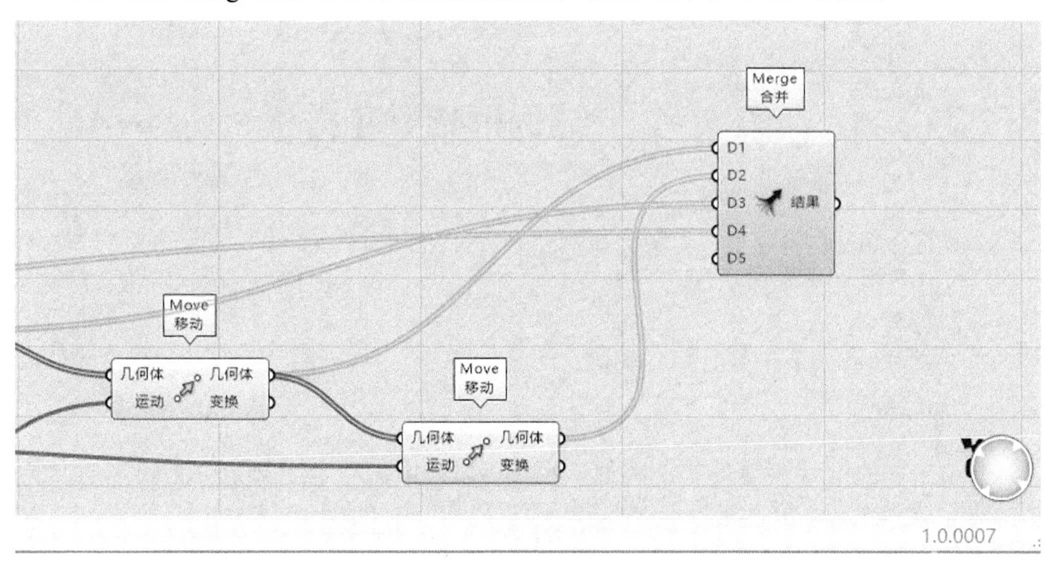

图 4.57　将结构柱编制成组的运算器连接

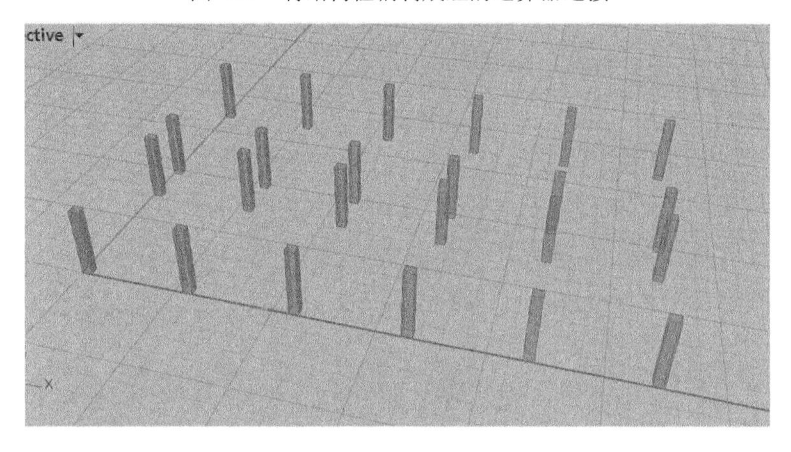

图 4.58　最终效果

第 5 章　结构框架梁和楼板

本章将介绍结构框架梁、楼板的建模和参数设计。

5.1　参数建模

5.1.1　Box 建模法

与结构柱的 Box 运算器用法类似，用户可以使用 Box 运算器在 Rhino 界面确定所需框架梁的参数。要确定特别的点位，可以在 Rhino 的指令栏输入如（a，b，c）格式的坐标数据，如图 5.1 所示。

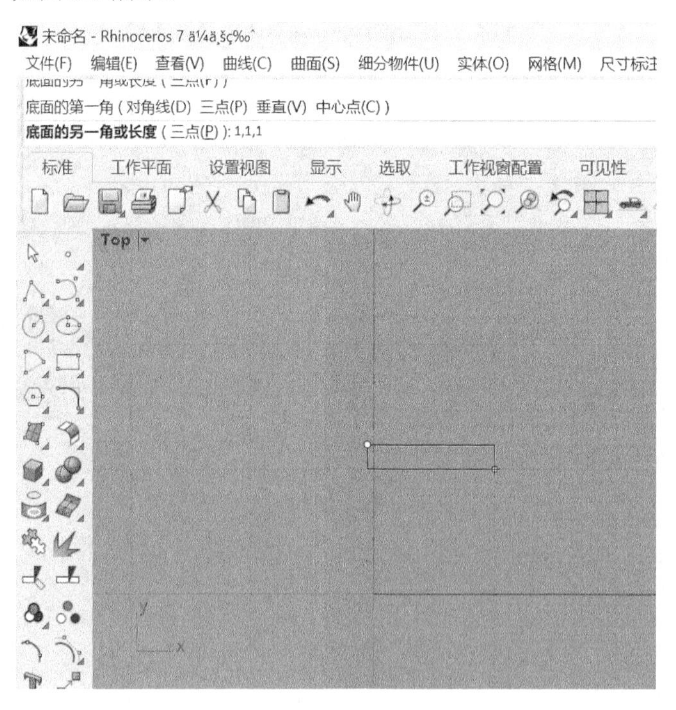

图 5.1　Box 建模

5.1.2　Box 2Pt 建模法

这种方法主要使用的是 Box 2Pt 运算器，是一种利用两点创建长方体的快捷方法。

为了提取创建梁所需要的关键点，用户可以使用 Deconstruct Brep 运算器配合 List Itcm 运算器将结构柱边缘线解构，并提取梁一侧的边缘线，如图 5.2 和图 5.3 所示。

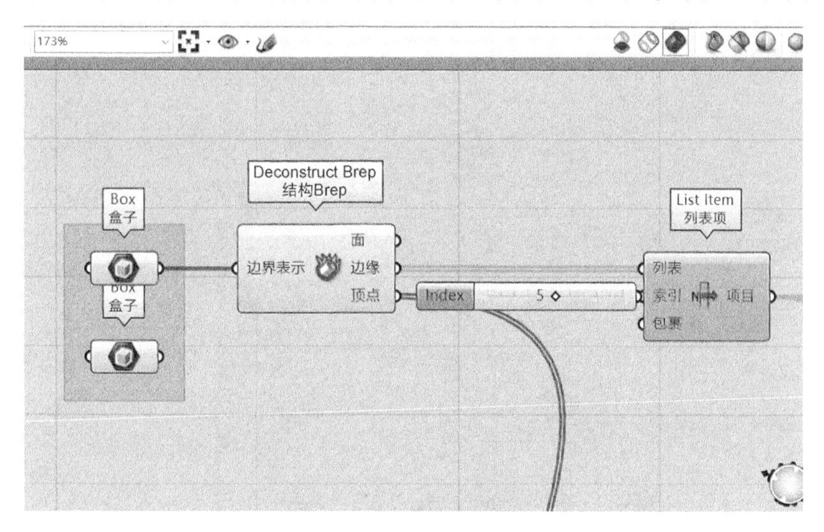

图 5.2　Box 2Pt 建模

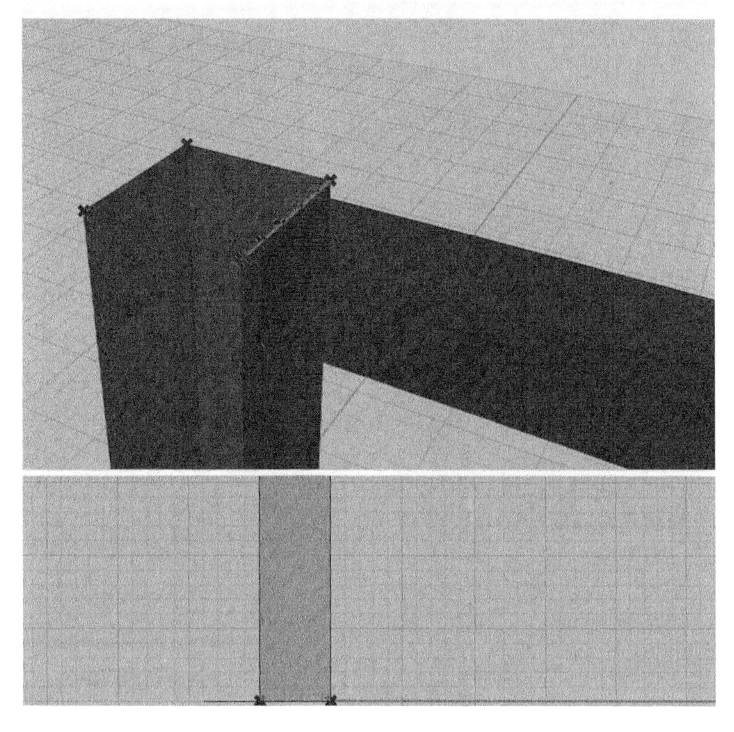

图 5.3　提取边缘线的示意图

结构柱的宽度为 5，梁的宽度是 3，将结构柱边缘线五等分，取第 2 个和第 4 个点作为基准点，如图 5.4 和图 5.5 所示。

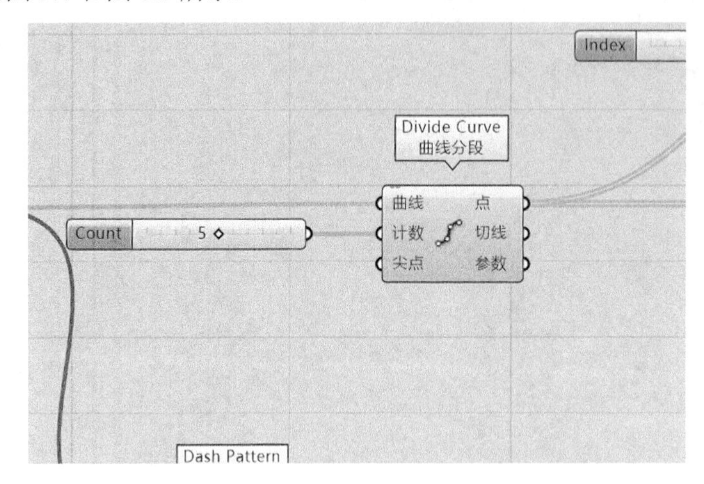

图 5.4　使用 Divide Curve 运算器将边缘线五等分

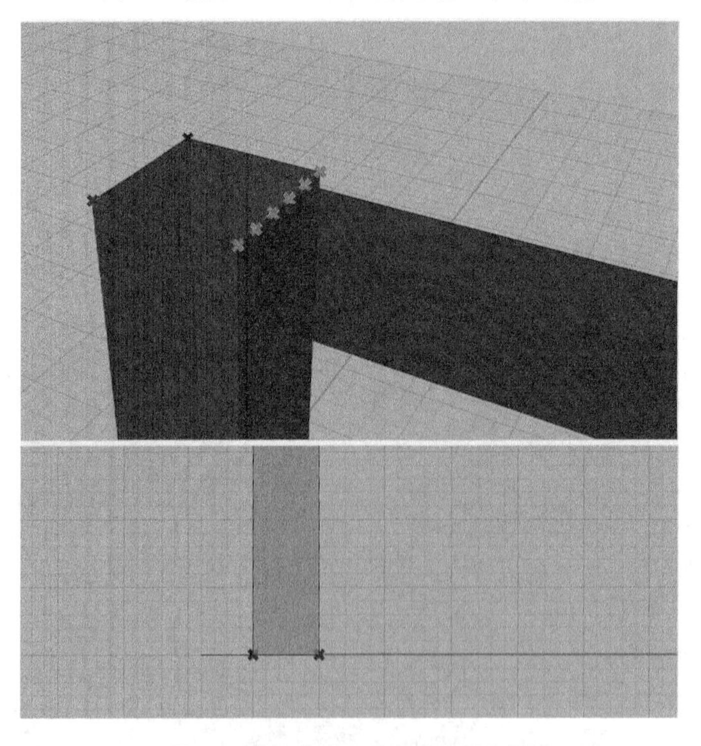

图 5.5　边缘线等分及基准点示意图

Box 2Pt 运算器选取的是斜对角线的两个点，将所取点进行平移，如图 5.6 和图 5.7 所示。

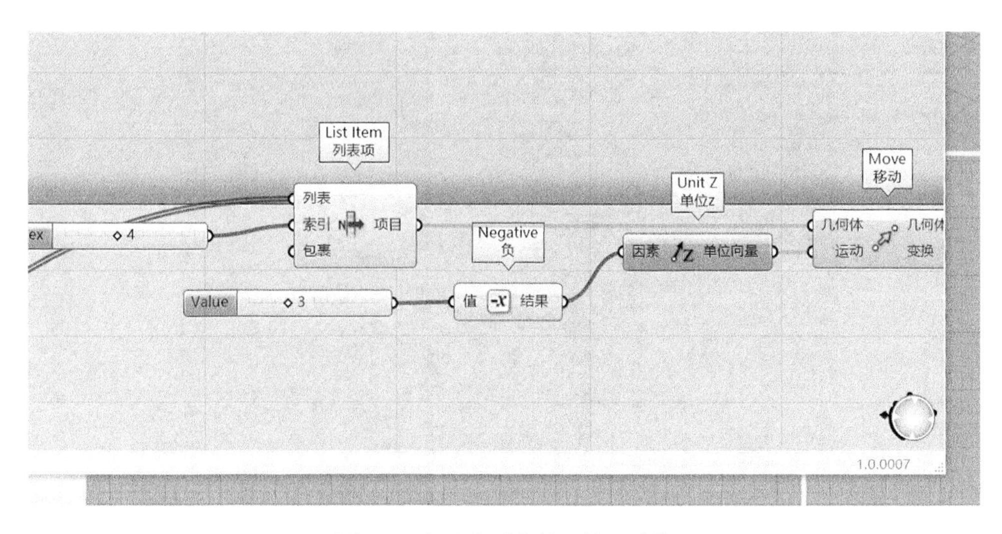

图 5.6 实现点平移的运算器连接

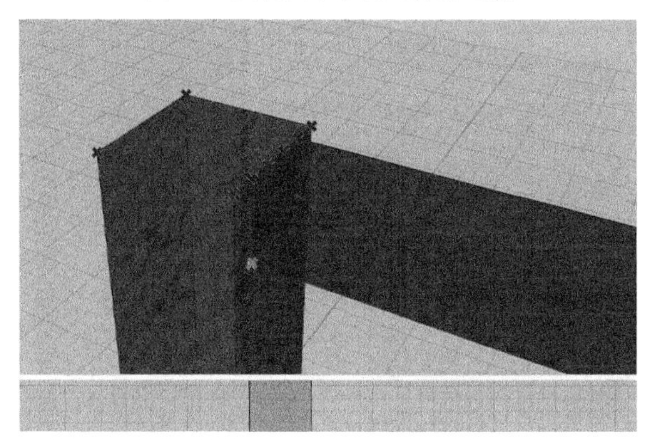

图 5.7 点平移后的示意图

另外一个点可以沿梁的布置方向平移(使用 Move 运算器),位移长度就是梁的长度,如图 5.8 和图 5.9 所示。

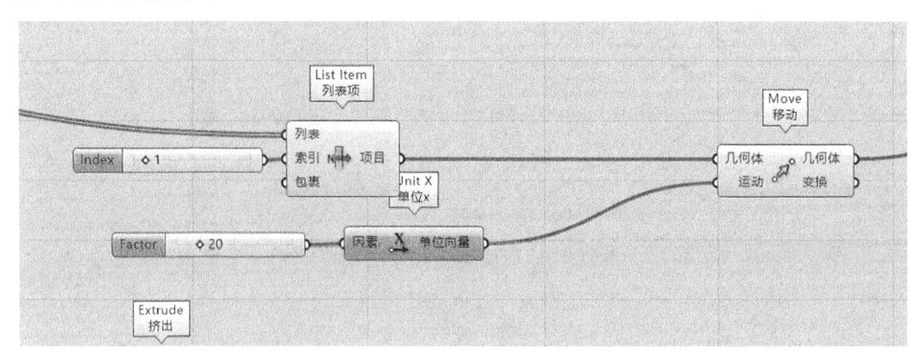

图 5.8 实现另一个点移动的运算器连接

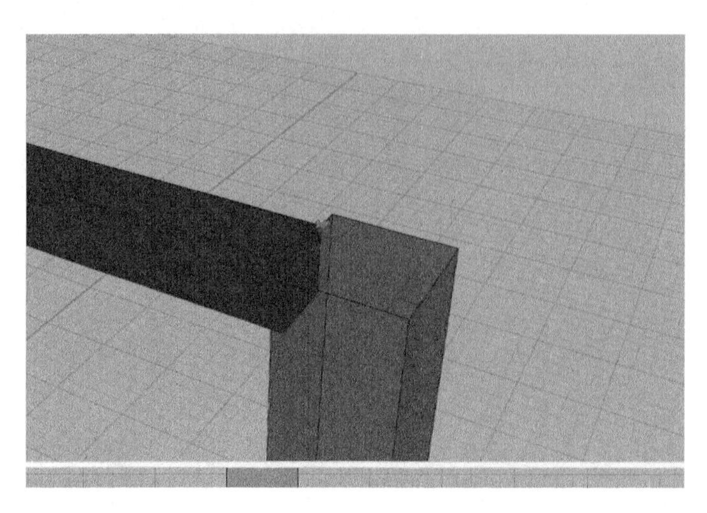

图 5.9　另一个点的平移示意图

最后，将平移好的两点连接到 Box 2Pt 运算器上，工作平面一般默认为 xy 方向平面，如图 5.10 和图 5.11 所示。

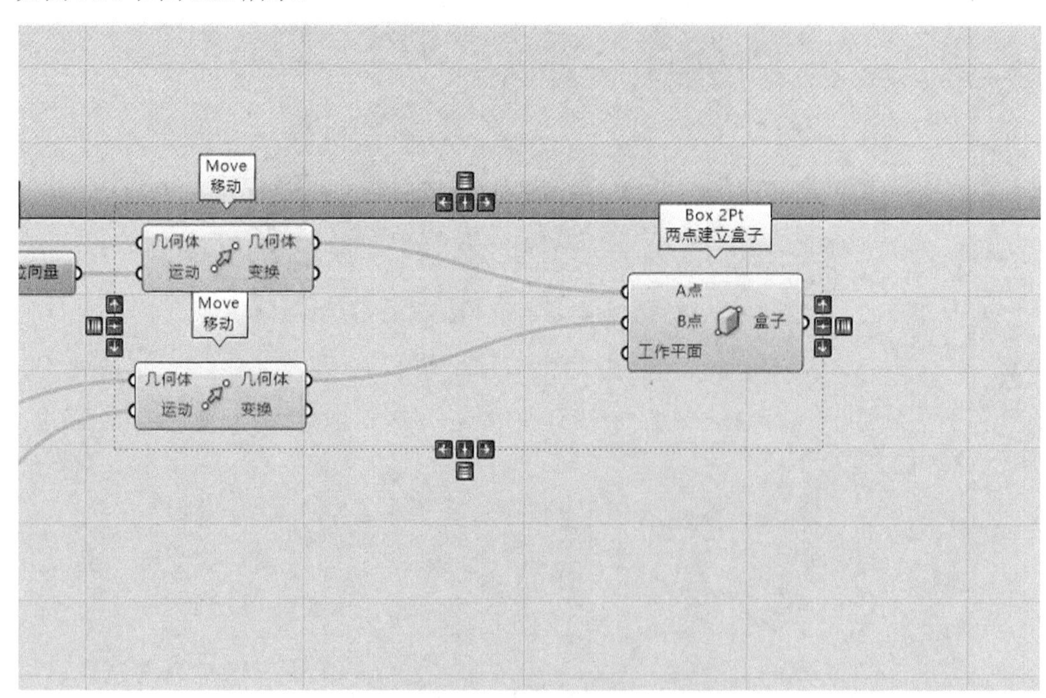

图 5.10　连接 Box 2Pt 运算器

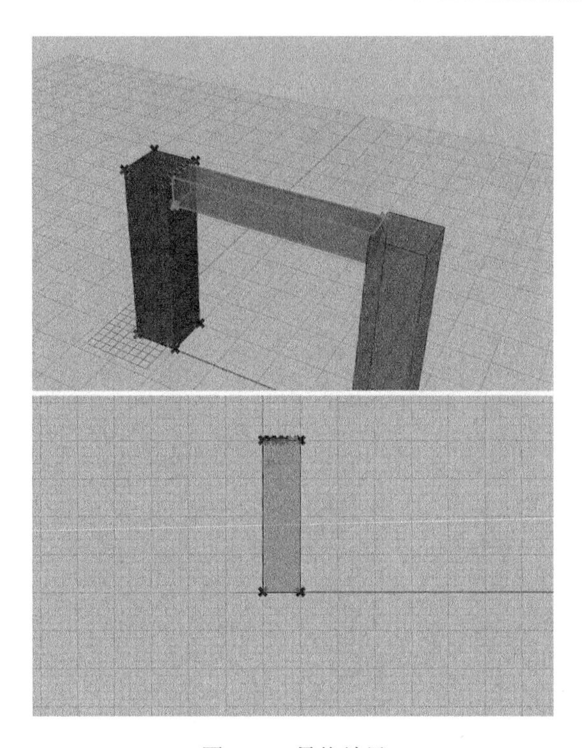

图 5.11 最终效果

5.1.3 Dash Pattern 建模法

Dash Pattern 建模法与 Box 2Pt 建模法类似，但是可以使用 Dash Pattern 运算器进行选点操作。用户在 Panel 板上输入分割的长度，如图 5.12 和图 5.13 所示。

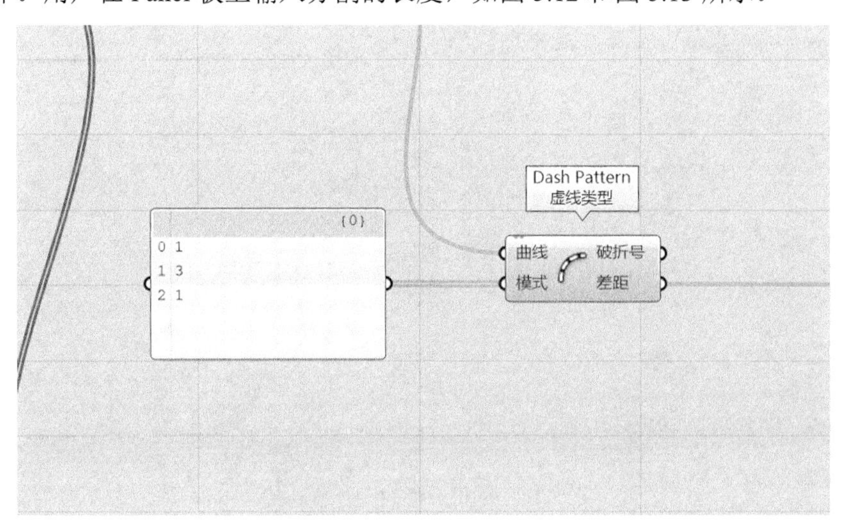

图 5.12 输入分割的长度

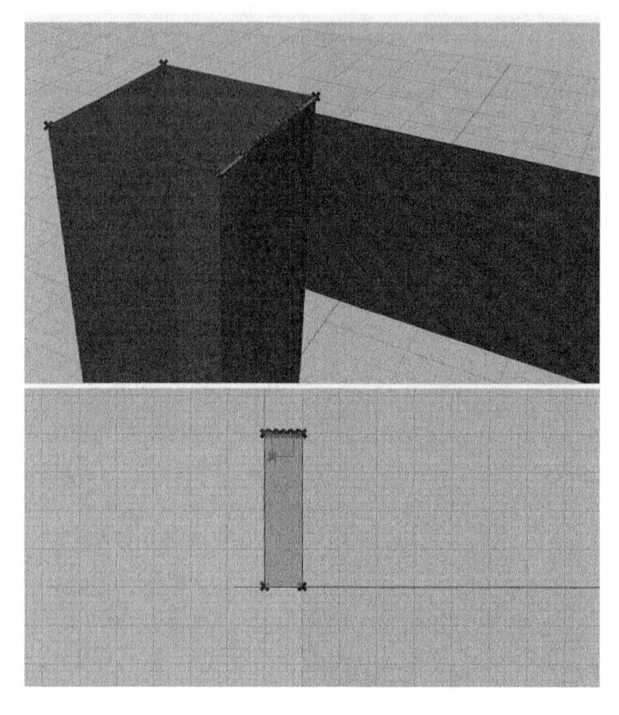

图 5.13 实现分割

在确定好梁的边缘线后，用户可以使用 Extrude 运算器直接沿 z 轴和 x 轴快速创建结构梁，如图 5.14 和图 5.15 所示。

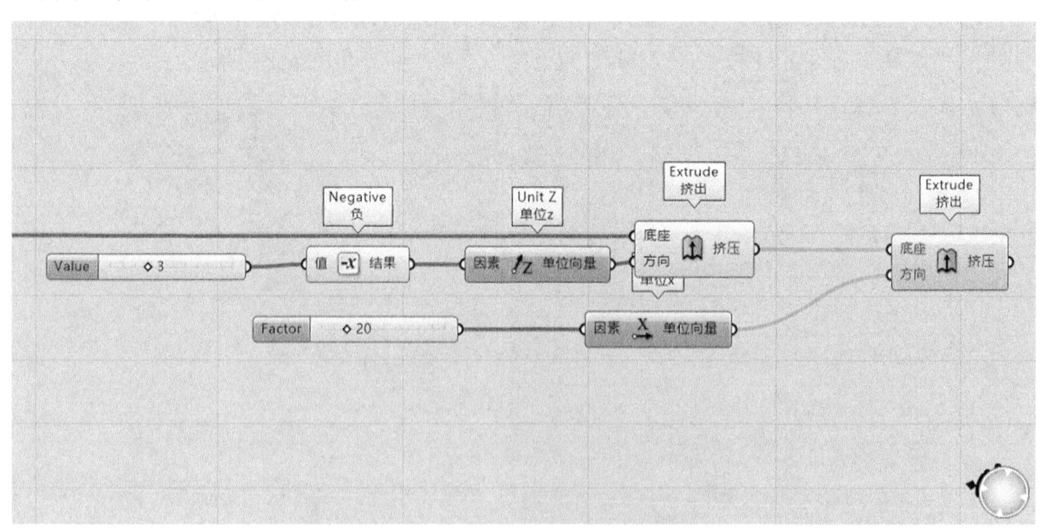

图 5.14 挤压成梁的运算器连接

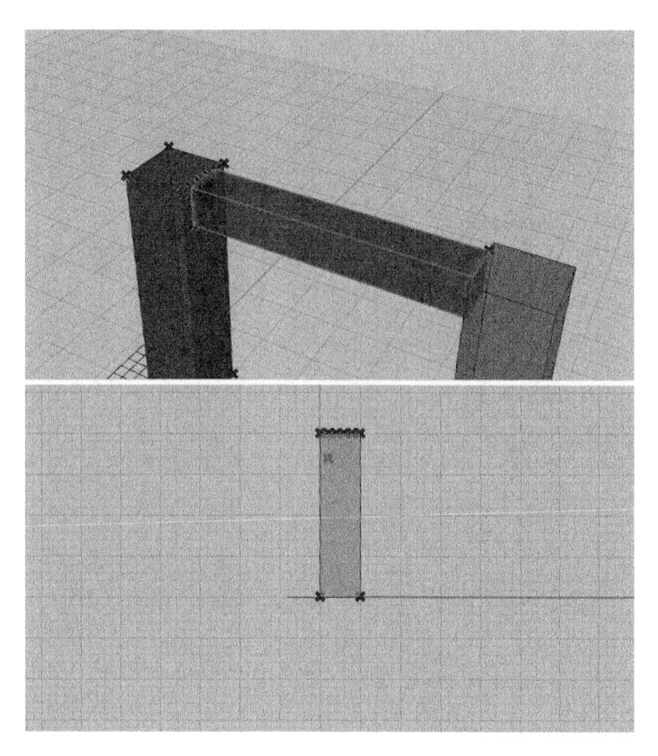

图 5.15　创建结构梁示意图

5.1.4　Extrude 建模法

Extrude 建模法是一种快速建立楼板的方法，用户使用解构的方法获得关键点位或者边缘线，使用 Extrude 运算器将线段拉伸成面，再将面拉伸成体。

首先提取结构柱的边界点，如图 5.16 和图 5.17 所示。

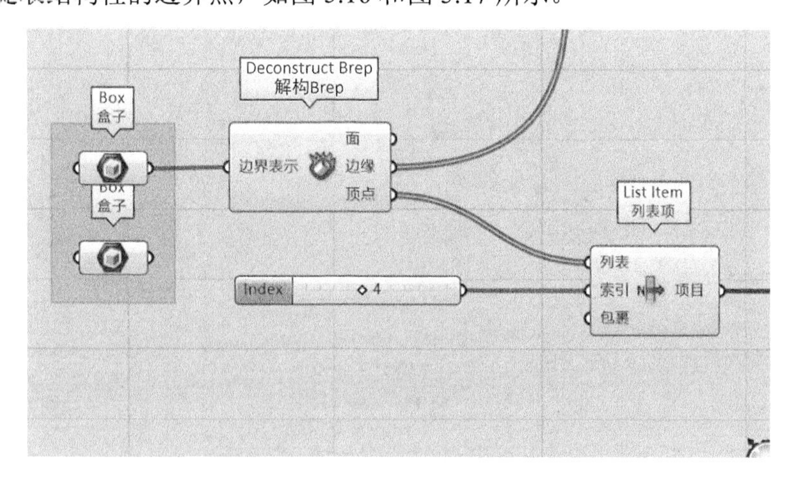

图 5.16　提取边界点的运算器连接

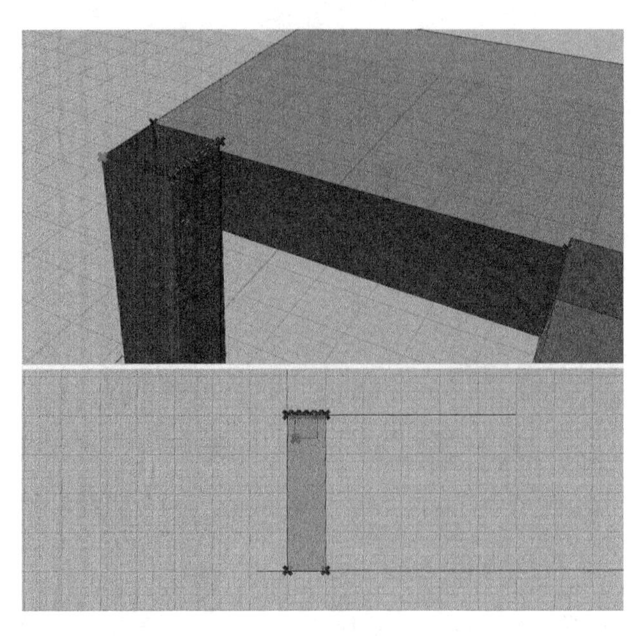

图 5.17　提取边界点示意图

然后将寻找好的点复制平移到楼板的另一端，使用 Line 运算器将它们组合成一条线段，如图 5.18 和图 5.19 所示。

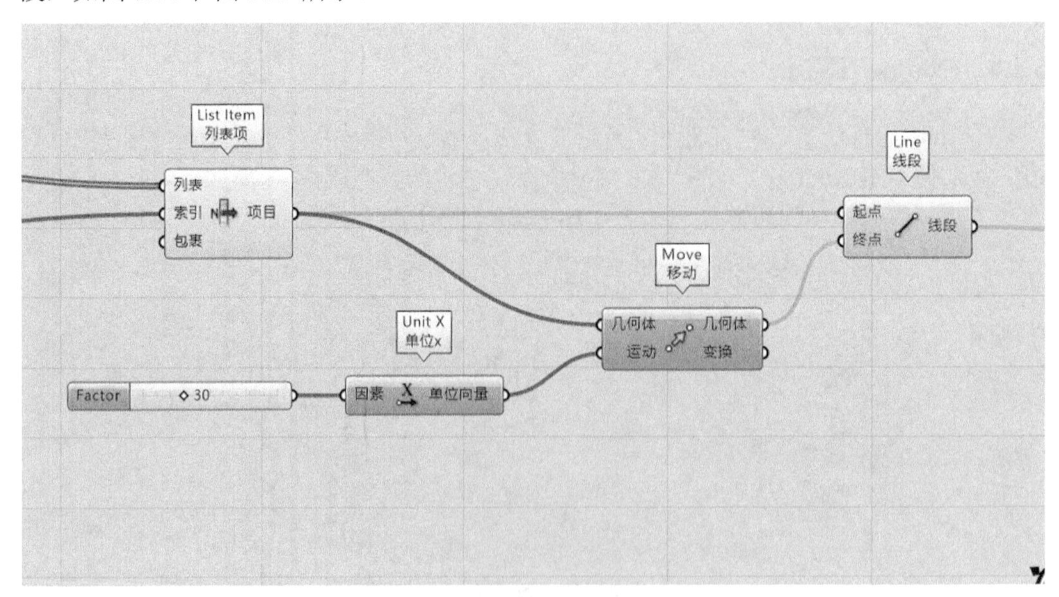

图 5.18　连线的运算器连接

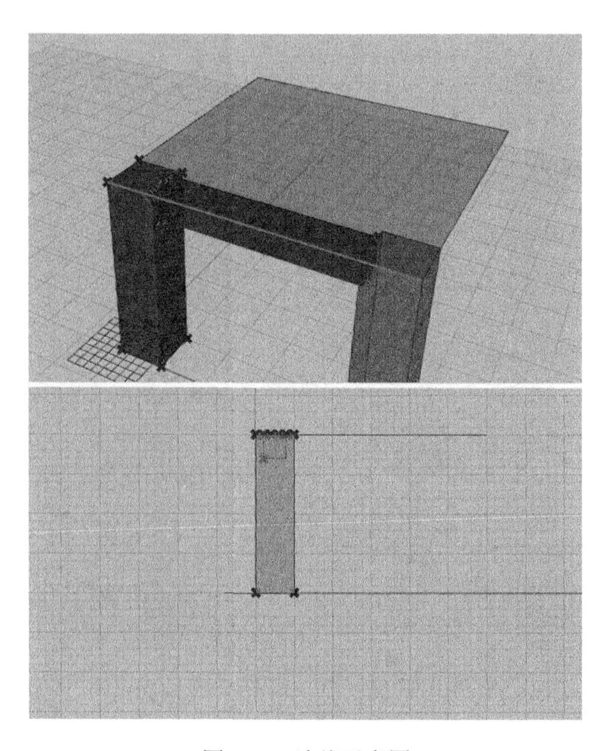

图 5.19　连线示意图

接着用户可以使用 Extrude 运算器进行两次拉伸建模，如图 5.20 和图 5.21 所示。

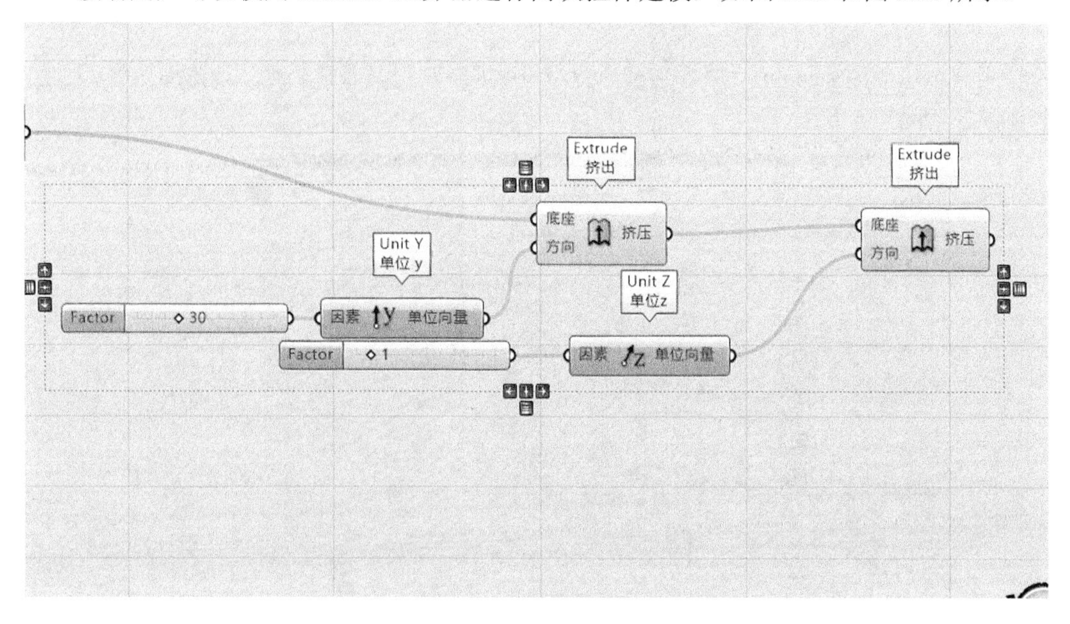

图 5.20　拉伸建模的运算器连接

图 5.21　拉伸建模示意图

5.2　参数提取

5.2.1　提取长度参数

用户可以使用 Length 运算器连接所提取的线段，获得其长度参数，具体操作如图 5.22 和图 5.23 所示。

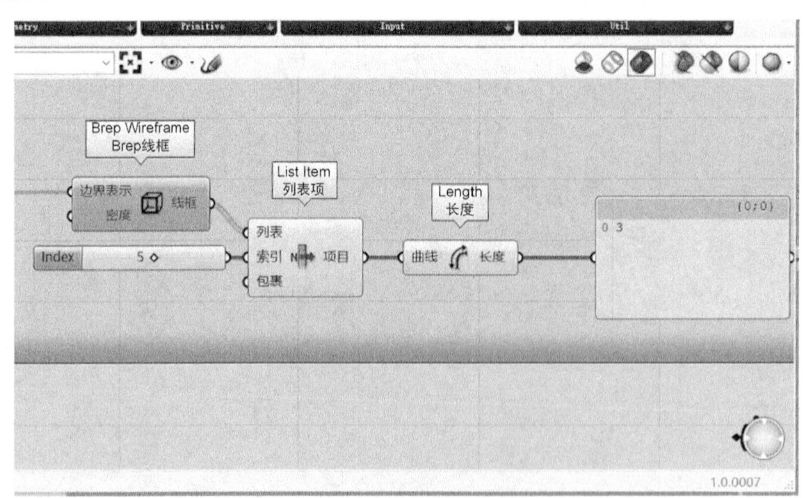

图 5.22　提取长度参数的运算器连接

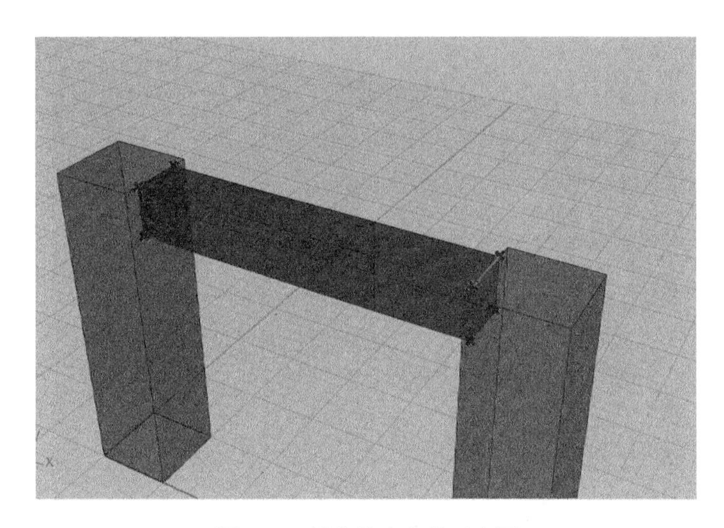

图 5.23　提取长度参数示意图

5.2.2　提取边界

用户可以使用 Brep Edges 和 Deconstruct Brep 两个运算器对集合体进行边界提取，如图 5.24 和图 5.25 所示。

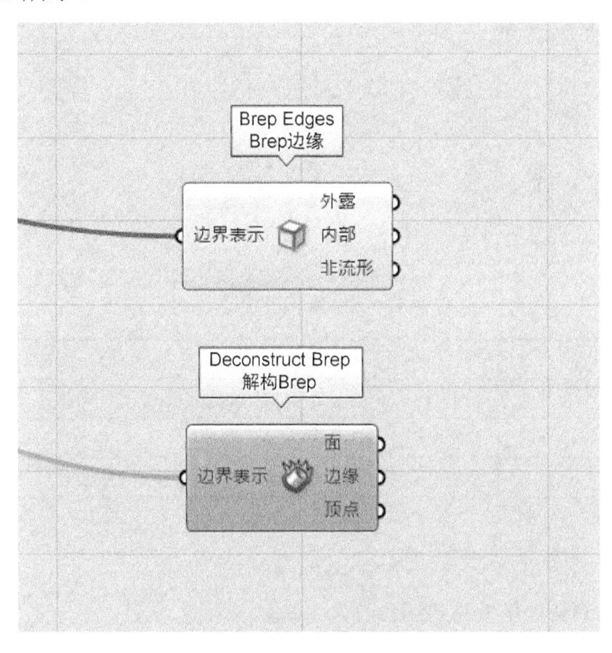

图 5.24　提取边界的运算器连接

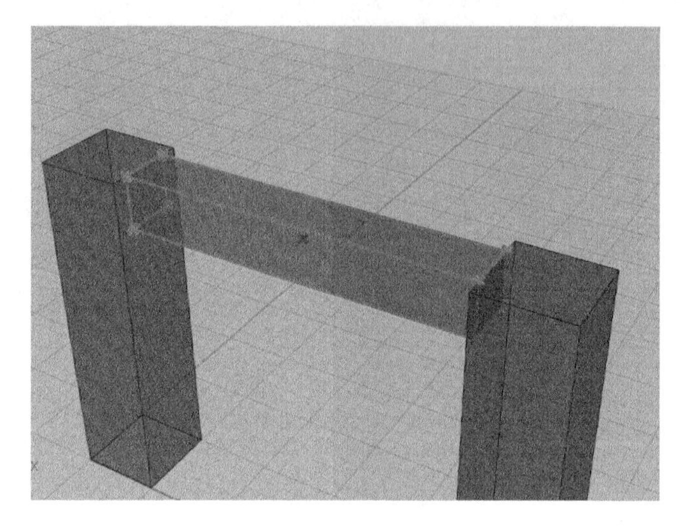

图 5.25　提取边界示意图

5.3　参数修改

1. Box 建模法参数修改

Box 建模法的参数修改与结构柱类似，用户可以在 Rhino 界面重新创建符合要求的模型。

2. 2Pt 建模法参数修改

具体修改内容和修改方法见表 5.1。

表 5.1　2Pt 建模法参数修改

参数修改内容	方法
梁截面参数	修改 Divide Curve 运算器的分段值和构造点的下移值
梁的长度	修改构造点的侧移值
梁布置位置	解构结构柱时选取不同边界线或者单独建立构造点

3. Dash Pattern 建模法参数修改

具体修改内容和修改方法见表 5.2。

表 5.2　Dash Pattern 建模法参数修改

参数修改内容	方法
梁截面参数	修改 Dash Pattern 运算器中的分段值和构造点的下移值

续表

参数修改内容	方法
梁的长度	修改构造点的侧移值
梁布置位置	解构结构柱时选取不同边界线或者单独建立构造点

4. Extrude 建模法参数修改

具体修改内容和修改方法见表 5.3。

表 5.3　Extrude 建模法参数修改

参数修改内容	方法
楼板厚度	修改 Extrude 运算器中的位移距离
楼板截面参数	
楼板布置位置	更改初始创建的点

5.4　参数联动

在建模时常常需要修改柱子的间距，但是需要重新创建梁来匹配，这里介绍一种简单的联动方法，使梁和柱子成为一个动态的整体。用户在挪动柱子的同时，模型会自动生成符合尺寸的梁。具体步骤如下。

（1）创建两个沿 x 轴方向平移生成的柱子，如图 5.26 和图 5.27 所示。

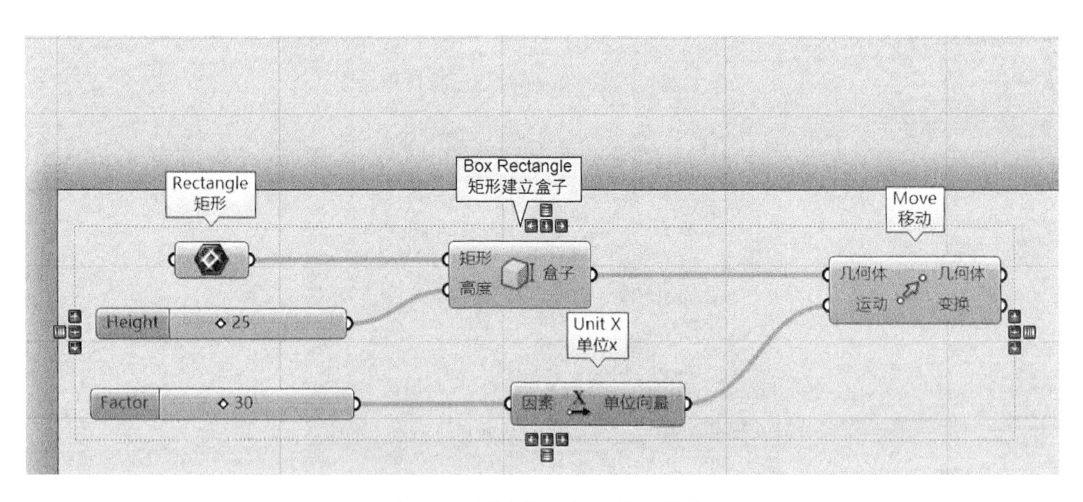

图 5.26　创建柱子的运算器连接

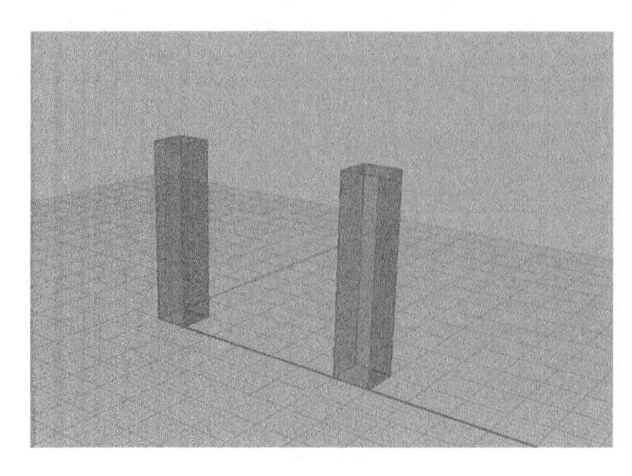

图 5.27　创建柱子示意图

（2）创建与之匹配的同样沿 x 轴方向拉伸的梁，如图 5.28 和图 5.29 所示。

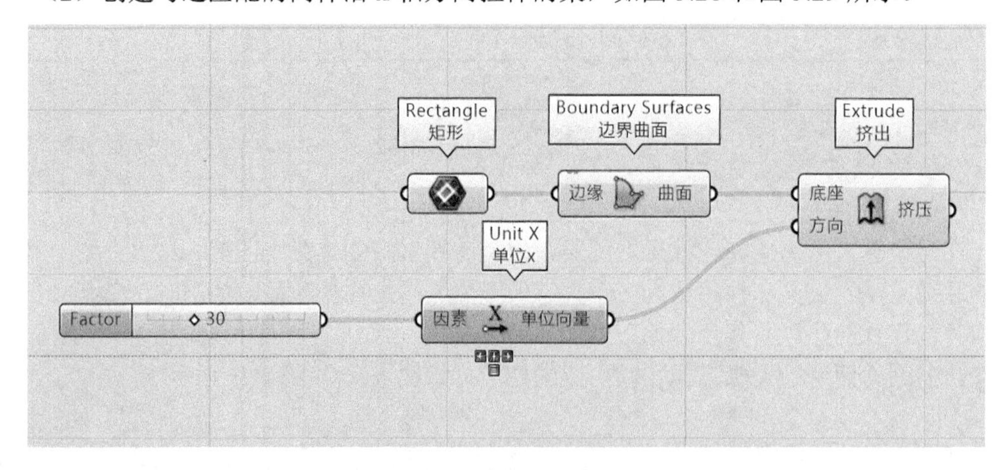

图 5.28　沿 x 轴拉伸梁的运算器连接

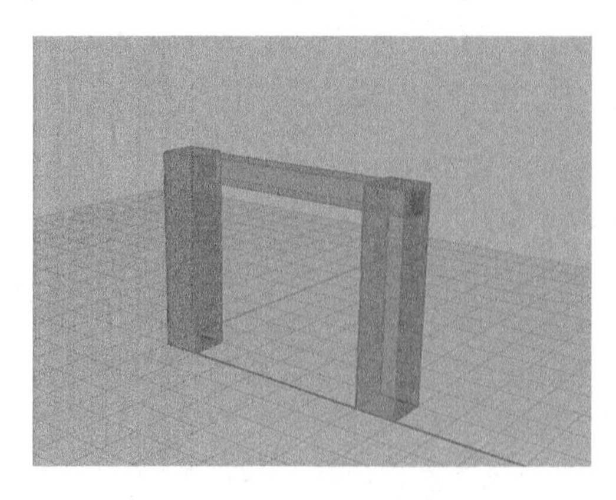

图 5.29　拉伸梁示意图

（3）因为使用的建模方式都是沿x轴方向，所以可以直接将沿x轴方向拉伸长度的数值模块同时与两个模型连接，这样在挪动柱子时就可以操控梁的长度，使其生成匹配的模型，如图5.30所示。

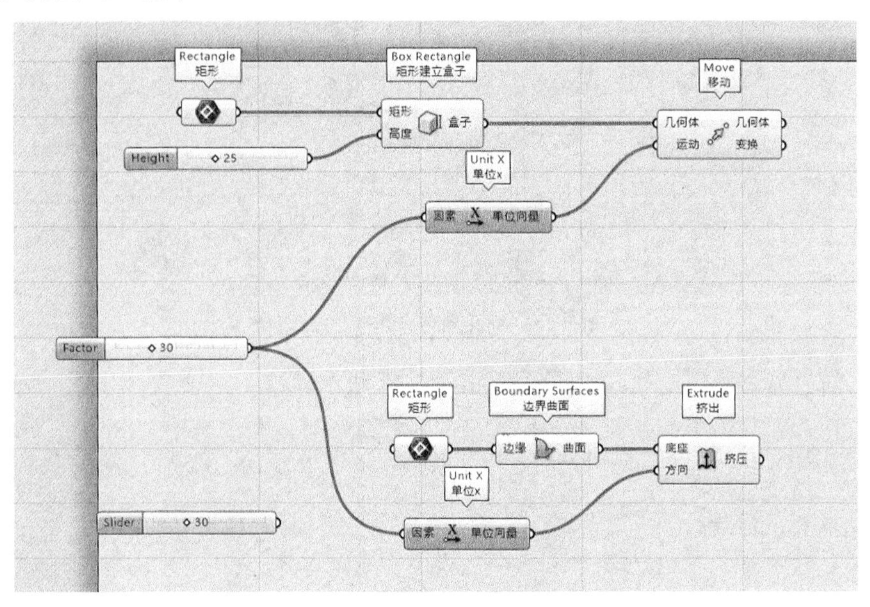

图5.30　联动设置

5.5　实例应用

（1）创建楼板线框，如图5.31和图5.32所示。

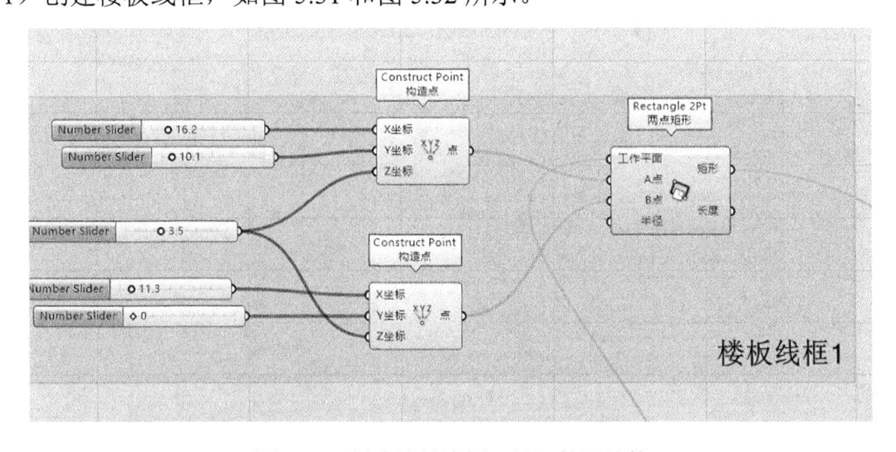

图5.31　创建楼板线框1的运算器连接

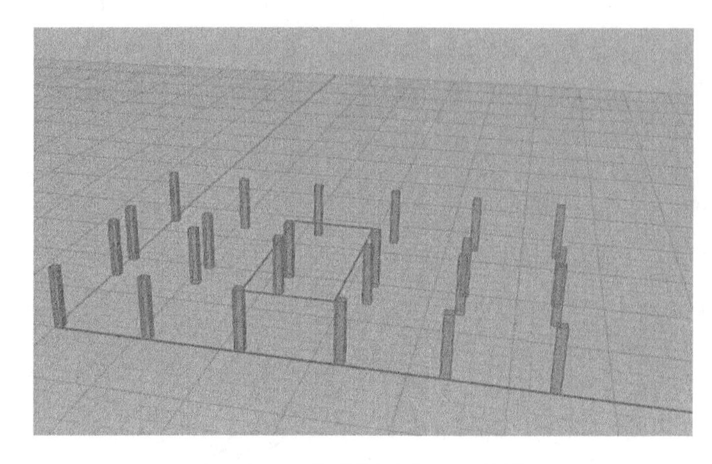

图 5.32　创建楼板线框 1 示意图

（2）创建另一部分线框，如图 5.33 和图 5.34 所示。

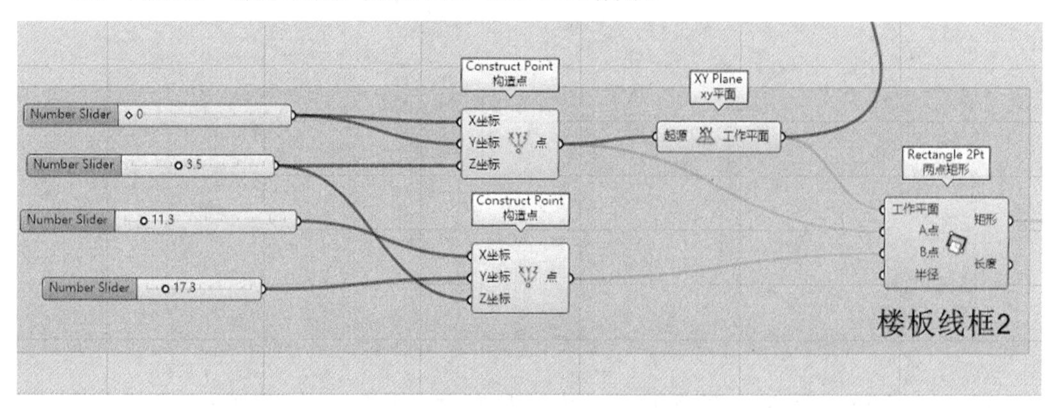

图 5.33　创建楼板线框 2 的运算器连接

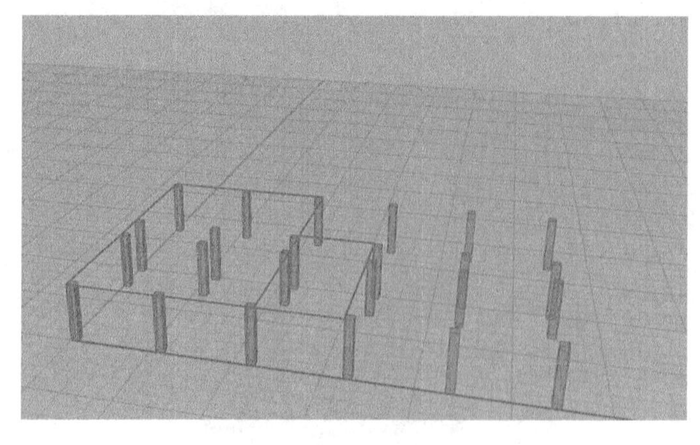

图 5.34　创建楼板线框 2 示意图

（3）创建楼板，如图 5.35 和图 5.36 所示。

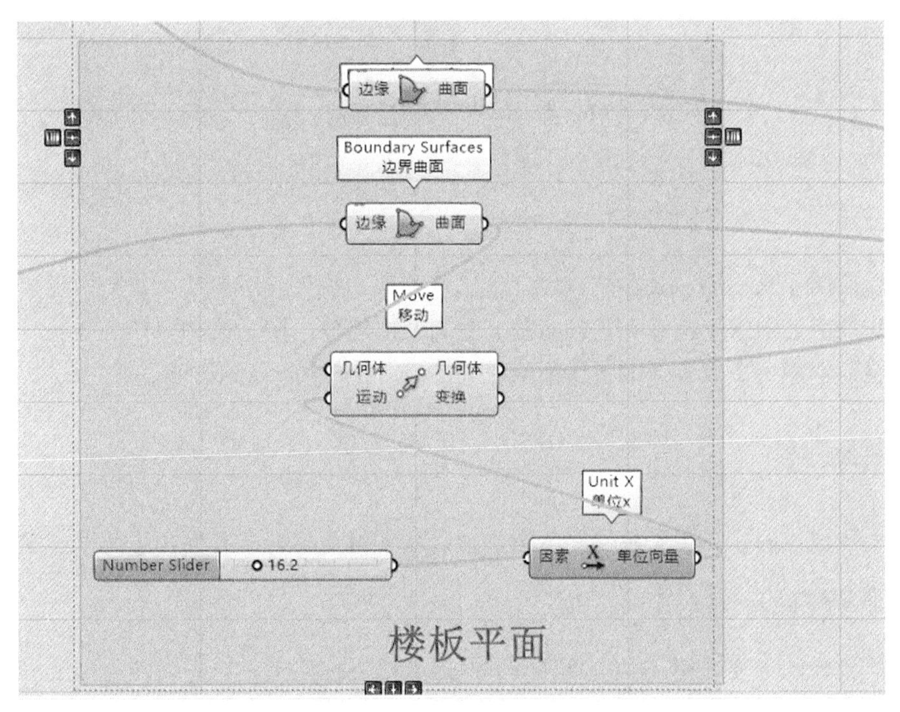

图 5.35　创建楼板的运算器连接

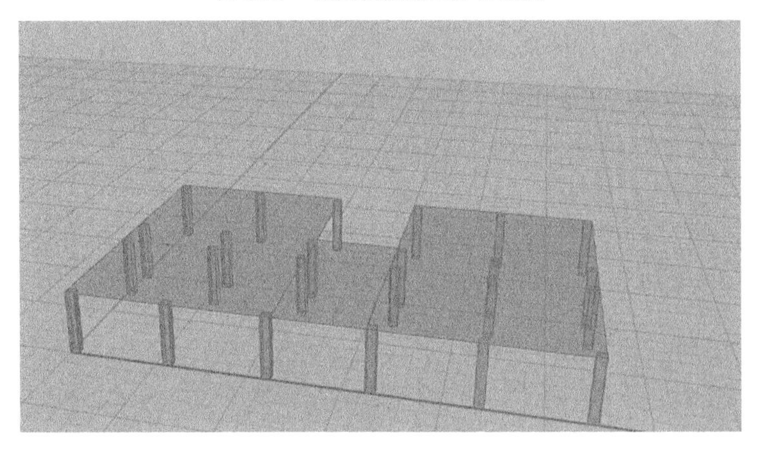

图 5.36　创建楼板示意图

第 6 章　结 构 墙

结构墙属于承重墙，又称抗风墙、抗震墙或剪力墙，是房屋或构筑物中主要承受风或地震作用引起的水平荷载和竖向荷载（重力）的墙体，防止结构剪切（受剪）破坏，一般用钢筋混凝土做成。下面讲述如何在 Grasshopper 中建立结构墙。

6.1　参数建模

结构墙建模的重点在于拉伸平面的创建，本节将从集合和几何图形两个方面介绍。

6.1.1　差集建模法

差集建模法主要采用 Solid Difference 运算器进行建模。首先，使用 Rectangle 和 Boundary Surfaces 在结构柱上创建墙面和需要挖除的门窗面，如图 6.1 和图 6.2 所示。

再将两个平面连接到 Solid Difference 运算器上，使用 Extrude 运算器将创建好的平面拉伸成结构墙。需要注意的是，要将之前创建的平面隐去，右击需要隐去的运算器，在弹出的快捷菜单中选择 Preview 即可，如图 6.3 和图 6.4 所示。

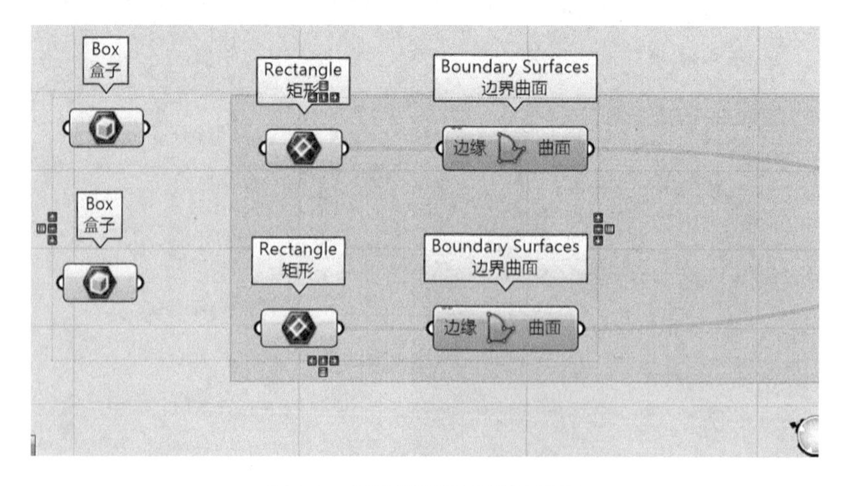

图 6.1　创建墙面的运算器连接

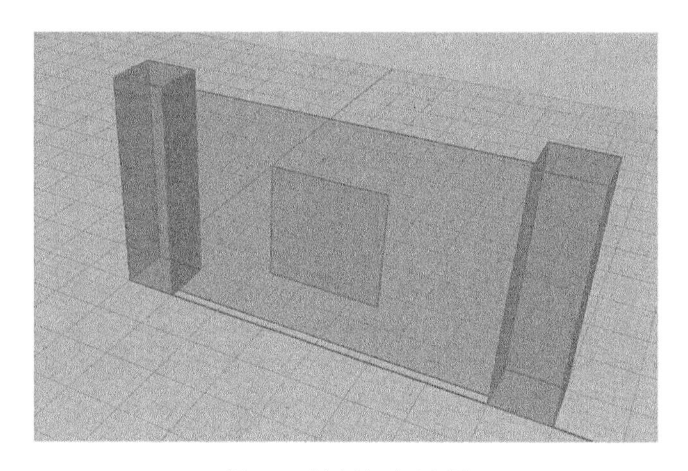

图 6.2 创建墙面示意图

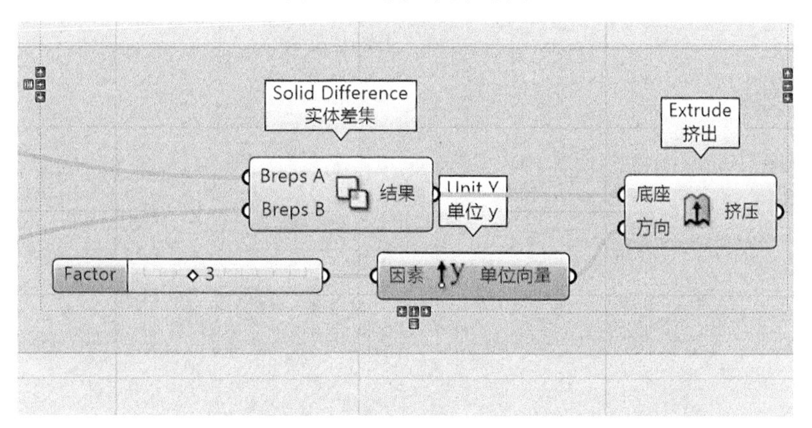

图 6.3 Solid Difference 运算器

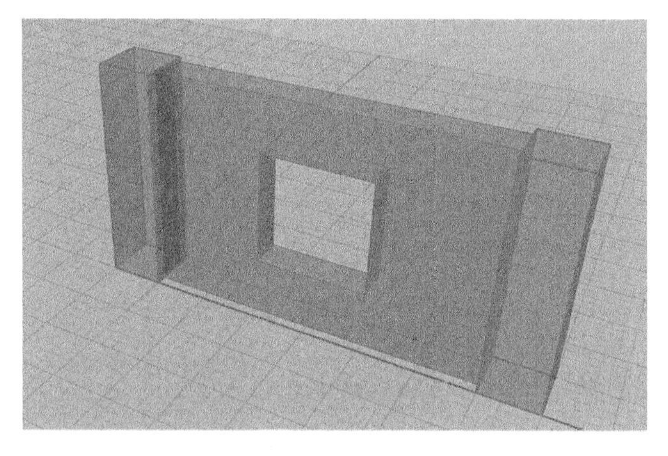

图 6.4 隐去平面示意图

6.1.2 简化差集建模法

为了实现快速建模，用户可以使用 Box 直接创建两个墙体，使用差集法进行操作，但是需要用户精准地选取 Box 的点位，如图 6.5 所示。

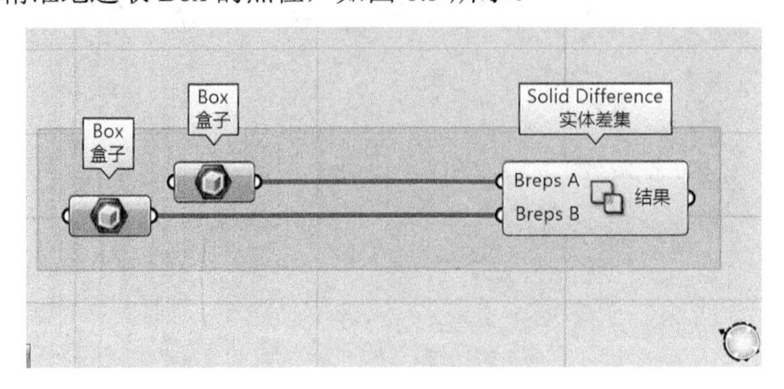

图 6.5 简化差集建模法

6.1.3 并集建模法

并集建模法采用的是分块建模，最后使用并集运算器合并。首先将门窗两侧的墙体建好，如图 6.6 和图 6.7 所示。

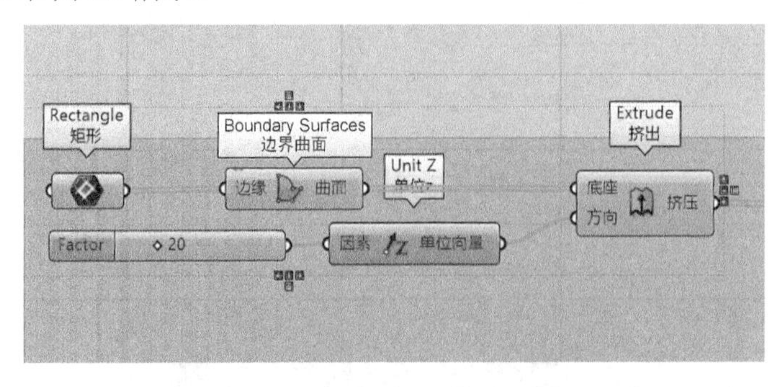

图 6.6 创建门窗两侧墙体的运算器连接

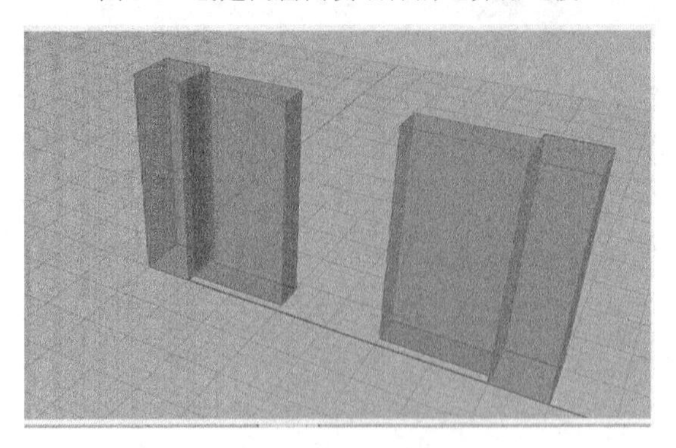

图 6.7 创建门窗两侧墙体示意图

再使用 Move 运算器将门窗上下侧的墙体建好，如图 6.8 和图 6.9 所示。

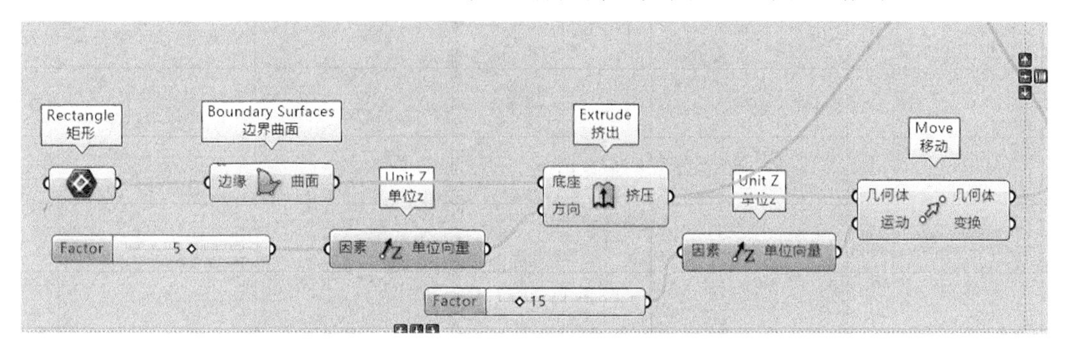

图 6.8 创建门窗上下侧墙体的运算器连接

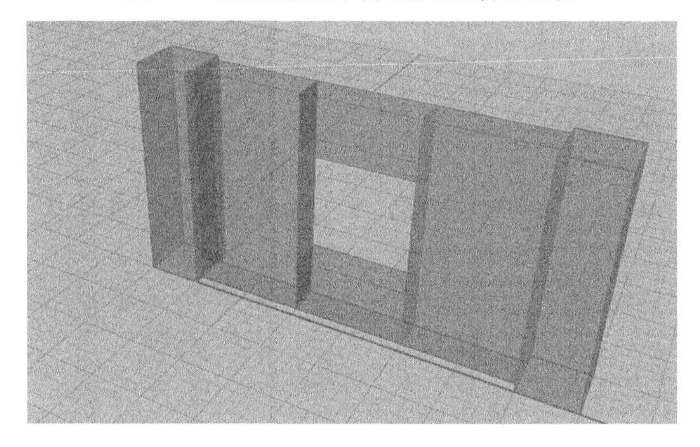

图 6.9 创建的门窗上下侧墙体

最后使用 Solid Union 运算器将两部分合并，如图 6.10 和图 6.11 所示。

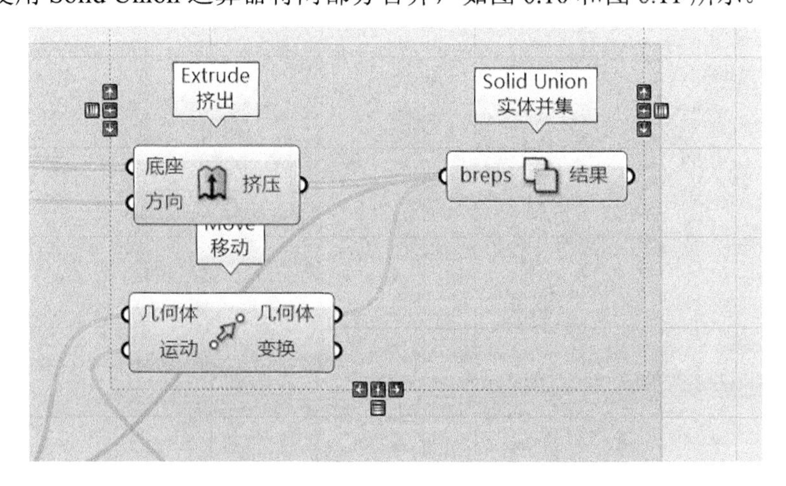

图 6.10 使用 Solid Union 运算器合并两部分

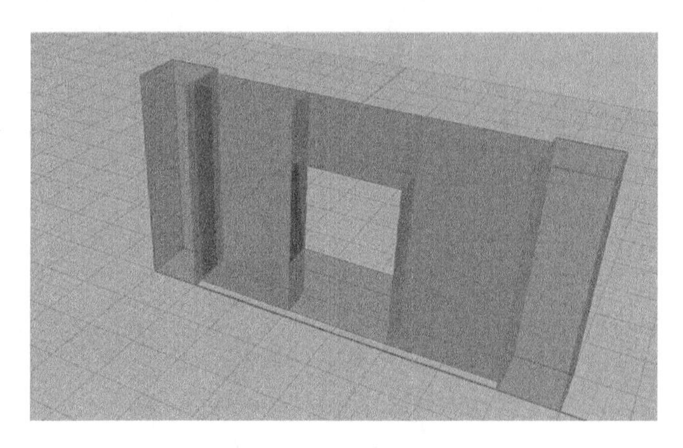

图 6.11　合并墙体示意图

6.1.4　矩形组建模法

除了用集合的思路创建结构墙外，用户还可以使用几何图形边界直接创建结构墙的拉伸面。

用户首先创建 Rectangle 运算器，右击 Rectangle 运算器，在弹出的快捷菜单中选取 Set Multiple Boxes（设置多个盒子）命令，创建结构墙的两个边界。

接着使用 Boundary Surfaces 运算器创建结构墙拉伸面，如图 6.12 和图 6.13 所示。

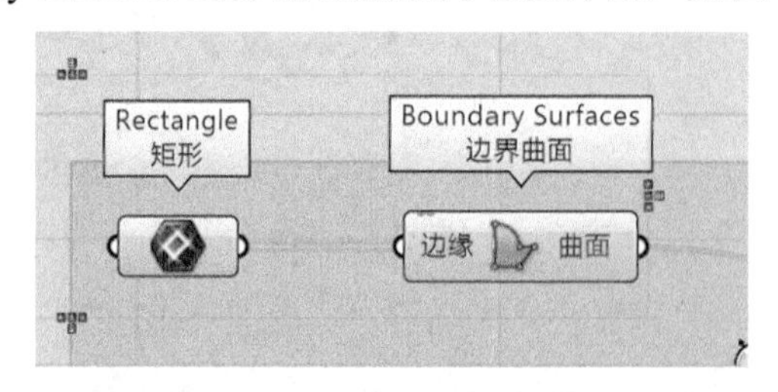

图 6.12　创建结构墙拉伸面的运算器连接

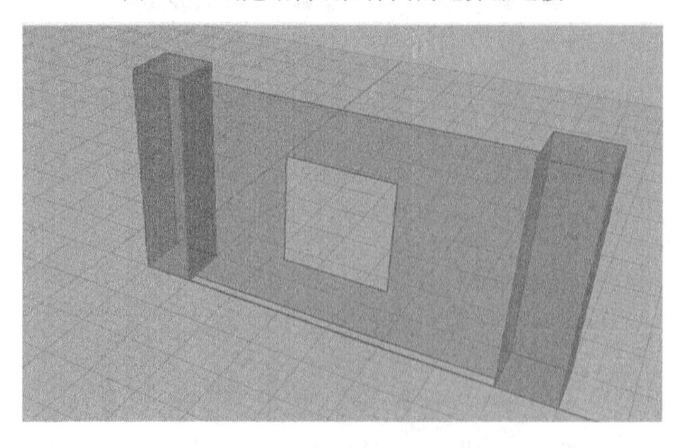

图 6.13　创建的结构墙拉伸面示意图

最后使用 Extrude 运算器将其拉伸成体，如图 6.14 和图 6.15 所示。

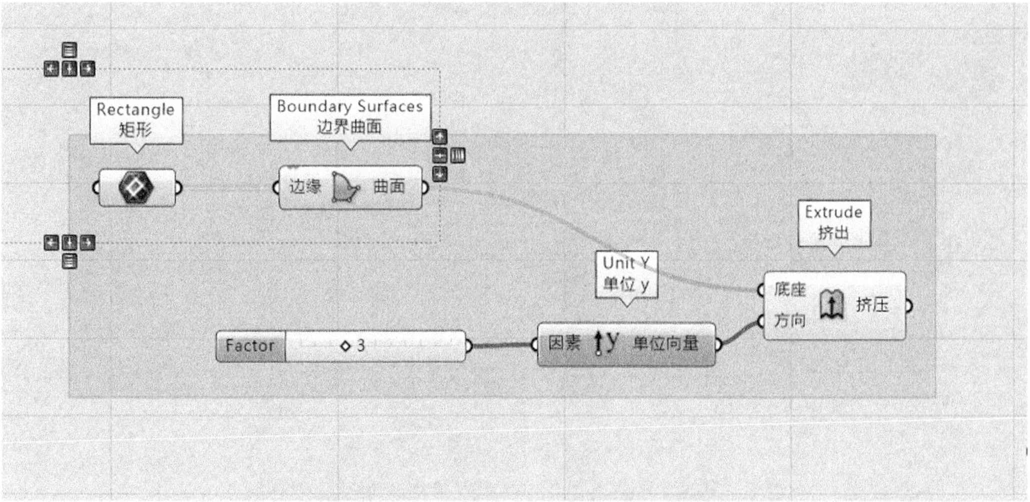

图 6.14 使用 Extrude 运算器拉伸成体

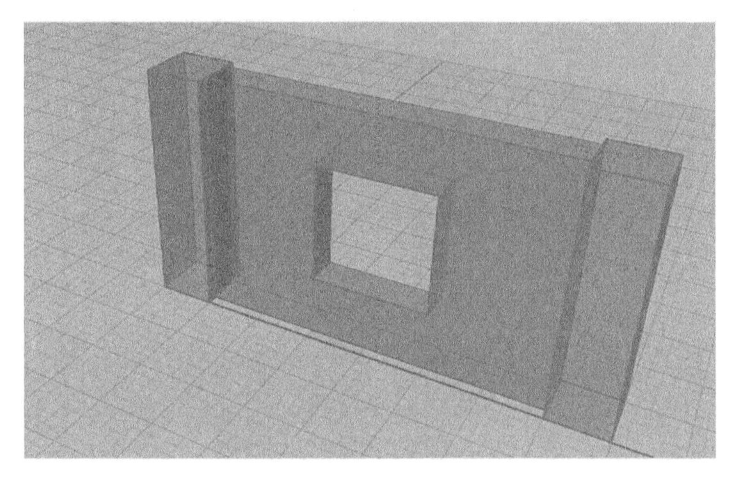

图 6.15 拉伸成体示意图

6.2 参数提取

用户可以使用 Length 运算器连接所提取的线段，获得其长度参数，具体操作如图 6.16 和图 6.17 所示。

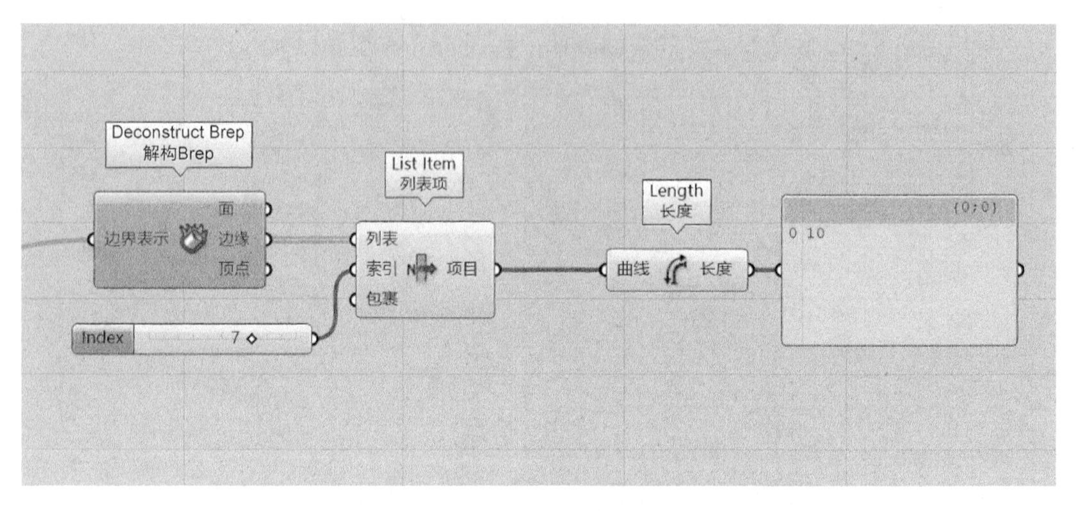

图 6.16　连接线段并提取长度参数

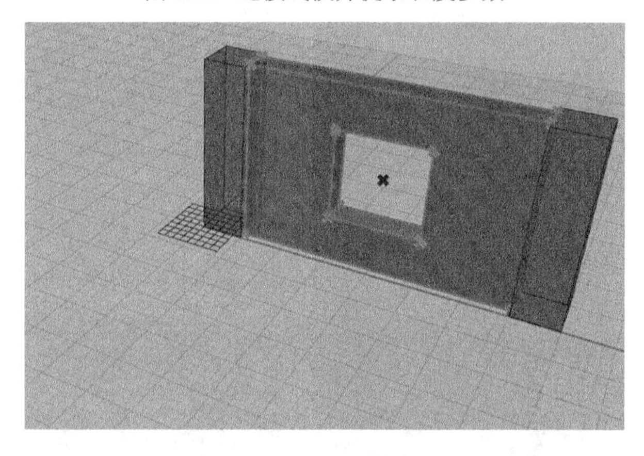

图 6.17　连接线段示意图

6.3　参数修改

1. 差集建模法参数修改

具体修改内容和修改方法见表 6.1。

表 6.1　差集建模法参数修改

参数修改内容	方法
门窗位置	重新在 Rhino 中创建 Rectangle 的结构参数
门窗尺寸	
墙体厚度	修改 Extrude 运算器的拉伸长度

2. 并集建模法参数修改

具体修改内容和修改方法见表 6.2。

表 6.2 并集建模法参数修改

参数修改内容	方法
门窗位置	修改门窗上下模型的移动距离
门窗尺寸	改变门窗两侧模型的尺寸
墙体厚度	修改每一部分的拉伸长度

3. 矩形组建模法参数修改

具体修改内容和修改方法见表 6.3。

表 6.3 矩形组建模法参数修改

参数修改内容	方法
门窗位置	重新在 Rhino 中创建 Rectangle 的结构参数
门窗尺寸	
墙体厚度	修改 Extrude 运算器的拉伸长度

6.4 参数联动

这里模拟的是改变柱子的间距，同时模型可以自动生成匹配的结构墙，并且门窗的相对位置和尺寸不变。

首先创建两个沿 x 轴复制的结构柱，如图 6.18 和图 6.19 所示。

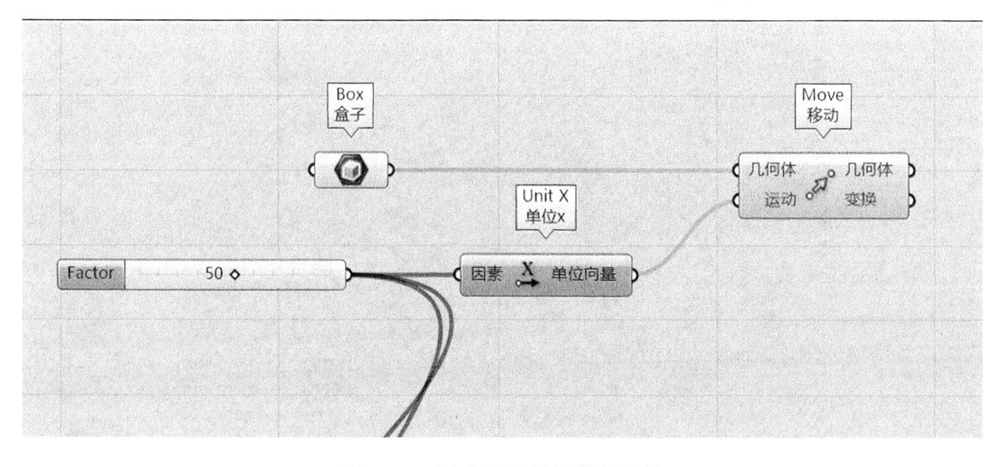

图 6.18 创建柱子的运算器连接

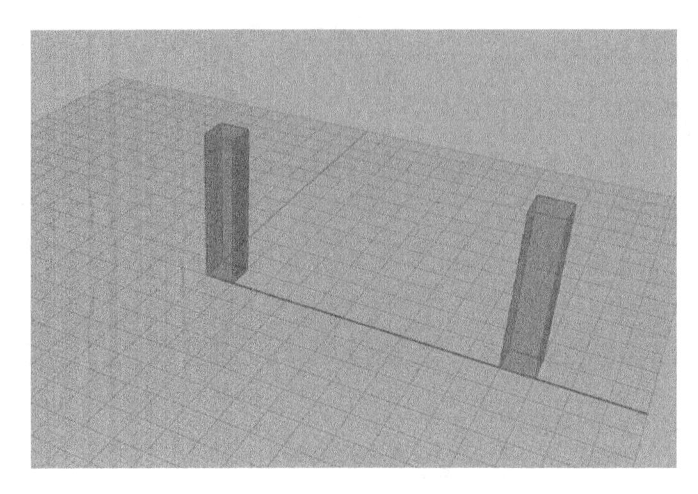

图 6.19　创建柱子示意图

接着使用 Expression 运算器创建与结构柱联动的墙体，如图 6.20 和图 6.21 所示。

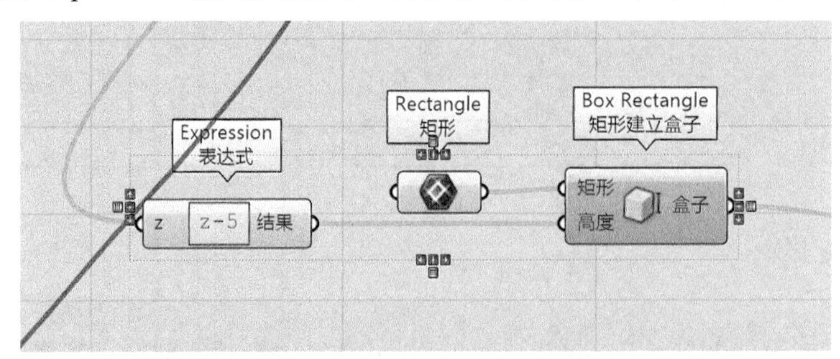

图 6.20　使用 Expression 运算器创建联动的墙体

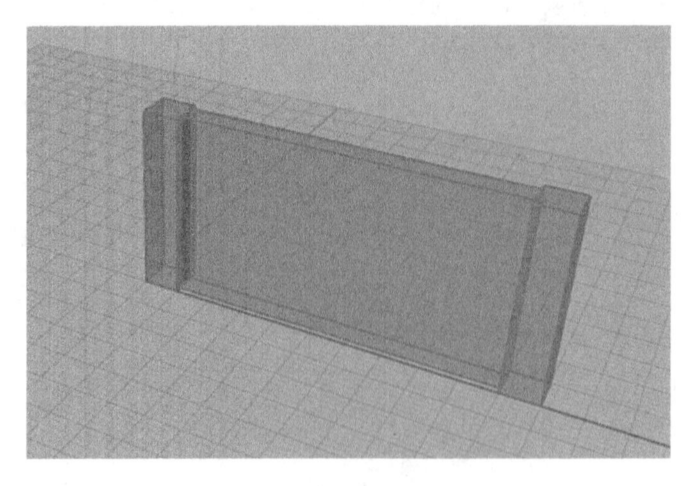

图 6.21　创建联动的墙体示意图

同理，创建与结构柱联动的门窗。这里需要注意的是，为了保证相对位置不变，用户需要正确输入表达式中的系数，如图 6.22 和图 6.23 所示。

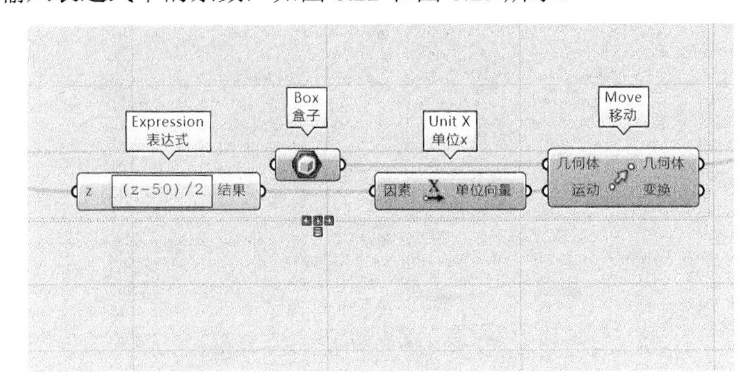

图 6.22　创建联动的门窗的运算器连接

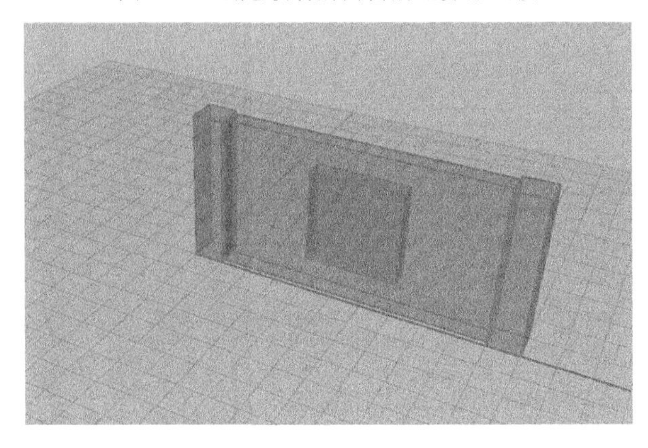

图 6.23　创建联动的门窗示意图

用户可以使用 Solid Difference 运算器创建与结构柱联动的结构墙，如图 6.24 和图 6.25 所示。

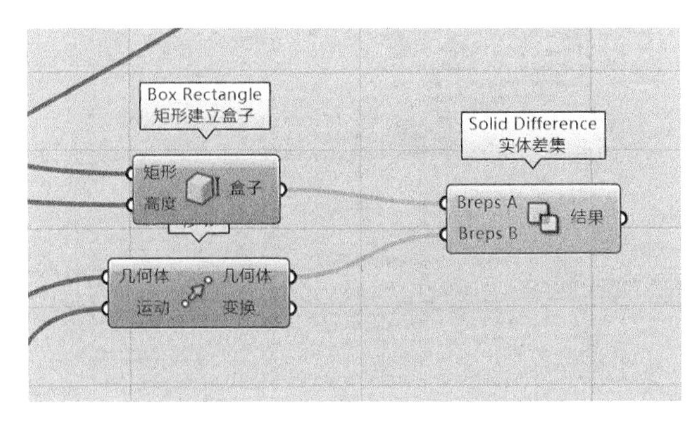

图 6.24　使用差集创建联动结构墙

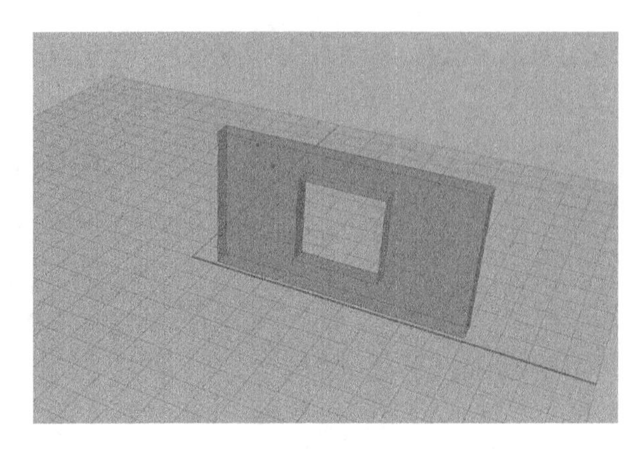

图 6.25　创建的联动结构墙示意图

为了验证其联动可行性，将柱子间距改为 60，并观察其联动情况是否符合要求，如图 6.26 和图 6.27 所示。

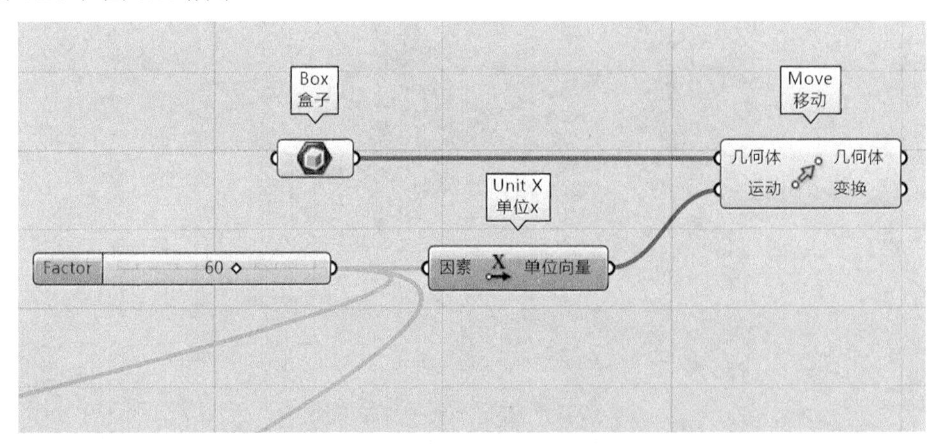

图 6.26　验证联动

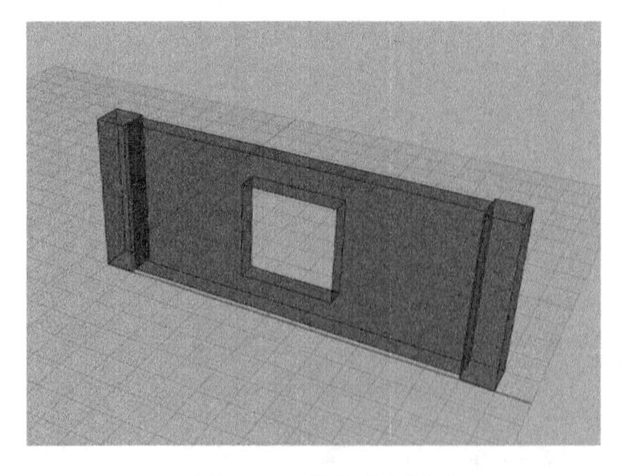

图 6.27　联动示意图

6.5 实例应用

（1）根据图 6.28 所示图纸，在前面结构柱实例的基础上，创建并布置厚度为 0.3m 的结构墙。

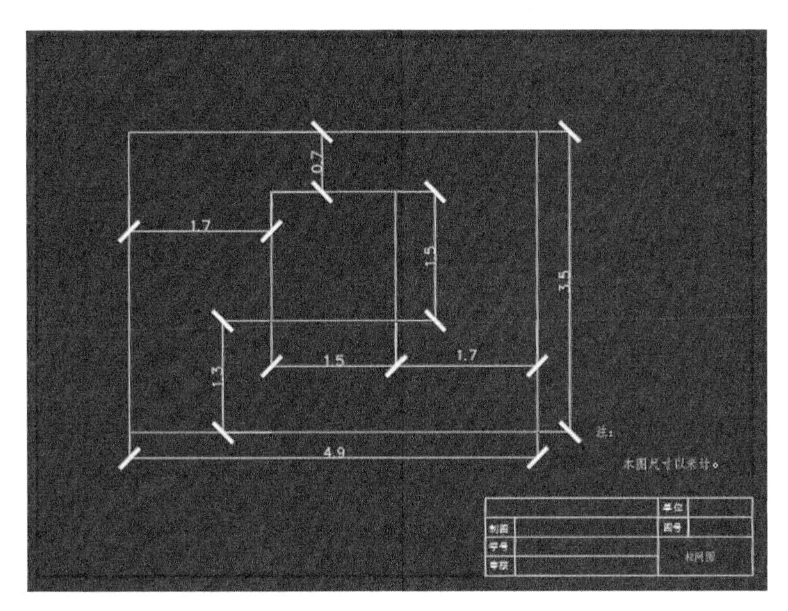

图 6.28 实例图纸

（2）合并线框，如图 6.29 和图 6.30 所示。

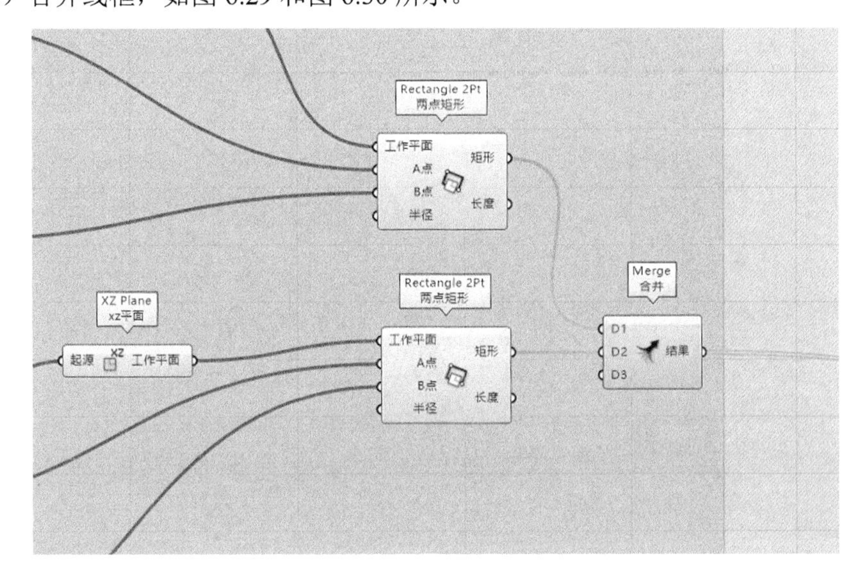

图 6.29 合并线框的运算器连接

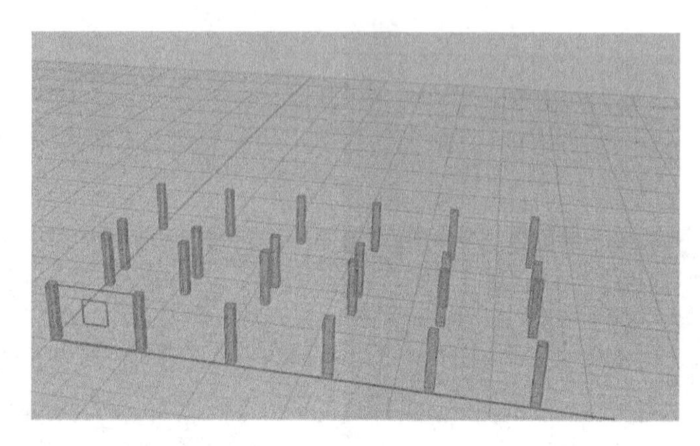

图 6.30　合并线框示意图

（3）建立平面图形，拉伸成体，如图 6.31 和图 6.32 所示。

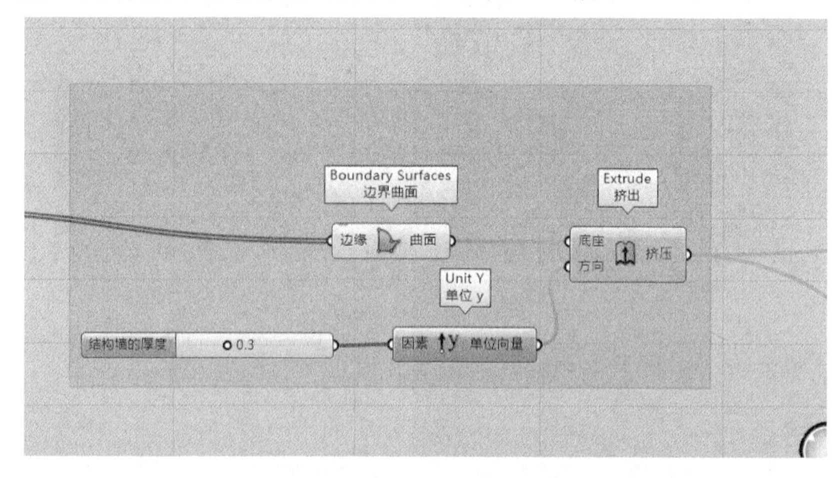

图 6.31　拉伸成体的运算器连接

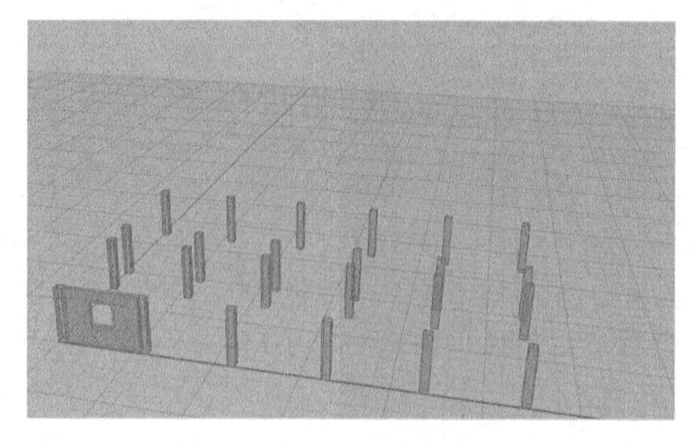

图 6.32　拉伸成体示意图

（4）沿 x 和 y 方向布置，如图 6.33 和图 6.34 所示。

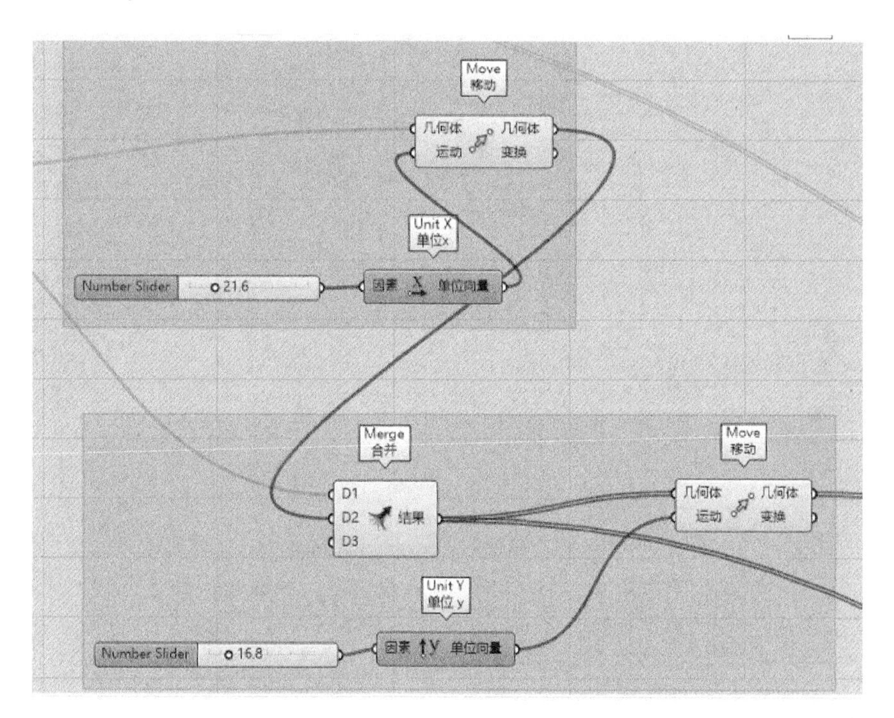

图 6.33　沿 x 和 y 方向布置的运算器连接

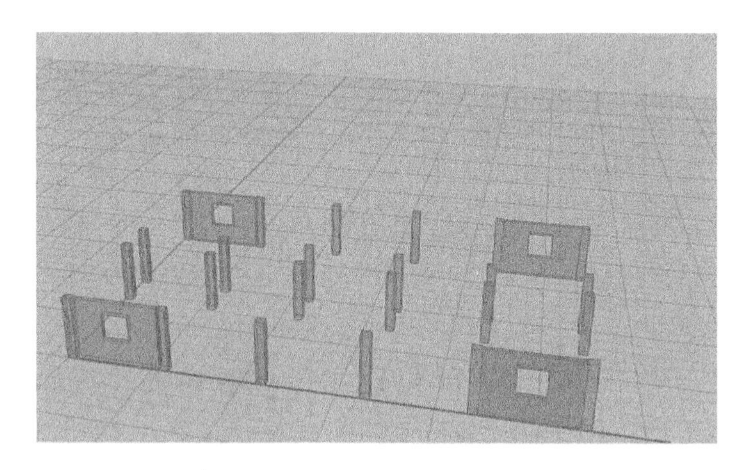

图 6.34　沿 x 和 y 方向布置示意图

（5）布置结构墙，如图 6.35 和图 6.36 所示。

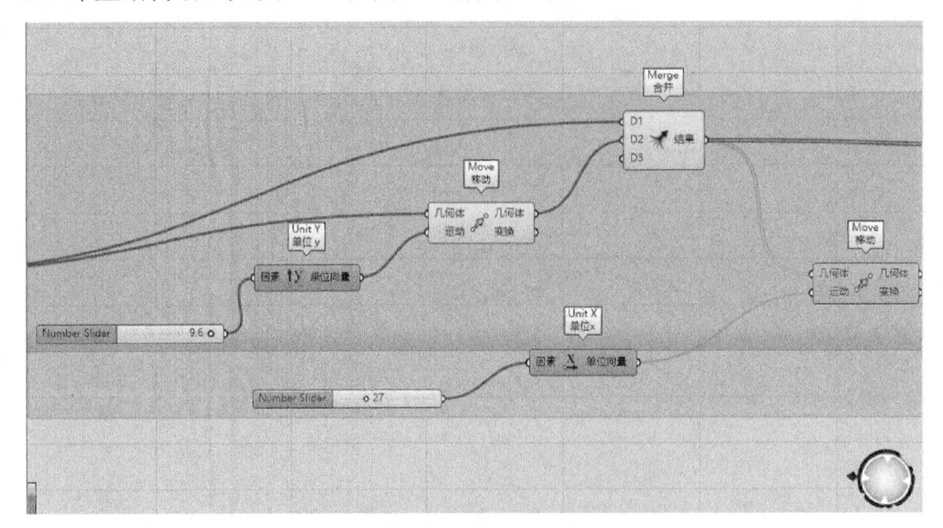

图 6.35　布置结构墙的运算器连接

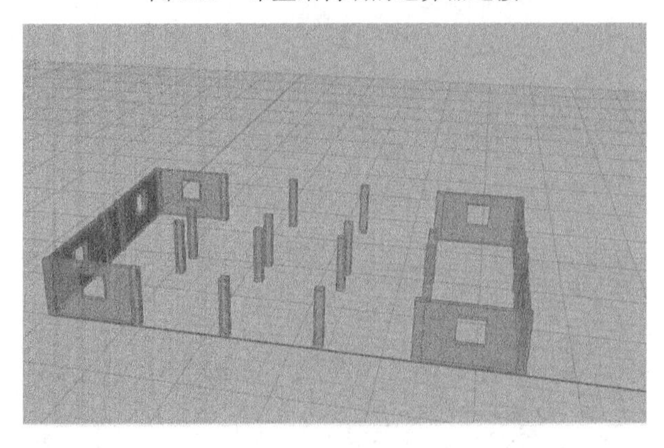

图 6.36　布置结构墙示意图

第 7 章　结构基础

本章介绍结构基础的建模和参数设计。

7.1　参数建模

7.1.1　独立基础建模

独立基础，一般设在柱下，常用的断面形式有阶形、坡形、杯形等。材料通常采用钢筋混凝土、素混凝土等。当柱为现浇时，独立基础与柱子是整浇在一起的；当柱子为预制时，通常将基础做成杯口形，然后将柱子插入并用细石混凝土嵌固，此时称为杯口基础。

本节以图 7.1 所示的三种独立基础为例讲述独立基础建模。

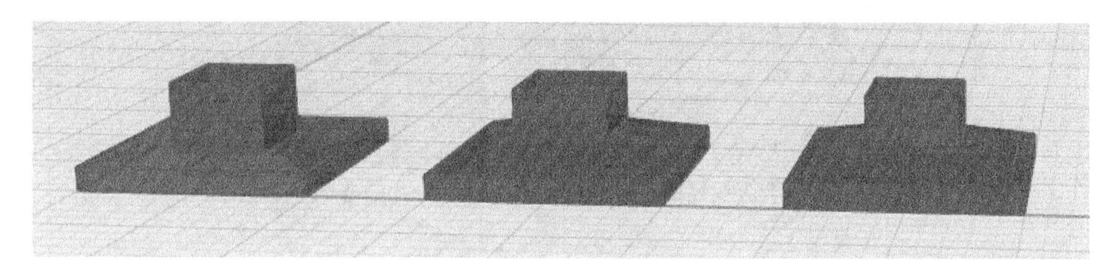

图 7.1　基础类型示意图

1. 阶形独立基础建模

阶形独立基础是较为简单的一类基础，可以看作由两个长方体拼合而成。在 Grasshopper 建模中，首先创建两个 Rectangle 运算器并右击，在弹出的快捷菜单中选择 Set one Rectangle 命令，指定上下两个长方形的底面。靠下的 Rectangle 运算器为图 7.2 中高亮显示的矩形。随后，使用 Box Rectangle 运算器分别生成两个长方体，最后使用 Solid Union 运算器生成并集，如图 7.2 和图 7.3 所示。

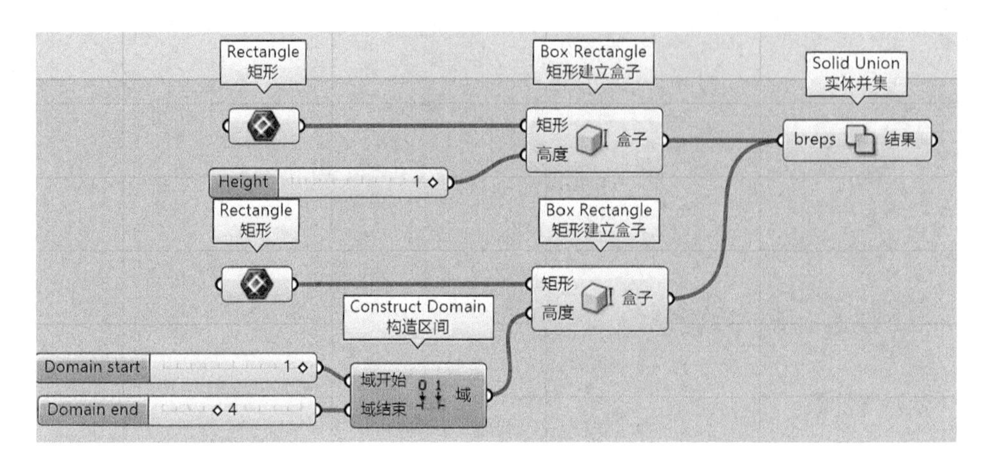

图 7.2　阶形独立基础建模

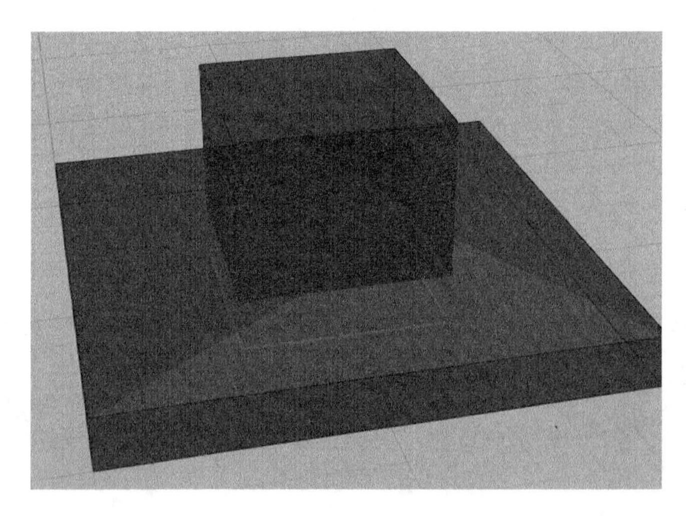

图 7.3　生成并集示意图

2. 坡形独立基础建模

坡形独立基础相对于阶形独立基础较为复杂，可看作是三个集合体的组合：最下方的长方体 a、中间的四棱台和上方的长方体 b。

首先进行长方体 a 与 b 的建模。与阶形独立基础相似，创建 Rectangle 运算器并右击，在弹出的快捷菜单中选择 Set one Rectangle 命令，指定上下两个长方形的底面（注意创建长方体 b 时指定的高度范围）；然后移动创建长方体 a 和 b 的两个矩形形成四棱台的上下底面，使用 Loft 运算器进行放样，形成四棱台；最后使用 Merge 运算器进行合并（此处也可以使用 Solid Union 运算器）。具体如图 7.4 和图 7.5 所示。

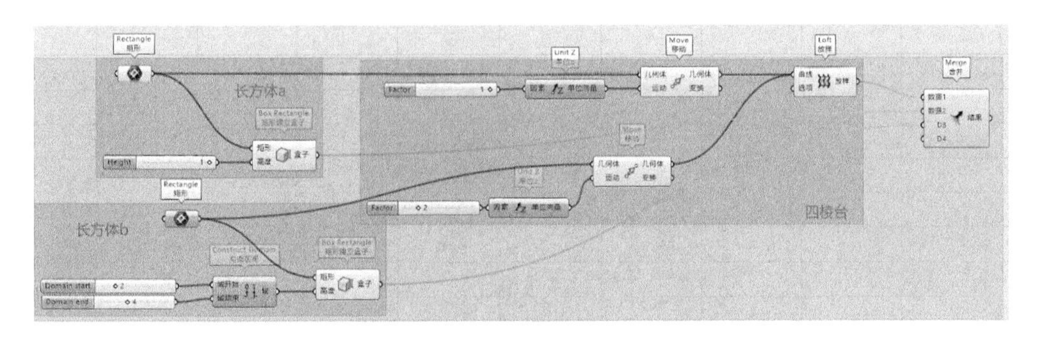

图 7.4　实现坡形独立基础建模的运算器连接

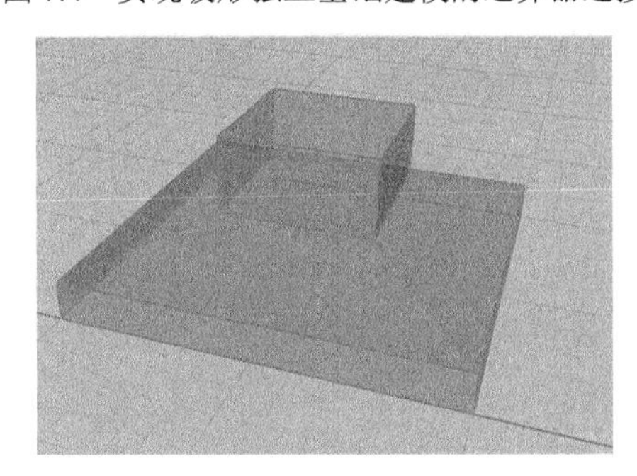

图 7.5　坡形独立基础建模示意图

3. 杯形独立基础建模

杯形独立基础可看作是三个集合体的组合：最下方的长方体、中间的四棱台、上方的组合图形。

首先进行上方组合图形的建模。创建两个 Rectangle 运算器并右击，在弹出的快捷菜单中选择 Set one Rcctangle 命令，指定上下两个长方形，并使用 Merge 指令合成，使用 Boundary 运算器提取边界曲面再拉伸，即形成上方的组合体；然后使用 Box 运算器创建最下方的长方体；最后与坡形独立基础相同，使用 Loft 运算器进行放样形成四棱台，使用 Merge 运算器进行合并。具体如图 7.6 和图 7.7 所示。

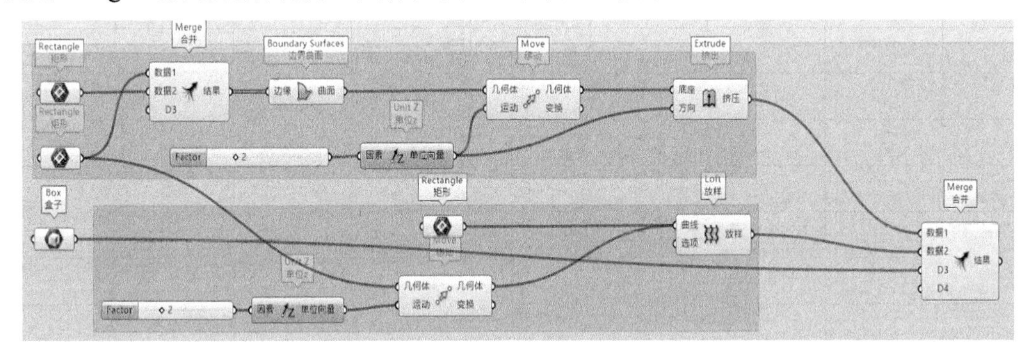

图 7.6　实现杯形独立基础建模的运算器连接

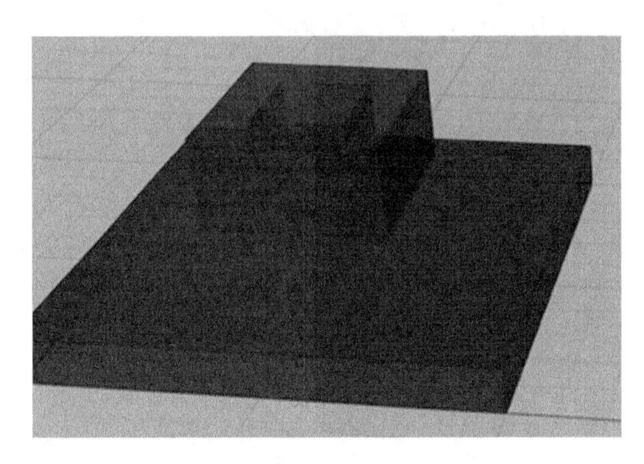

图 7.7　杯形独立基础建模示意图

7.1.2　条形基础建模

条形基础主要运用在排架结构或者是柱距较小的框架结构中，并呈十字交叉或呈单向设置并受承于柱子传下的集中荷载，基底的反力分别受上部刚度和基础的影响。条形基础主要包括阶形条形基础以及坡形条形基础。

1. 阶形条形基础建模

阶形条形基础与阶形独立基础的建模过程十分相似，均可看作由两个长方体拼合而成。首先创建两个 Rectangle 运算器并右击，在弹出的快捷菜单中选择 Set One Rectangle 命令，指定上下两个长方形的底面。随后，使用 Box Rectangle 运算器分别生成两个长方体，最后使用 Solid Union 运算器生成并集，如图 7.8 和图 7.9 所示。

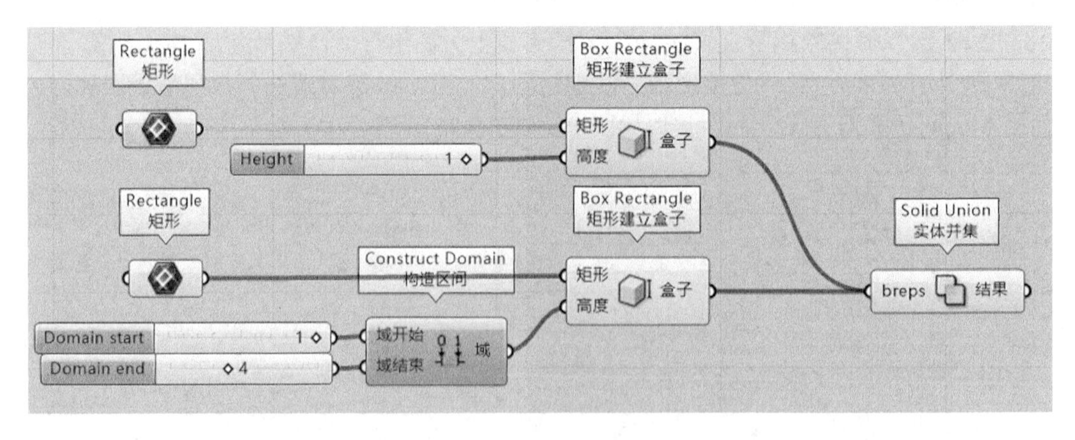

图 7.8　实现阶形条形基础建模的运算器连接

图 7.9　阶形条形基础建模示意图

2. 坡形条形基础建模

坡形条形基础与坡形独立基础形状较为相似，但可以使用更简单的建模方法。

首先，使用 Point 运算器创建点，并用 Move 运算器围成梯形截面，然后使用 Line 运算器拾取线段，再使用 Boundary Surfaces 运算器拾取边界曲面，挤出为所需图形。上方的长方体创建过程则与坡形独立基础创建流程相似。具体如图 7.10 和图 7.11 所示。

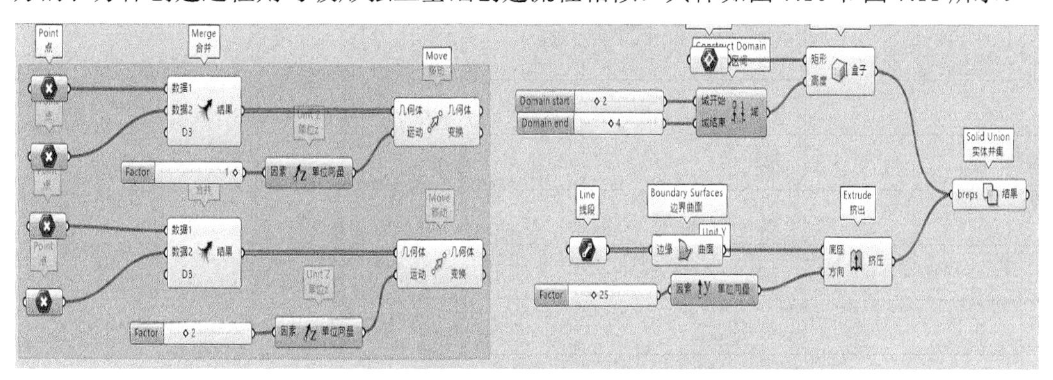

图 7.10　实现坡形条形基础建模的运算器连接

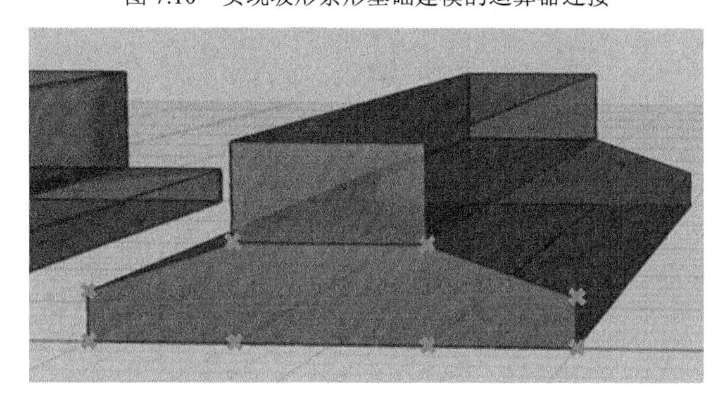

图 7.11　坡形条形基础建模示意图

7.2 参数联动

以坡形基础为例，改变坡度从而引起联动效果，如图 7.12～图 7.15 所示。

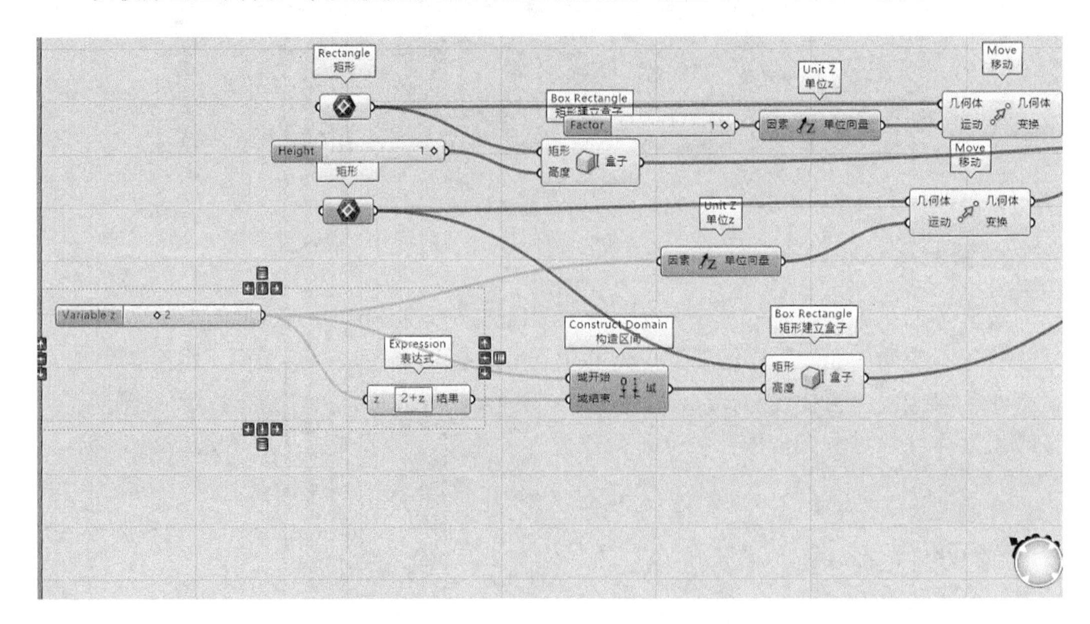

图 7.12　创建坡形基础的运算器连接

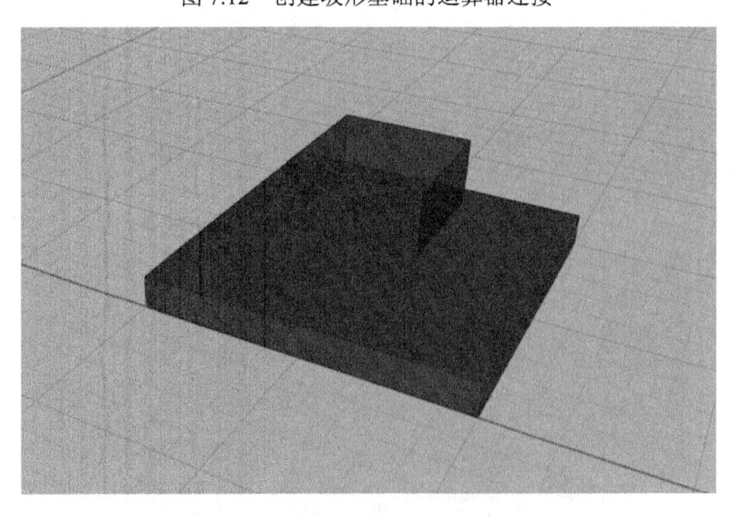

图 7.13　创建坡形基础示意图

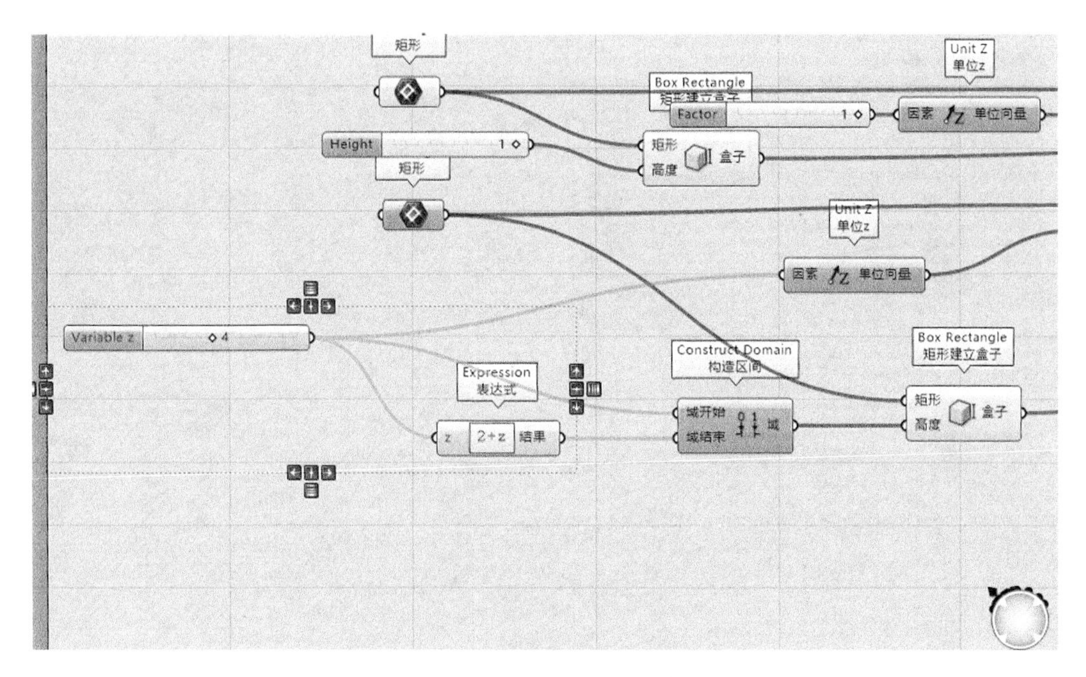

图 7.14　创建联动关系的运算器连接

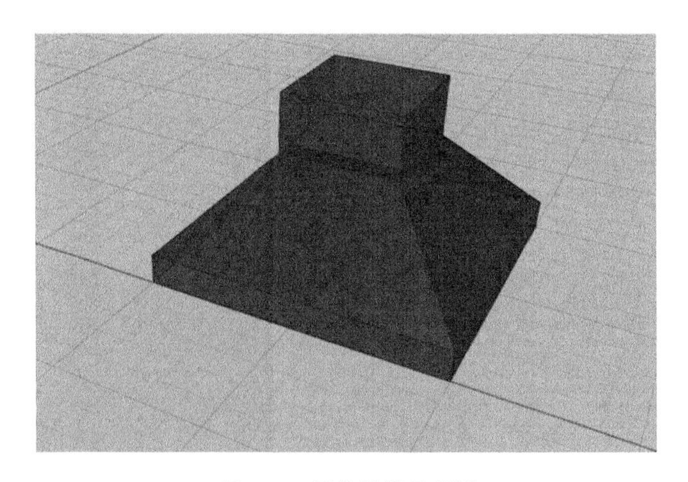

图 7.15　最终结果示意图

7.3　实例应用

根据框架结构模型案例，添加对应基础。

（1）创建基础，如图 7.16 和图 7.17 所示。

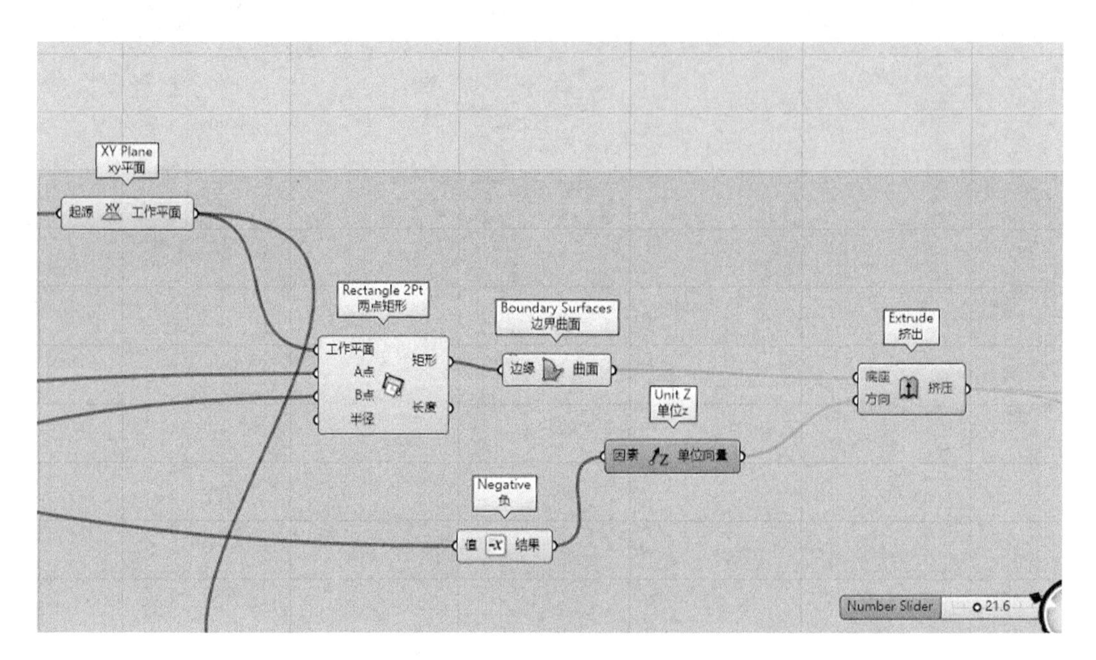

图 7.16　创建基础的运算器连接

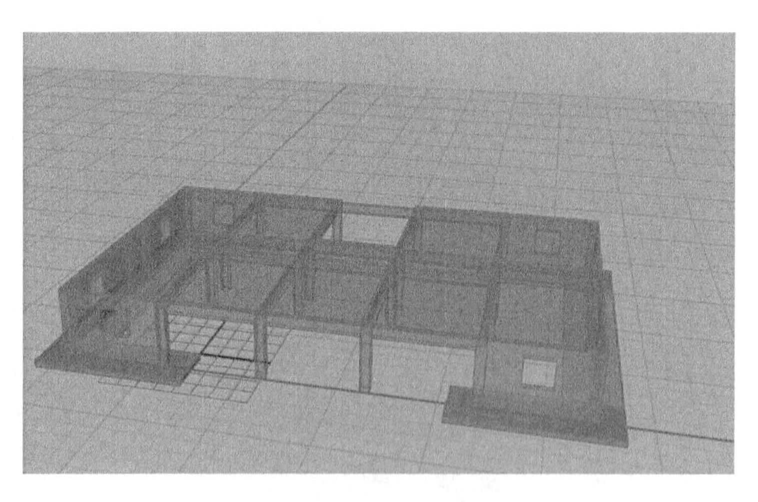

图 7.17　创建基础示意图

（2）合并基础，如图 7.18 和图 7.19 所示。

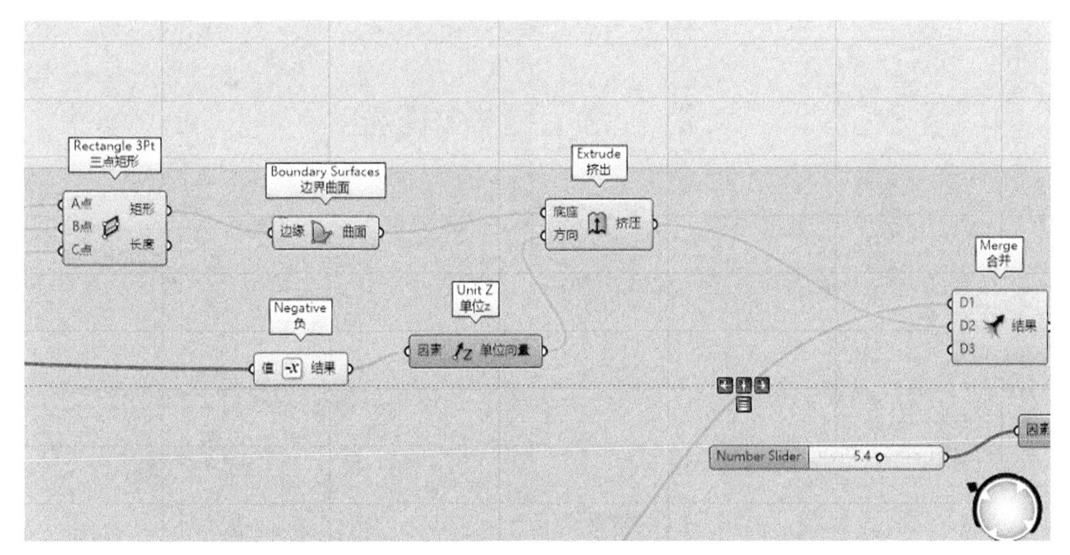

图 7.18　合并基础的运算器连接

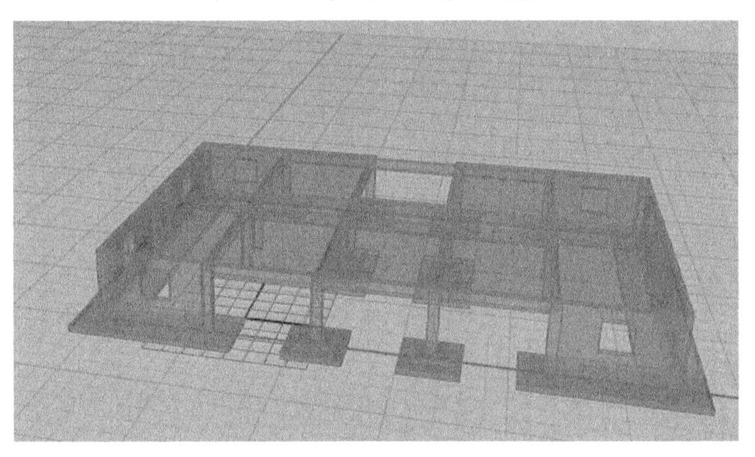

图 7.19　合并基础示意图

第 8 章　结构楼梯

楼梯的建模一般较为复杂，因此单独用一章内容来讲述其建模技巧。楼梯示意图如图 8.1 所示。

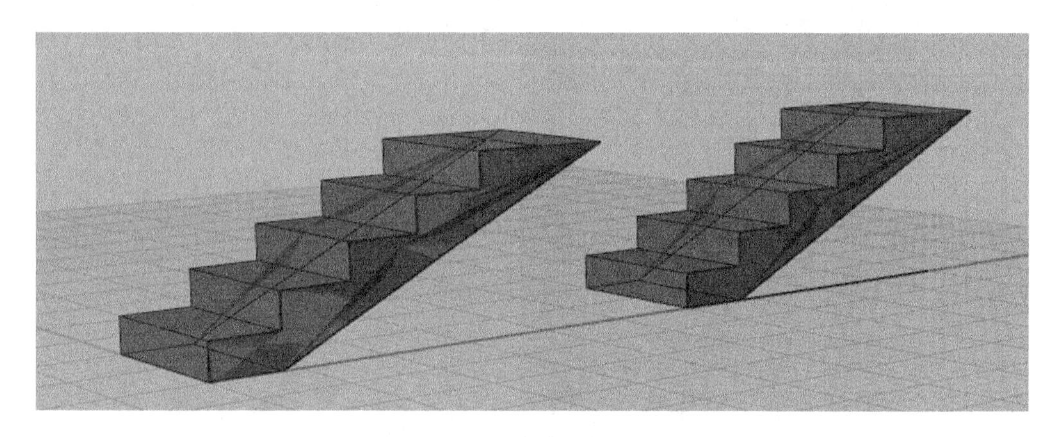

图 8.1　楼梯示意图

8.1　参数建模

本节讲述两种创建楼梯的方法。

8.1.1　Point 建模法

楼梯建模可看作是一个四棱柱与多个三棱柱的组合模型。在建模过程中，可以组合出楼梯的截面，然后拉伸成楼梯模型。本方法使用多点合成截面的方法创建楼梯。

右击 Line 运算器，在弹出的快捷菜单中选择 Set one Line（设置一条线）命令绘制线段，随后使用 Move 运算器复制移动线段，绘制出图中高亮显示的线段，如图 8.2 所示。

使用 Divide Curve 运算器，将绘制的线段分段（本例中分成 5 段），再用 Move 运算器向左平移，如图 8.3 和图 8.4 所示。

使用 Weave 运算器，将产生的点合成一组数据，再用 Sub List 运算器筛选出需要的点。

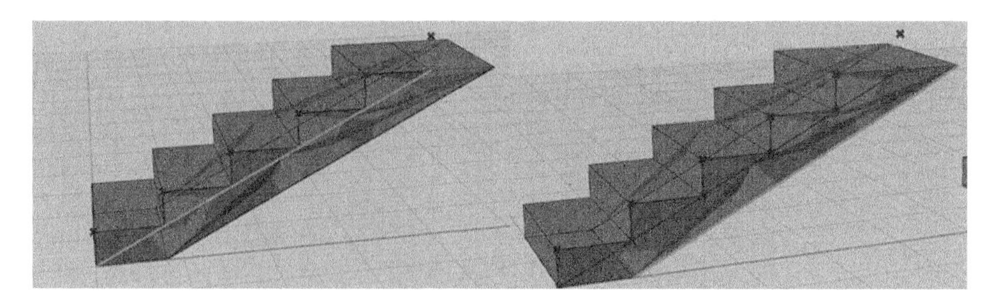

图 8.2　移动轮廓线

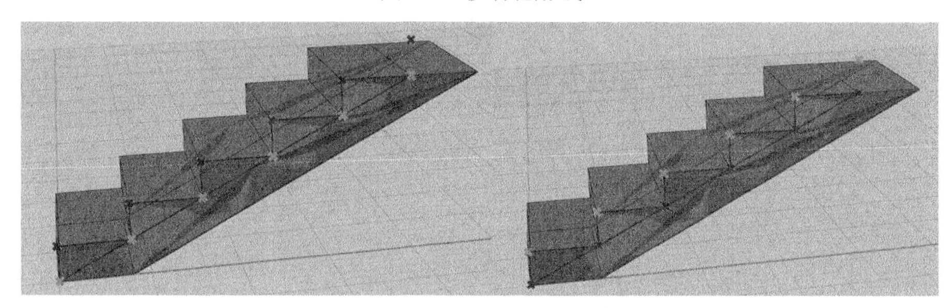

图 8.3　点位平移

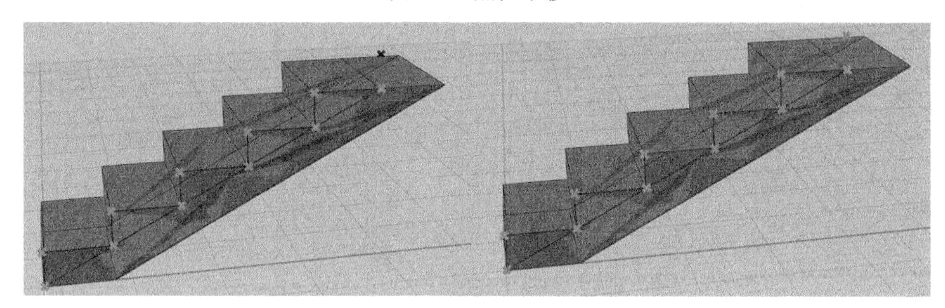

图 8.4　编织成点集

使用 PolyLine 运算器，将高亮显示的点连成图 8.5 所示的多段线，再使用 Ruled Surface 运算器生成高亮面。

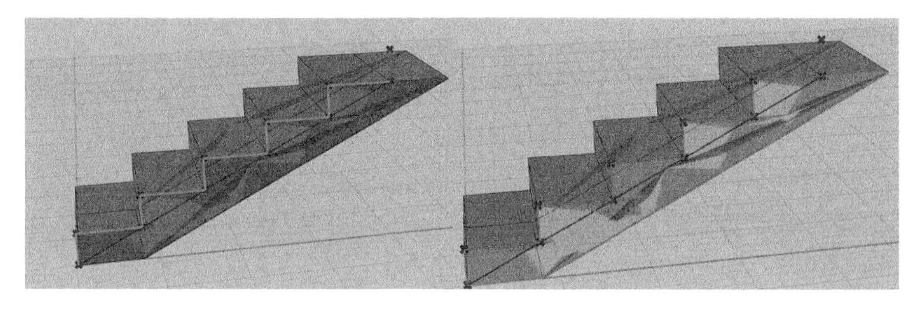

图 8.5　连接成线并生成面

使用 Extrude 运算器挤出生成楼梯，如图 8.6 所示。

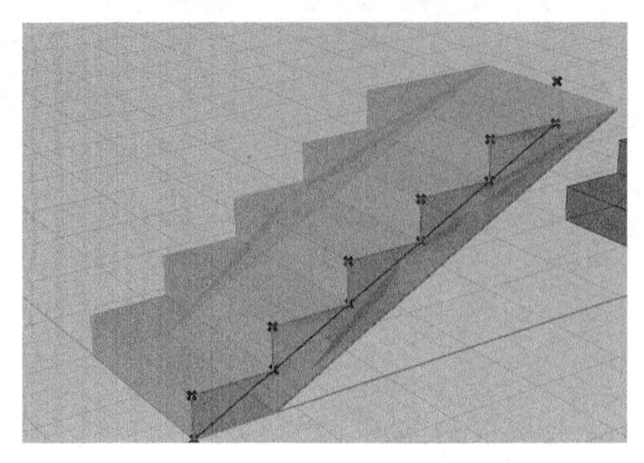

图 8.6　生成楼梯

8.1.2　Line 建模法

本节采用平移线段组合成截面的方法构造楼梯。

首先，使用 Line 运算器分别创建高亮显示（浅灰色）的两条线段，如图 8.7 所示。

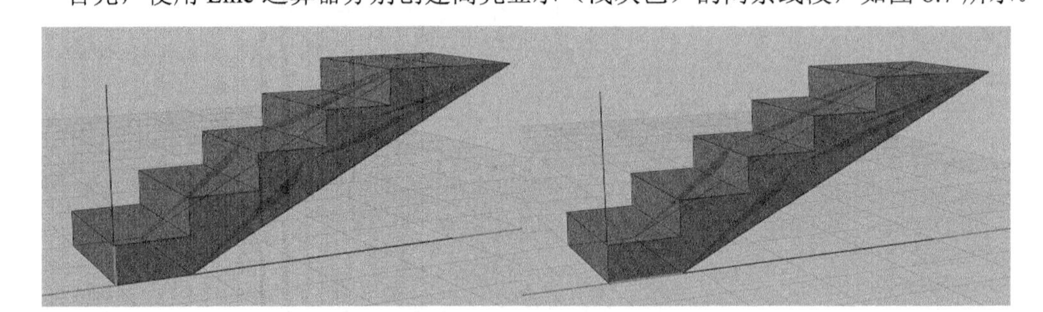

图 8.7　创建高亮显示的线段

其次，使用 Panel 运算器，列出楼梯每段的高、宽，并使用 Move 运算器分别平移线段，产生图 8.8 和图 8.9 中高亮显示（浅灰色）的线段。

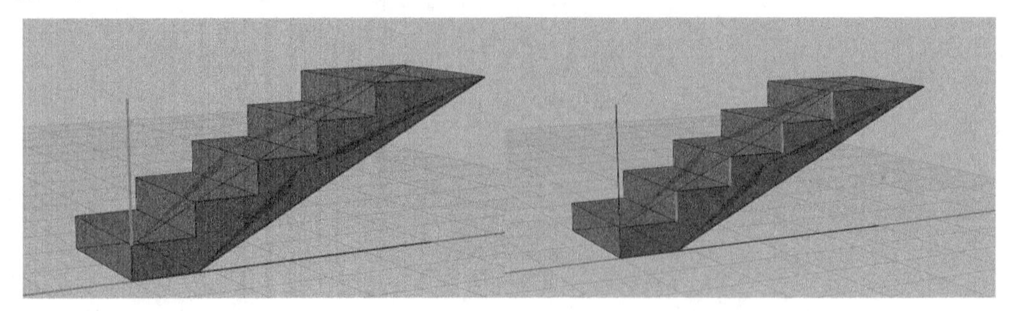

图 8.8　平移线段 1

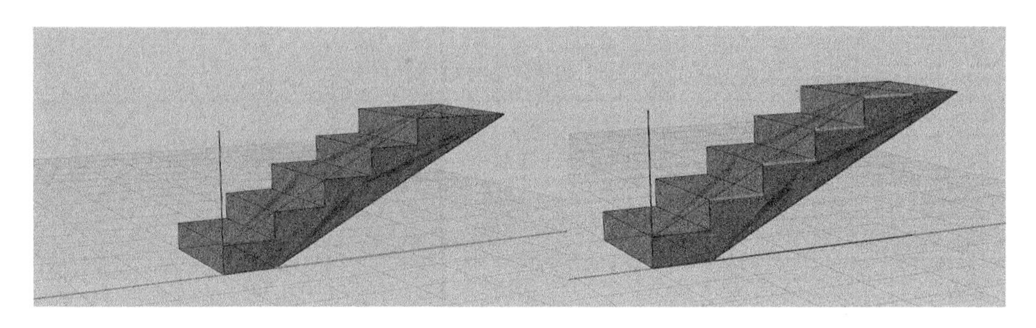

图 8.9 平移线段 2

再次，使用 Join Curve 运算器，将图 8.9 中的线段合并为多段线；使用 Line 运算器绘制一条线段作为楼梯的底，如图 8.10 所示。

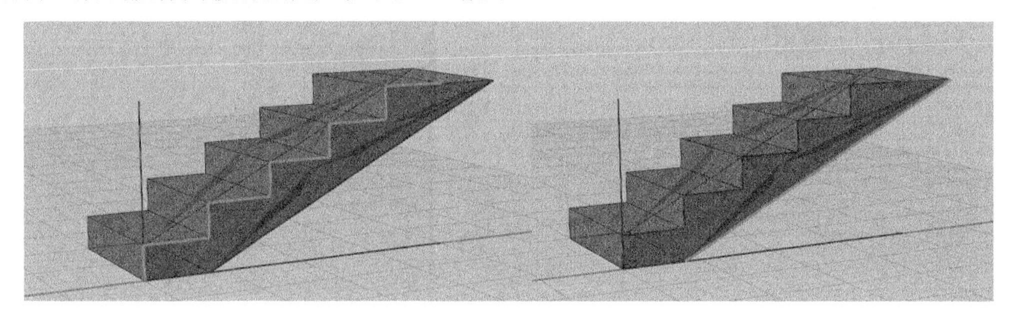

图 8.10 连接成线

最后，使用 Ruled Surface 运算器生成如图 8.11（左侧图）所示的高亮面，再使用 Extrude 运算器挤出生成楼梯。

图 8.11 挤压成体

8.2 参数修改

1. Point 建模法参数修改

具体修改内容和修改方法见表 8.1。

表 8.1　Point 建模法参数修改

参数修改内容	方法
楼梯宽度	修改 Extrude 中的位移长度
楼梯踏步尺寸	修改初始 Line 和 Divide Curve 中的分段值
楼梯布置位置	修改初始 Line 的位置

2. Line 建模法参数修改

具体修改内容和修改方法见表 8.2。

表 8.2　Line 建模法参数修改

参数修改内容	方法
楼梯宽度	修改 Extrude 中的位移长度
楼梯踏步尺寸	修改两条初始 Line 的分段值和长度
楼梯布置位置	修改初始 Line 的位置

8.3　实例应用

按照框架结构的模型要求，对前一部分模型添加楼梯。

（1）绘制楼梯构造线，如图 8.12 和图 8.13 所示。

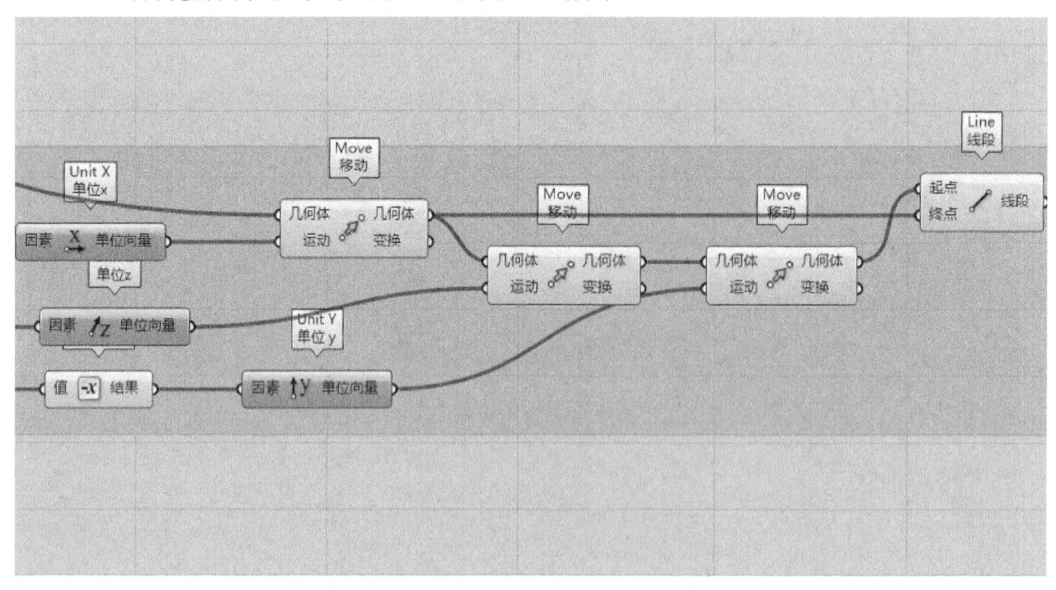

图 8.12　绘制楼梯构造线的运算器连接

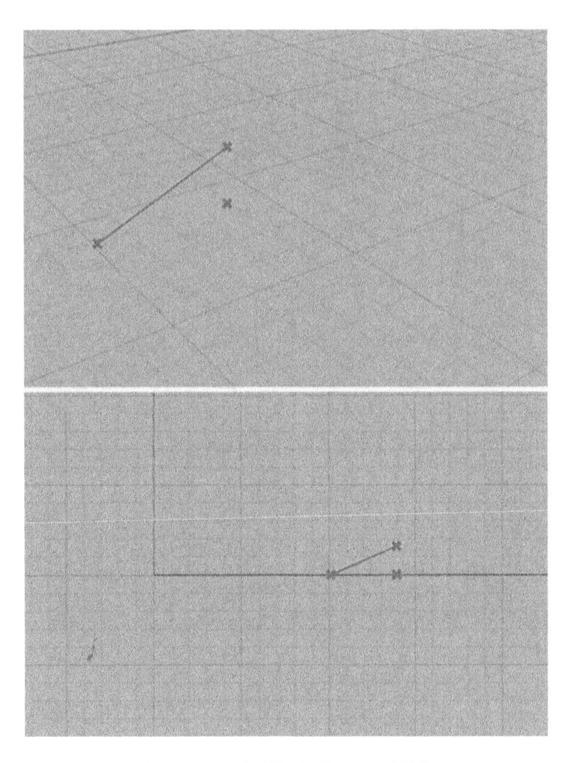

图 8.13　楼梯构造线示意图

（2）建立点集合，如图 8.14 和图 8.15 所示。

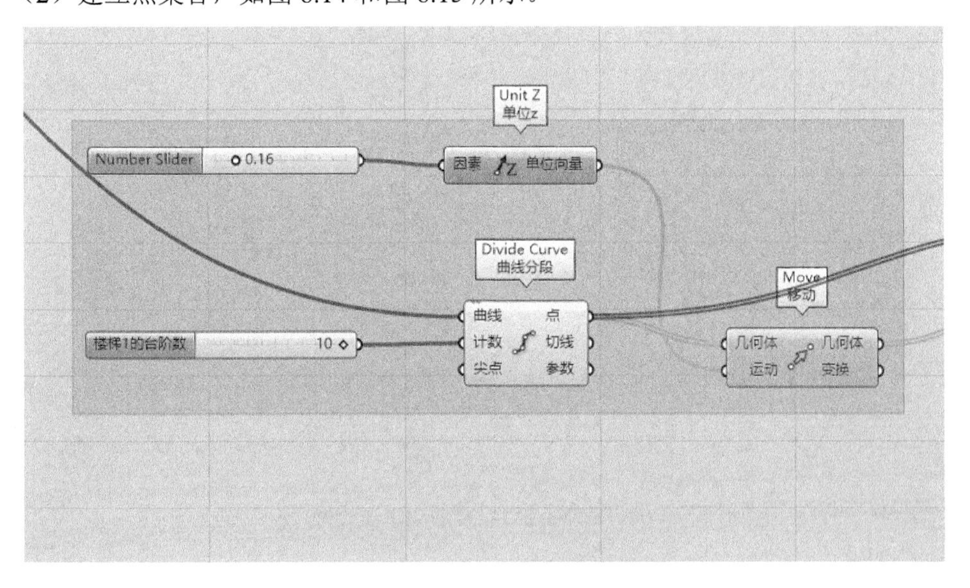

图 8.14　建立点集合的运算器连接

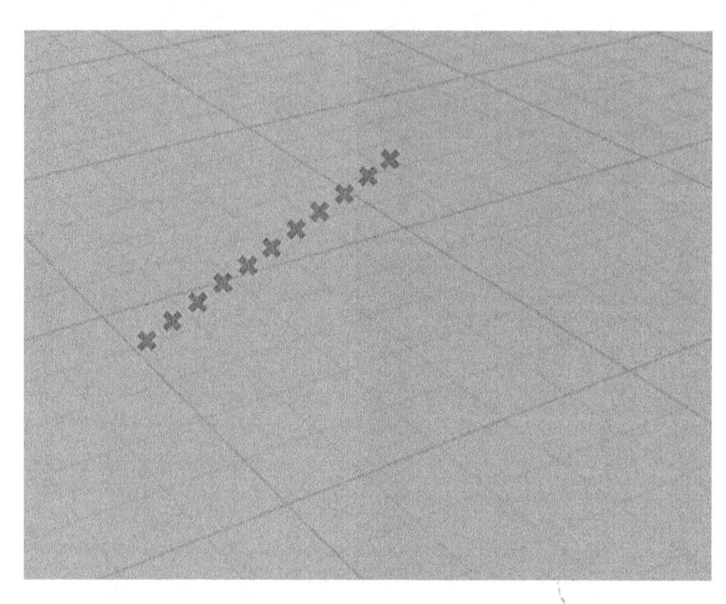

图 8.15　点集合示意图

（3）筛选点集合，如图 8.16 所示。

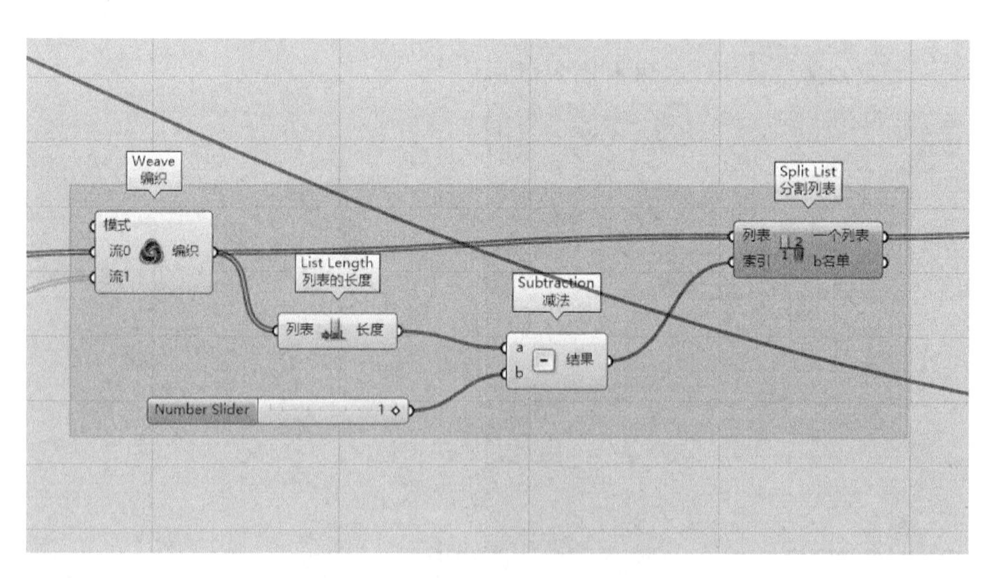

图 8.16　筛选点集合的运算器连接

（4）绘制楼梯轮廓线，如图 8.17 和图 8.18 所示。

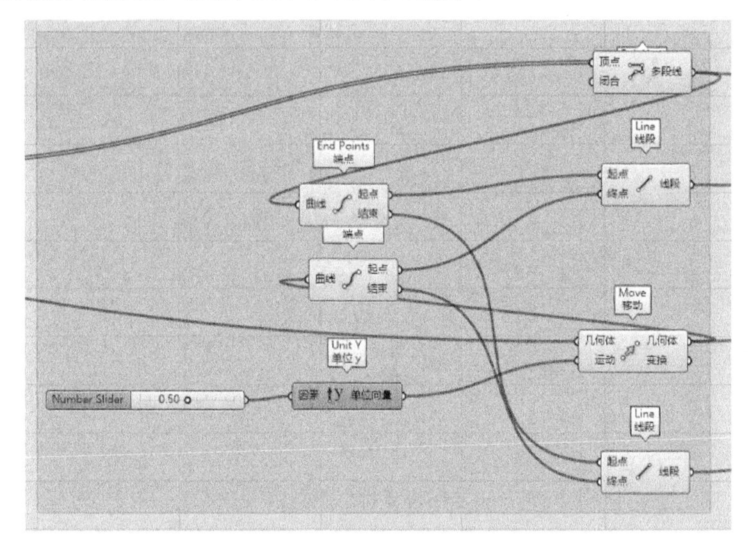

图 8.17 绘制楼梯轮廓线的运算器连接

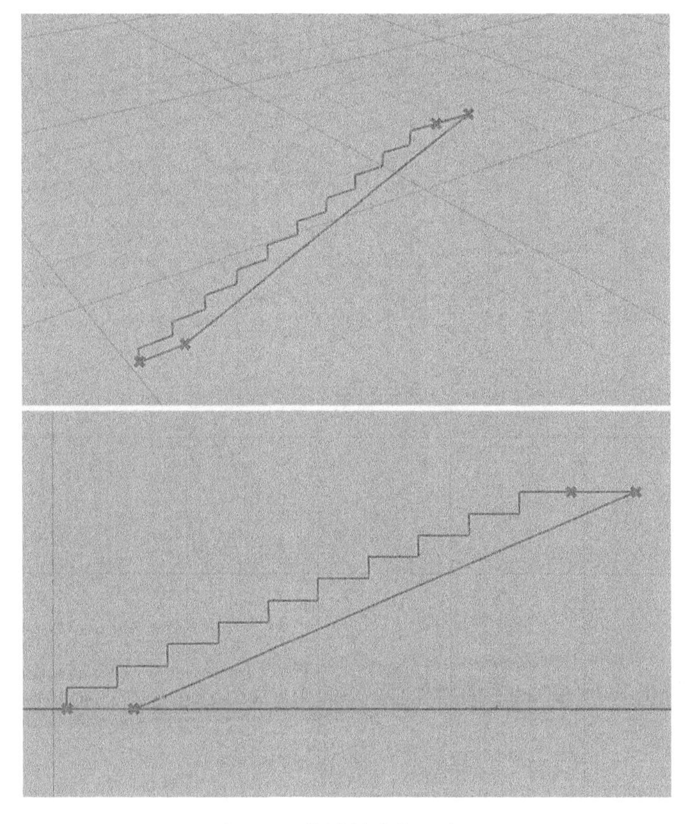

图 8.18 楼梯轮廓线示意图

（5）建立平面图形并将其拉伸成体，如图 8.19 和图 8.20 所示。

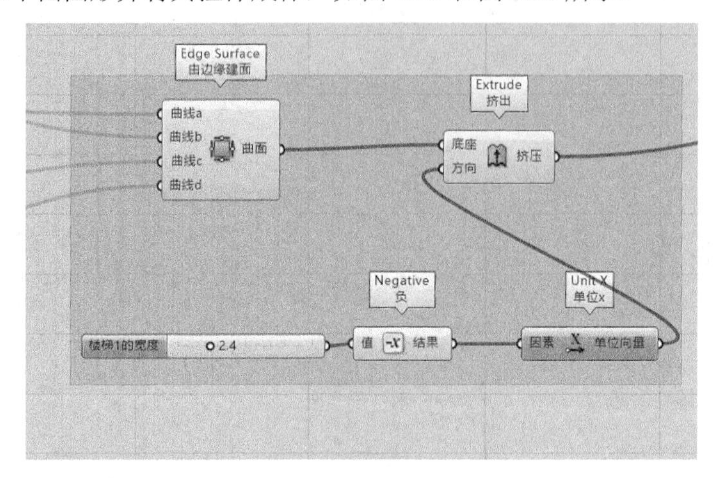

图 8.19　拉伸成体的运算器连接

图 8.20　拉伸成体示意图

第 9 章　桥梁结构参数化建模

本章介绍几种常见桥梁模型的参数化模型案例，希望读者通过这几个案例能对 Grasshopper 参数化建模过程有更好的理解。

9.1　拱桥模型案例

本案例是一座简化的中承式拱桥自联动参数化桥梁模型。其原理是，通过在 Grasshopper 的运算器连接中添加函数关系，使桥梁的所有参数之间产生联系，进而使其所有结构单元在几何关系上联动起来。建模过程如下。

1. 桥面系建模

该桥梁的桥面系截面为 T 型截面，其形状由两个矩形组合而成。首先运用 Point、Rectangle 运算器在 xy 平面上绘制两个矩形；再用 Merge 运算器使其分别组成翼缘、腹板，并定义翼缘板宽、翼缘板高、腹板高、腹板宽。其运算器组与 T 型截面如图 9.1 所示。

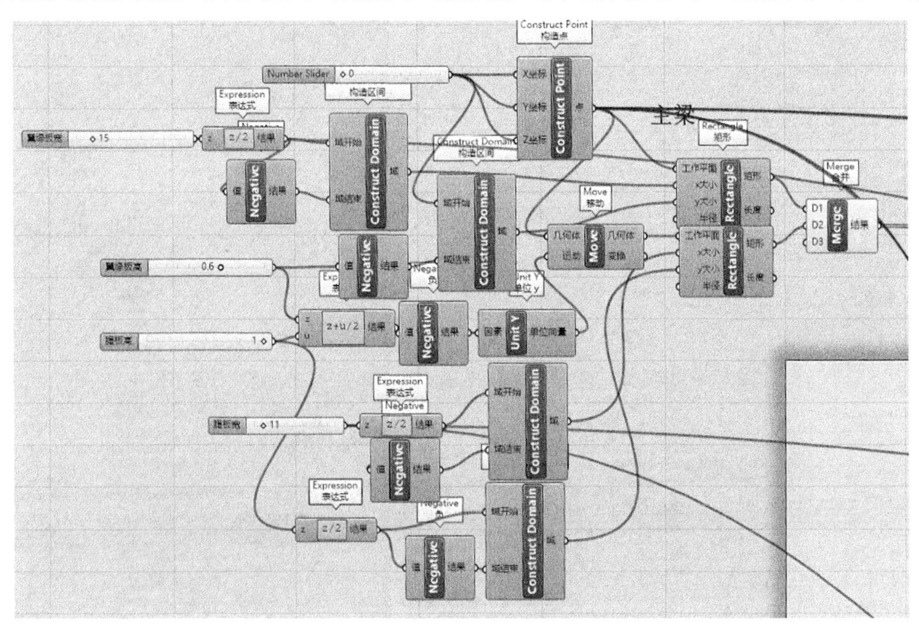

图 9.1　生成 T 型截面

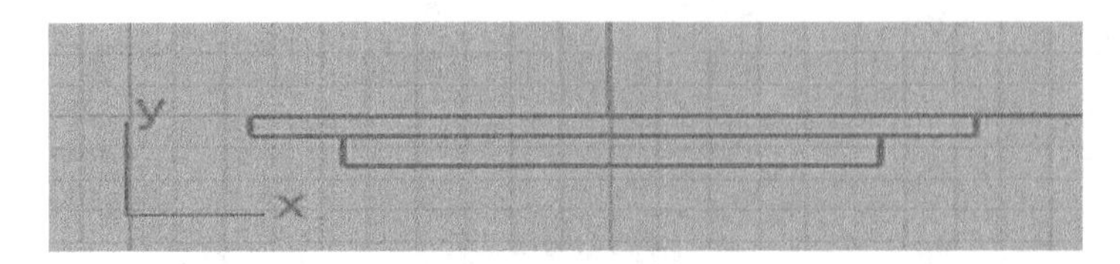

图 9.1（续）

随后使用 Rotate 3D 运算器，其轴线连入 x 向量，从而使截面形状转到 xz 平面。然后用 Boundary Surfaces 运算器生成边界曲面，如图 9.2 所示。然后使用 Extrude 运算器，指定方向为 y 方向，将其挤出长度定义为桥面长度的一半，该函数关系通过 Expression 运算器赋予。接着用 Mirror 运算器完成另一半桥面系的建模，如图 9.3 所示。

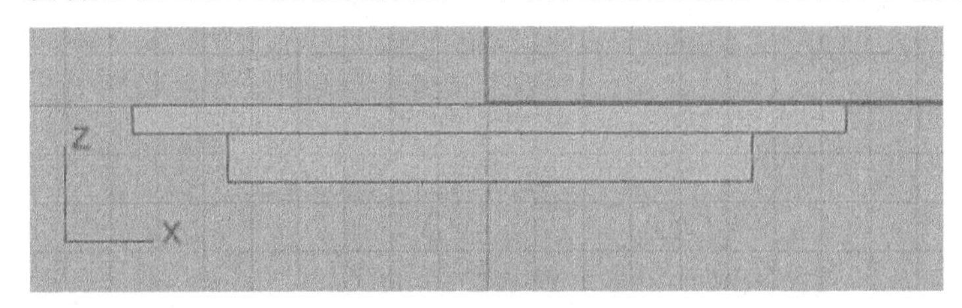

图 9.2　T 型截面曲面

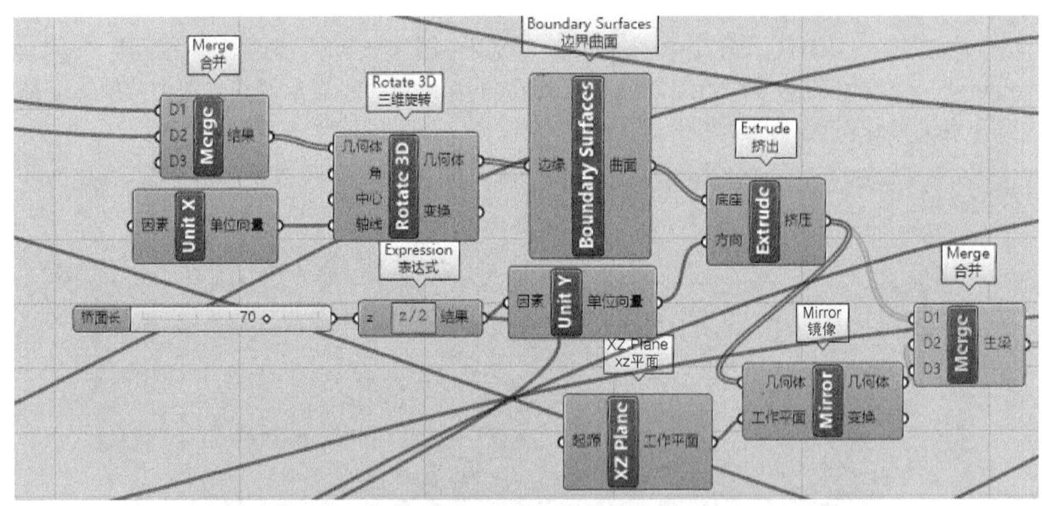

图 9.3　桥面系建模

2. 拱肋建模

要想完成拱肋的建模，首先要完成拱轴线的建模。常见的拱轴线线型有圆弧线、抛物线、悬链线三种。

（1）圆弧线拱轴线：该拱肋线型为圆弧形，可直接用 Arc 3Pt 运算器进行三点画弧操作，然后用 Line 运算器进行封口，再用 Expression 运算器对拱肋控制点的位置添加函数关系，从而实现联动，如图 9.4 所示。

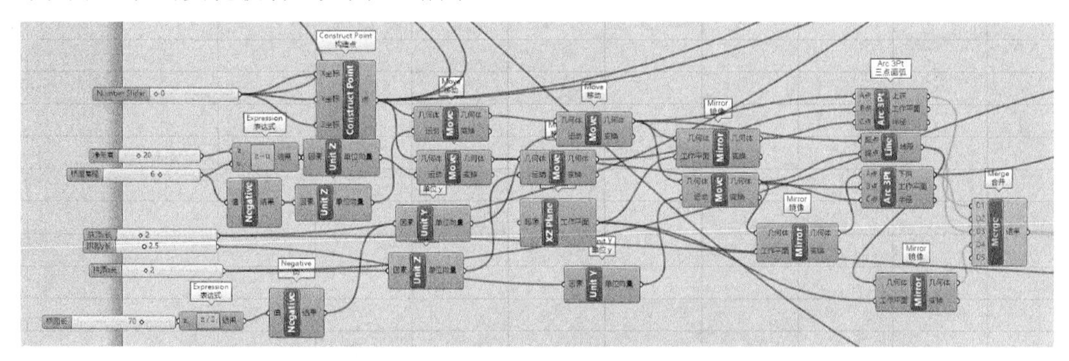

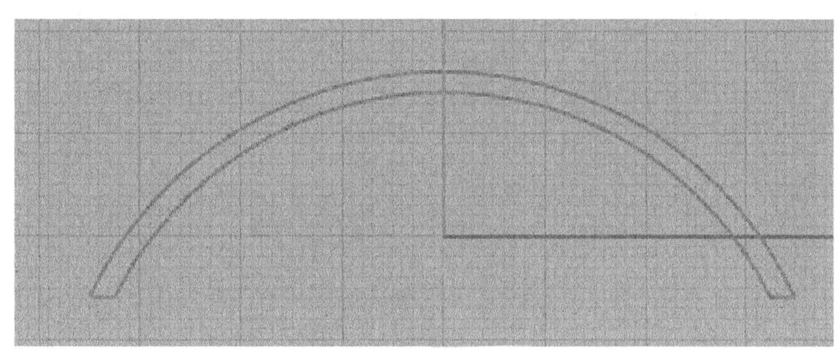

图 9.4　生成拱肋形状

随后用 Boundary Surfaces 运算器生成边界曲面，如图 9.5 所示；然后使用 Extrude 运算器，沿 x 方向将其挤出长度定义为拱顶在坐标轴 x 轴方向的厚度，该函数关系用 Expression 运算器赋予；接着用 Move 运算器将拱肋移到合适位置；最后用 Mirror 运算器完成对称位置的拱肋，如图 9.6 所示。

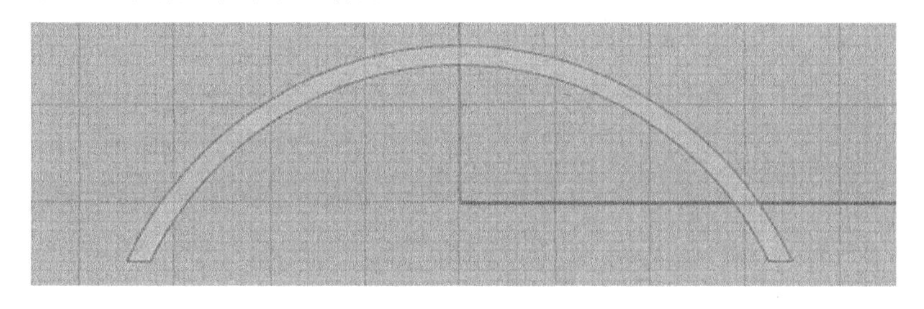

图 9.5　生成拱肋曲面

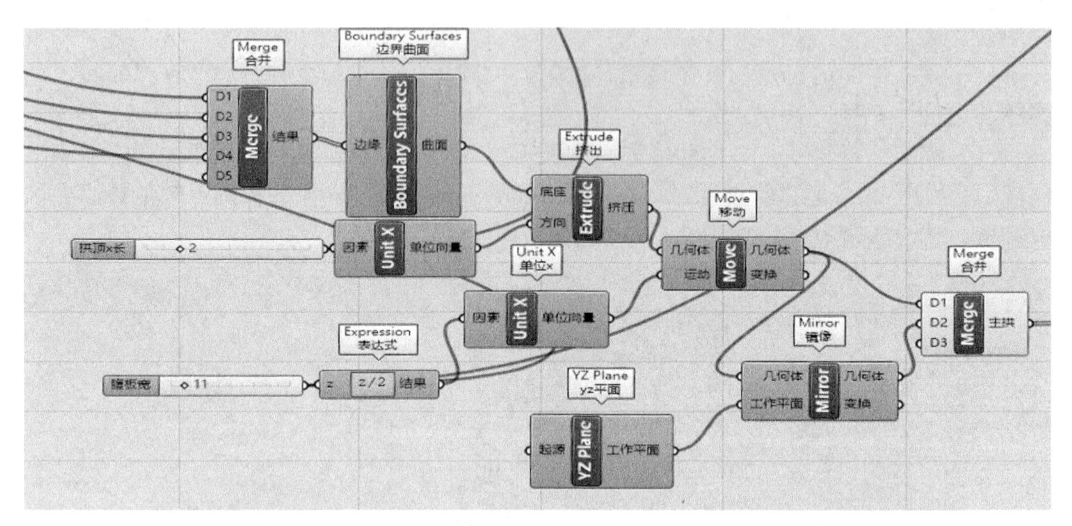

图 9.6　完成拱肋建模

（2）抛物线拱轴线：该模型的拱轴线是一条抛物线。建模时可先画一半，再采用镜像实现另一半。其建模难点在于如何画出一个拱轴线的抛物线方程图像。建模过程如下。

先在拱轴线顶部画一条水平直线。之后用 Divide Curve 运算器将曲线端接入刚才画好的水平直线，“计数”输入桥面长度的一半减去拱顶 z 长的一半，将直线分成一系列点。在 Series 运算器的“起点”处输入 0，“步”输入 1，“计数”输入桥面长度的一半减去拱顶 z 长的一半加 1。这样便得到与一系列点相对应的一组数。用 Expression 运算器编辑抛物线的方程$-4\times u\times z^2/v^2$，z 输入上一步 Series 运算器创建的一组数，u 输入矢高，v 输入桥面长度减去拱顶 z 长。这样便得到各点在抛物线方程的 z 方向上的提高量。再用 Move 运算器将直线分段所得到的一系列点向 z 方向移动，其与抛物线方程的运算器相连，使每个点移动的大小与抛物线方程相符。再用 Move 运算器将其移动到对应的位置，用 PolyLine 运算器将这些点相连，这样便得到抛物线轴线的一半，如图 9.7 所示。

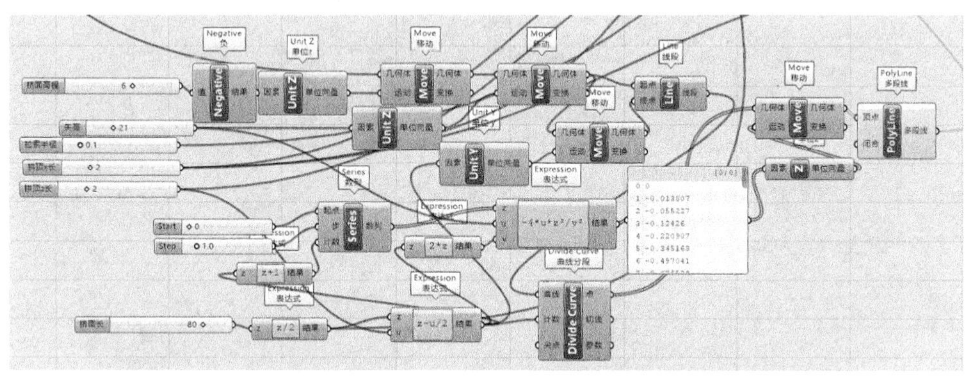

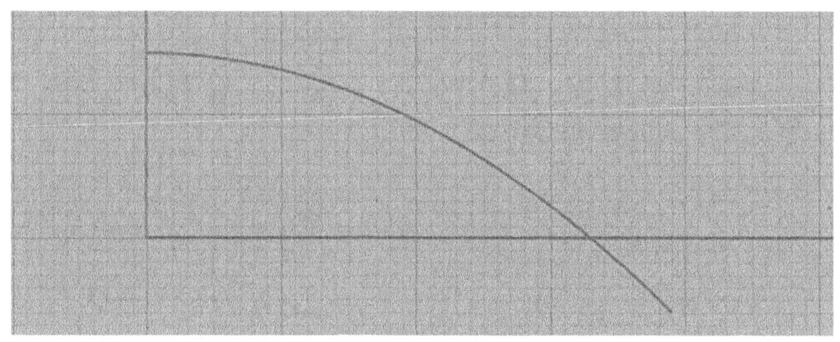

图 9.7　完成抛物线拱轴线的一半

然后用Mirror运算器补全拱轴线，再用Merge运算器将其组合到一起。用Perp Frames运算器创造工作平面，“曲线”输入拱轴线，“计数”输入 20。将 Perp Frames 运算器的框架端口与 Rectangle 运算器的工作平面端口相连，该操作的目的是在创造的工作平面上生成矩形，x、y 分别输入拱顶 x 长与 z 长，如图 9.8 所示。

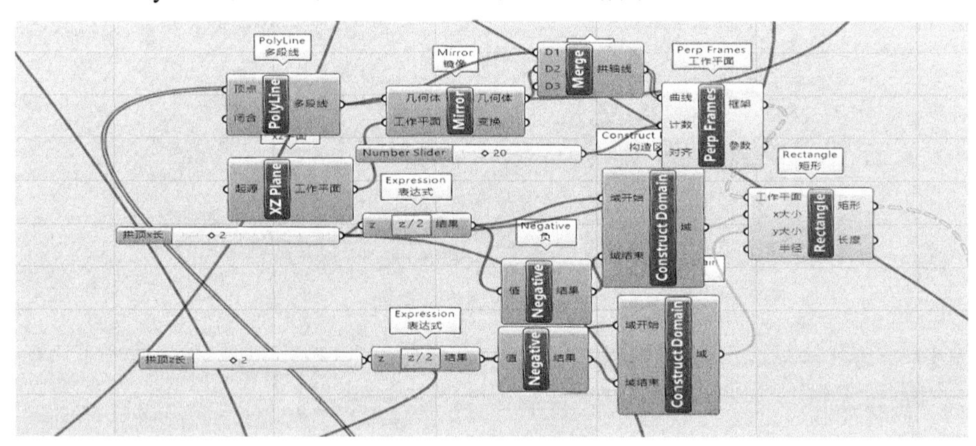

图 9.8　生成拱截面

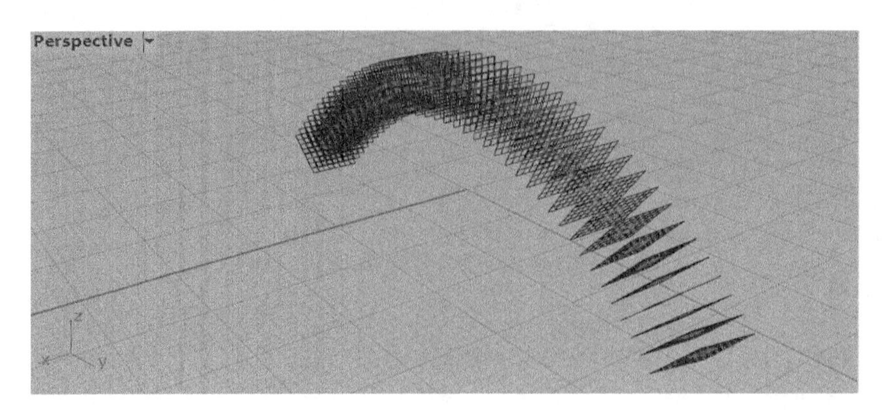

图 9.8（续）

用 Boundary Surfaces 运算器生成边界曲面，再用 Loft 运算器放样生成拱肋的模型。接着用 Move 运算器将其移动到相应位置，如图 9.9 所示。

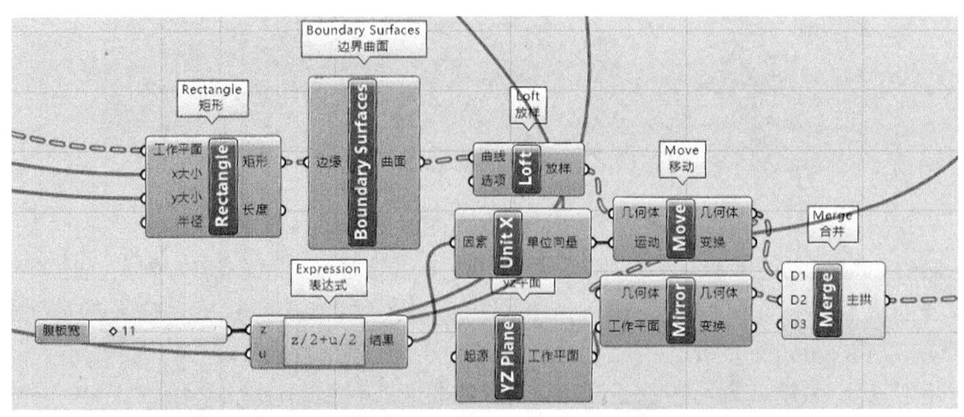

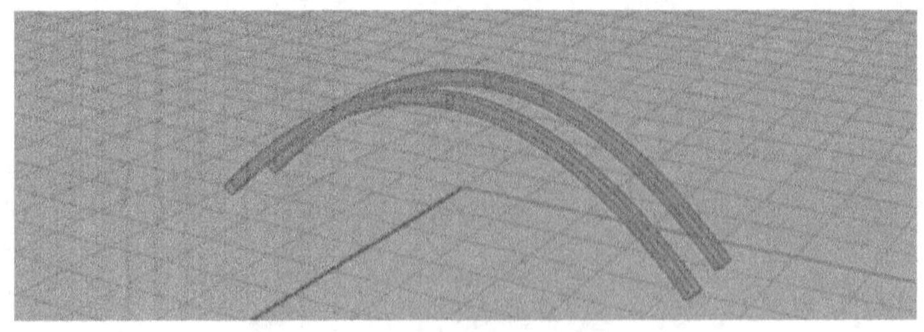

图 9.9　生成抛物线拱肋

（3）悬链线拱轴线：悬链线拱轴线与抛物线拱轴线的建模过程类似，此处不再赘述。

3. 吊杆建模

吊杆建模的难点在于要按吊杆间距将拱轴线上的点提取出来，该效果可用 Contour（ex）运算器实现。“曲线”输入用 PolyLine 运算器所做的拱轴线，工作平面输入 xz 平面，距离输入拉索间距，偏移量用 Range 运算器进行定义，其中域输入拉索段长度的一半，台阶输入拉索段长度的一半除以拉索间距。轮廓连接 Point 运算器将点提取，并右击 Point 运算器，在弹出的快捷菜单中选择 Flatten（拍平）命令，如图 9.10 所示。

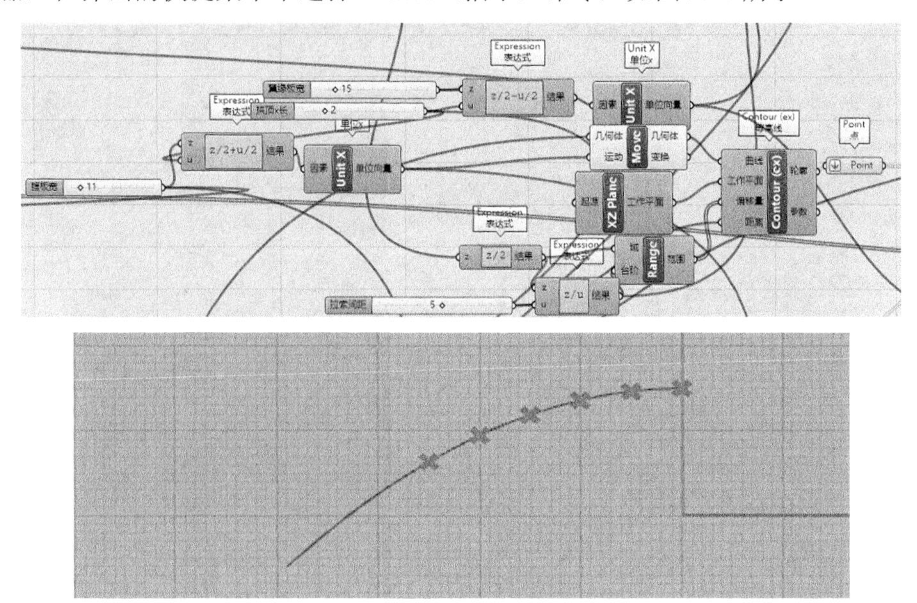

图 9.10 拱轴线吊点

然后综合运用 Point、Move、Divide Curve 等运算器建立桥面吊杆的锚固点，如图 9.11 所示。

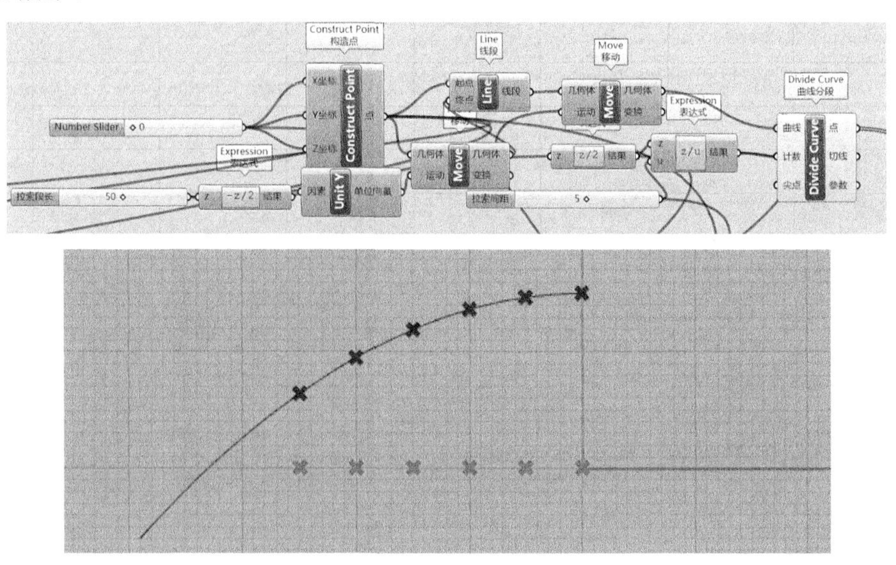

图 9.11 桥面吊杆锚固点

用 Line 运算器将拱肋与桥面上的吊杆锚固点连接，再用 Pipe（管）运算器建立吊杆模型。接着用 Mirror 运算器完成整体模型的建模，如图 9.12 所示。

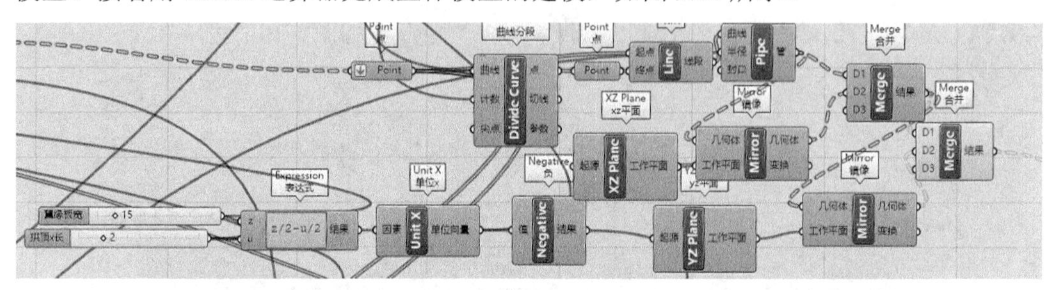

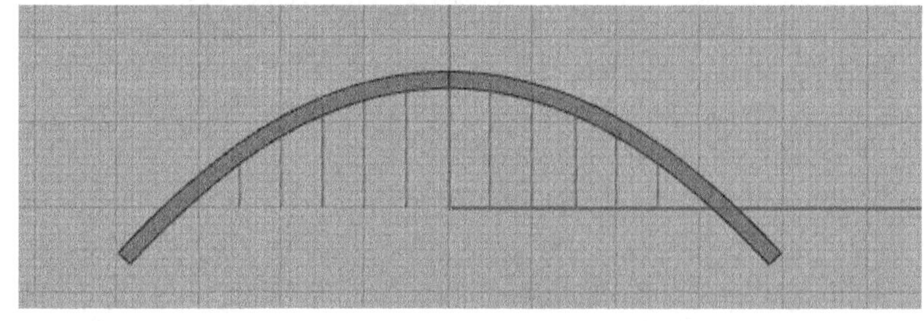

图 9.12　吊杆模型

4. 拱肋横梁建模

主塔横梁为立方体模型，利用 List Item 运算器找到合适的中心点。采用 Center Box 运算器，在底座上选择之前做好的中心点；x 方向输入长度为腹板宽度的一半。y 方向、z 方向分别输入横梁宽度的 1/2、横梁高度的 1/2。再用 Move 运算器将其移动到合适位置，横梁模型如图 9.13 所示。

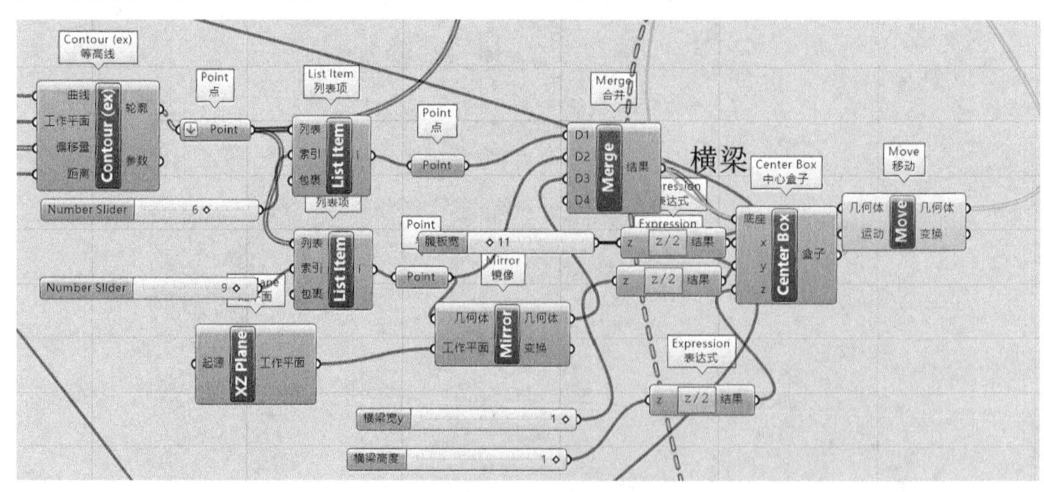

图 9.13　生成拱肋横梁

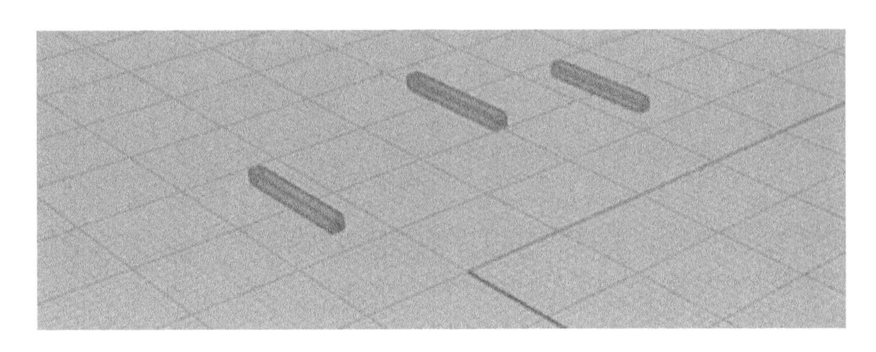

图 9.13（续）

5. 拱桥整体模型

经过上述步骤已完成拱桥的全部建模工作。圆弧拱桥如图 9.14 所示，抛物线拱桥如图 9.15 所示。

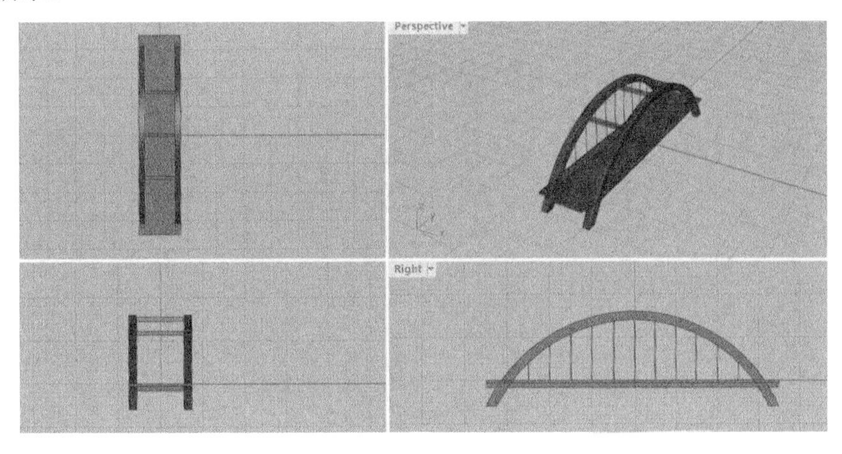

图 9.14 圆弧拱桥模型

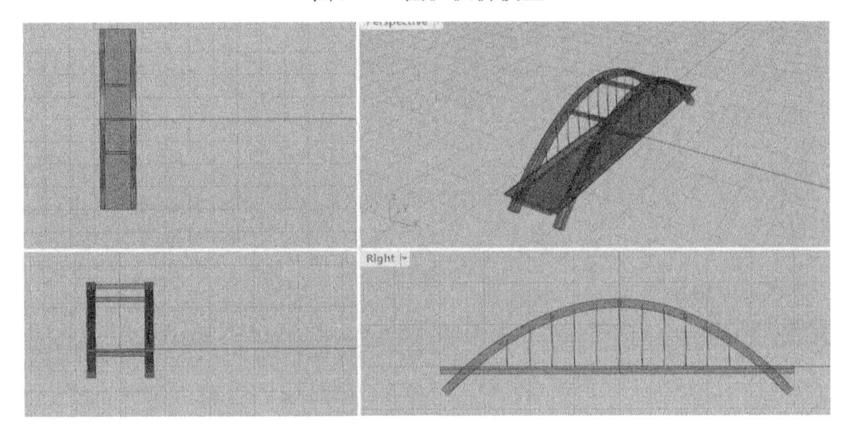

图 9.15 抛物线拱桥模型

9.2 斜拉桥模型案例

本案例是一座典型的斜拉桥自联动参数化桥梁模型。其原理是，通过在 Grasshopper 的运算器连接之中添加函数关系，使桥梁的所有参数之间产生联系，进而使其所有结构单元在几何关系上联动起来。其建模过程如下。

9.2.1 主梁建模流程

1. 主梁主体部分建模

该桥梁的主梁截面形式为实体梁式主梁，其截面形状较为复杂。对于这样的截面可以综合运用 Line、Point、Move 等运算器进行简单的点、线的组合以完成其形状的绘制，也可以在 Rhino 中画出截面的形状之后，再利用 Curve 运算器将其拾取到 Grasshopper 中。本案例采取的是第二种方式。主梁截面如图 9.16 所示。

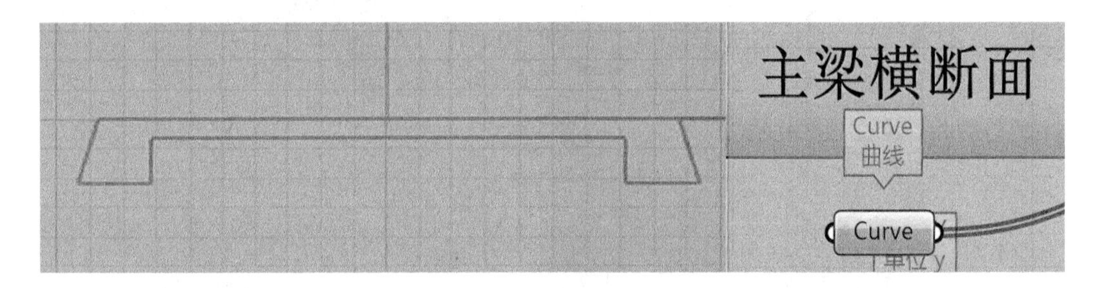

图 9.16 主梁截面

随后使用 Move 运算器将截面沿 y 负方向移动，移动距离为跨径 1。然后用 Boundary Surfaces 运算器生成边界曲面，如图 9.17 所示。再使用 Extrude 运算器，沿 y 方向将其挤出长度定义为跨径 1 与跨径 2 长度之和，该函数关系用 Expression 运算器赋予。这样便完成了主梁主体部分的建模，如图 9.18 所示。

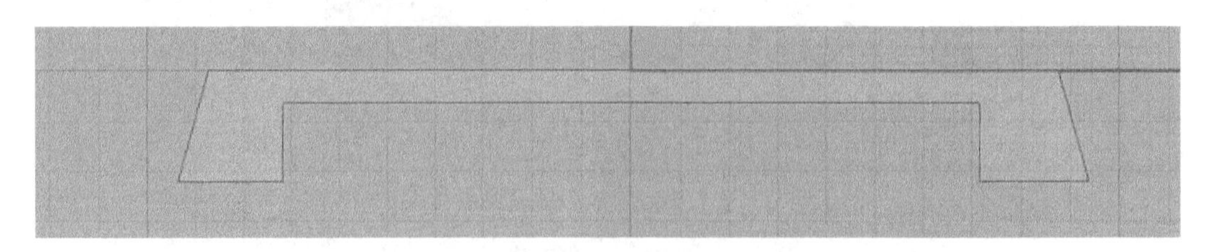

图 9.17 生成边界曲面

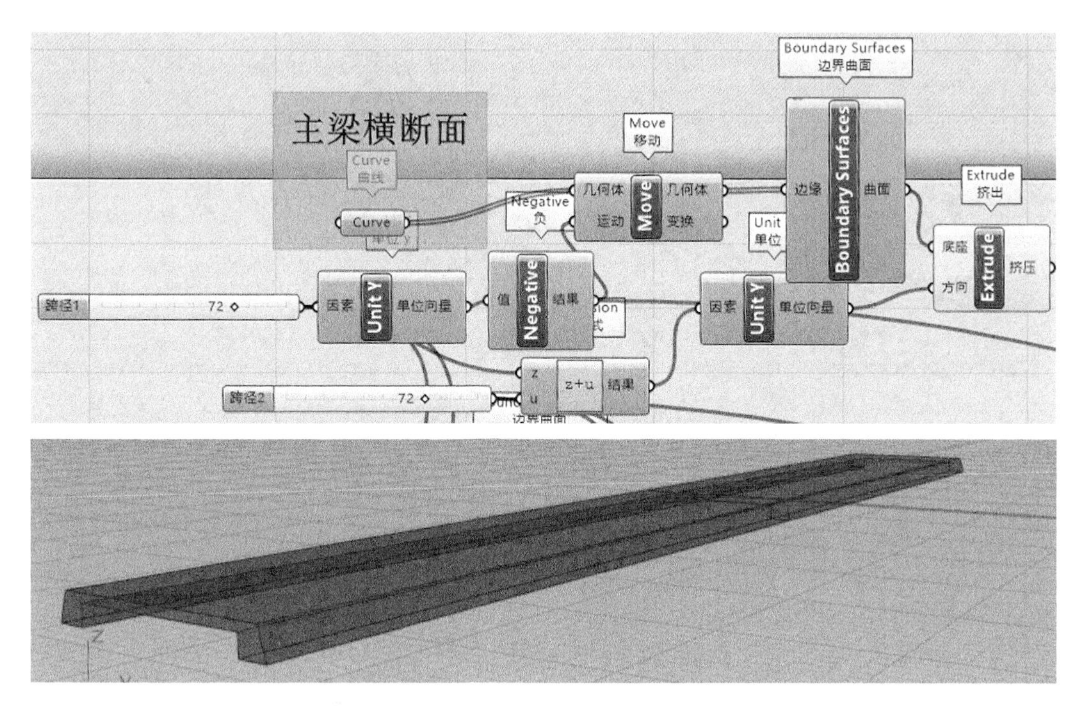

图 9.18　完成主梁主体部分的建模

2. 主梁横隔梁部分建模

单个横隔梁的建模与主梁主体部分建模类似。综合运用 Curve、Boundary Surfaces 等运算器完成单个横隔梁截面的建模，如图 9.19 所示。该截面位于 y 轴原点位置，利用 Extrude 运算器分别向正负 y 方向挤出横隔梁厚度的一半，并右击 Extrude 运算器的右侧，在弹出的快捷菜单中选择 Graft（否则后续只会选中几何体的一半）命令，这样便完成单个横隔梁的建模，如图 9.20 所示。之后利用 Move 运算器与 Range 运算器，分别创建跨径 1 与跨径 2 上的横隔梁。以跨径 1 为例，其中 Range 运算器的“域”填入横隔梁分布的范围：跨径 1 减去跨径 1 横隔梁间距；“台阶”处填入数值为跨径 1 除以横隔梁的间距减 1。跨径 2 同理，如图 9.21 所示。

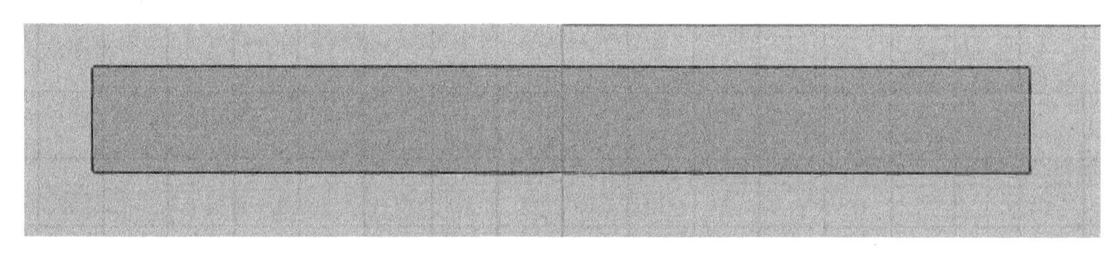

图 9.19　横隔梁截面

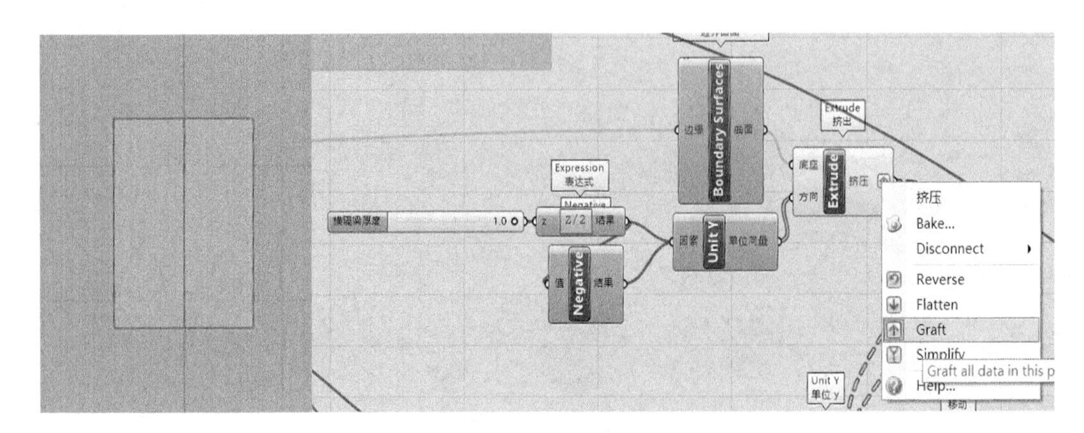

图 9.20　单个横隔梁建模

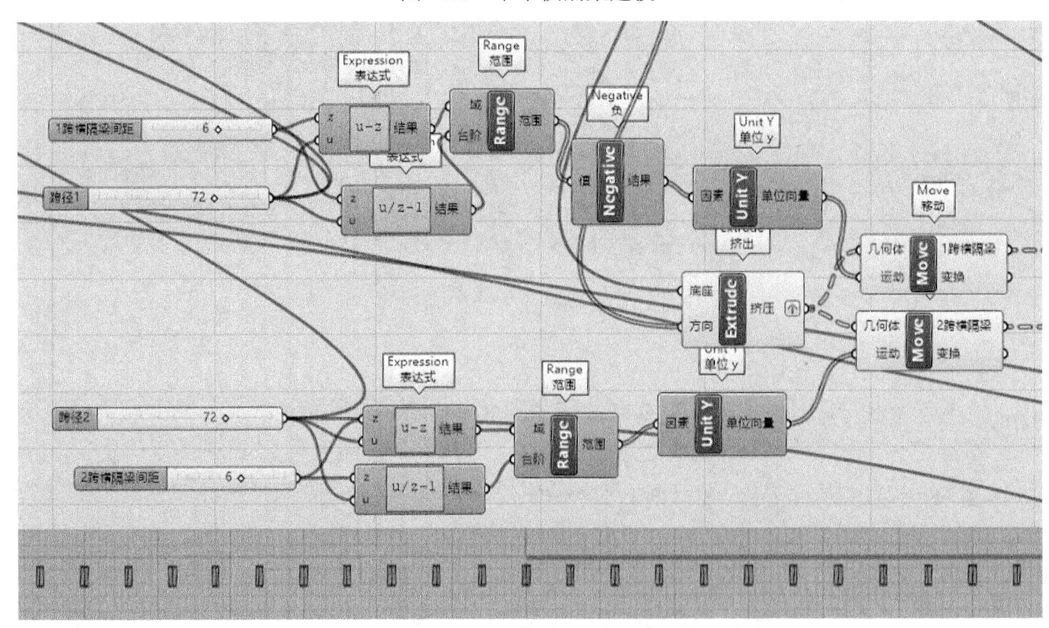

图 9.21　主梁横隔梁建模

9.2.2　主塔建模流程

1. 主塔横梁建模

主塔横梁为立方体模型，在合适的位置建立中心点后，采用 Center Box 运算器，底座选择之前做好的中心点；x 方向输入长度为索塔中心距减去索塔 x 方向宽度的 1/2。y 方向输入索塔 y 方向长的 1/2，z 方向输入横梁高度的 1/2。主塔横梁模型如图 9.22 所示。

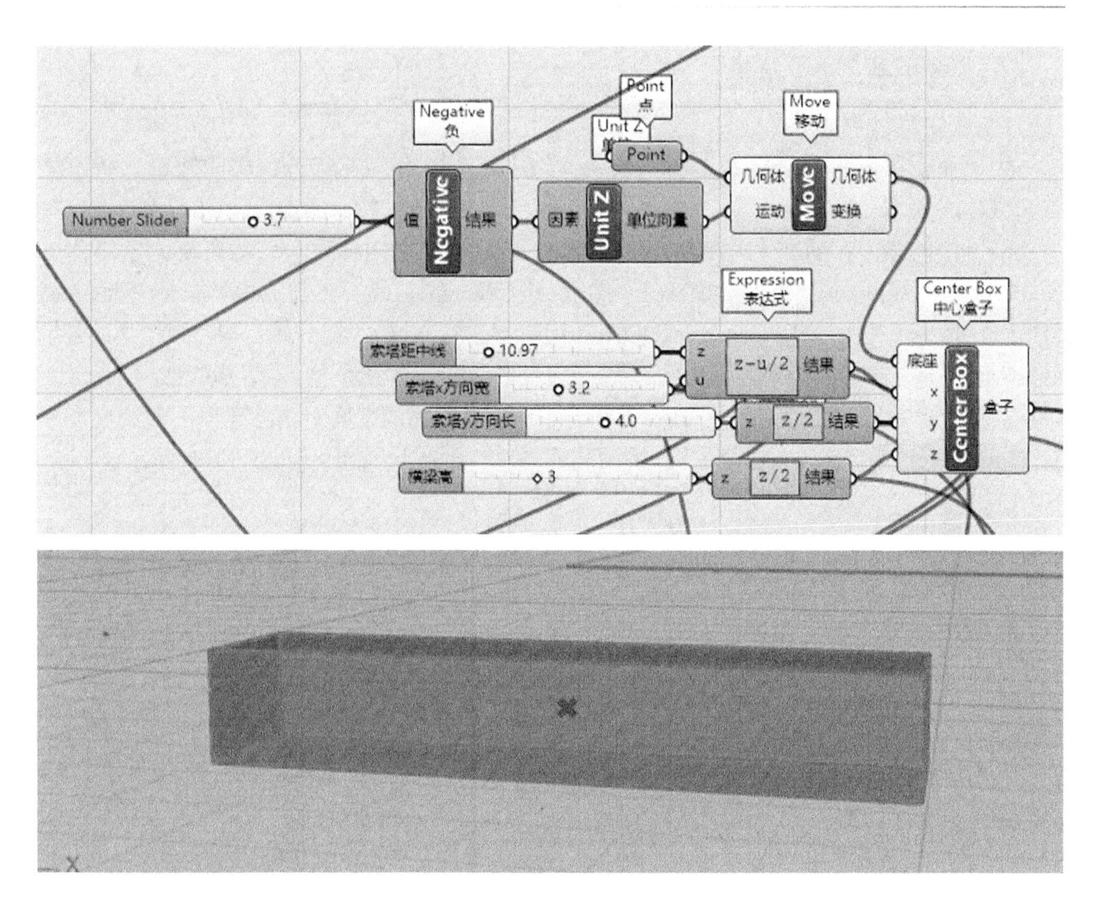

图 9.22　主塔横梁建模

再用 Move 运算器将之前做好的横梁移动到 z 方向的一定高度处。其高度利用 Expression 运算器赋予函数关系，使其与其他部分联动。最后用 Merge 运算器将三根横梁合并成一组。主塔横梁的函数关系与模型如图 9.23 所示。

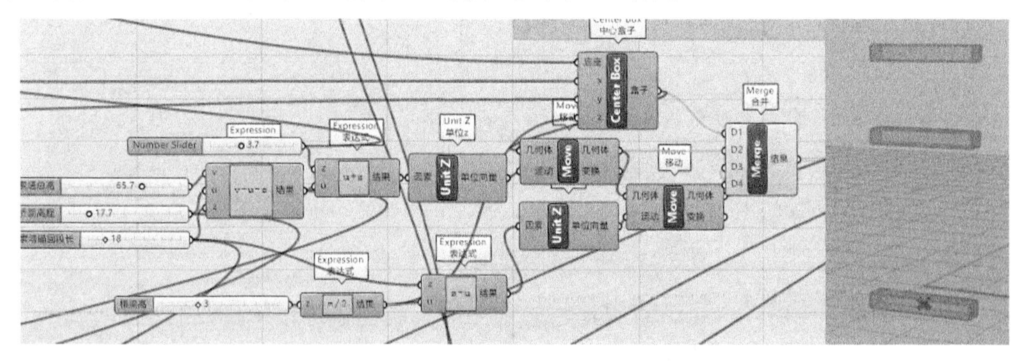

图 9.23　主塔横梁的函数关系与模型

2. 主塔塔柱及承台建模

1）主塔塔柱建模

为了使桥梁的各部分更好地实现联动，将主塔塔柱分为三部分：中间索塔、桥下索塔和锚固段索塔。

（1）中间索塔：首先利用 Move 运算器将原点向 x 方向移动，移动距离为索塔距中线（即索塔中线到主梁中心线的距离）。然后利用 Rectangle 运算器建立索塔在 xy 平面的截面矩形。其 x、y 大小均用 Construct Domain 运算器进行定义，“域开始”与“域结束”分别定义为索塔 x 方向宽的一半的正负值、索塔 y 方向长的一半的正负值。再用 Boundary Surfaces 运算器将矩形拾取为面。之后用 Box Rectangle 运算器完成中间索塔的建模。其高度利用 Expression 运算器定义为：索塔总高-桥面高程-索塔锚固段长。具体如图 9.24 所示。

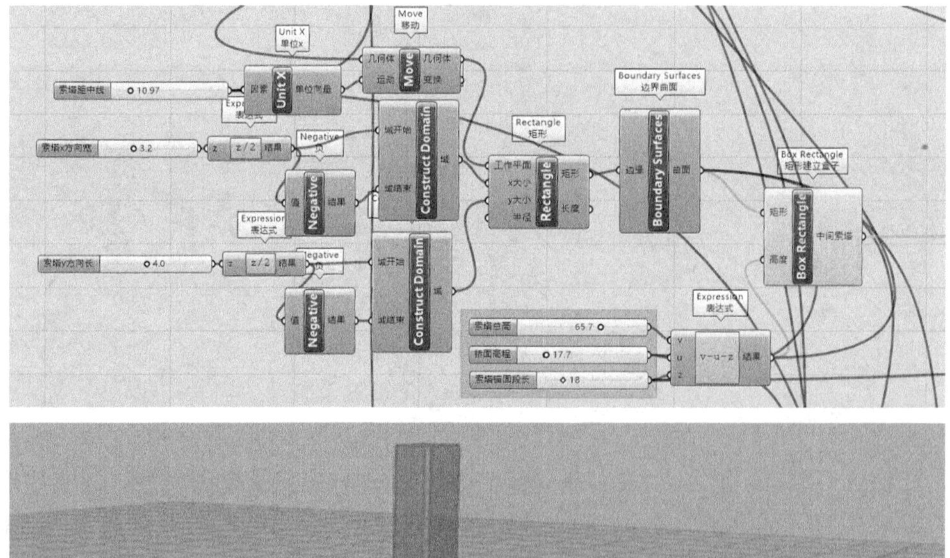

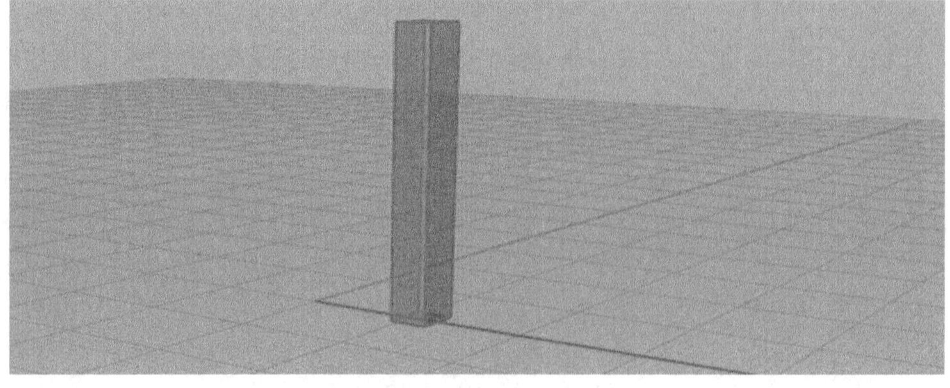

图 9.24　中间索塔建模的运算器连接

（2）桥下索塔：用 Extrude 运算器将之前中间索塔建模过程中拾取的矩形平面向 z 负方向拉伸成立方体，其拉伸长度为桥下高程减去承台高，如图 9.25 所示。

（3）锚固段索塔：利用 Deconstruct Brep 运算器对中间索塔进行解构，再运用 List Item 运算器选取其顶面。最后运用 Extrude 运算器完成锚固段索塔的建模，如图 9.26 所示。

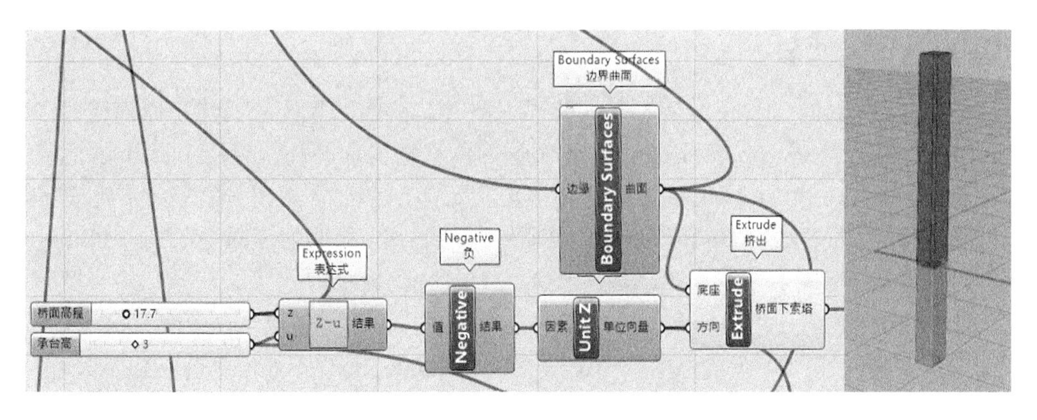

图 9.25　桥下索塔建模的运算器连接

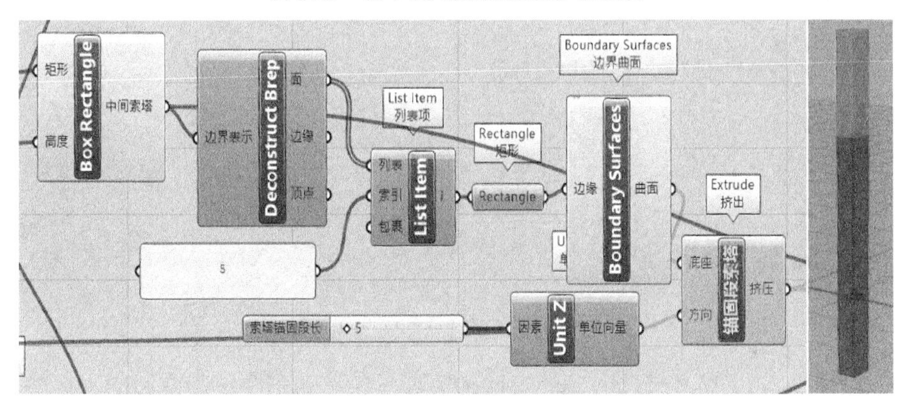

图 9.26　锚固段索塔建模的运算器连接

2）承台建模

利用 Rectangle 运算器拾取桥下索塔底部的矩形，再利用 Area 运算器拾取重心。之后类似于中间索塔的建模过程，综合运用 Rectangle、Construct Domain、Extrude 等运算器完成承台的建模，如图 9.27 所示。

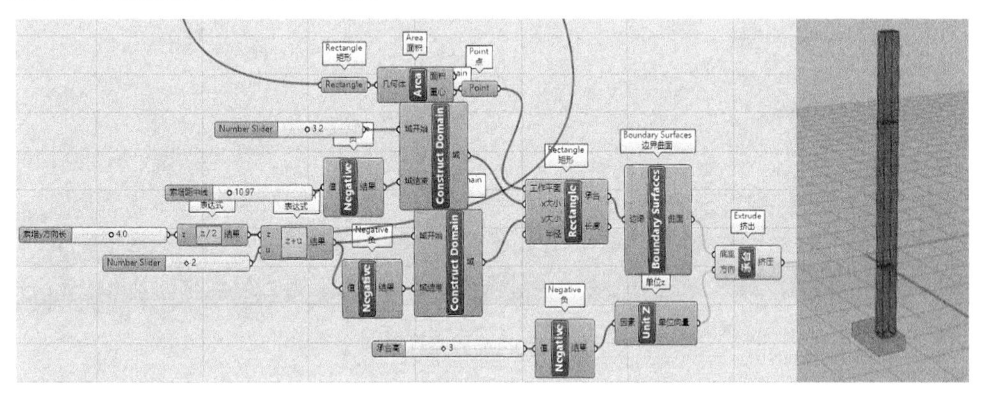

图 9.27　承台建模的运算器连接

3. 拉索的建模

根据索塔结构特点将桥梁两端分为跨 1 与跨 2。两跨的拉索建模流程原理相同，以跨 1 为例。利用 Deconstruct Brep 运算器对锚固段索塔进行解构，运用 List Item 运算器选取其一条棱边。然后用 Move 运算器将棱边向 x 方向移动，距离为索塔 x 方向宽的一半。再将移动后的棱边用 Divide Length 运算器分段取点，长度为锚固间距 1。用 Sub List 运算器将其中的锚固点选取出来，域用 Construct Domain 运算器定义，域开始与域结束分别定义为 0 和 9。具体如图 9.28 所示。

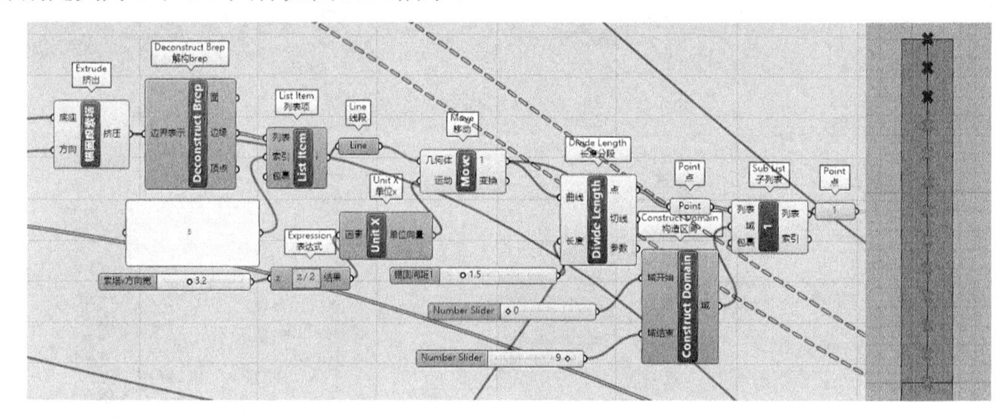

图 9.28　索塔锚固点的运算器连接

综合运用 Point、Move、Divide Length 等运算器建立桥面拉索的锚固点，如图 9.29 所示。跨 2 拉索的建模流程同理。

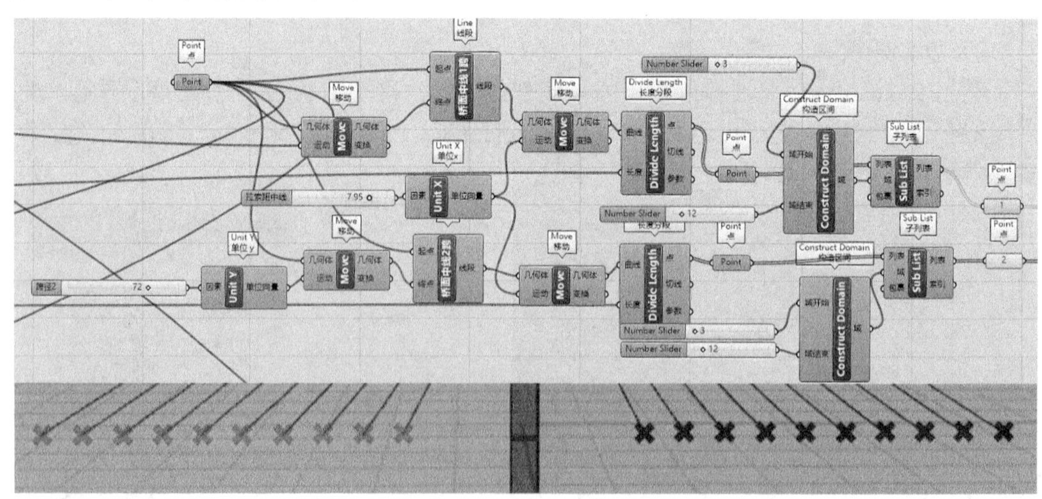

图 9.29　桥面拉索的锚固点的运算器连接

用 Line 运算器将索塔与桥面上的拉索锚固点连接，再用 Pipe 运算器建立拉索模型。边跨吊索建模同理。拉索模型的创建如图 9.30 所示。

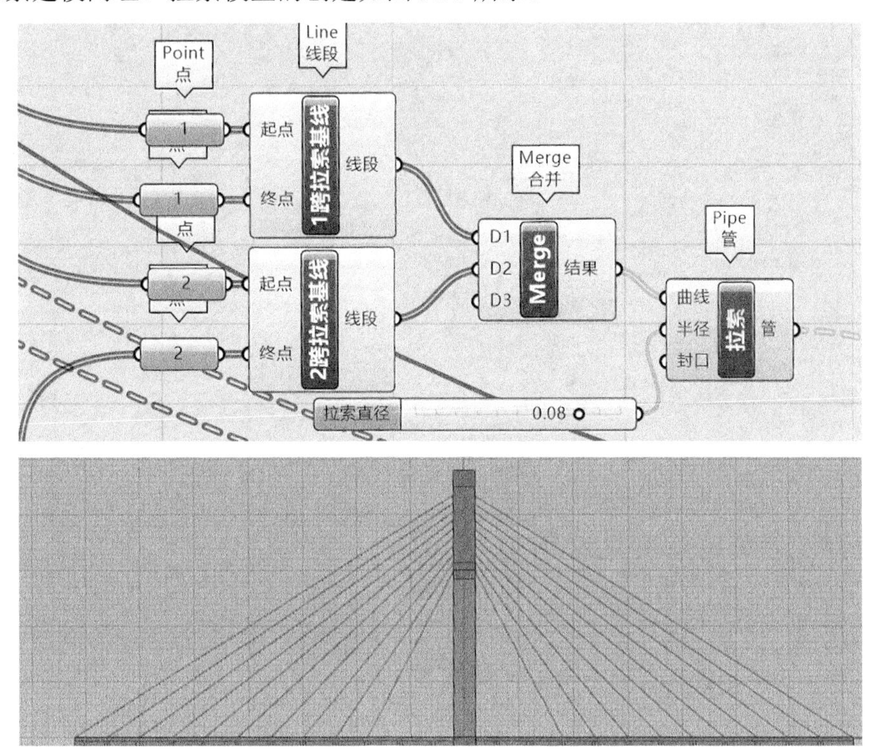

图 9.30 拉索模型的创建

9.2.3 利用镜像完成全桥建模

该桥梁是一个对称模型。经过上述步骤完成的模型（不包括主梁）如图 9.31 所示。将该模型分别沿 yz 平面进行镜像。最后用 Merge 运算器将所用模型组合到一起，便完成了斜拉桥的模型。全桥模型如图 9.32 所示。

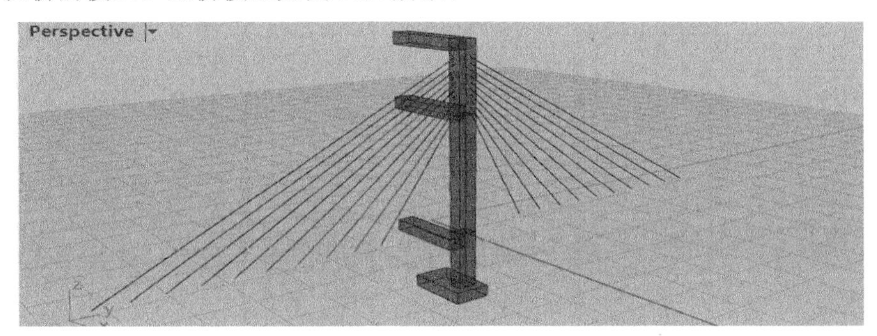

图 9.31 半桥建模

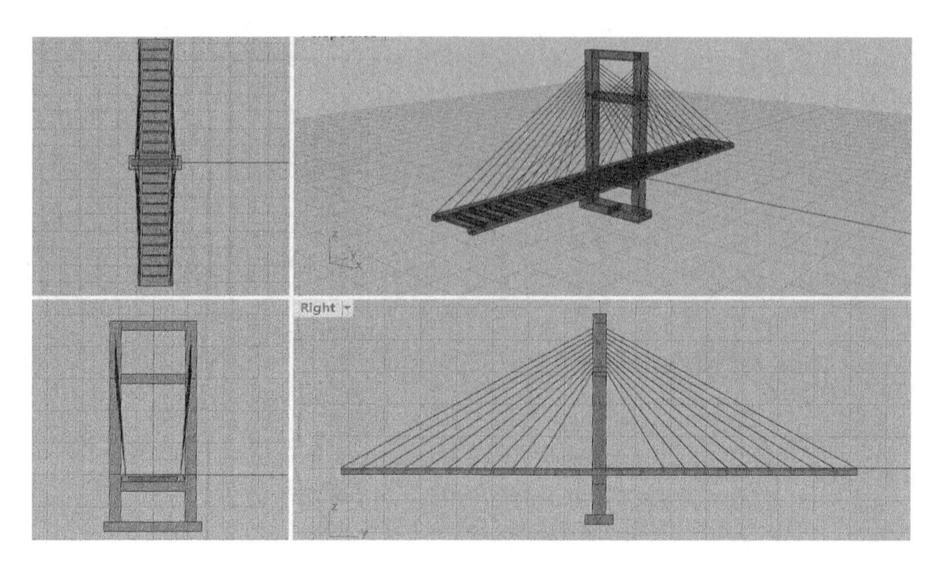

图 9.32　全桥模型

9.3　异型主塔斜拉桥模型案例

本案例是一座复杂的异型主塔斜拉桥自联动参数化桥梁模型，是在掌握前一节案例模型的基础上的提升练习案例。其建模过程如下。

1. 桥面板建模

该桥梁模型的主塔为椭圆形主塔，先用 Ellipse 运算器在 xz 平面上生成合适大小的椭圆形，然后用 Rotate 运算器赋予其角度，得到主塔轴线，如图 9.33 所示。

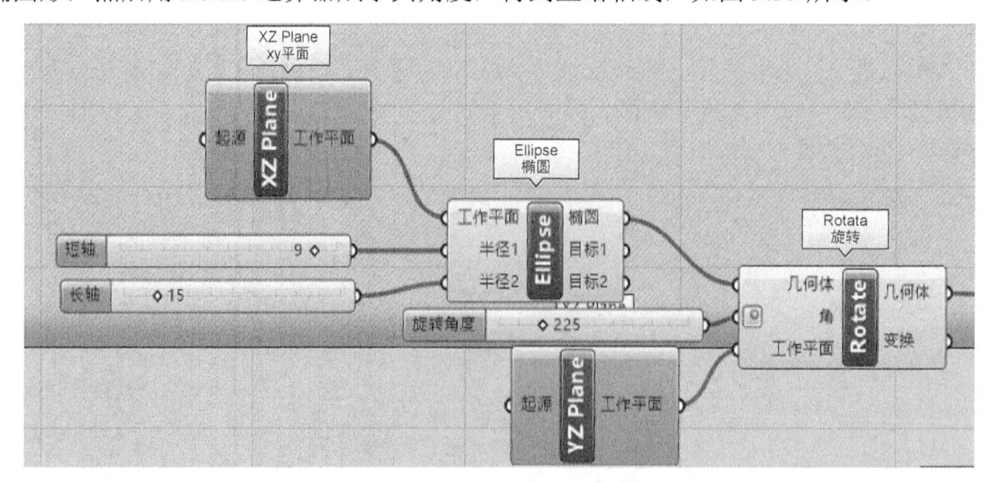

图 9.33　主塔轴线的运算器连接

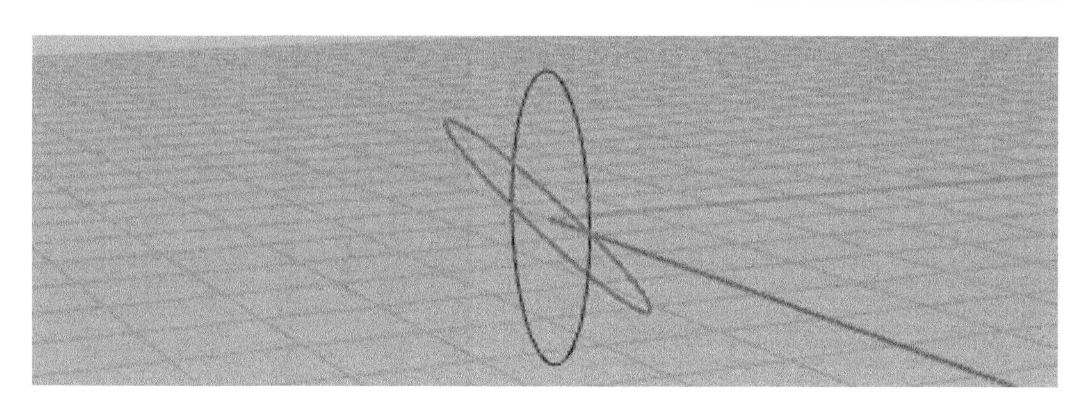

图 9.33（续）

随后使用 Area 运算器提取出主塔轴线的重心，作为桥面的几何中心点，并以此为基点建立桥面板模型。利用 Move 运算器分别将基点向 y 的正负方向移动桥面长度的一半作为端点。再用 Line 运算器将两端点连接，得到桥面中线。接着用 Offset Curve 运算器将桥面中线分别向 x 正负方向偏移，其距离为半宽长，得到桥面的边界线，如图 9.34 所示。

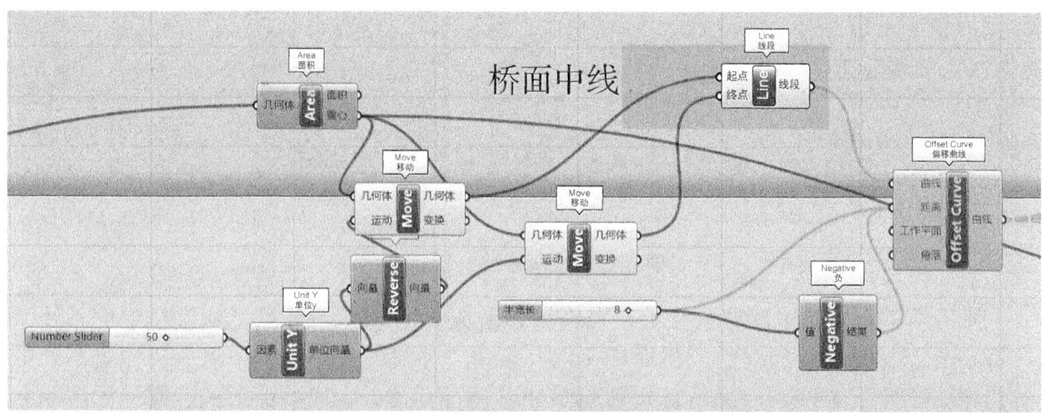

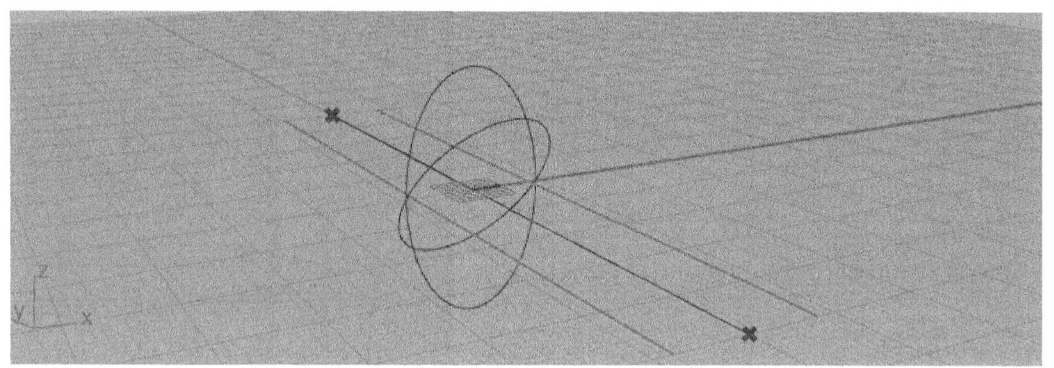

图 9.34　桥面边界线的创建

用 Control Polygon 运算器选取桥面边界线的端点。用 Point On Curve 运算器输入 0.5 取桥面边界线的中点。用 Vector 2Pt 运算器在 A 点输入 Point On Curve 运算器所做的中点，在 B 点输入椭圆的重心，这样便定义了一个指向桥面中心的向量。之后用 Move 运算器与 Amplitude 运算器将桥面边界线的中点移动到对应的位置作为桥面中点。再用 Insert Items 运算器将之前所做的桥面的 6 个特征点集合到一起，如图 9.35 所示。

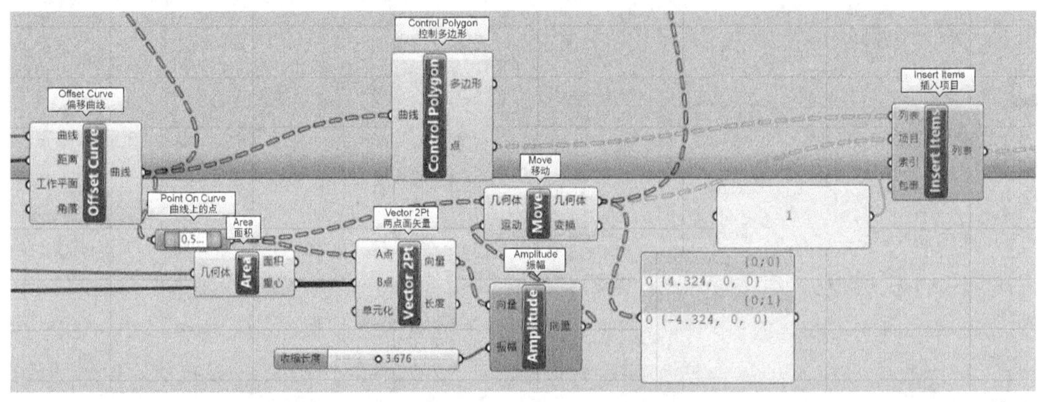

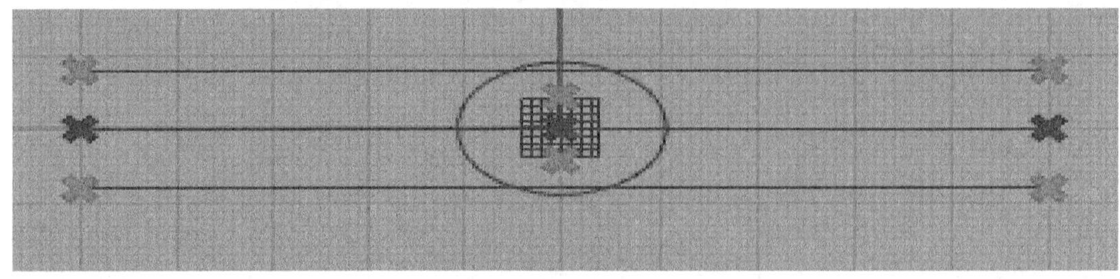

图 9.35　桥面特征点的创建

然后用 Interpolate 运算器在其顶点输入之前集合的 6 个特征点上建立桥中面基线。再用 Loft 运算器进行放样得到桥面板平面（右击“曲线”选项，在弹出的快捷菜单中选择 Flatten 命令）。最后用 Extrude 运算器赋予其桥面厚度，完成桥面板的建模，如图 9.36 所示。

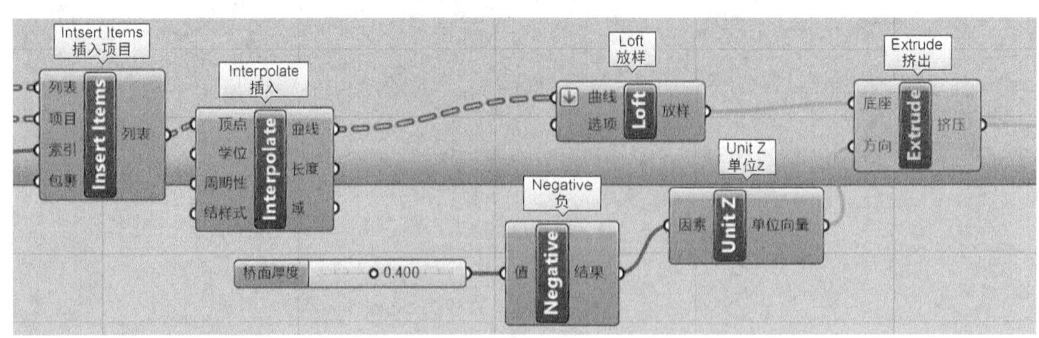

图 9.36　桥面板模型的创建

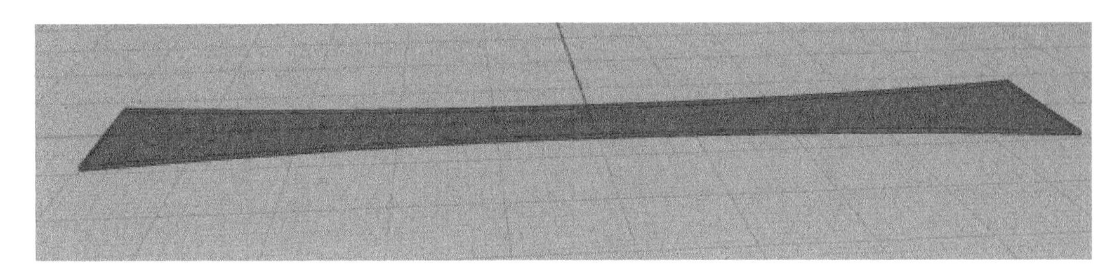

图 9.36（续）

2. 主塔及斜拉杆建模

将主塔基线与 Shatter 运算器相连，参数分别输入 0、0.25、0.5、0.75，使其分成四段弧线。再用 Shift List 运算器将四段弧线集合接入 Curve Middle 运算器，提取出每段弧线的中点。最后用 Point List 运算器赋予点标号，如图 9.37 所示。

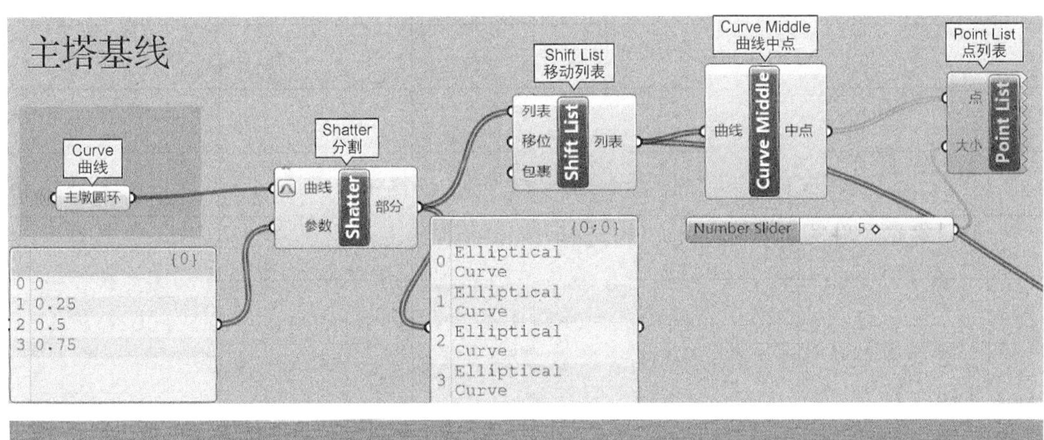

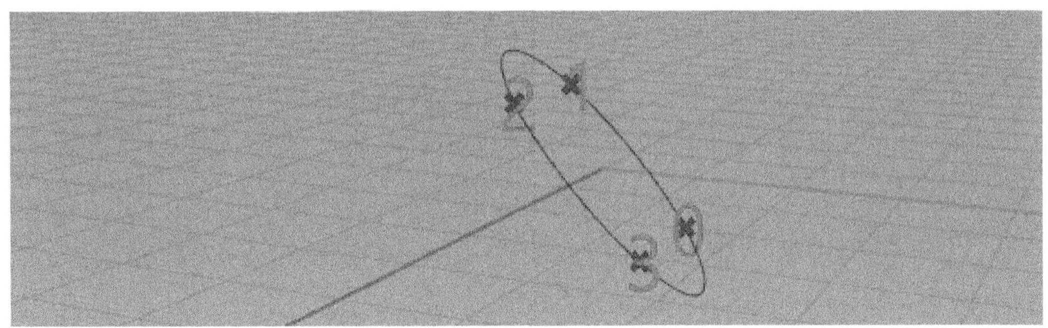

图 9.37　主塔锚固点的创建

用类似的方式对桥中面基线的端点进行编号，如图 9.38 所示。

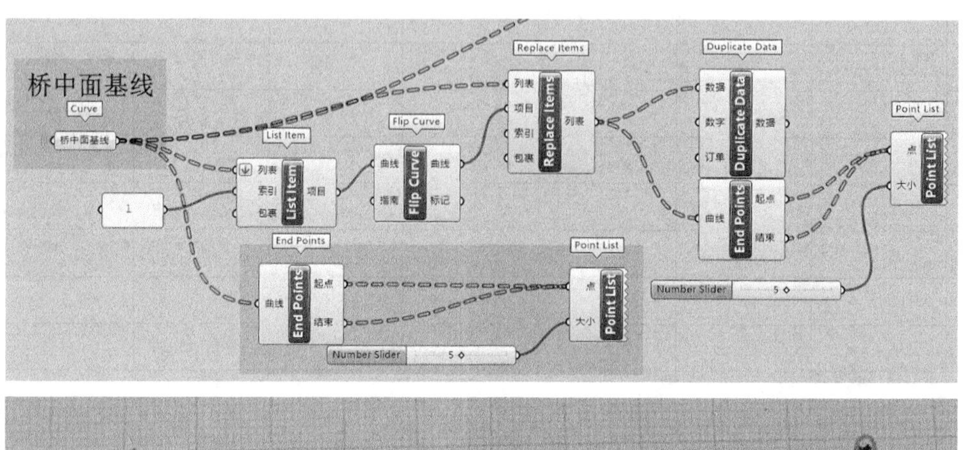

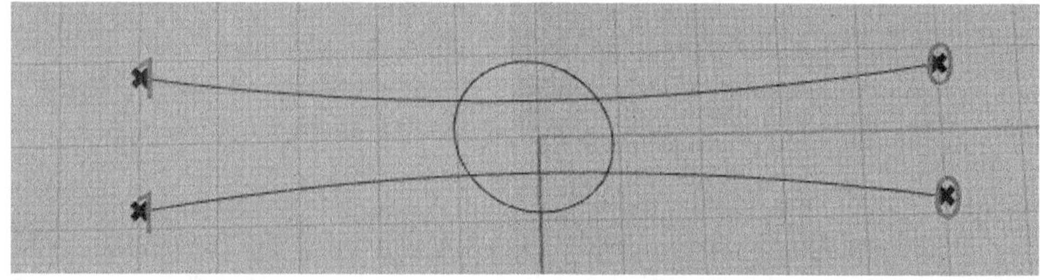

图 9.38　桥中面基线端点编号

用 Merge 运算器拾取主塔基线与桥中面基线，将其接入 Divide Curve 运算器的“曲线”项（右击，在弹出的快捷菜单中选择 Flatten 命令），“计数”输入 20，使其被分成一系列点。用 Point List 运算器将点 1 编号。然后用 Split Tree 运算器分别提取桥中面基线的左、右两边上的点和主塔基线四个弧线上的点，作为斜拉杆的锚固点。接着用 Line 运算器建立斜拉杆基线。最后用 Pipe 运算器赋予其半径，完成斜拉杆建模。主塔同理。具体如图 9.39 所示。

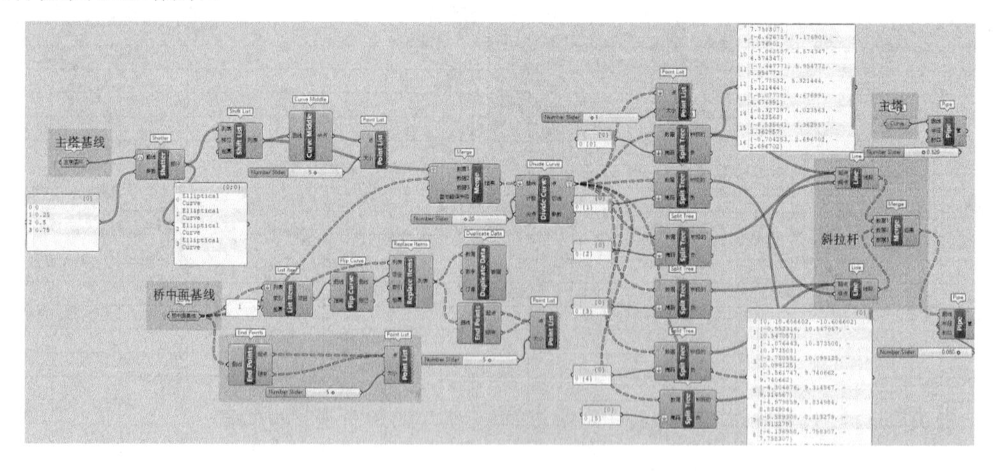

图 9.39　斜拉杆模型的创建

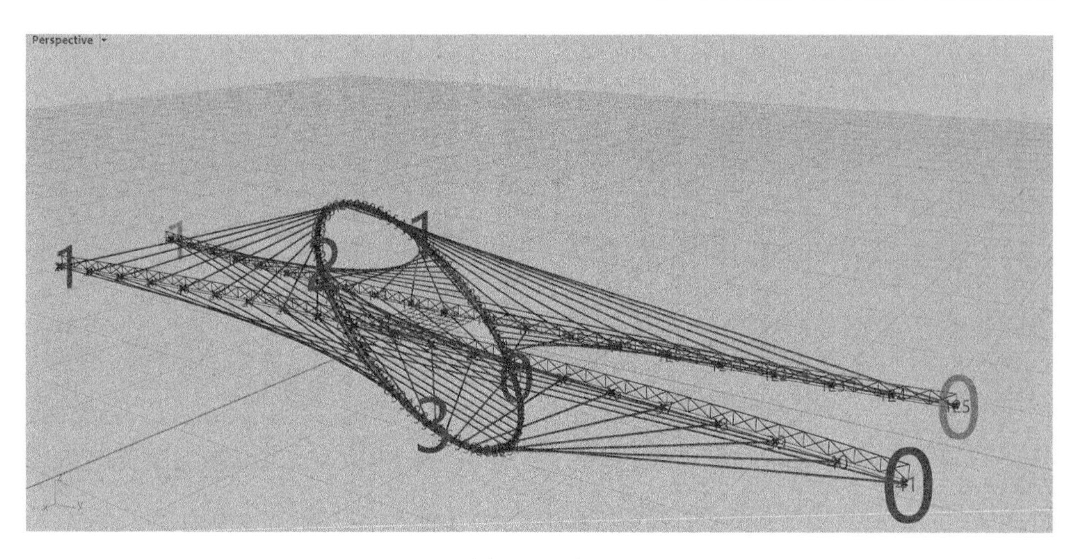

图 9.39（续）

3. 桥下桁架建模

用 Move 运算器将桥面中线移动到合适位置，再用 Pipe 运算器完成主管建模，如图 9.40 所示。

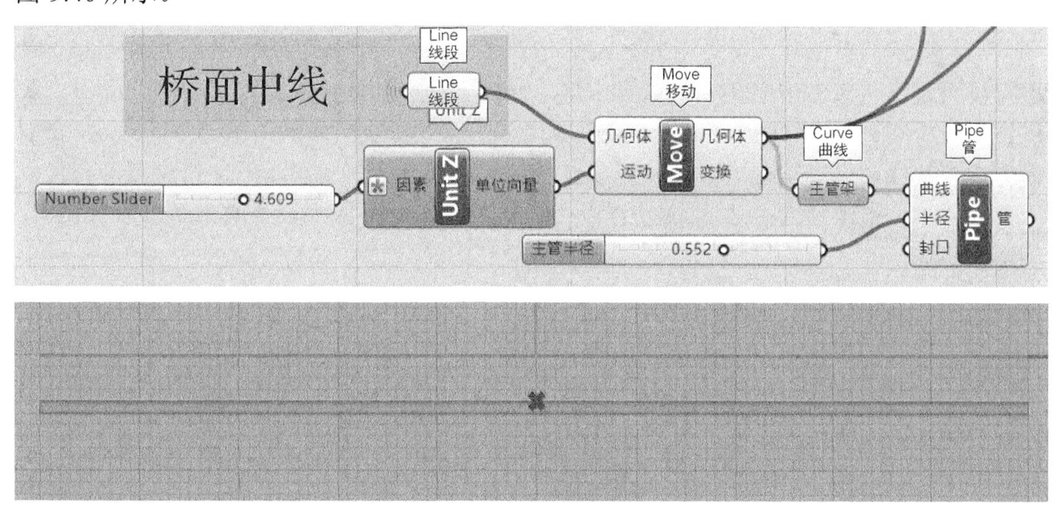

图 9.40　主管建模

用 Move 运算器将桥面基线移动到桥面下，将其接入 Divide Curve 运算器的“曲线”项（右击，在弹出的快捷菜单中选择 Flatten 命令），“计数”输入 20，使其被分成一系列点。主管上的点操作同理（“计数”为 40）。然后用 Shift List、Cull Pattern、End Points 运算器将这些点进行合适的组合。最后用 Line 运算器和 Pipe 运算器完成桁架建模，如图 9.41 所示。

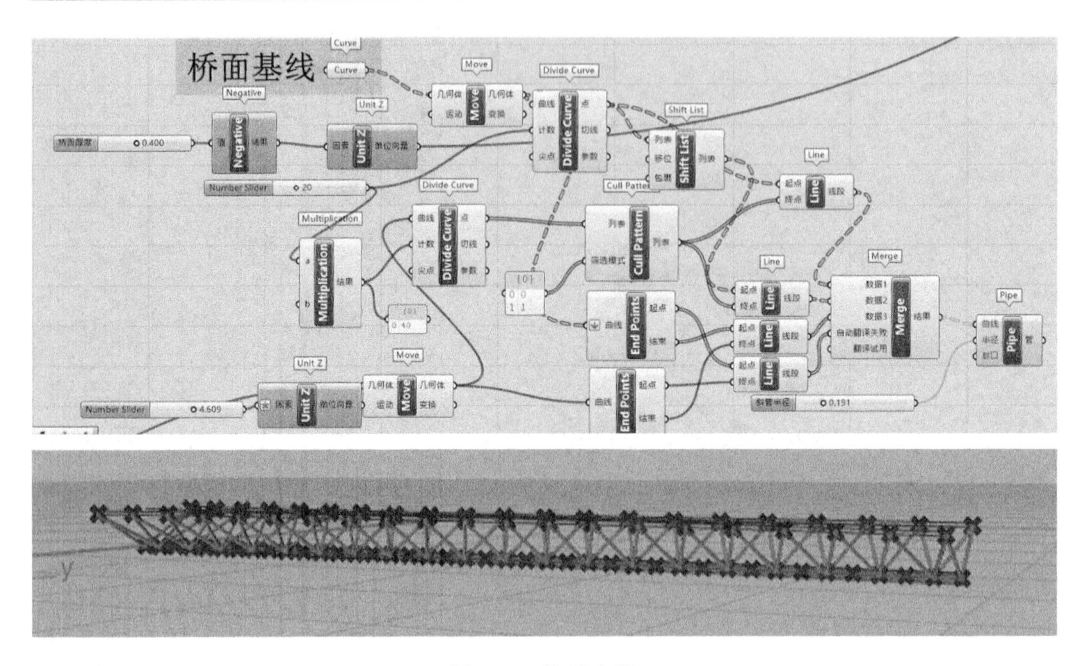

图 9.41　桁架建模

4. 桥面铺装建模

（1）玻璃挡板撑杆：首先用 List Item 运算器将桥面基线 x 正方向的线提取出来。其次将桥面基线接入 Flip Curve 运算器，将之前提取出来的线接入“指南”项（即以这条线作为参考线），这样便使桥面基线按照参考线的方向排列。然后使用 Offset Curve 运算器将桥面基线向内侧偏移，得到玻璃挡板撑杆底的基线。接着用 Move 运算器按挡板高度得到玻璃挡板撑杆顶的基线。最后用 Point On Curve 与 Point List 运算器将其中点编号，如图 9.42 所示。

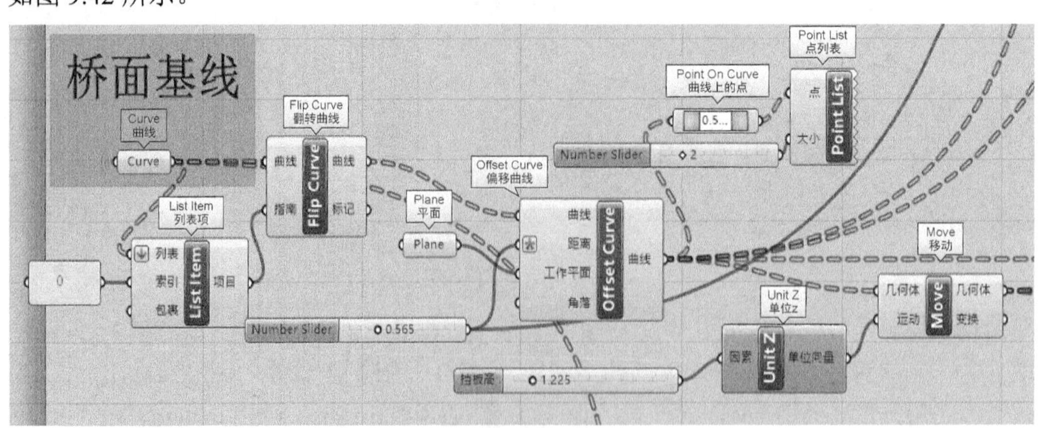

图 9.42　玻璃挡板撑杆顶基线

图 9.42（续）

将玻璃挡板撑杆顶、底基线接入 Divide Curve 运算器的“曲线”项，“计数”输入 50，使其被分成一系列点。然后用 Shift List 运算器得到合适的点组。接着用 Line 运算器建立玻璃挡板撑杆基线。最后用 Pipe 运算器分别赋予玻璃挡板撑杆基线半径完成玻璃挡板撑杆建模，如图 9.43 所示。

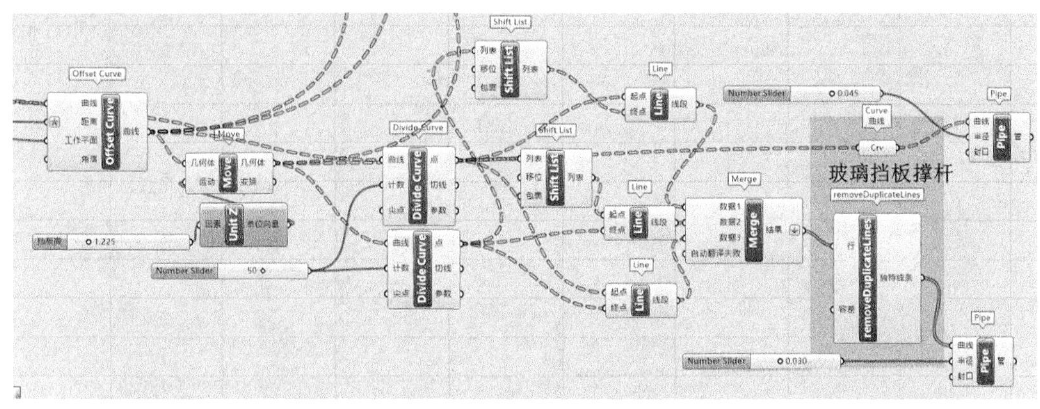

图 9.43　玻璃挡板撑杆建模

（2）玻璃挡板：用 Loft 运算器将玻璃挡板撑杆顶、底基线进行放样，得到玻璃挡板模型，如图 9.44 所示。

（3）桥面沟槽：首先使用 Offset Curve 运算器将玻璃挡板撑杆底的基线向内侧偏移得到车道基线。其次用 End Point 运算器与 List Item 运算器分别拾取端点与车道基线。然后用 Line 运算器封口得到车道的轮廓线。接着用 Boundary Surfaces 运算器与 Extrude

运算器得到车道板。最后用 Solid Difference 运算器取桥面板与车道板的差集得到桥面沟槽，如图 9.45 所示。

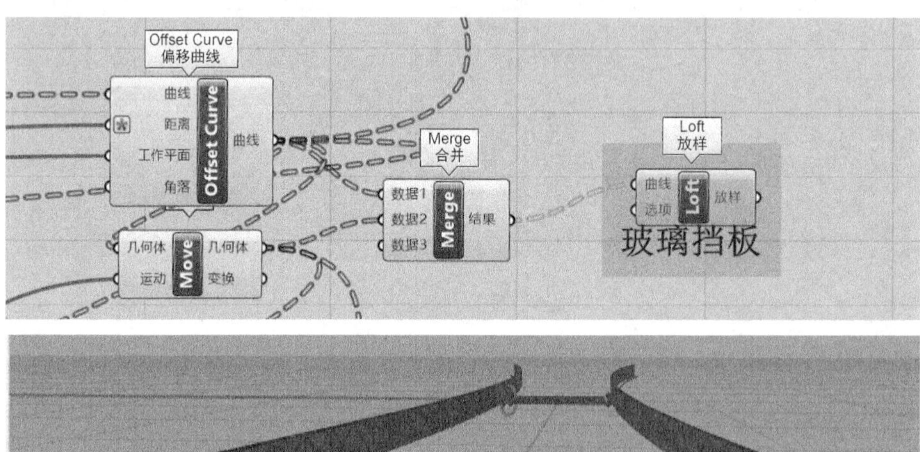

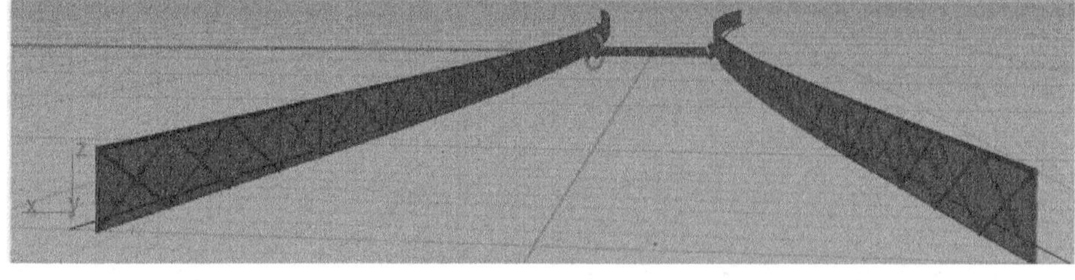

图 9.44　玻璃挡板建模

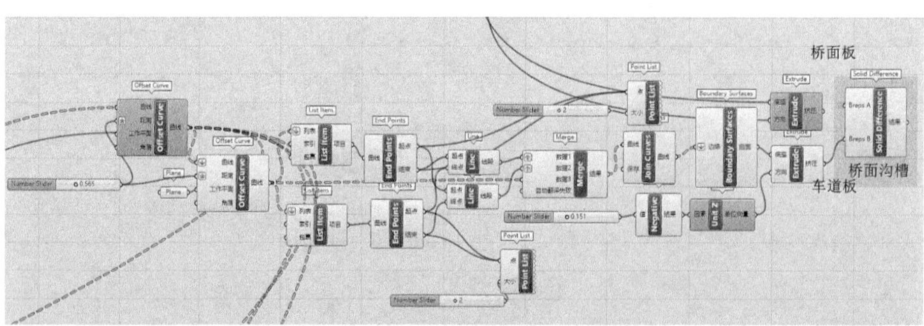

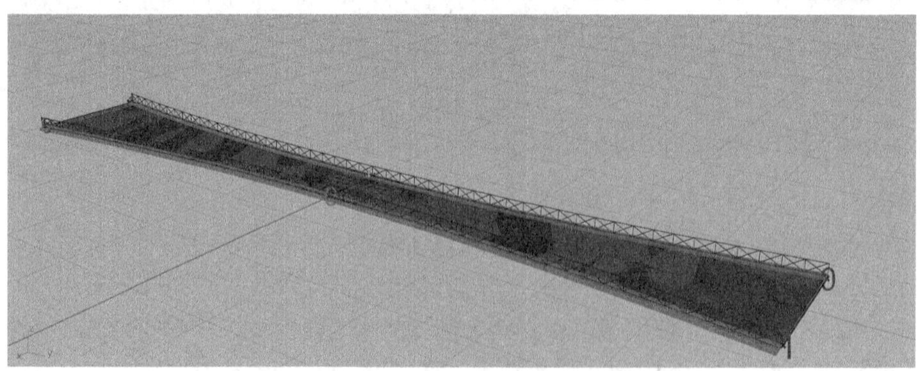

图 9.45　创建桥面沟槽

5. 全桥模型展示

经过上述步骤，全桥的建模流程已经完成，如图 9.46 所示。

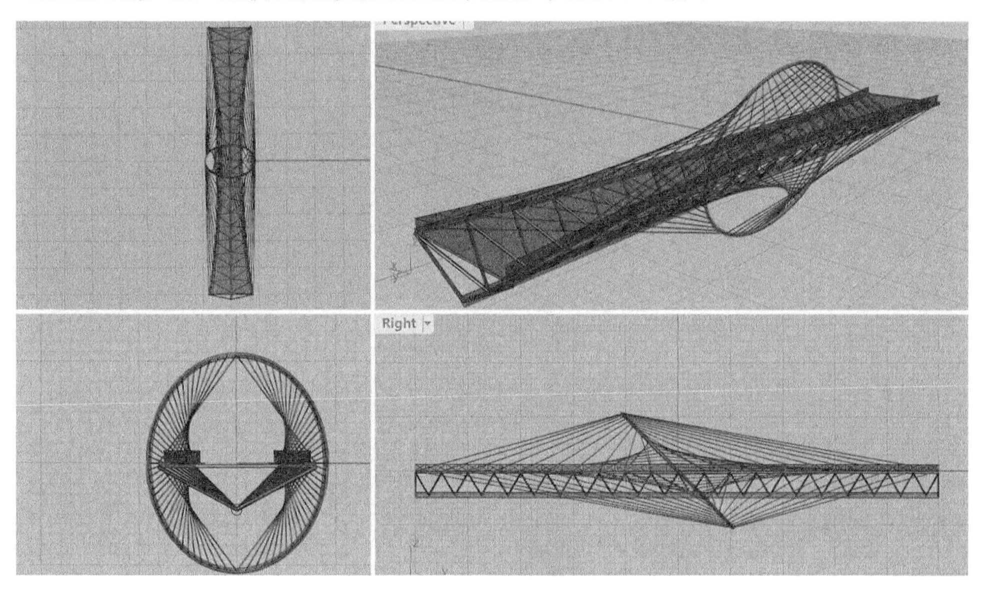

图 9.46 全桥模型

9.4 悬索桥模型案例

本案例是一座典型的悬索桥自联动参数化桥梁模型。其原理是，通过在 Grasshopper 的运算器连接中添加函数关系，使桥梁的所有参数之间产生联系，进而使其所有结构单元在几何关系上联动起来。其建模过程如下。

9.4.1 加劲梁建模流程

1. 加劲梁主体部分建模

该桥梁的主梁截面为双箱单室，其截面形状较为复杂。对于这样的截面，可以综合运用 Line、Point、Move 等运算器进行简单的点、线的组合以完成其形状的绘制，也可以在 Rhino 中画出截面的形状后，再利用 Curve 运算器将其拾取到 Grasshopper 中。本案例采取的是第二种方式。主梁截面如图 9.47 所示。

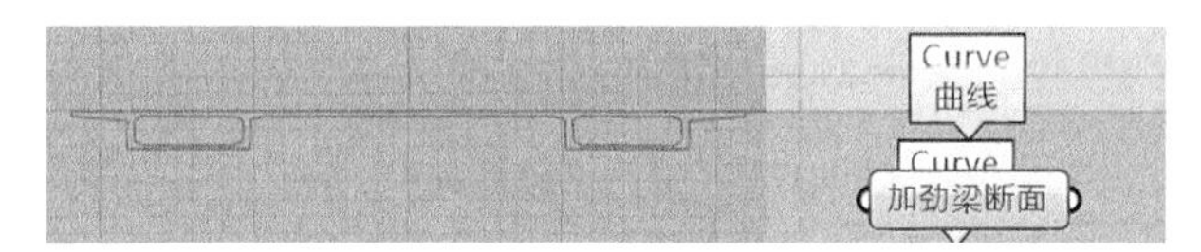

图 9.47 主梁截面

随后使用 Move 运算器，将截面沿 y 负方向移动，移动距离为加劲段长度的一半，用 Expression 运算器定义为桥梁总长的一半减去一侧梁端锚固端长度。然后用 Boundary Surfaces 运算器生成边界曲面，如图 9.48 所示。使用 Extrude 运算器指定方向为 y 方向，将其挤出长度定义为桥梁总长度减去两侧两端锚固端长度，该函数关系用 Expression 运算器赋予。这样便完成了加劲梁主体部分的建模，如图 9.49 所示。

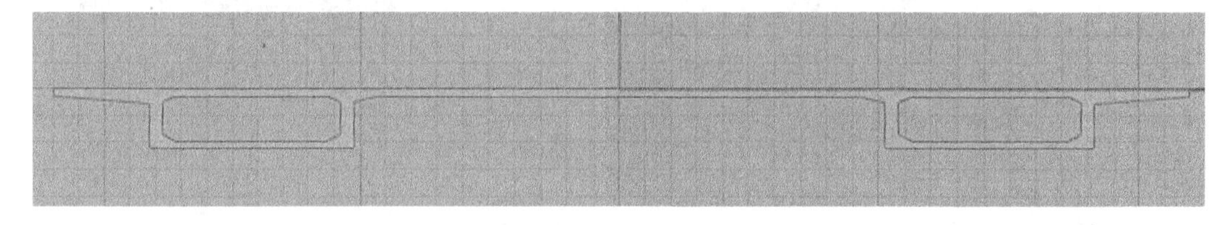

图 9.48　边界曲面

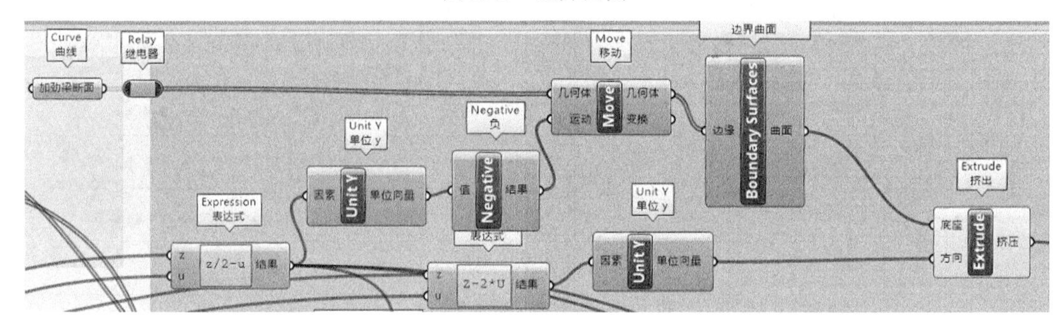

图 9.49　加劲梁主体部分建模

2. 加劲梁横梁部分建模

单个横梁的建模与加劲梁主体部分建模类似。综合运用 Curve、Boundary Surfaces 等运算器完成单个横梁截面的建模，如图 9.50 所示。该截面位于 y 轴原点位置，利用 Extrude 运算器分别向正负 y 方向挤出横梁厚度的一半，右击 Extrude 运算器的右侧，在弹出的快捷菜单中选择 Graft 命令（否则后续只会选中几何体的一半），这样便完成了单个横梁的建模，如图 9.51 所示。之后利用 Move 运算器与 Range 运算器，其中 Range 运算器的“域”填入横梁分布的范围，“台阶”填入数值为分布范围除以横梁的间距。中跨及边跨横梁如图 9.52 所示。本案例先绘制一半的横梁，再利用 Mirror 运算器镜像完成另一半横梁。

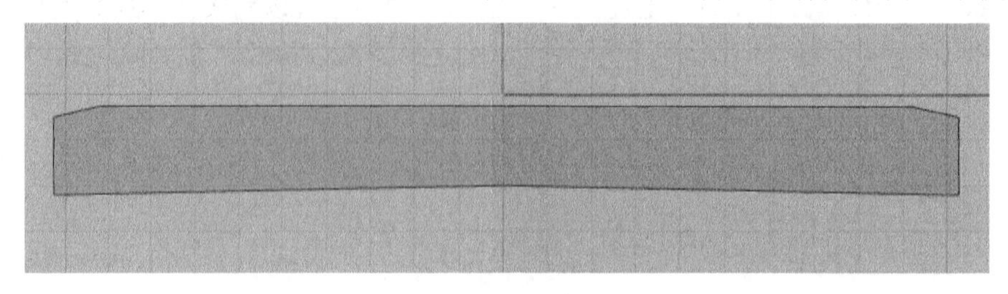

图 9.50　单个横梁截面建模

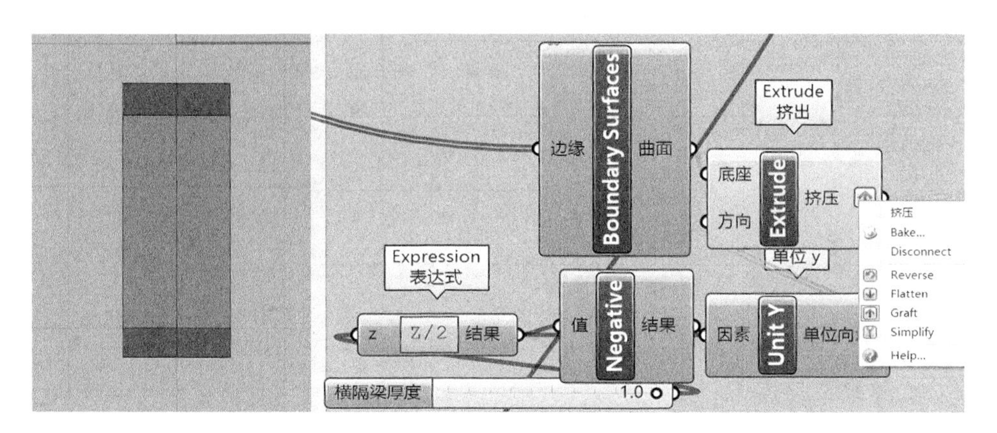

图 9.51　单个横梁建模

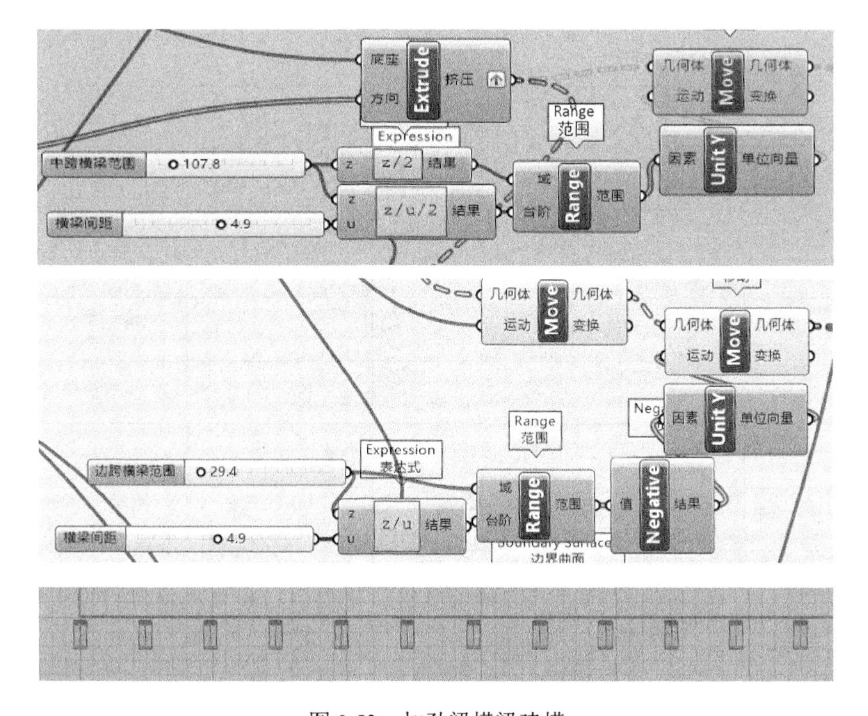

图 9.52　加劲梁横梁建模

3．梁端锚固端建模

梁端锚固端建模与加劲梁主体部分建模类似，其锚固端长度为 7m，位于跨加劲梁两端。综合运用 Curve、Boundary Surfaces、Extrude、Move 等运算器即可，这里不再赘述。其模型如图 9.53 所示。

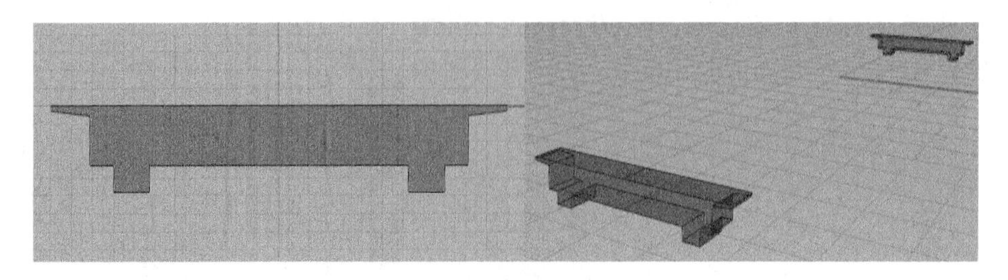

图 9.53　梁端锚固端模型

9.4.2　主塔建模流程

1. 主塔横梁建模

主塔横梁为立方体模型，在合适的位置建立中心点后，采用 Center Box 运算器，在底座上选择之前做好的中心点；x 方向输入长度为索塔中心距减去索塔 x 方向宽度的 1/2；y 方向、z 方向分别输入横梁宽度的 1/2、横梁高度的 1/2。单个主塔横梁模型的运算器连接如图 9.54 所示。

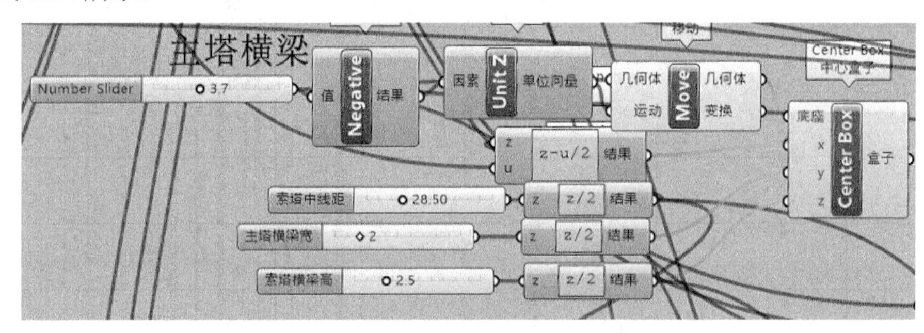

图 9.54　单个主塔横梁模型的运算器连接

用 Move 运算器将之前做好的横梁移动到 z 方向的一定高度处，其高度利用 Expression 运算器赋予函数关系，使其与其他部分联动。最后用 Merge 运算器将两根横梁合并成一组。主塔横梁及其运算器组如图 9.55 所示。

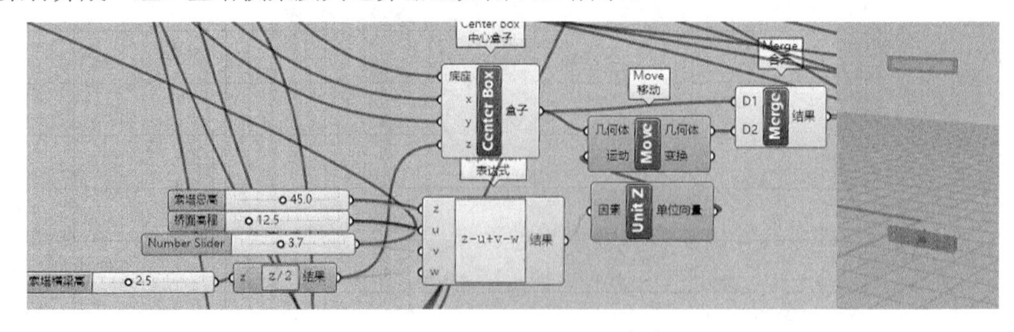

图 9.55　主塔横梁及其运算器组

2. 主塔塔柱及承台建模

1）主塔塔柱建模

为了使桥梁的各部分更好地实现联动，将主塔塔柱分为三部分：中间索塔、桥下索塔和锚固段索塔。

（1）中间索塔：首先利用 Move 运算器将原点向 x 方向移动，移动距离为索塔中心距的一半。然后利用 Rectangle 运算器建立索塔在 xy 平面的截面矩形，其 x、y 大小均用 Construct Domain 运算器进行定义，“域开始”与“域结束”分别定义为索塔 x 方向宽的一半的正负值、索塔 y 方向长的一半的正负值。再用 Boundary Surfaces 运算器将矩形拾取为面。之后用 Box Rectangle 运算器完成中间索塔的建模。其高度利用 Expression 运算器定义为：索塔总高-桥面高程-索塔锚固段长。具体如图 9.56 所示。

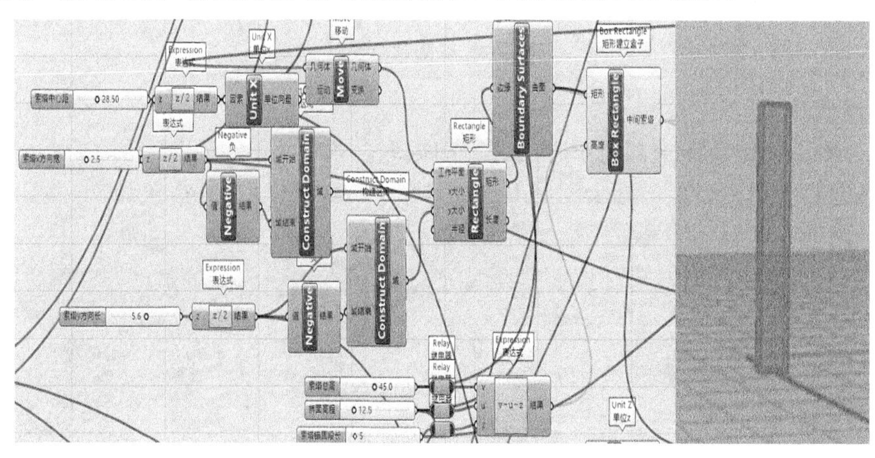

图 9.56　中间索塔

（2）桥下索塔：用 Extrude 运算器将之前中间索塔建模过程中拾取的矩形平面向 z 负方向拉伸成立方体，拉伸长度为桥下高程减去承台高，如图 9.57 所示。

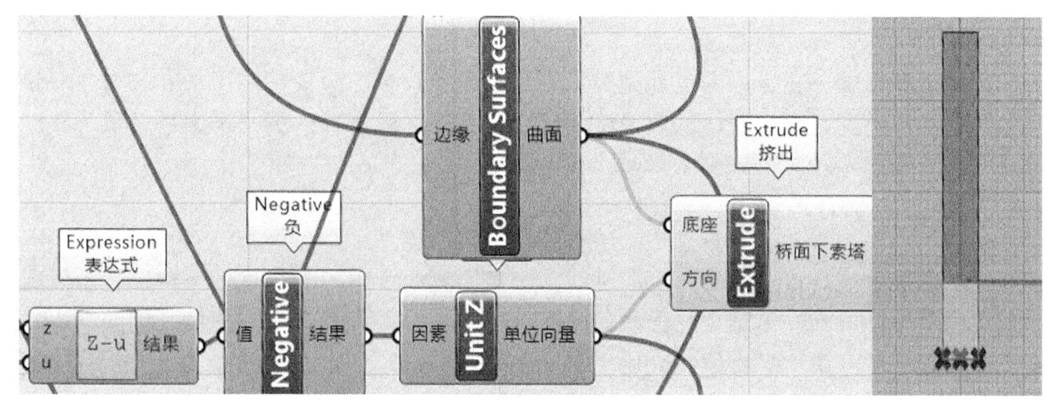

图 9.57　桥下索塔

（3）锚固段索塔：利用 Deconstruct Brep 运算器将中间索塔进行解构，再运用 List Item 运算器选取其顶面，最后运用 Extrude 运算器完成锚固段索塔的建模，如图 9.58 所示。

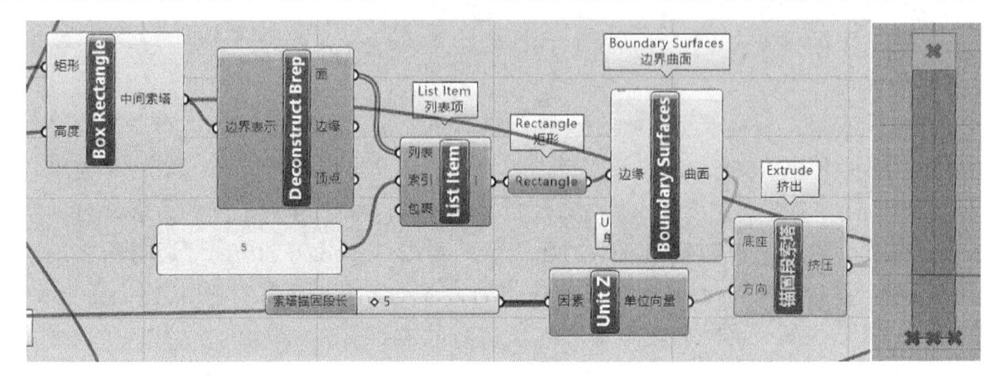

图 9.58　锚固段索塔

2）承台建模

用 Rectangle 运算器拾取桥下索塔底部的矩形，再用 Area 运算器拾取重心。之后类似于中间索塔的建模过程，综合运用 Rectangle、Construct Domain、Extrude 等运算器完成承台的建模，如图 9.59 所示。

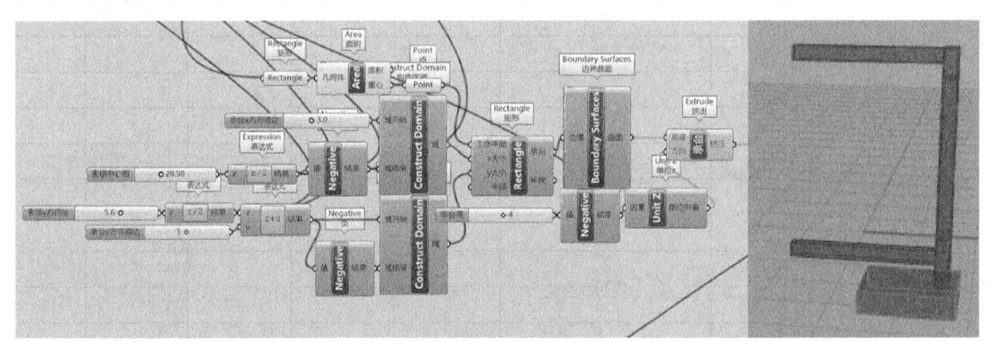

图 9.59　承台建模

经过上述步骤，在坐标原点处完成了一半索塔及承台的建模，利用 Move 与 Mirror 运算器将其移动到对应位置，如图 9.60 所示。关于 yz 面对称的另一半索塔及承台在后续与主缆等一起完成。

3. 主缆、吊索及索鞍的建模

（1）主缆建模：该模型中跨主缆轴线是一条抛物线。建模时可先做一半，之后采用镜像完成另一半。其建模难点在于如何画出一个抛物线方程的图像。建模过程如下：先在主缆锚固处做一条水平直线。之后用 Divide Length 运算器，“长度”选为 1，将直线分成一系列点。再用 Series 运算器，“起点”输入 0，“步”输入 1，“计数”输入中跨跨

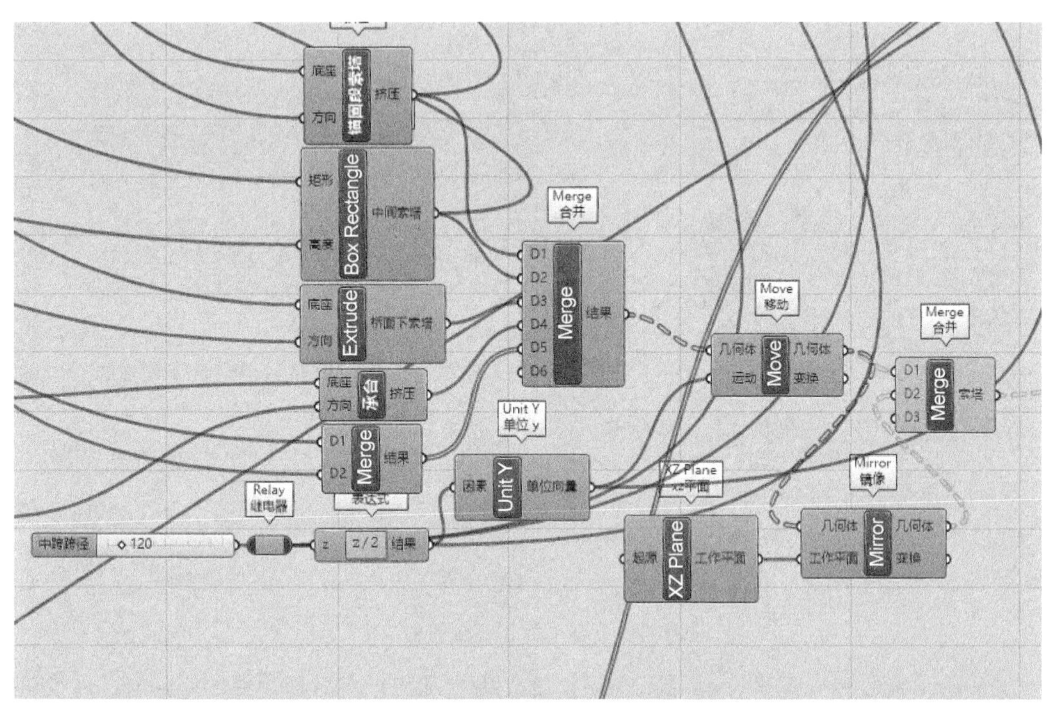

图 9.60　一半索塔及承台的创建

径的一半加 1。这样便得到与一系列点相对应的一组数。然后用 Expression 运算器编辑中跨主缆的方程 $4\times u\times z^2/v^2$，z 输入 Series 运算器所创的一组数，u 输入中跨矢高，v 输入中跨跨径。这样便得到各点按照抛物线方程的 z 方向上的提高量。接着用 Move 运算器将直线分段所得到的一系列点向 z 方向移动，将其与中跨主缆方程的运算器相连，使每个点移动的大小与方程相符。再用 Move 运算器将其移动到对应的位置。最后用 PolyLine 运算器将这些点相连，这样便得到中跨主缆轴线的一半，具体如图 9.61 所示。

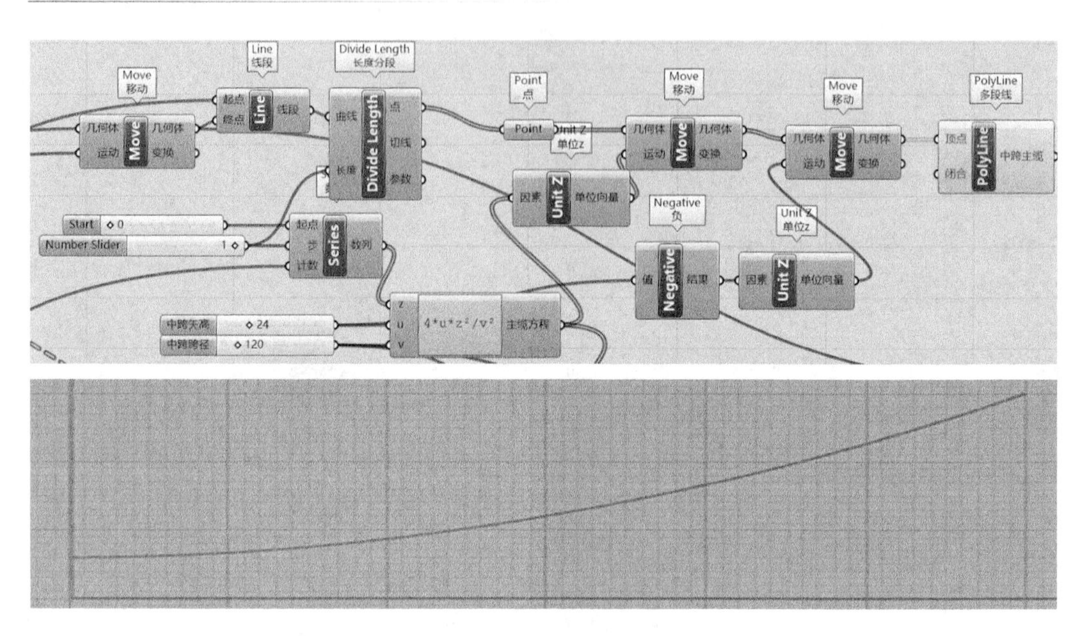

图 9.61　创建中跨主缆轴线的一半

边跨主缆线为一条斜直线，用 Line 运算器做出即可。在得到主缆的轴线后，在 Pipe 运算器的“半径”处输入主缆的半径便可得到主缆，如图 9.62 所示。

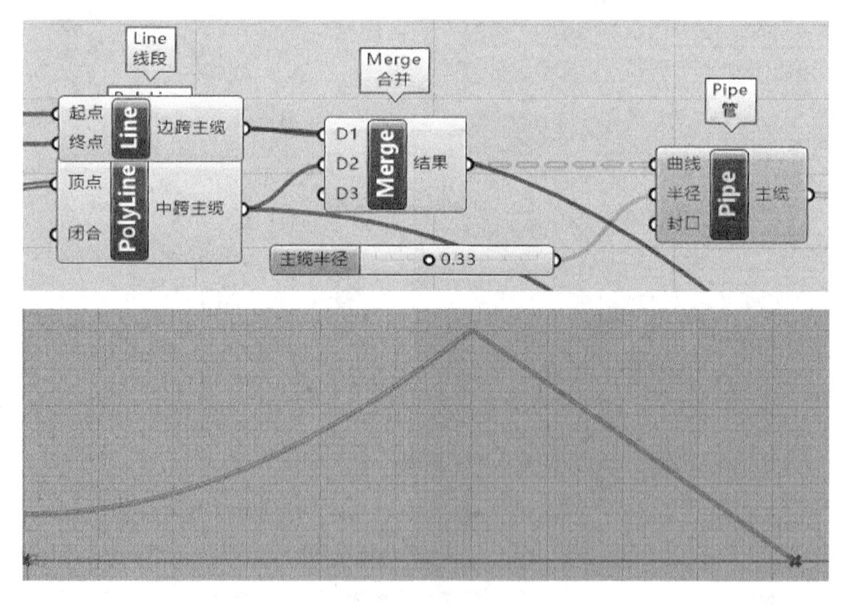

图 9.62　主缆的创建

（2）吊索建模：其建模难点在于要按吊索间距将主缆轴线上的点提取出来。该效果用 Contour（ex）运算器便可实现。以中跨吊索为例，“曲线”输入用 PolyLine 运算器所做的主缆轴线，“工作平面”输入 xz 平面，“距离”输入吊索间距，“偏移量”用 Range 运算器进行定义，其中“域”输入中跨吊索段长度的一半，并用 Negative 运算器改变其方向，“台阶”输入中跨吊索段长度的一半除以吊索间距。轮廓连接用 Point 运算器，将点提取并右击 Point 运算器左侧，在弹出的快捷菜单中选择 Flatten。具体如图 9.63 所示。

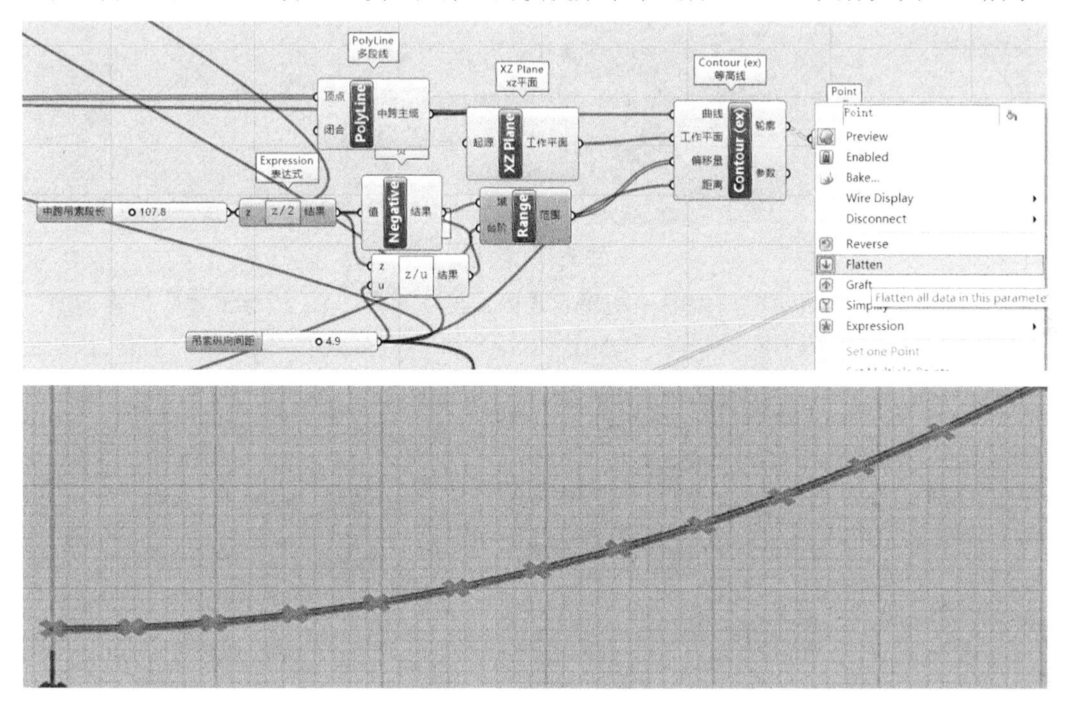

图 9.63 主缆吊点的创建

综合运用 Point、Move、Divide Length 等运算器，建立桥面吊索的锚固点，如图 9.64 所示。

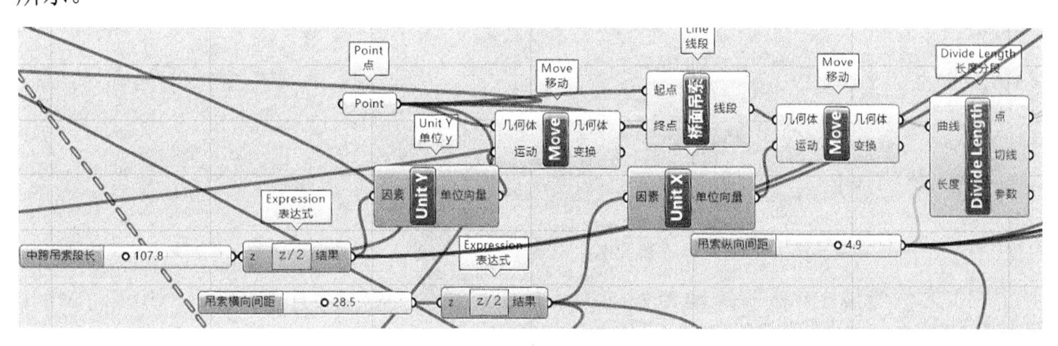

图 9.64 桥面吊点的创建

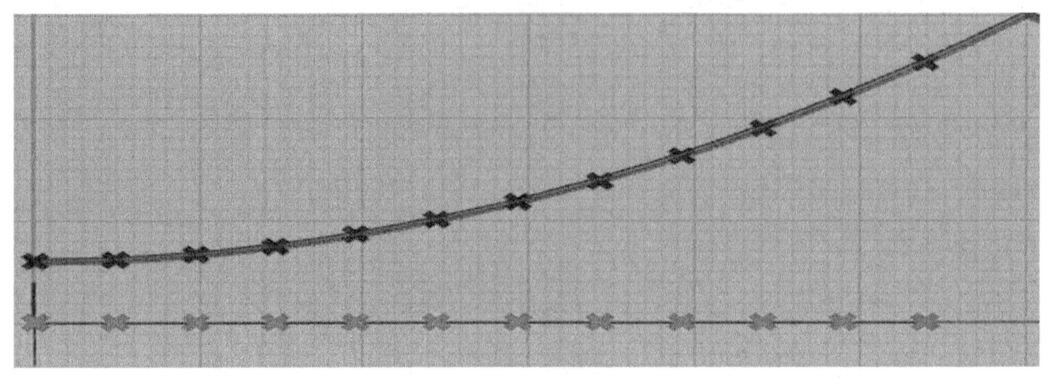

图 9.64（续）

用 Line 运算器将主缆与桥面上的吊索锚固连接，再用 Pipe 运算器建立吊索模型。边跨吊索建模同理。创建的吊索模型如图 9.65 所示。

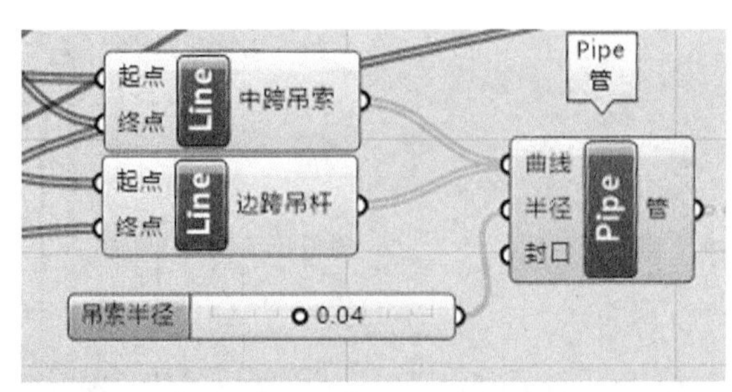

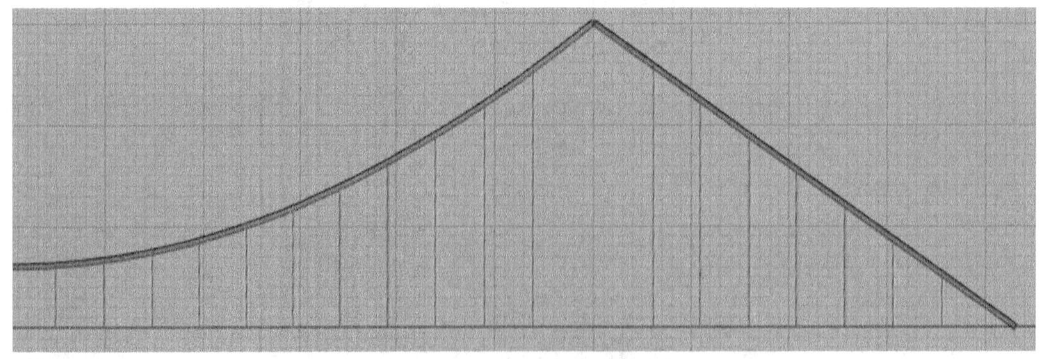

图 9.65　吊索模型的创建

（3）索鞍建模：索鞍的建模与加劲梁主体建模类似，综合运用 Curve、Extrude、Move 等运算器即可。需注意其位置要与其他部分具有联动关系。具体如图 9.66 所示。

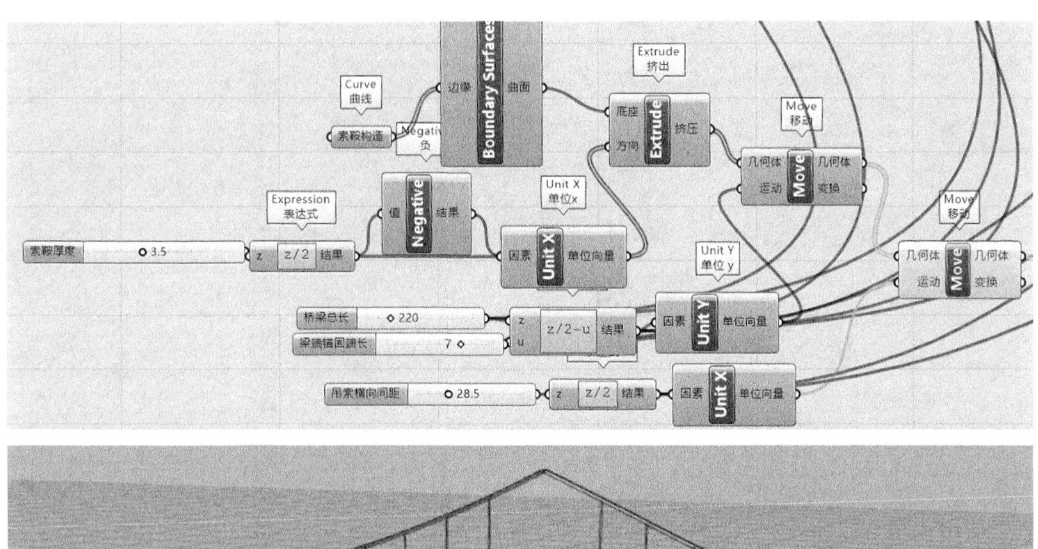

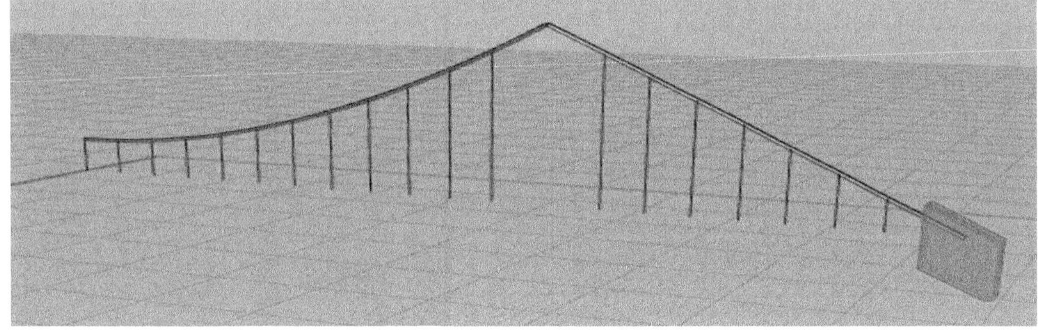

图 9.66　索鞍建模

4. 利用镜像完成全桥建模

该桥梁是一个对称模型。经过上述步骤完成的模型（不包括加劲梁）如图 9.67 所示。将该模型分别沿 yz、xz 平面进行两次镜像。最后用 Merge 运算器将所有模型组合到一起，便完成了悬索桥的模型，如图 9.68 所示。

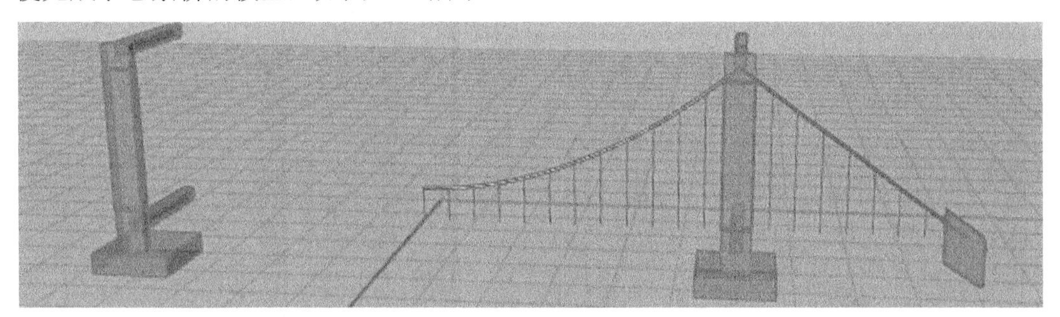

图 9.67　对称模型

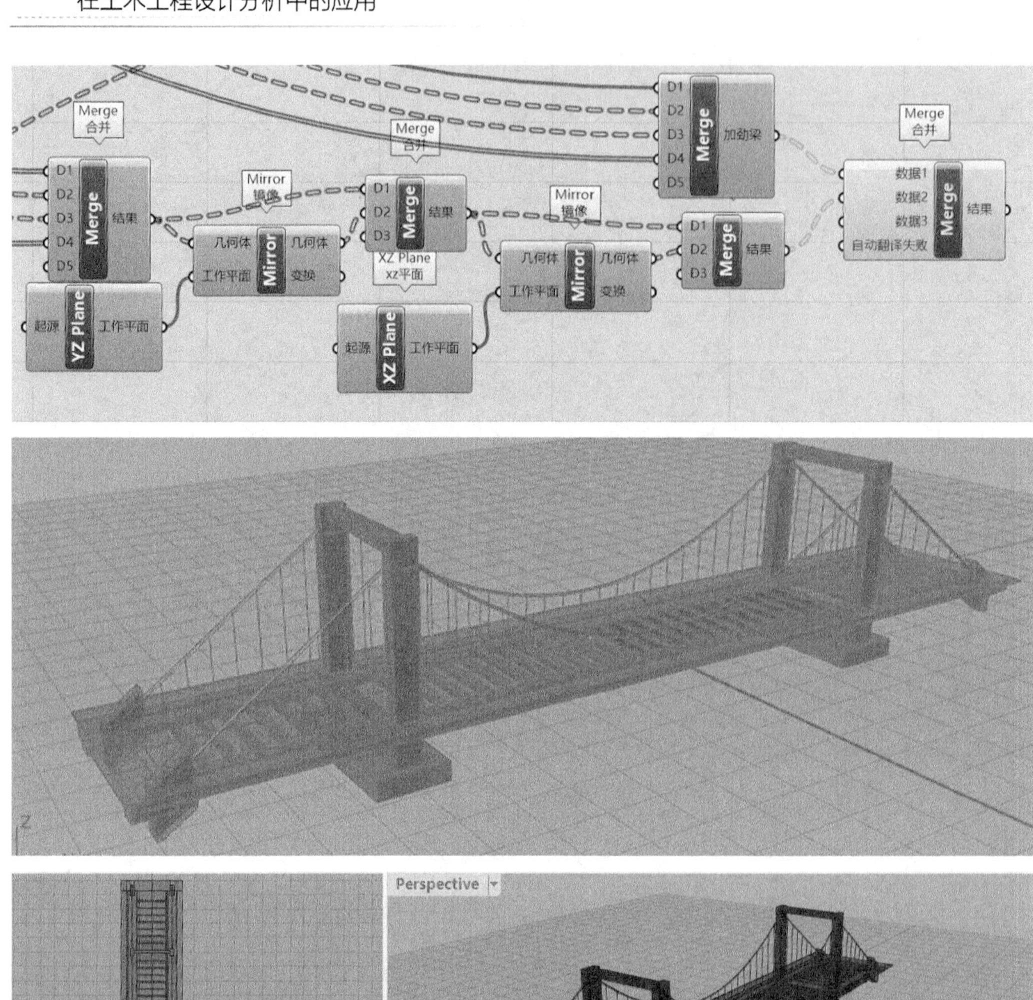

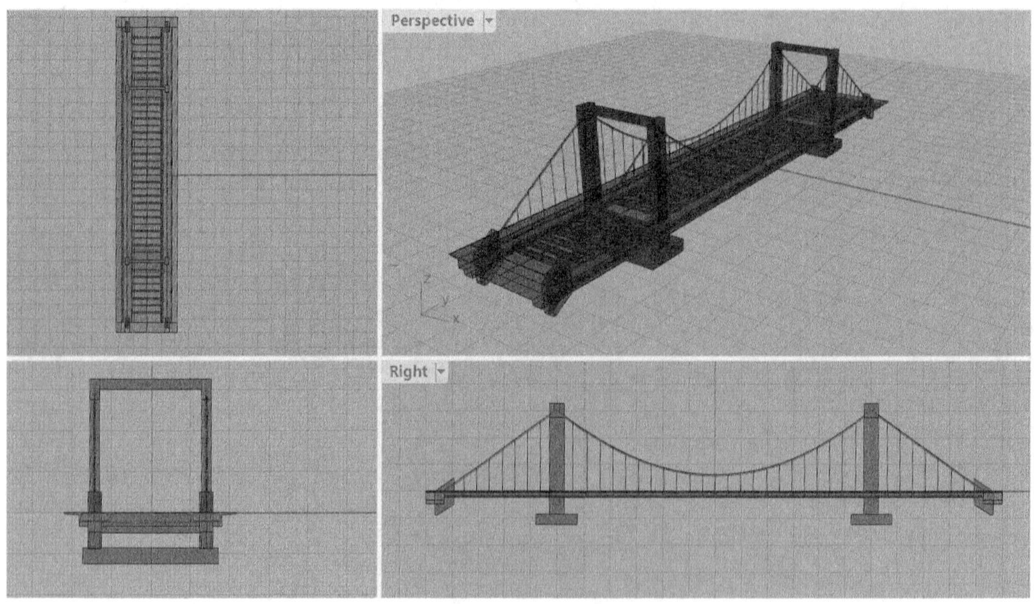

图 9.68　完成悬索桥模型的创建

第 10 章　空间桁架结构参数化建模

空间桁架是指并非所有杆件都在一个平面内的桁架结构，其几何建模较为复杂。本章介绍空间桁架结构的建模过程。

10.1　平面桁架

在学习空间桁架之前，先从一个较为简单的平面桁架案例入手，其效果图如图 10.1 所示。

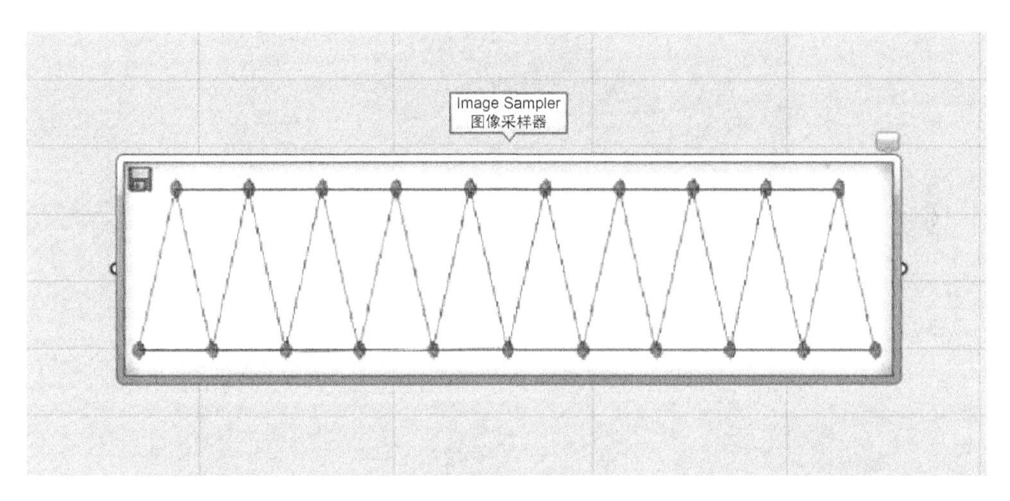

图 10.1　平面桁架

输入桁架初始直线，使用 Divide Curve 运算器将直线分成 20 个小段，并产生 21 个点列，如图 10.2 和图 10.3 所示。

继而将分好的点进行分组，用户可以使用 Cull Pattern 运算器完成，“筛选模式”选用“False，True”，即按照顺序排列的每两个点为一组，每组的第一个点被舍弃，第二个点被选用。然后将这些点上移作为桁架的上弦构造点，如图 10.4 和图 10.5 所示。

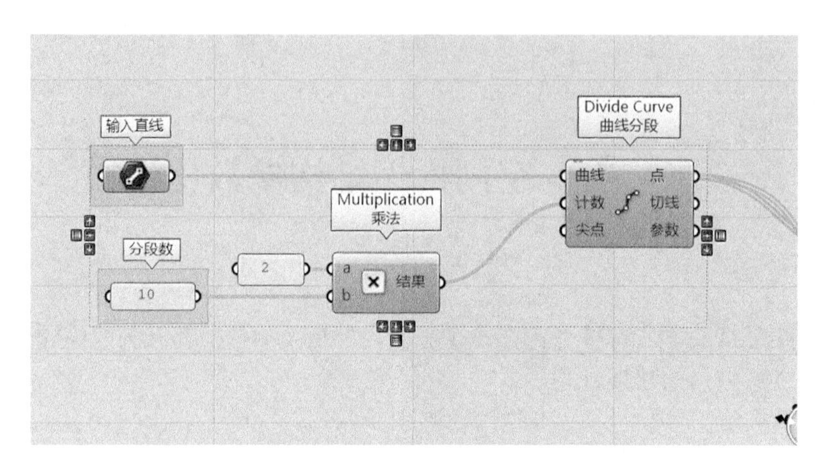

图 10.2 创建点列的运算器连接

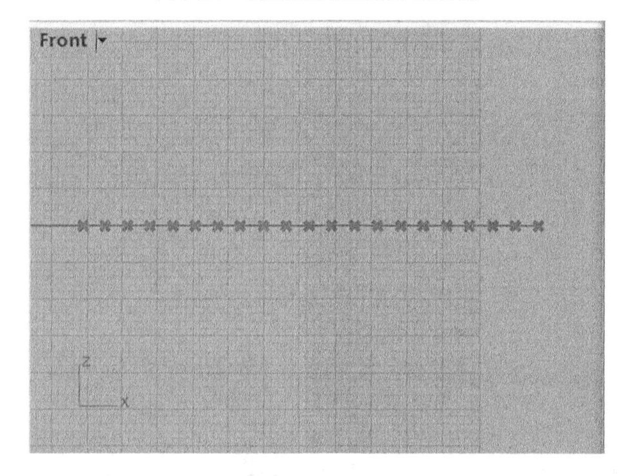

图 10.3 点列示意图

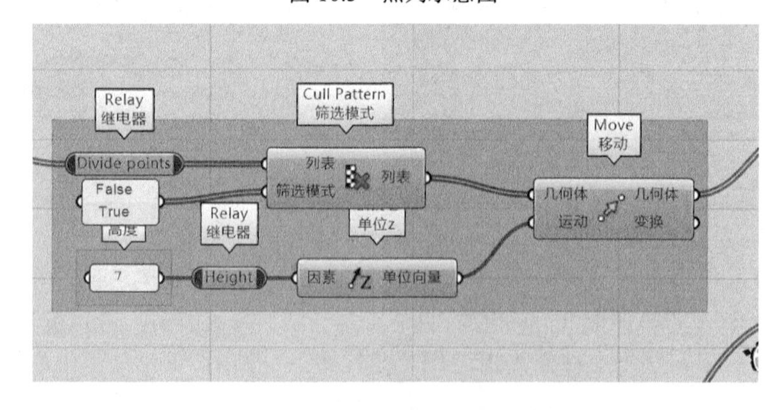

图 10.4 创建上弦点的运算器连接

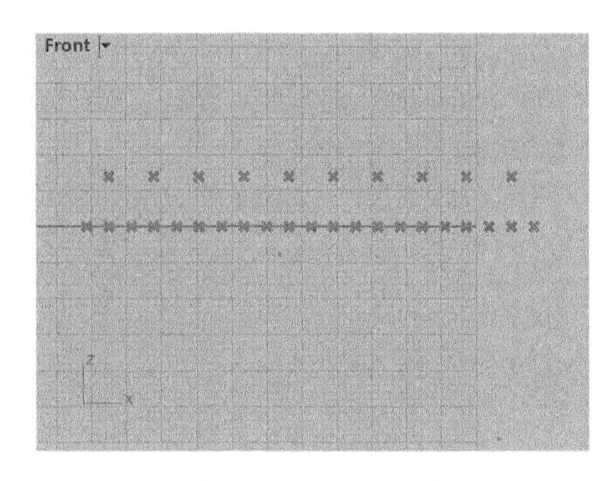

图 10.5 上弦点示意图

同理，开始选取桁架的下弦点，因为要选择与之前恰好相反的筛选模式，所以使用 Gate Not 运算器来布置。具体如图 10.6 和图 10.7 所示。

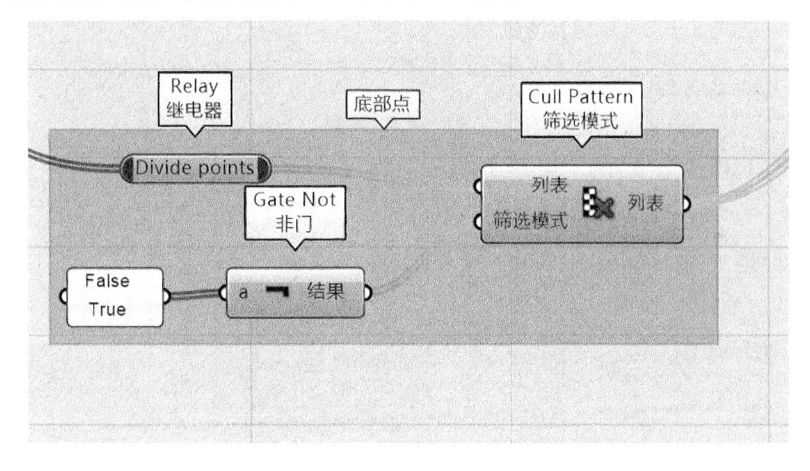

图 10.6 筛选下弦点的运算器连接

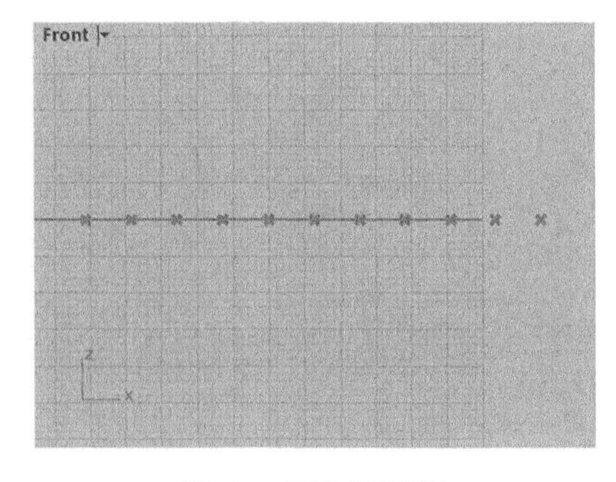

图 10.7 下弦点示意图

接着使用 Weave 运算器将上弦点和下弦点编织成组，使用 Pline 运算器完成桁架中间线的绘制。值得注意的是，Pline 运算器是按照点的内置顺序连接的，所以需要输入一串顺序恰当的点阵。具体如图 10.8 和图 10.9 所示。

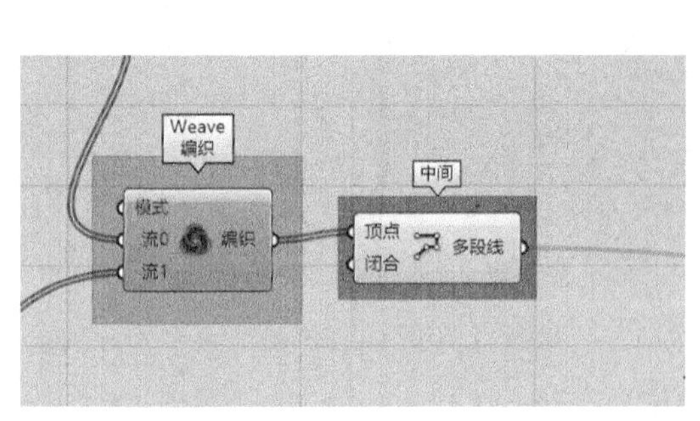

图 10.8　连接上下弦点的运算器组

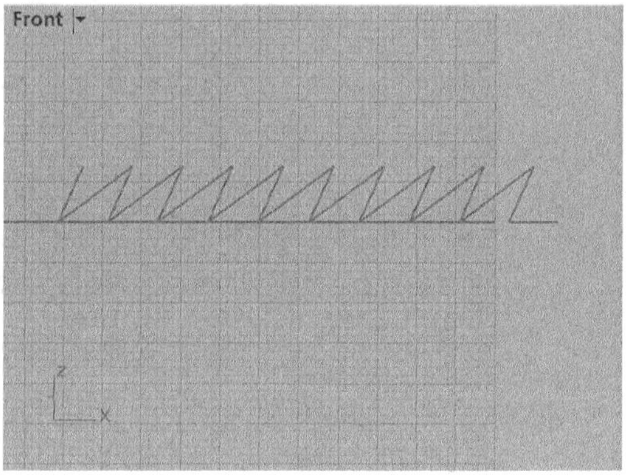

图 10.9　连接上下弦点示意图

同理，将上弦点和下弦点分别连接成线，如图 10.10 和图 10.11 所示。

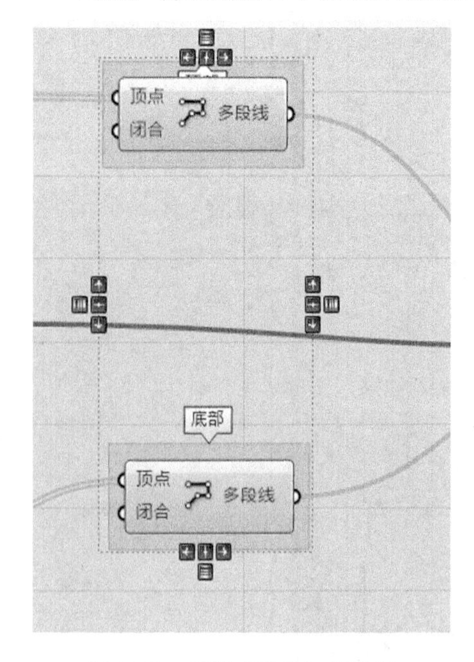

图 10.10　连接成线的运算器组

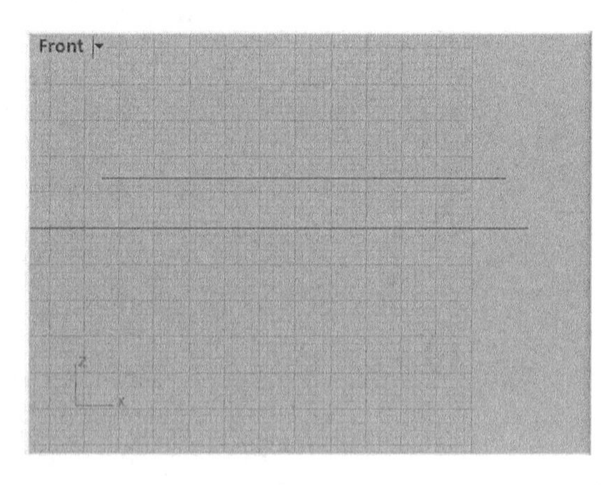

图 10.11　连接成线示意图

最后利用 Curve 运算器合并整个桁架模型，如图 10.12 和图 10.13 所示。

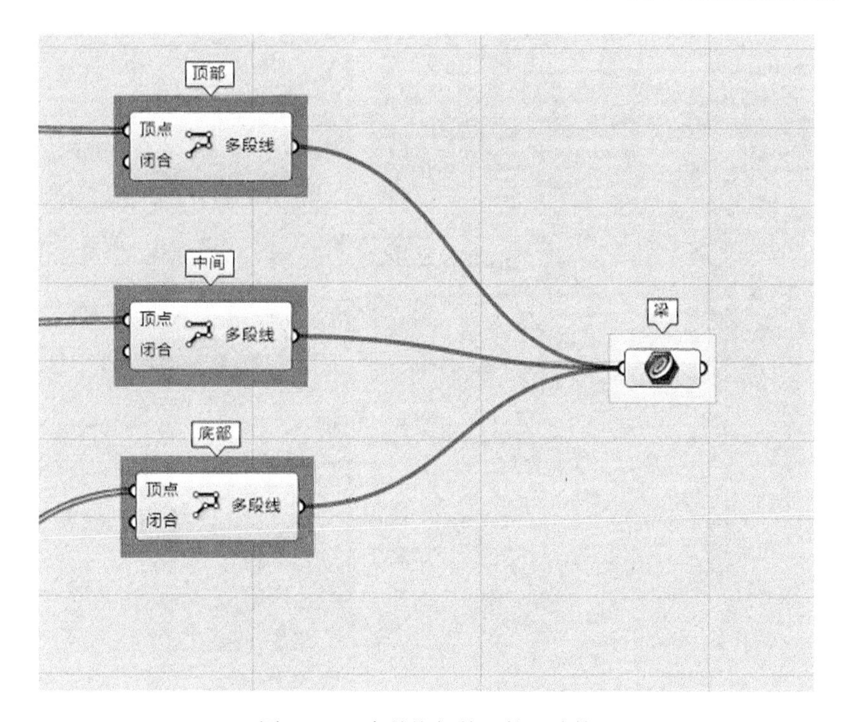

图 10.12　合并桁架的运算器连接

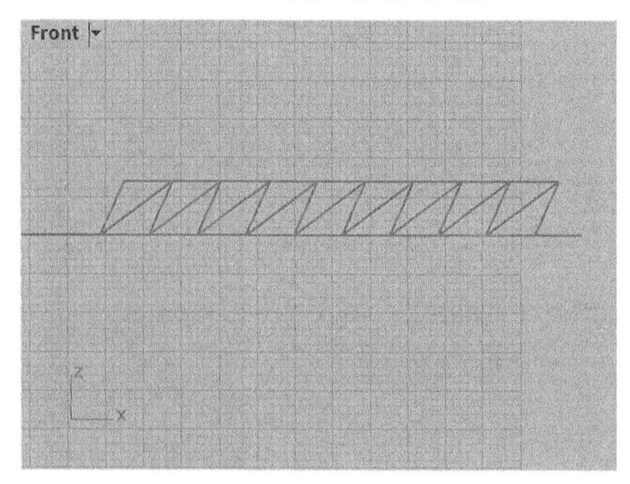

图 10.13　合并桁架示意图

10.2　空间桁架（1）

以上述平面桁架的案例为基础进行空间桁架的学习，同样从一个案例入手，其案例效果图如图 10.14 所示。

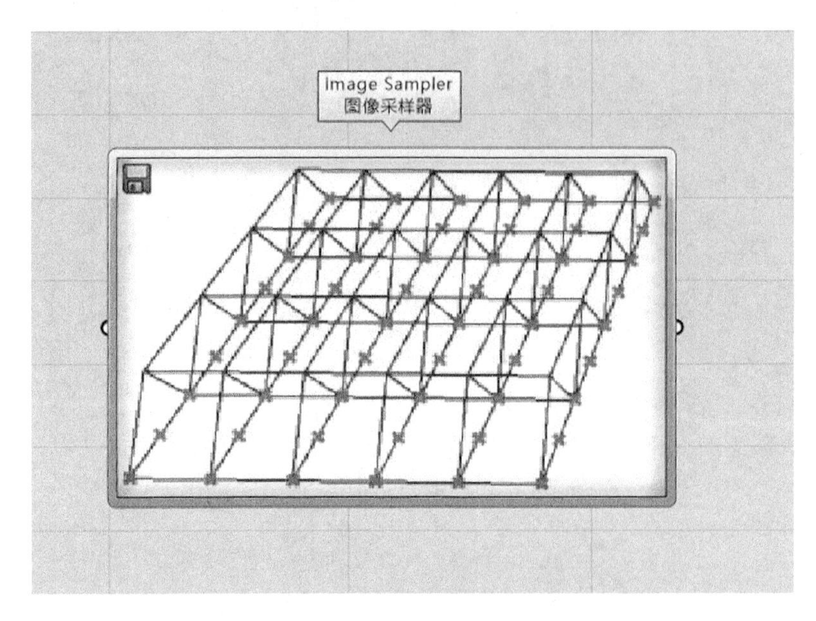

图 10.14　空间桁架

（1）创建空间桁架的初始点阵，使这个点阵都是由沿 y 轴依次排列的点构成的，如图 10.15 所示。

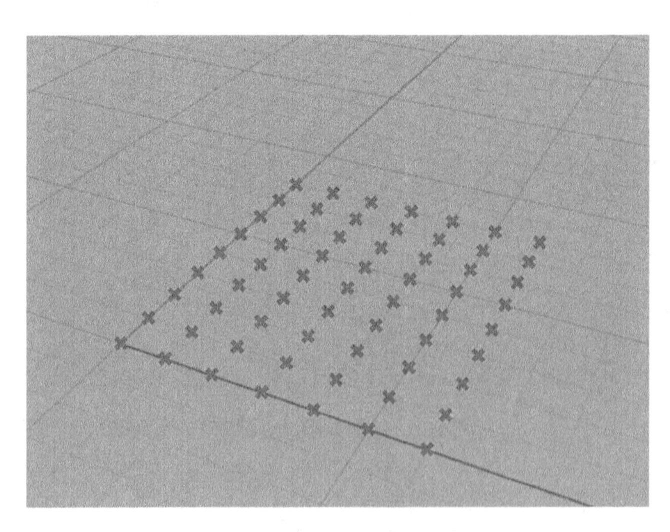

图 10.15　创建点阵

（2）使用 Cull Pattern 运算器筛选出桁架下弦的构造点，如图 10.16 和图 10.17 所示。

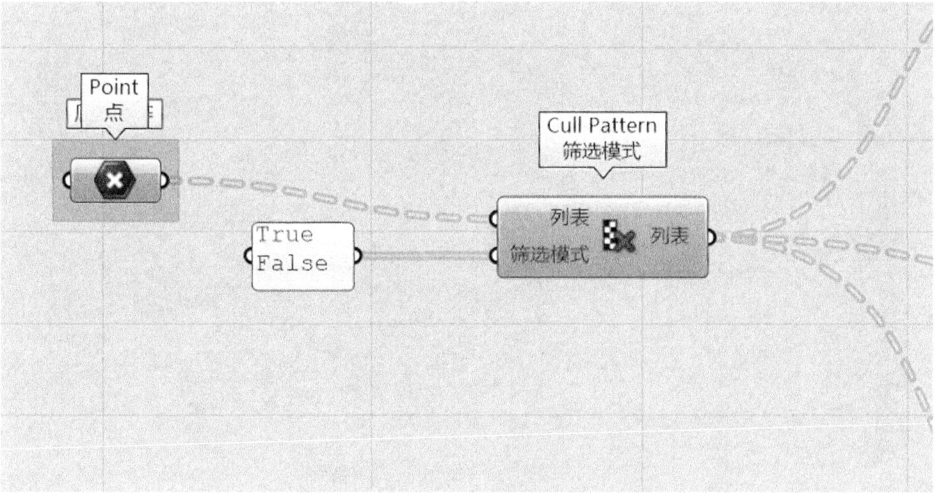

图 10.16　筛选下弦点的运算器连接

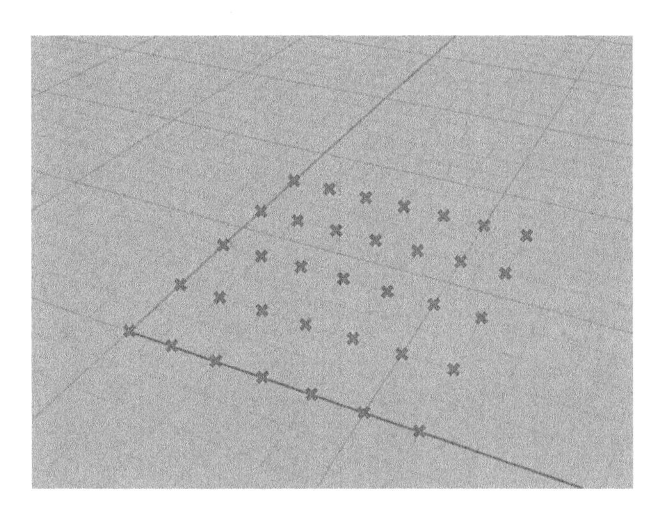

图 10.17　筛选下弦点示意图

（3）为了构造空间桁架下弦的水平线和垂直线，选择 Relative Item 运算器将点阵沿垂直和水平方向偏移，然后将原来的点和偏移点连接成线。其中，偏移表达式更像是二维向量，偏移距离是向量的模，它的表达式写成“{a}[b]”，即向量（a，b）。具体如图 10.18 和图 10.19 所示。

（4）同理，创建上弦点阵，如图 10.20 所示。

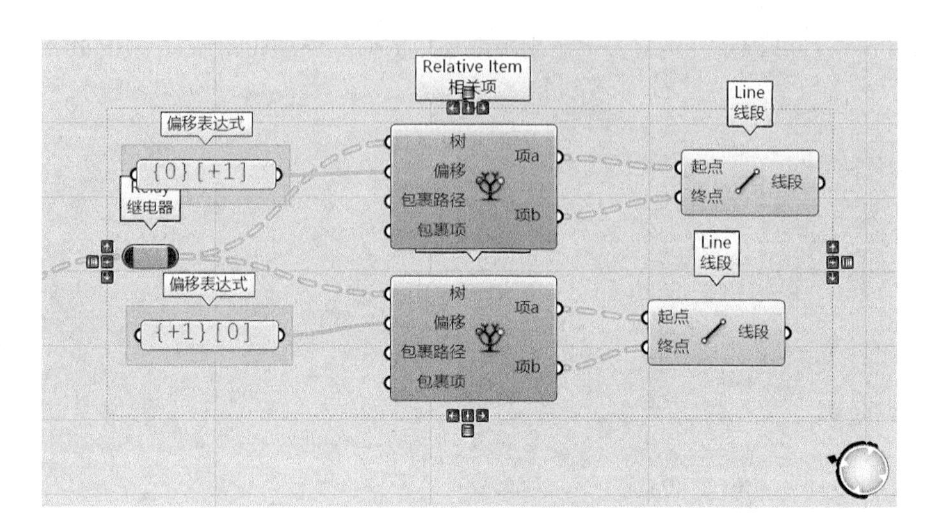

图 10.18　连接下弦线的运算器连接

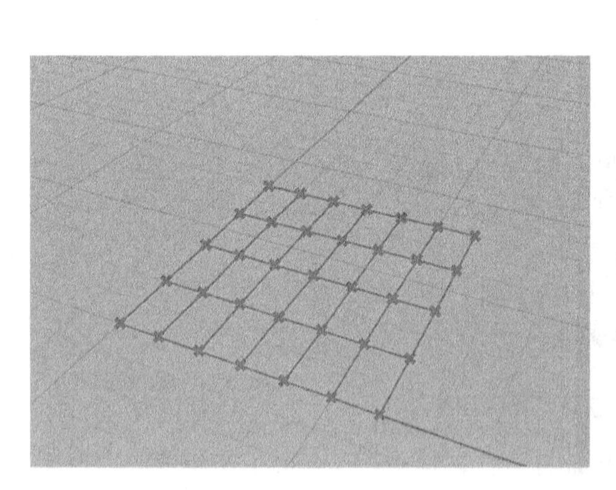

图 10.19　连接下弦线示意图

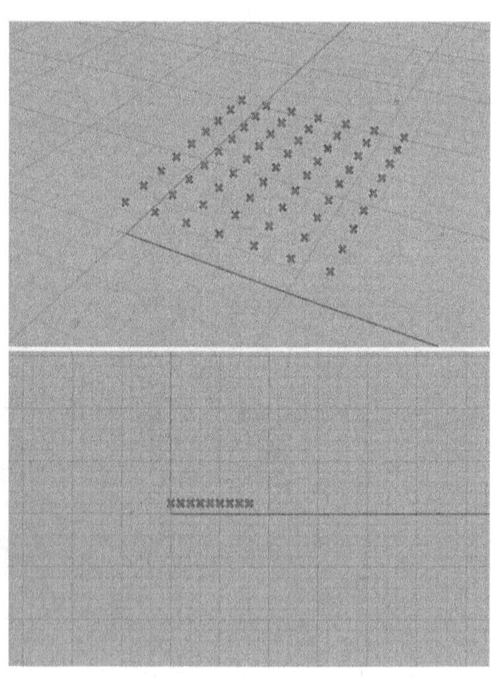

图 10.20　创建上弦点阵

（5）使用 Cull Pattern 运算器筛选空间桁架上弦构造点，如图 10.21 和图 10.22 所示。

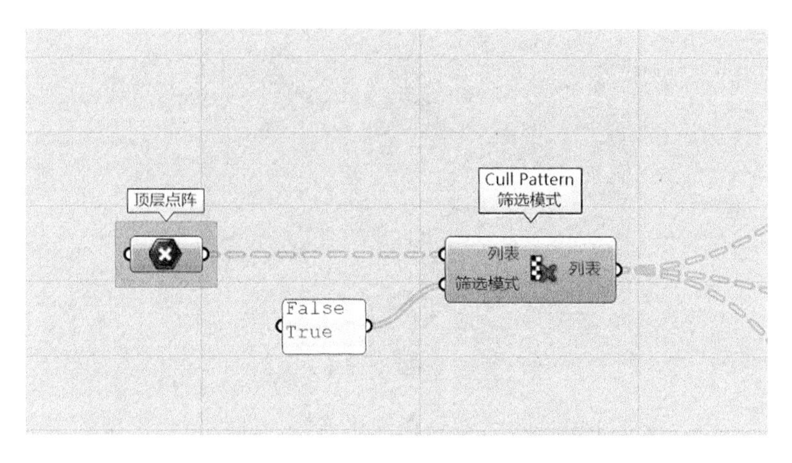

图 10.21　筛选上弦点的运算器连接

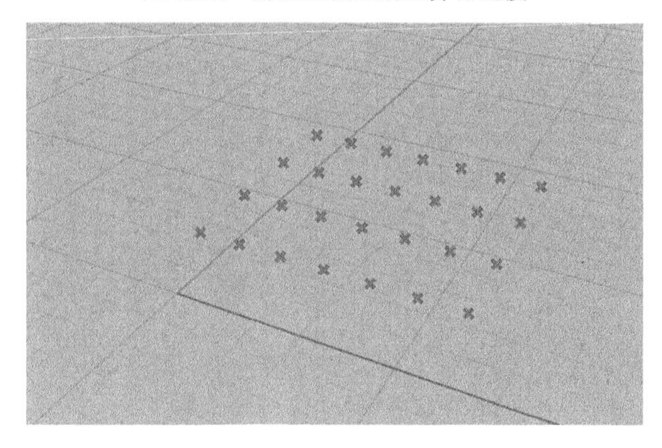

图 10.22　筛选上弦点示意图

（6）同理，选择合适的偏移方向和距离完成上弦线绘制，如图 10.23 和图 10.24 所示。

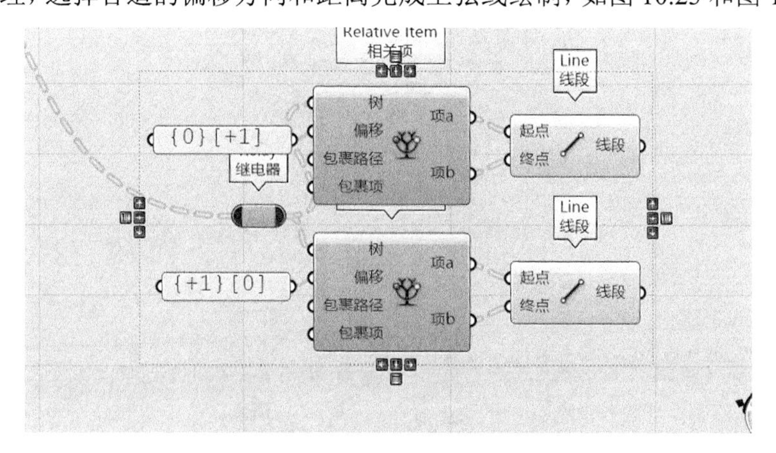

图 10.23　绘制上弦线的运算器连接

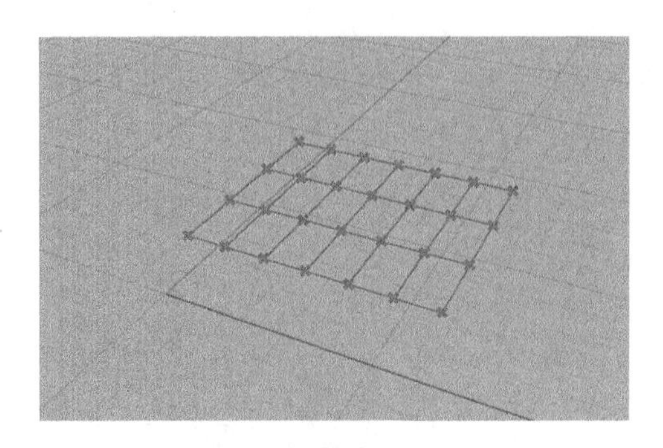

图 10.24　绘制上弦线示意图

（7）同理，将上弦点阵和下弦点阵分别偏移连接，即可得到桁架的中间连接线，如图 10.25～图 10.28 所示。

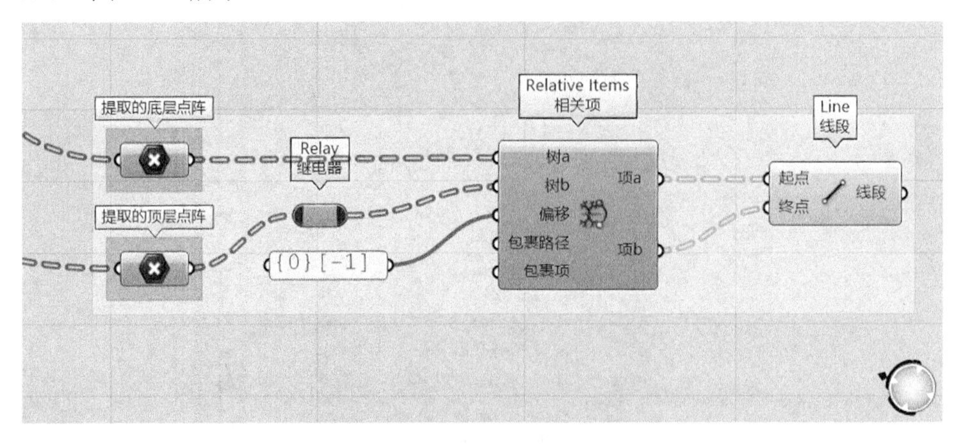

图 10.25　连接中间线的运算器连接 1

图 10.26　连接中间线示意图 1

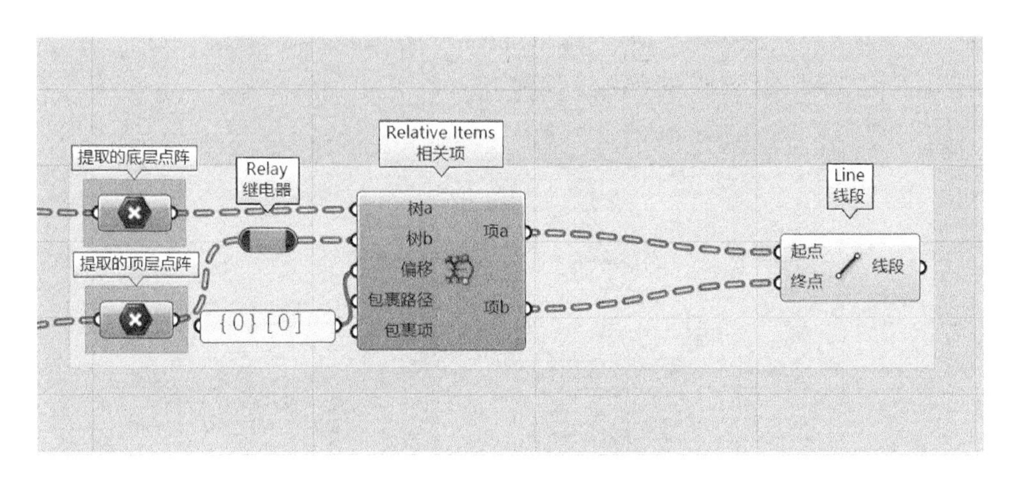

图 10.27　连接中间线的运算器连接 2

（8）最后，将各部分组合，得到完整的空间桁架，如图 10.29 所示。

图 10.28　连接中间线示意图 2

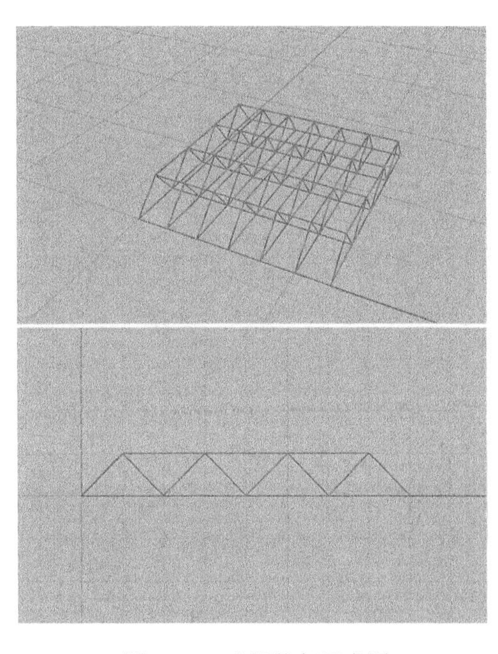

图 10.29　空间桁架示意图

10.3　空间桁架（2）

Grasshopper 中很多同样的操作可以用不同的运算器组合来完成，探索新的运算器组合可大大减少工作量。空间桁架的第二个案例就是第一个案例模型的另一个运算器组合思路。其效果如图 10.30 所示。

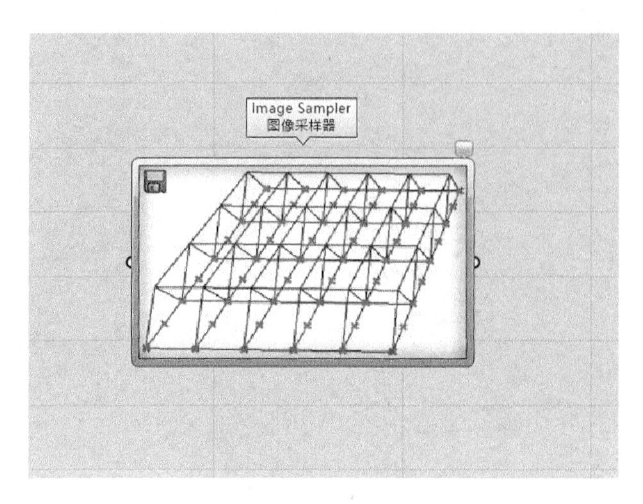

图 10.30 空间桁架

（1）使用 SqGrid 运算器快速建立一个 5×8 的点阵，如图 10.31 和图 10.32 所示。

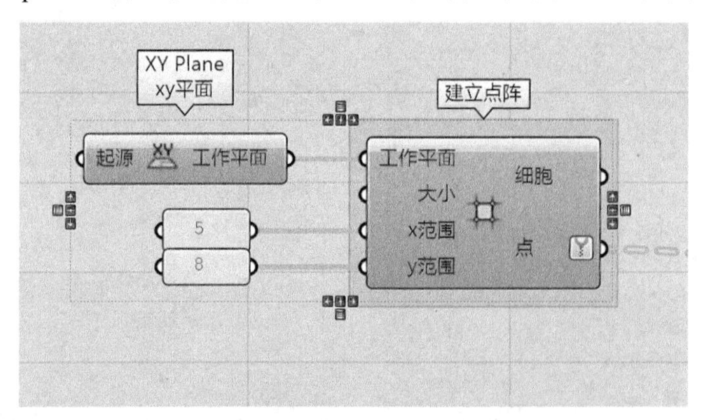

图 10.31 创建点阵的运算器连接

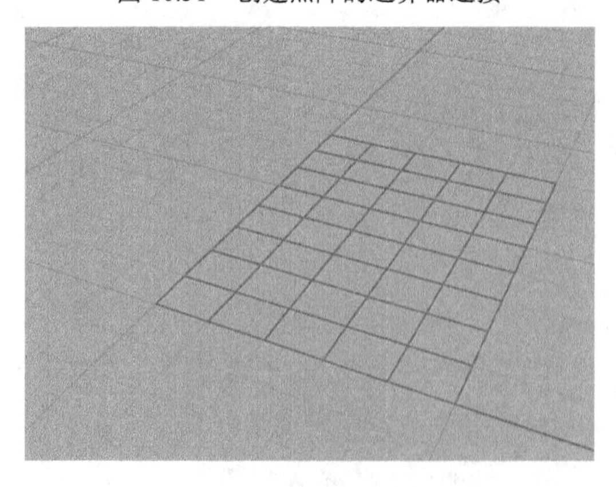

图 10.32 创建点阵示意图

（2）通过 Split 运算器将点阵分隔成两组，如图 10.33 和图 10.34 所示。

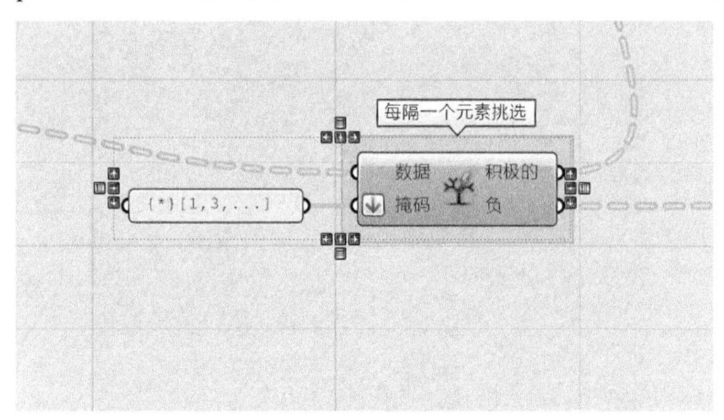

图 10.33　将点阵分隔成两组的运算器连接

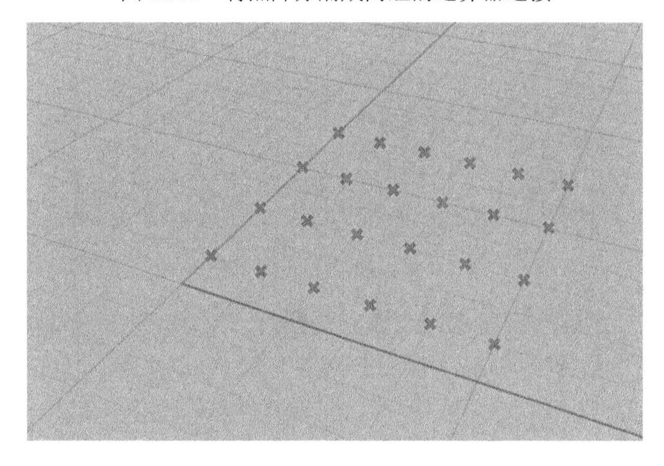

图 10.34　将点阵分隔成两组示意图

（3）其中一组向上平移，构成空间桁架的上弦构造点，如图 10.35 和图 10.36 所示。

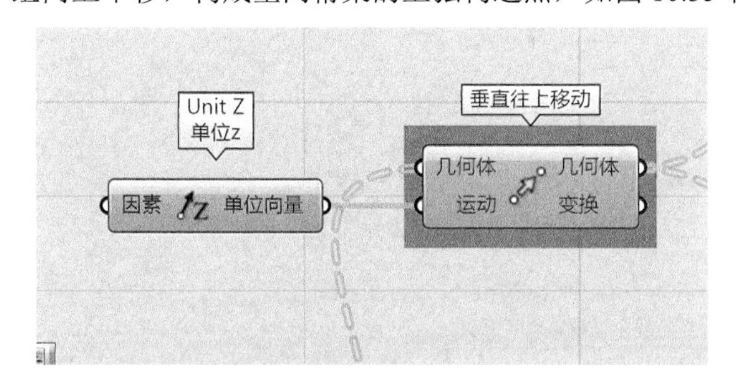

图 10.35　创建上弦点的运算器连接

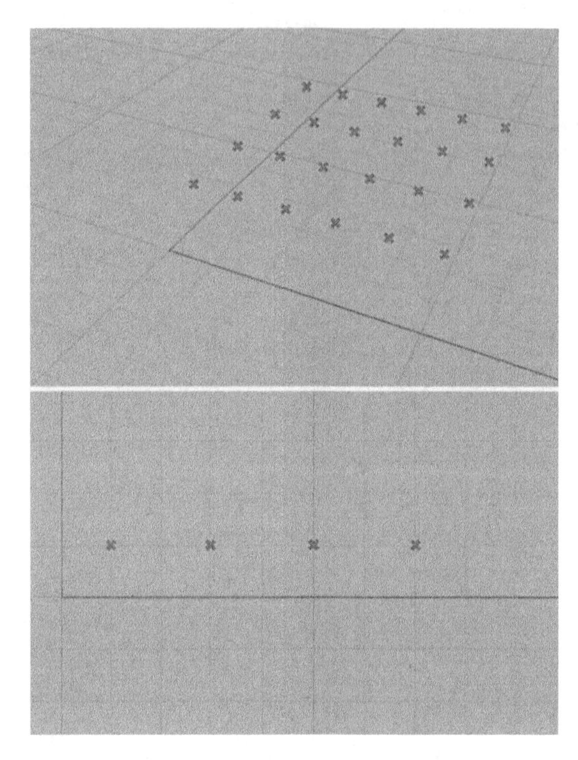

图 10.36　创建上弦点示意图

（4）因为所需要的线段都是水平和垂直的线段，所以可以直接把点阵视为矩阵，使用 Flip 运算器将其转置并依次连接，如图 10.37～图 10.40 所示。

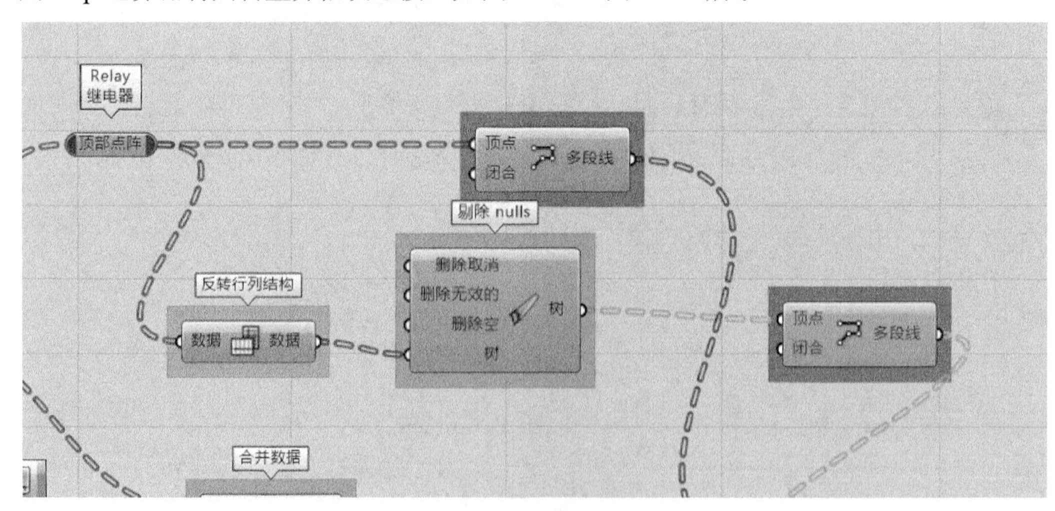

图 10.37　连接上弦线的运算器组

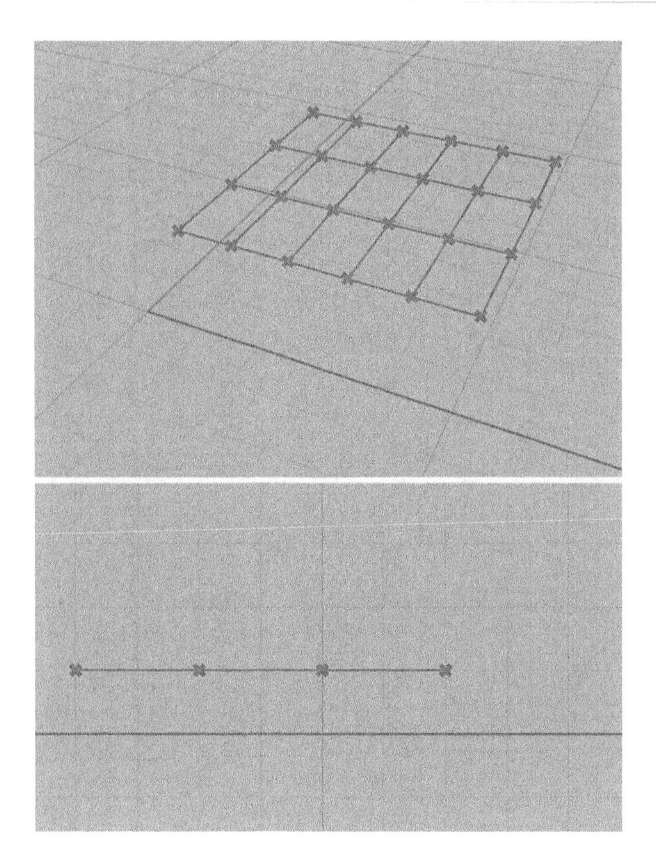

图 10.38　连接上弦线示意图

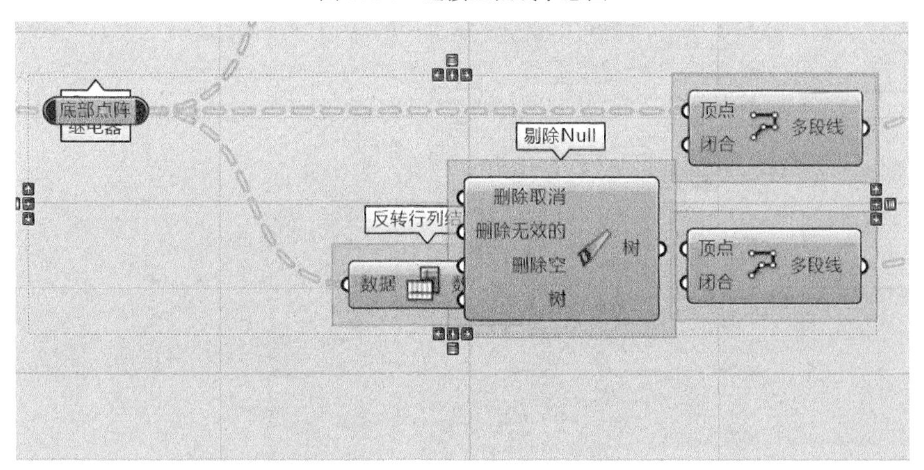

图 10.39　连接下弦线的运算器组

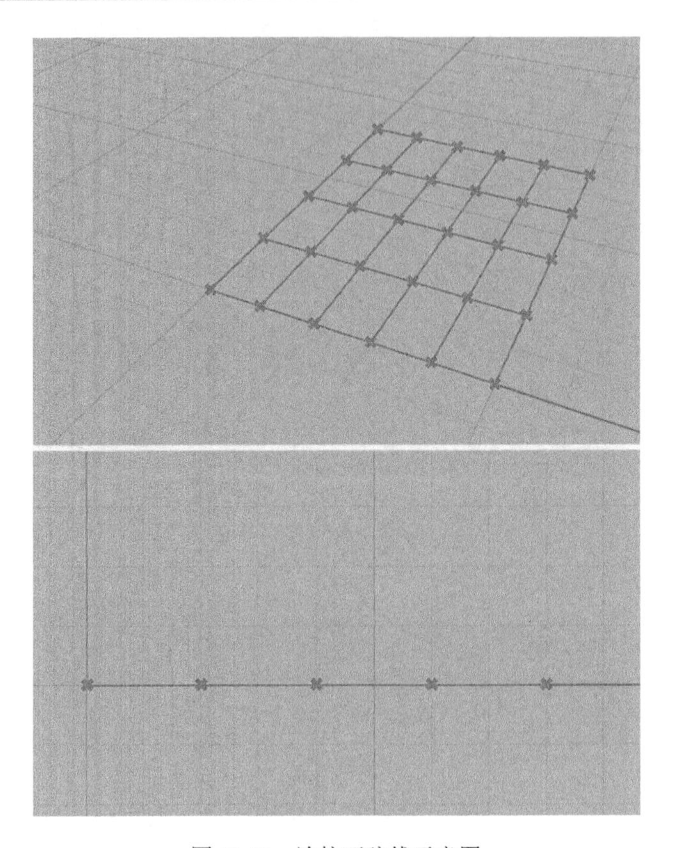

图 10.40　连接下弦线示意图

（5）平移筛选点并不会影响其内置顺序，所以使用 Combine 运算器合并上弦点阵和下弦点阵，然后使用多重曲线连接即可，如图 10.41～图 10.43 所示。

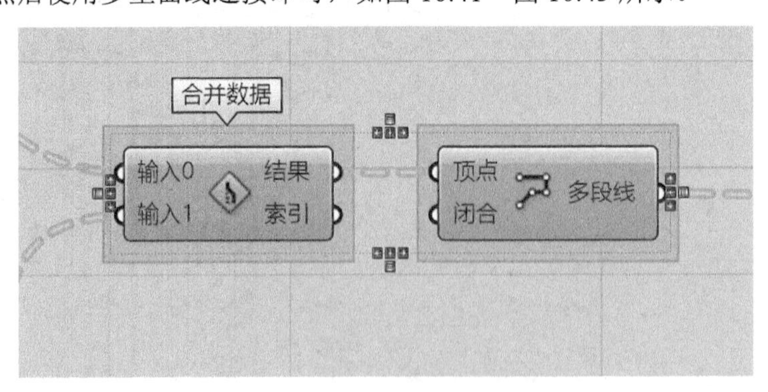

图 10.41　合并上下弦的运算器组

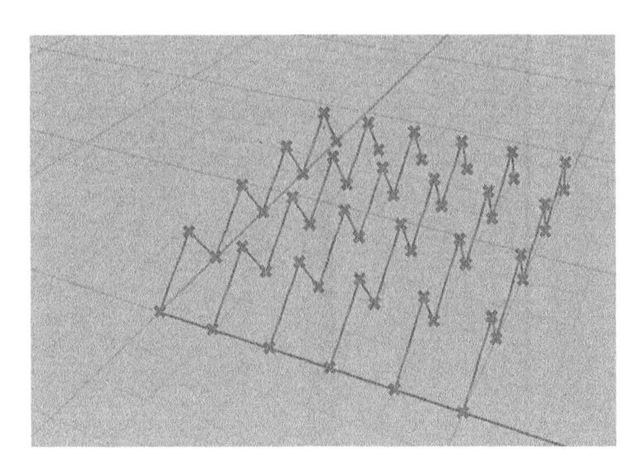

图 10.42　合并上下弦示意图

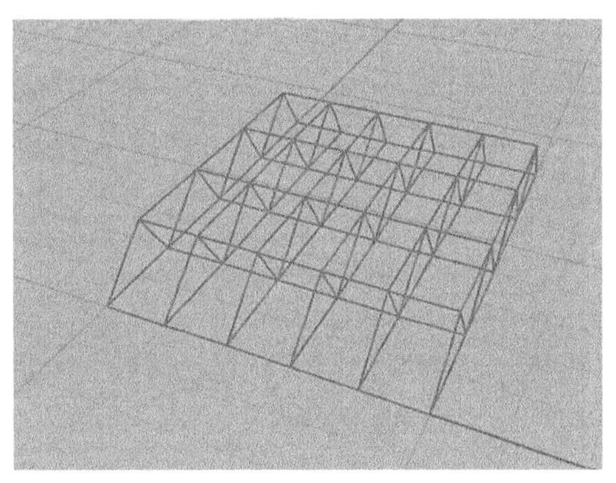

图 10.43　整体桁架示意图

10.4　空间桁架（3）

空间桁架的三个案例均为有高度变化的空间桁架模型，其效果图如图 10.44 所示。

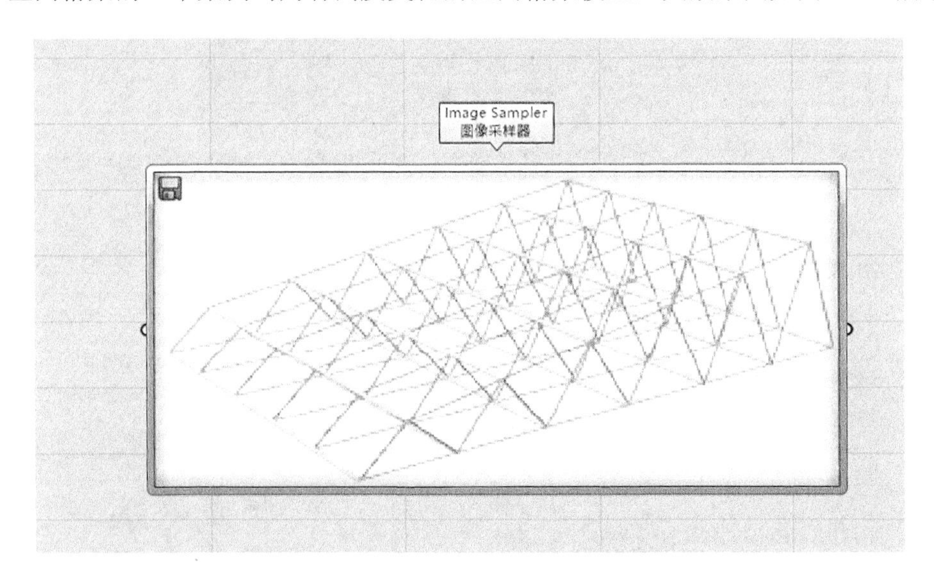

图 10.44　空间桁架

（1）使用 Series 运算器创建一组基准线组，如图 10.45 和图 10.46 所示。

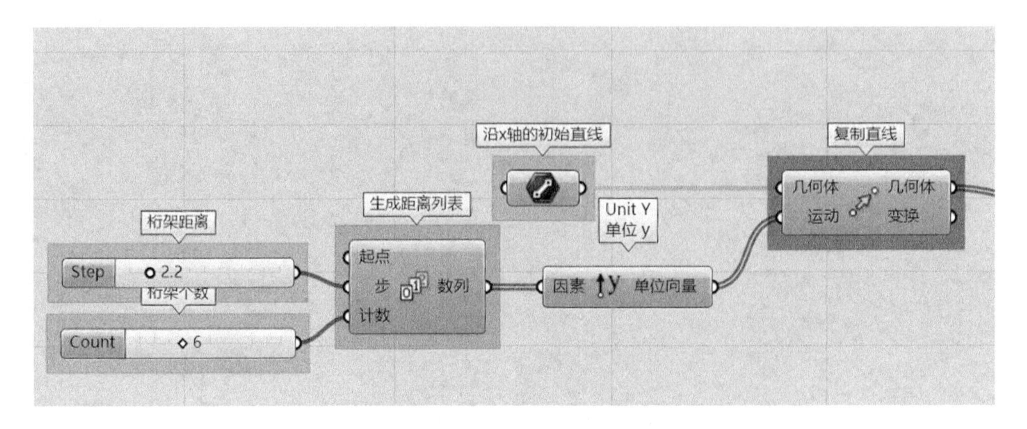

图 10.45　创建线段组的运算器连接

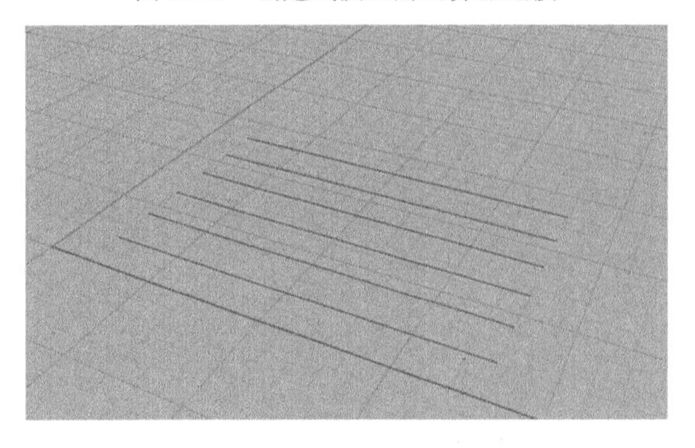

图 10.46　创建线段组示意图

（2）将基准直线组进行分段，如图 10.47 和图 10.48 所示。

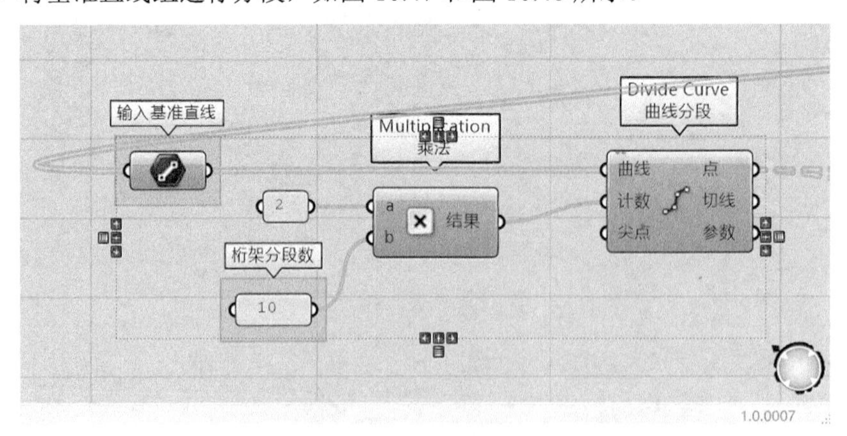

图 10.47　线段分段的运算器连接

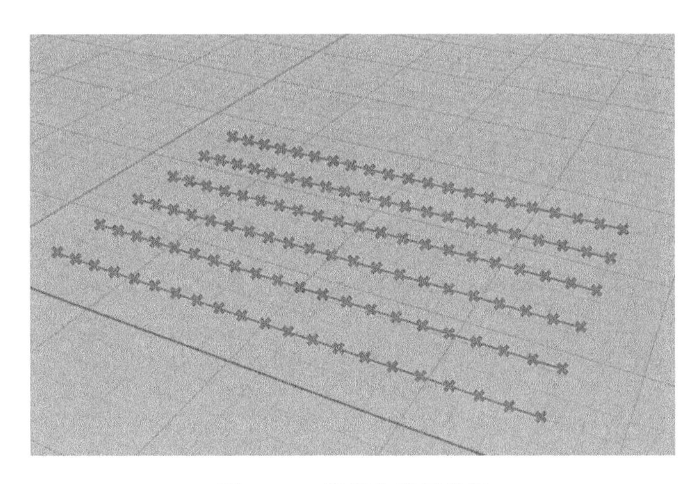

图 10.48　线段分段示意图

（3）与桁架类似，将构造点用 Cull Pattern 运算器筛选出来，如图 10.49 和图 10.50 所示。

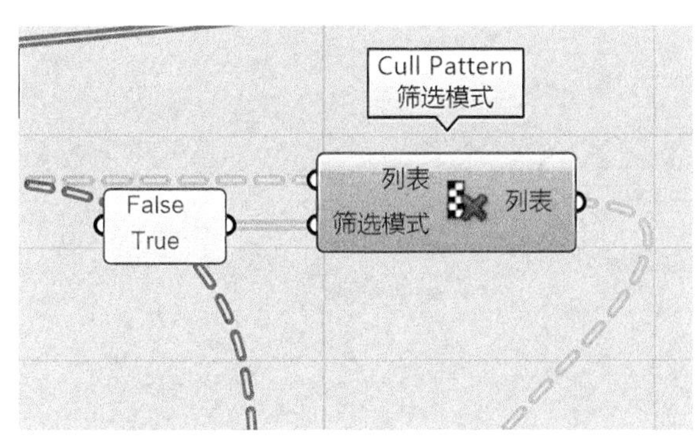

图 10.49　筛选点阵的运算器连接

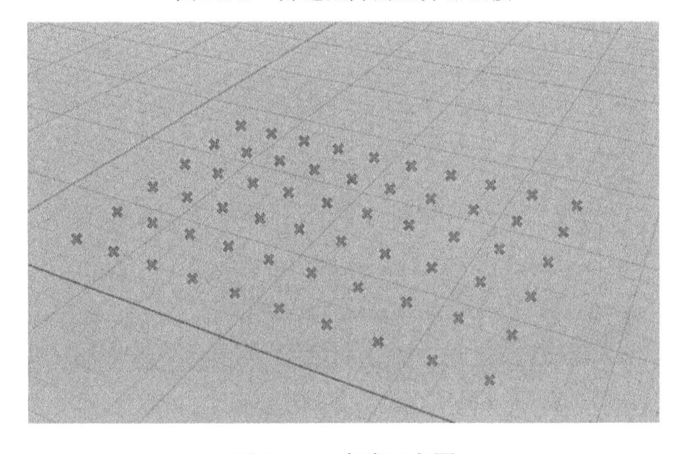

图 10.50　点阵示意图

（4）为了构造一个倾斜的空间桁架，需要一个高度阶梯增加的上弦点阵，这里采用 Range 运算器来完成，如图 10.51～图 10.61 所示。

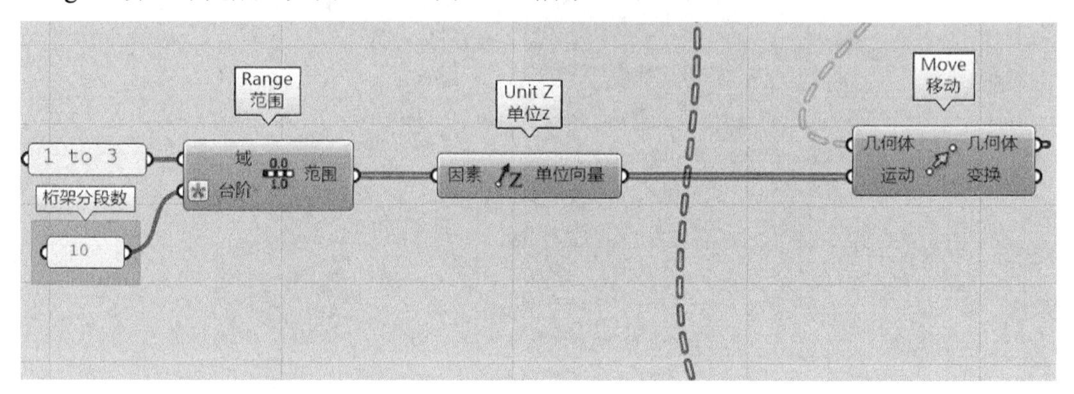

图 10.51　构造上弦点阵的运算器连接

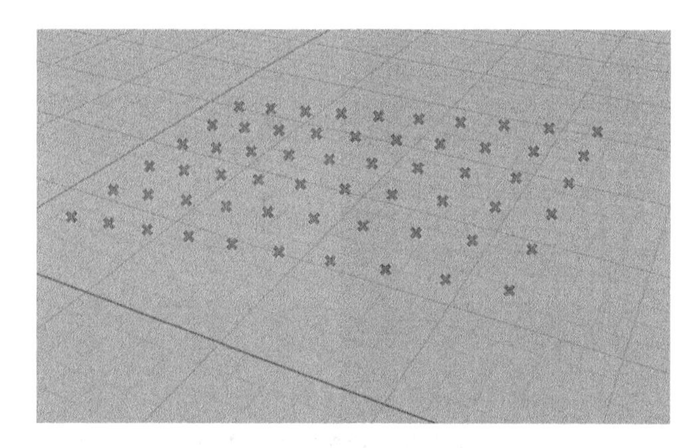

图 10.52　构造上弦点阵示意图

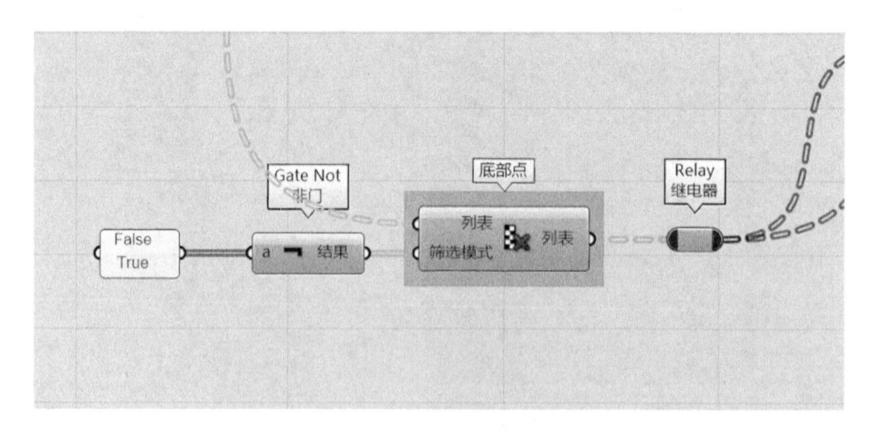

图 10.53　筛选下弦点阵的运算器连接

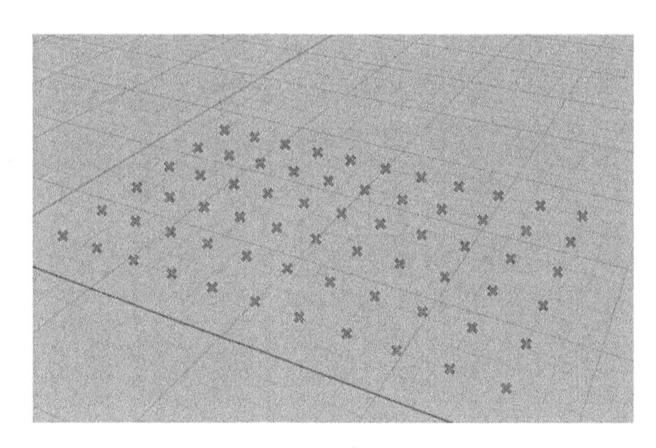

图 10.54　筛选下弦点阵示意图

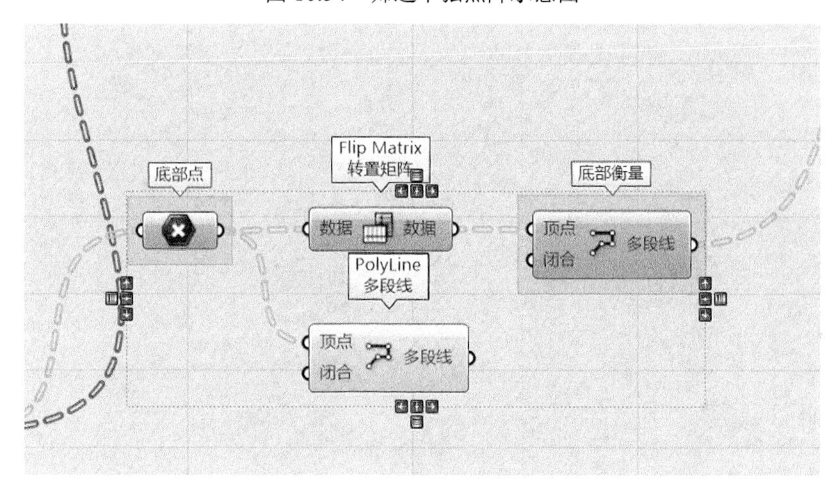

图 10.55　连接下弦线的运算器连接

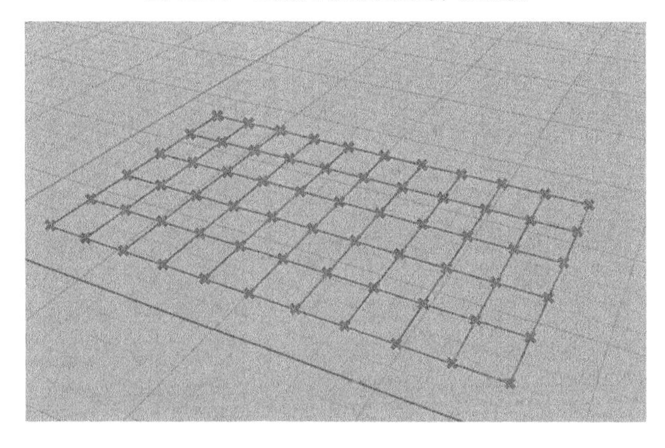

图 10.56　连接下弦线示意图

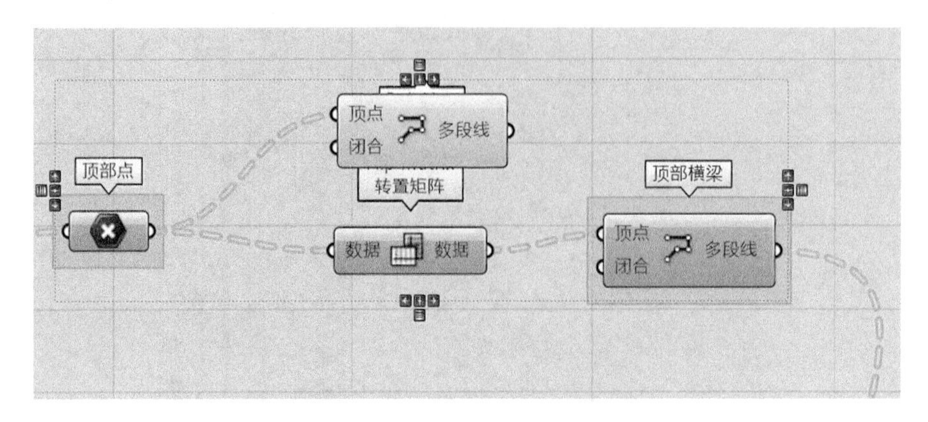

图 10.57　连接上弦线的运算器连接

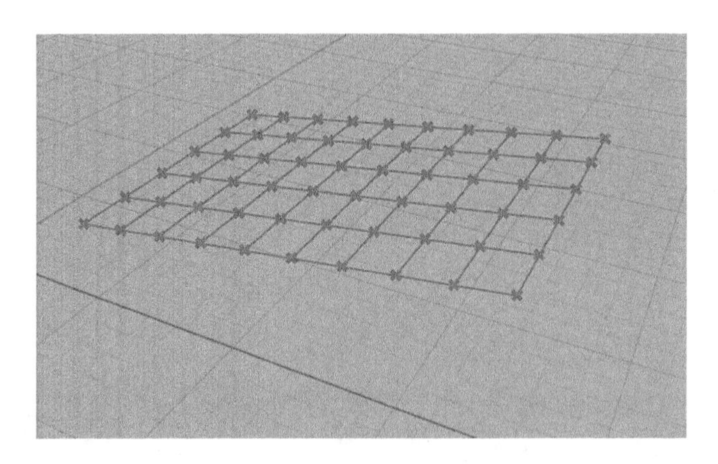

图 10.58　连接上弦线示意图

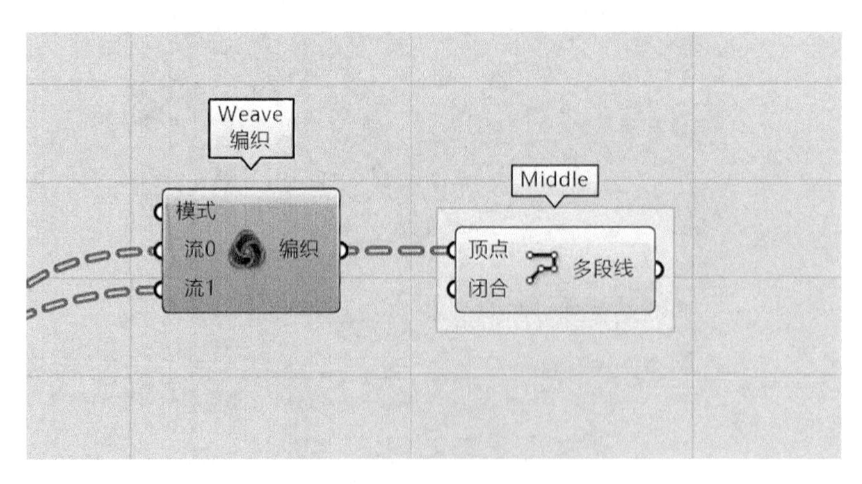

图 10.59　连接中间线的运算器连接

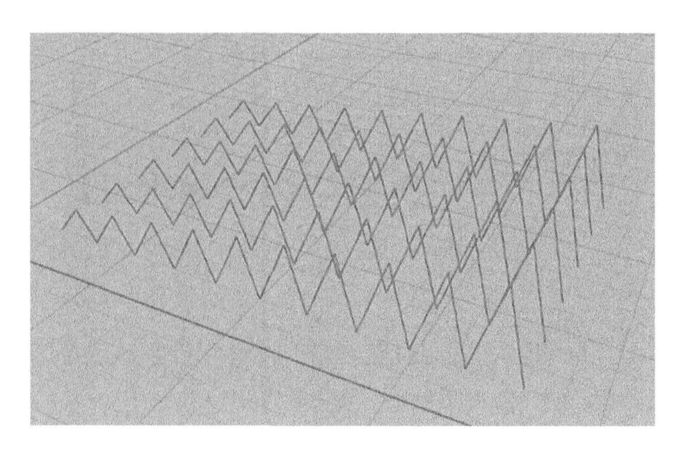

图 10.60 连接中间线示意图

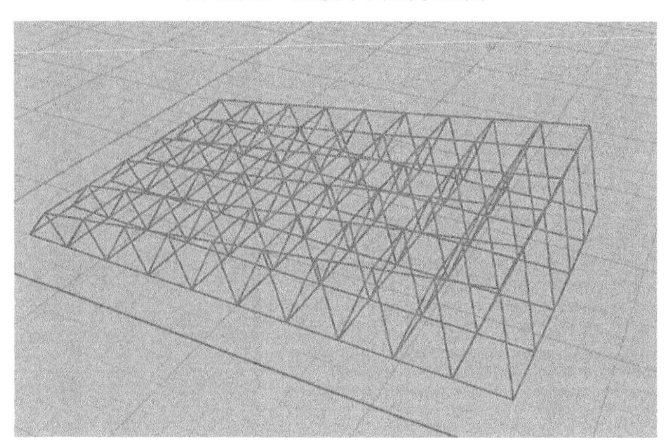

图 10.61 整体空间桁架示意图

第 11 章　桥梁结构智能化设计

本案例是一座 4×40m 预应力混凝土连续箱形桥梁，利用 Grasshopper 自联动参数化模型与常用的桥梁分析软件 Midas Civil 共同完成桥梁设计。

11.1　桥梁设计中 Grasshopper 自联动参数化模型的优势

通过在 Grasshopper 的运算器连接中添加函数关系，可以使桥梁的所有参数之间产生联系，进而使其所有结构单元在几何关系上联动起来。例如，更改梁高，不需要做其他调整，桥墩、桥台、支座、基础等结构部位的位置都会根据它们之间的函数关系而自动进行调整，生成新的桥梁模型，即完成几何意义上的“一键修改”。这种自联动模型可以有效解决两个问题。当完成自联动模型后，在更改设计时只需修改变化的参数即可完成“一键修改”。不需要像传统 CAD 一样，只能烦琐地逐步更改。

11.2　建模流程

11.2.1　跨中、端截面段主梁建模

该桥梁的主梁截面为单箱双室，属于复杂截面。对于这样的截面，只需综合运用 Line、Point、Move 等运算器进行简单的点、线的组合即可完成其形状的绘制。单箱双室截面模型如图 11.1 所示。

使用 Boundary Surfaces 运算器生成边界曲面，如图 11.2 所示。然后使用 Move 运算器，将截面沿 y 负方向移动，移动距离为跨中段长度的一半，用 Expression 运算器定义为标准跨径的一半减去一侧端截面段与过渡截面段长度，如图 11.3 所示。再使用 Extrude 运算器，指定方向为 y 方向，将其挤出长度定义为标准跨径减去两侧过渡段和端截面段的长度，该函数关系用 Expression 运算器赋予。这样便完成了一跨跨中截面段的主梁建模，如图 11.4 所示。

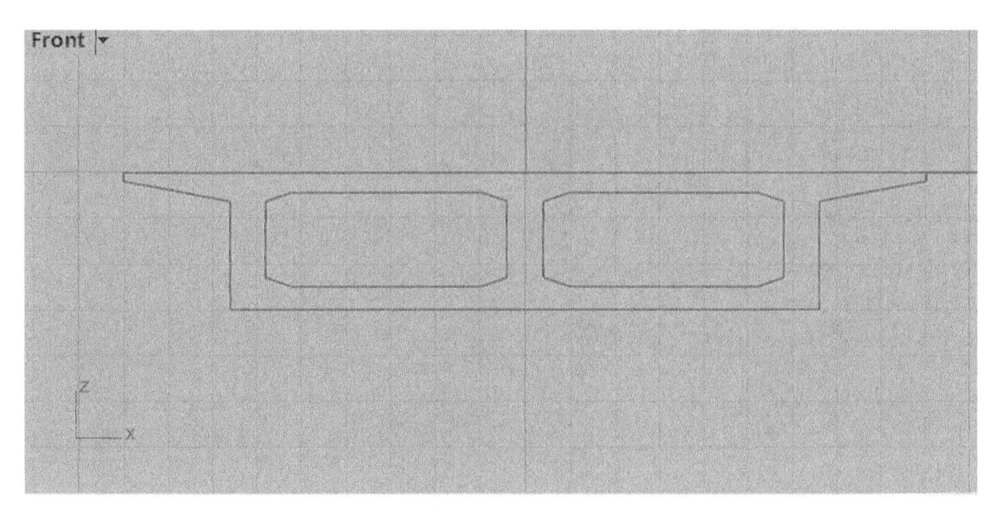

图 11.1　单箱双室截面

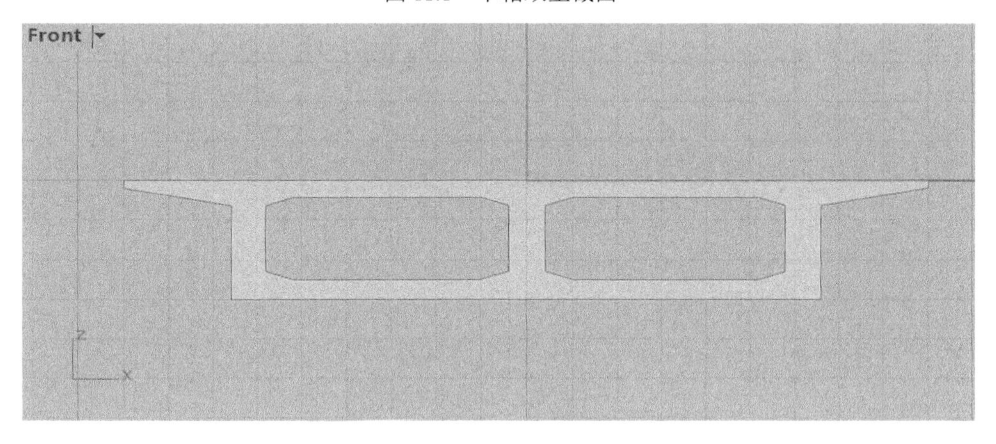

图 11.2　边界曲面

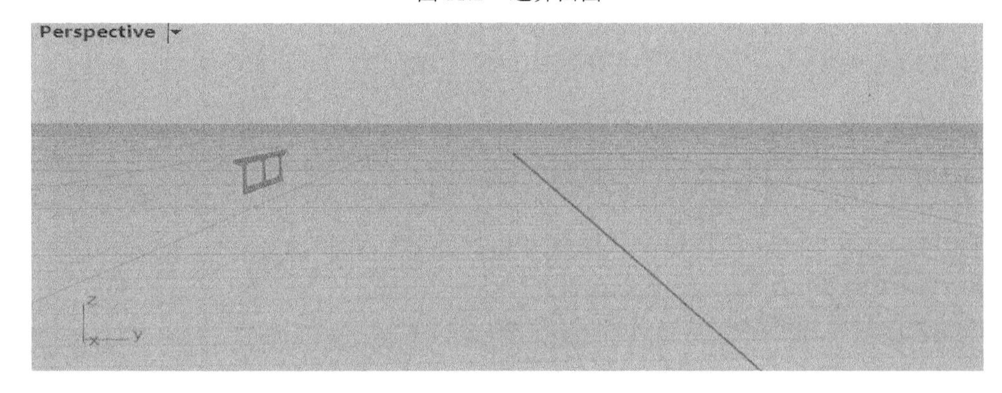

图 11.3　沿 y 负方向移动

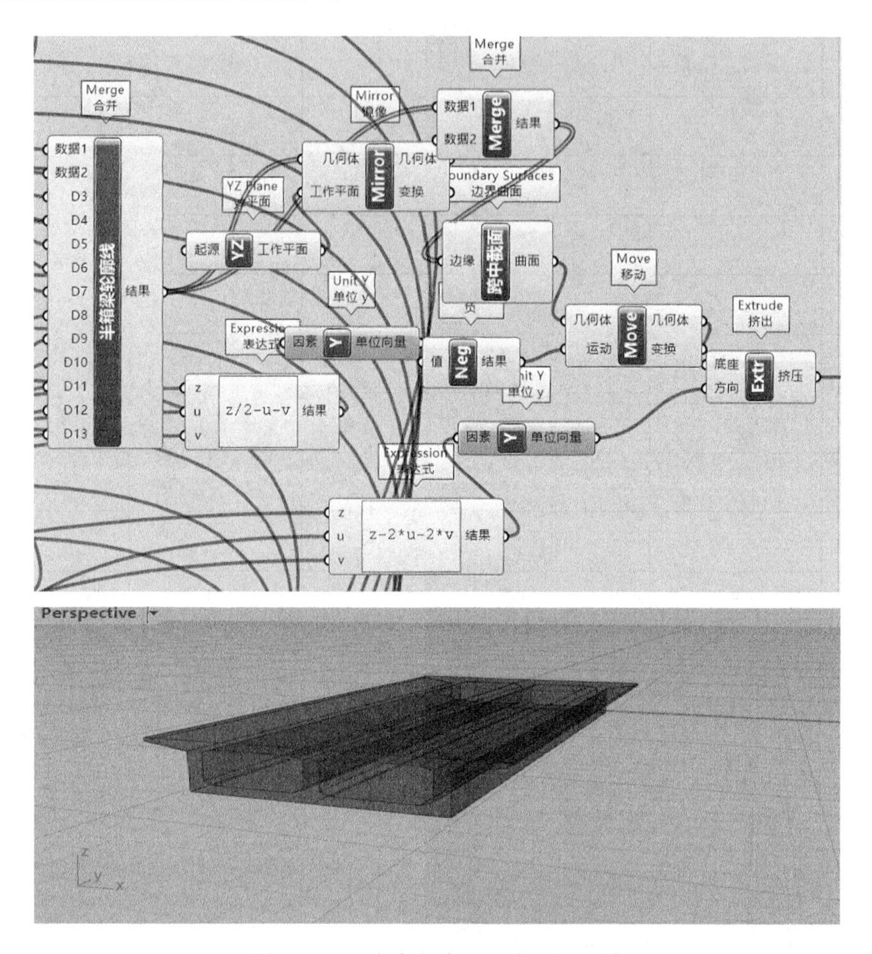

图 11.4　一跨跨中截面段的主梁建模

端截面段主梁建模与跨中截面段类似，其端截面段长度为 1m，位于每跨主梁的两端。在建好过渡段模型后，先将其沿 y 方向移动，距离为标准跨径的一半减去自身长度。再利用 Mirror 运算器，对称平面选择 xz 面，做出镜像体，如图 11.5 所示。

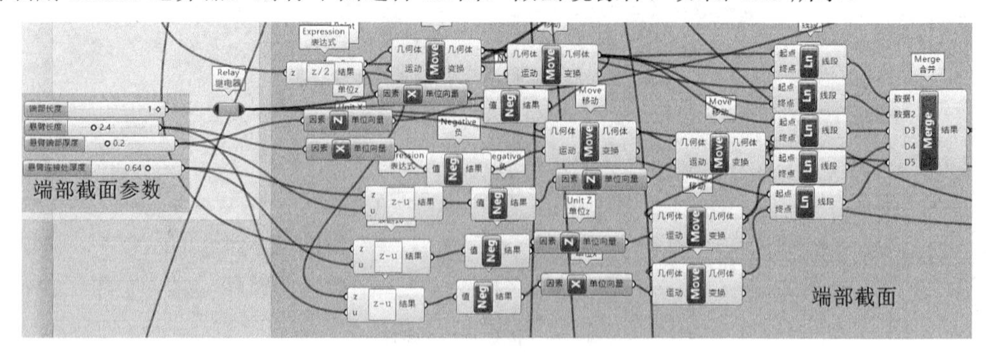

图 11.5　端截面段主梁建模

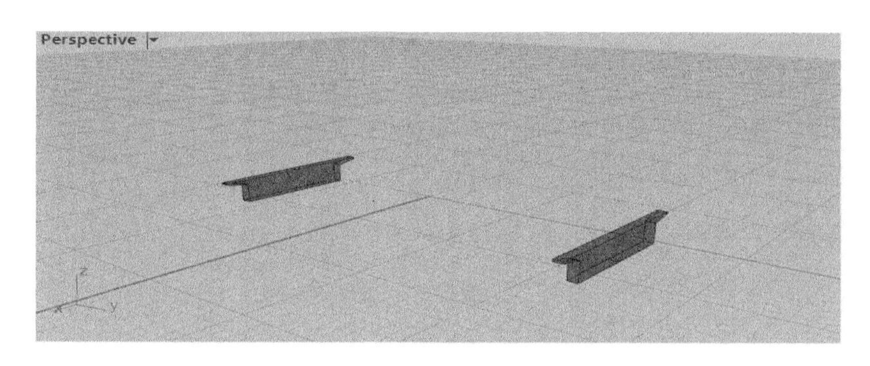

图 11.5（续）

11.2.2　过渡段主梁建模

变截面段属于形状怪异的几何体。建模思路为：将在 Grasshopper 中做成的物体用 Bake 命令（右击运算器，在弹出的快捷菜单中可选择 Bake 命令）复制到 Rhino 中，再综合运用其中的放样、布尔差算等功能做出变截面段的几何体，最后将其拾取到 Grasshopper 中。具体步骤如下。

先将 Grasshopper 中的跨中截面内轮廓、过渡截面内轮廓复制到 Rhino 中，再用 Bake 命令将外轮廓实体复制到 Rhino 中，如图 11.6 所示。

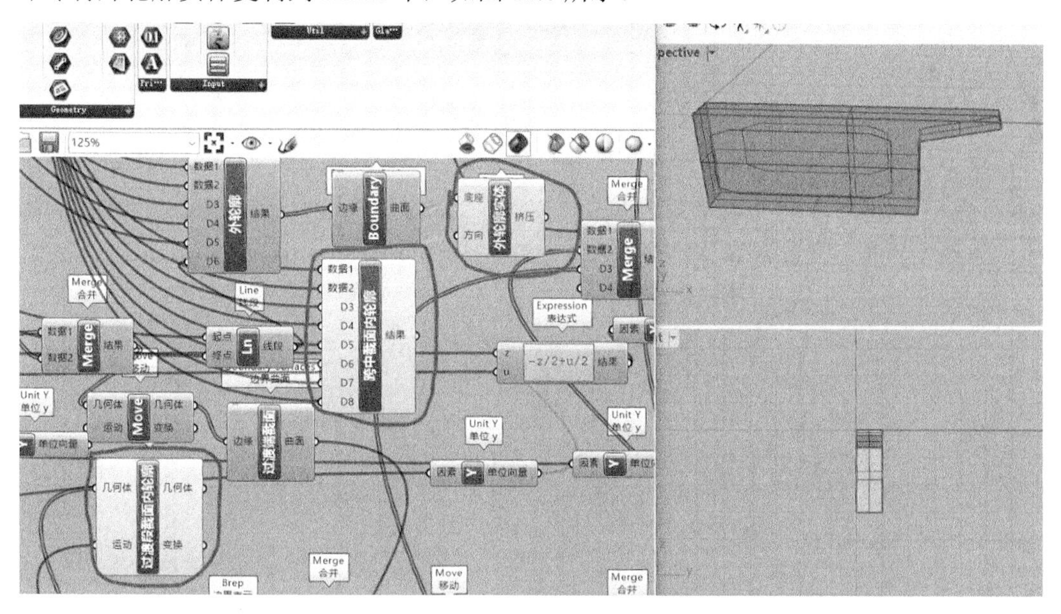

图 11.6　外轮廓实体

接着运用组合命令，分别用 Bake 命令将复制到 Rhino 中的跨中截面内轮廓、过渡截面内轮廓的多段曲线合并成两个闭合曲线，如图 11.7 所示。

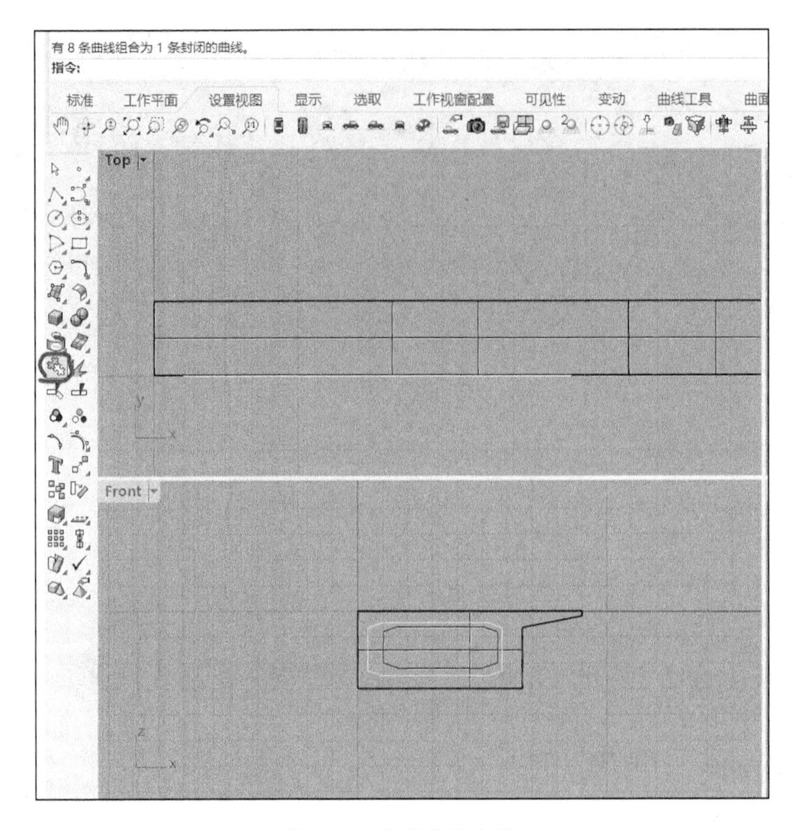

图 11.7　多段曲线合并

然后在菜单栏中选择“曲面”→“放样”命令，同时选择两个封闭曲线之后会弹出“放样选项”对话框，设置参数后，再按回车键确认，即可创造出由两个内轮廓组成的物体，如图 11.8 所示。

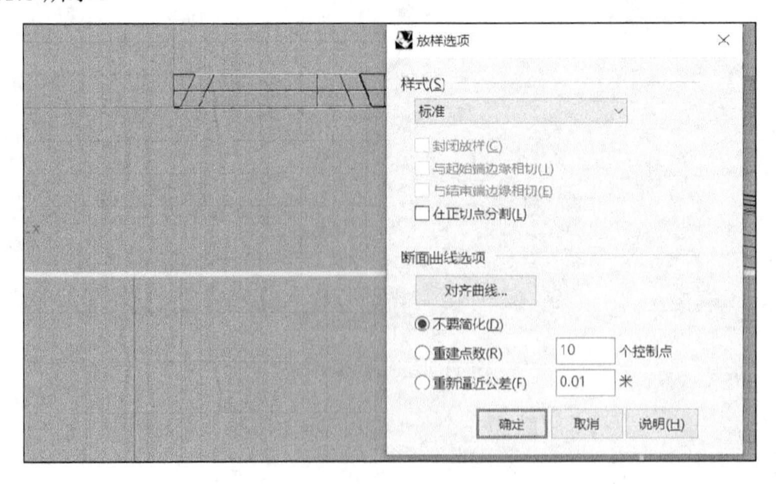

图 11.8　曲线放样

之后在界面左侧快捷工具栏选择“布尔运算联集”→“布尔差算”命令，对被减去的曲面选择“外轮廓实体”，对要减去的曲面选择“内轮廓组成的物体”。这样便可实现外轮廓物体减去内轮廓物体的操作，从而得到变截面段物体，如图 11.9 所示。

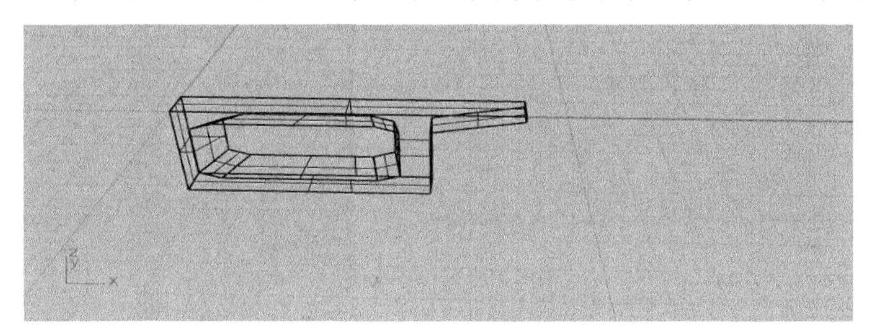

图 11.9　变截面段轮廓

最后利用 Brep 运算器将 Rhino 中做好的变截面段物体拾取回 Grasshopper，如图 11.10 所示。利用 Mirror 运算器便可以得到完整的变截面段物体，再采用与端截面类似的操作使其位于跨中段与端截面段之间，如图 11.11 所示。

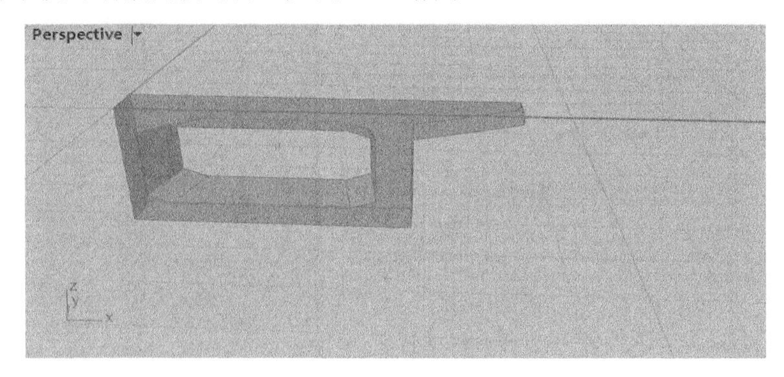

图 11.10　拾取后变截面段物体

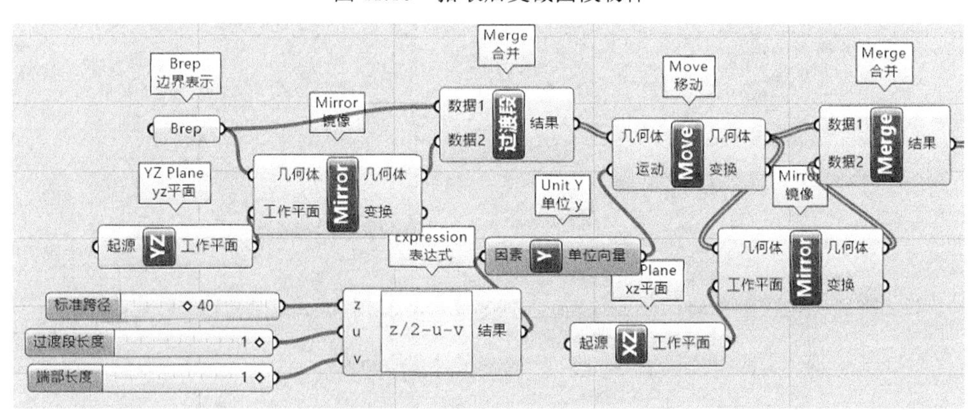

图 11.11　过渡段主梁

图 11.11（续）

11.2.3 全桥主梁建模

运用 Merge 运算器将上述完成的跨中段、端截面段、过渡截面段合并到一起，便可得到一跨主梁的模型，如图 11.12 所示。最后综合运用 Move、Mirror、Merge 等运算器制作全桥 4×40m 主梁，如图 11.13 所示。

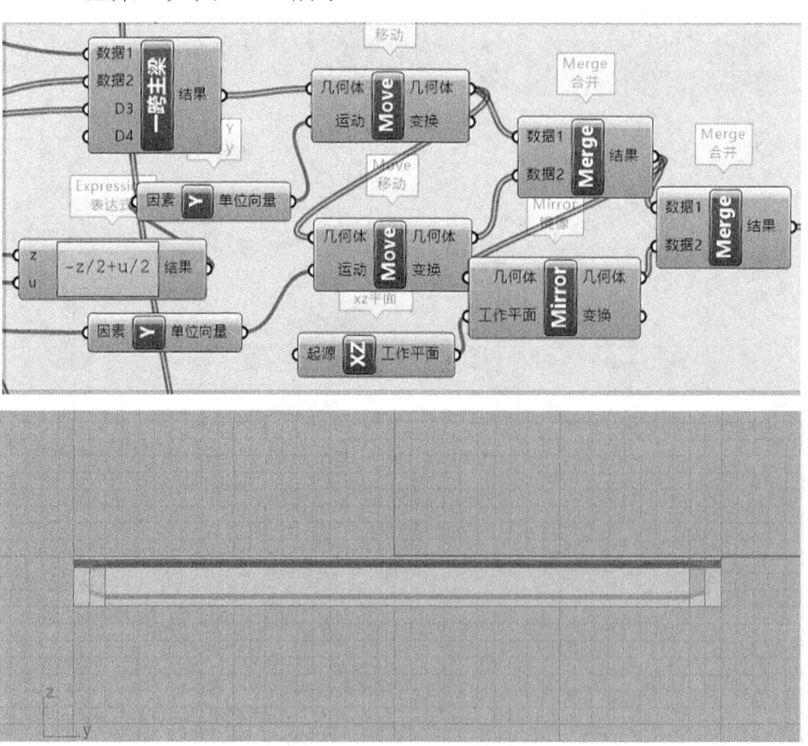

图 11.12　一跨主梁模型的创建

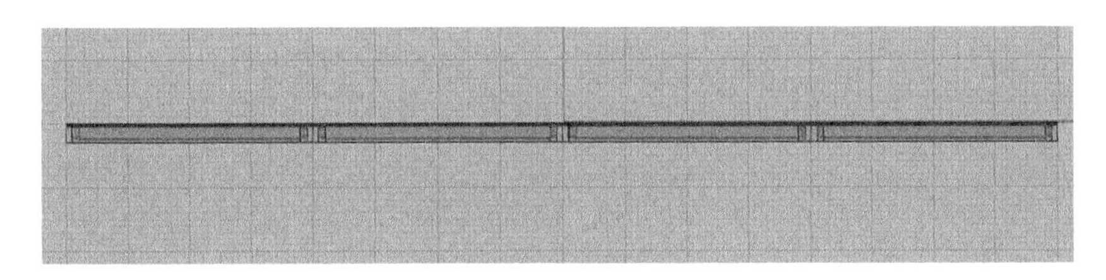

图 11.13　4×40m 主梁

11.2.4　支座建模

该桥梁支座为板式橡胶支座，在几何上属于立方体。可以用 enter Box 运算器创建支座。再运用 Move 运算器和 Expression 运算器赋予函数关系，使其布置在相应位置。z 方向的位置与梁高相联系，随梁高变化。y 方向与跨径相联系。支座模型如图 11.14 所示。

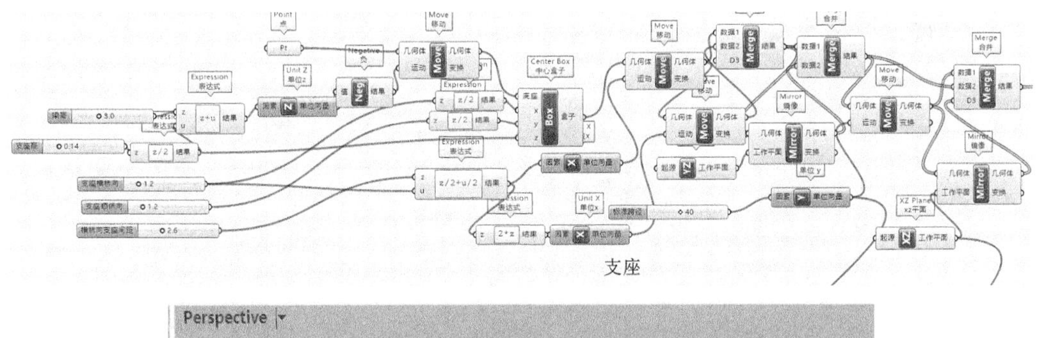

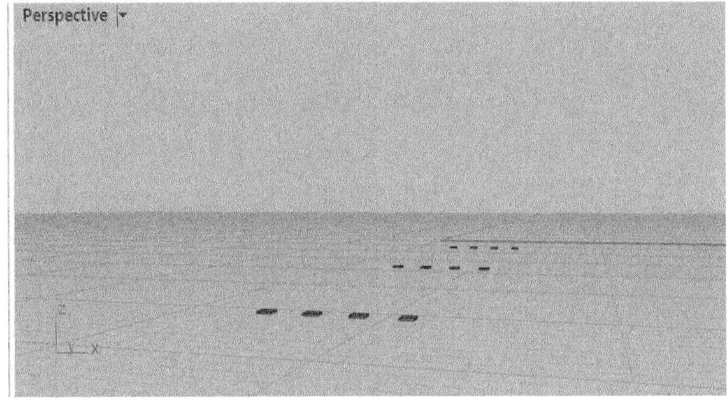

图 11.14　支座模型的创建

11.2.5　盖梁建模

先用 Line 运算器做出盖梁的线框，如图 11.15 所示。再用 Boundary Surfaces 运算器将线框变为平面，如图 11.16 所示。然后用 Extrude 运算器将平面拉成体，如图 11.17 所示。最后运用 Move 运算器与 Expression 运算器布置其位置，如图 11.18 所示。

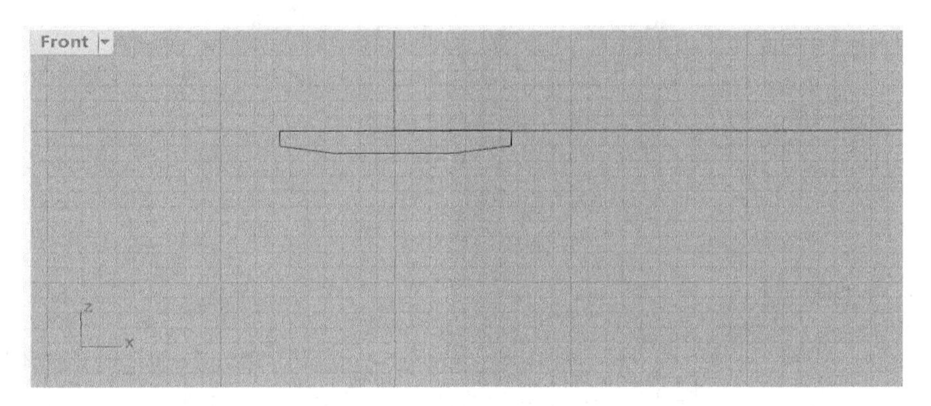

图 11.15　盖梁线框

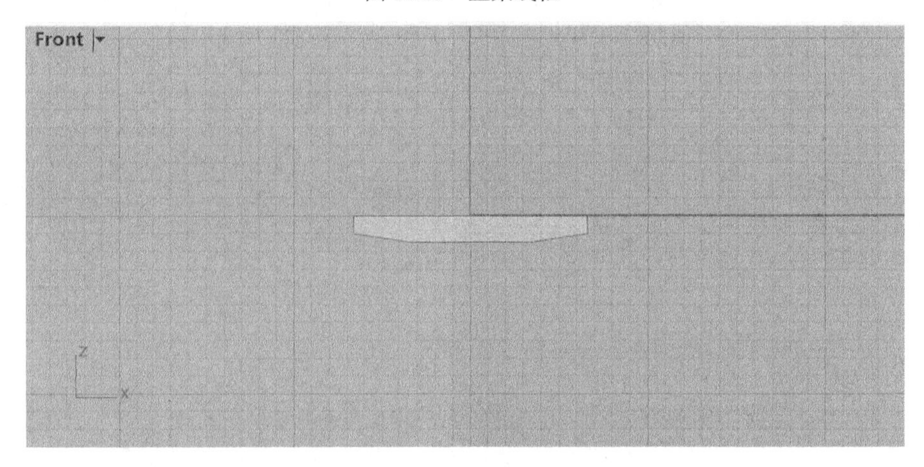

图 11.16　盖梁平面

图 11.17　盖梁模型

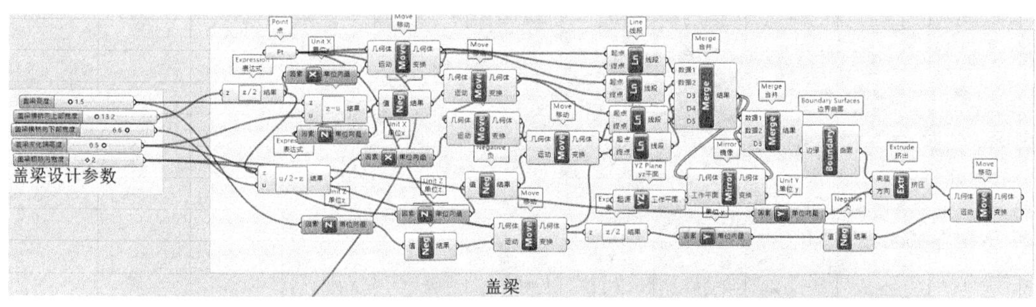

图 11.18　盖梁布置

11.2.6　桥墩及基础建模

该桥的桥墩为空心圆端型桥墩，基础采用刚性扩大浅基础，采用与主梁、盖梁建模类似的方法完成。先完成线框的绘制，再生成边界曲面拉伸，最后赋予其位置和形状函数关系，使其与桥梁其他部分实现联动关系。桥墩断面如图 11.19 所示，桥墩模型如图 11.20 所示，基础模型如图 11.21 所示。

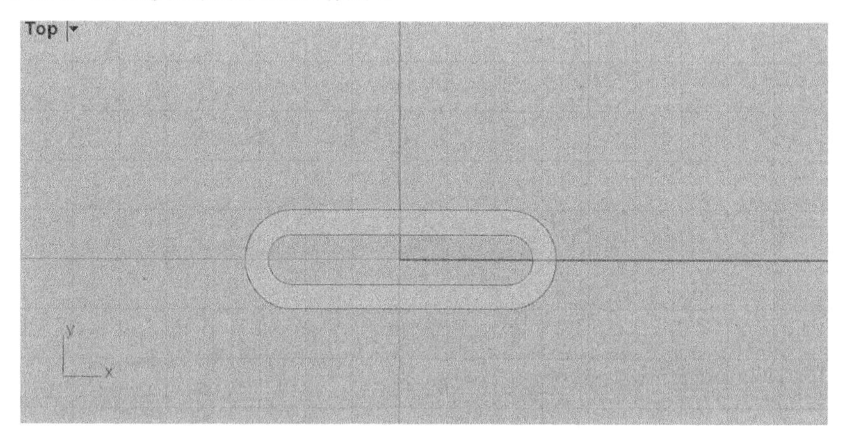

图 11.19　桥墩断面

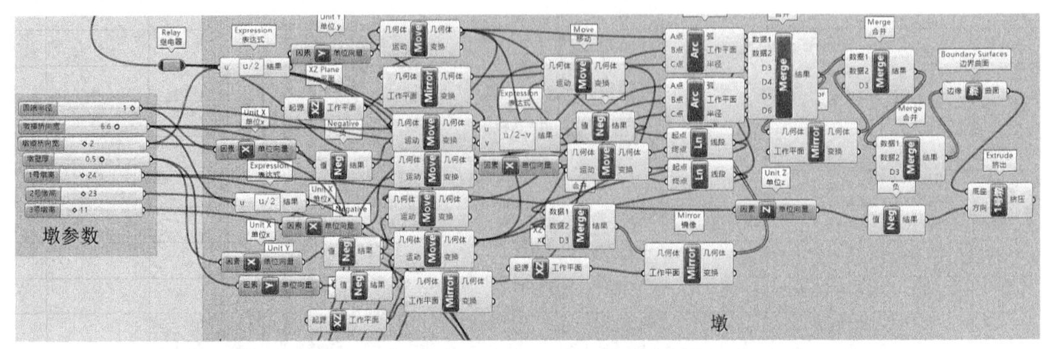

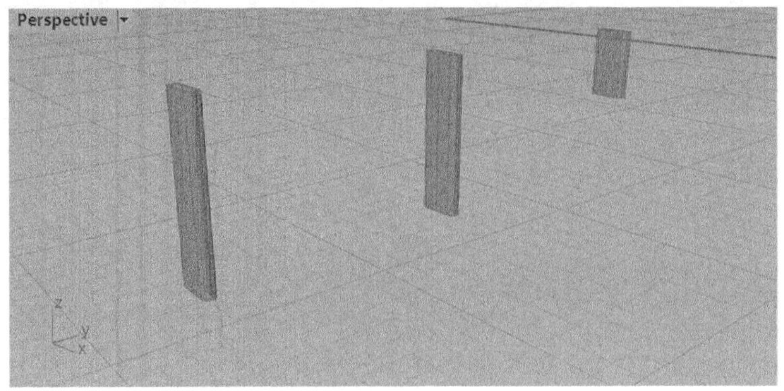

图 11.20　桥墩模型的创建

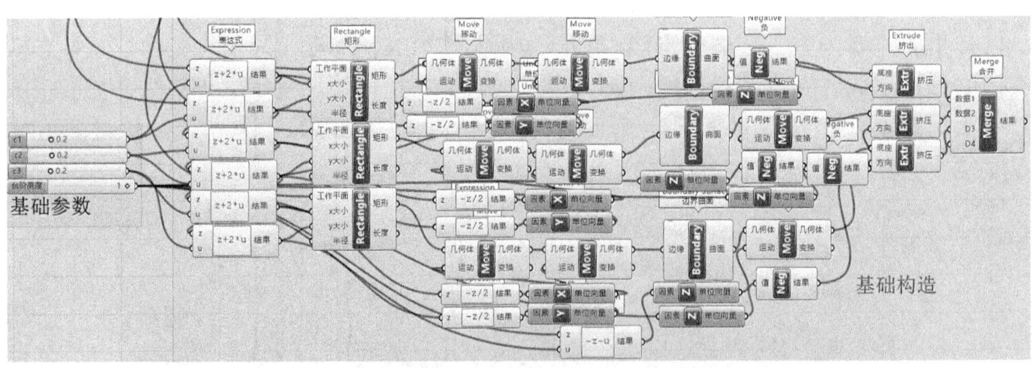

图 11.21　基础模型的创建

11.2.7　桥面铺装建模

在桥面上依次做出三角垫层、沥青铺装层、人行道与防撞墙。桥面铺装模型如图 11.22 所示。

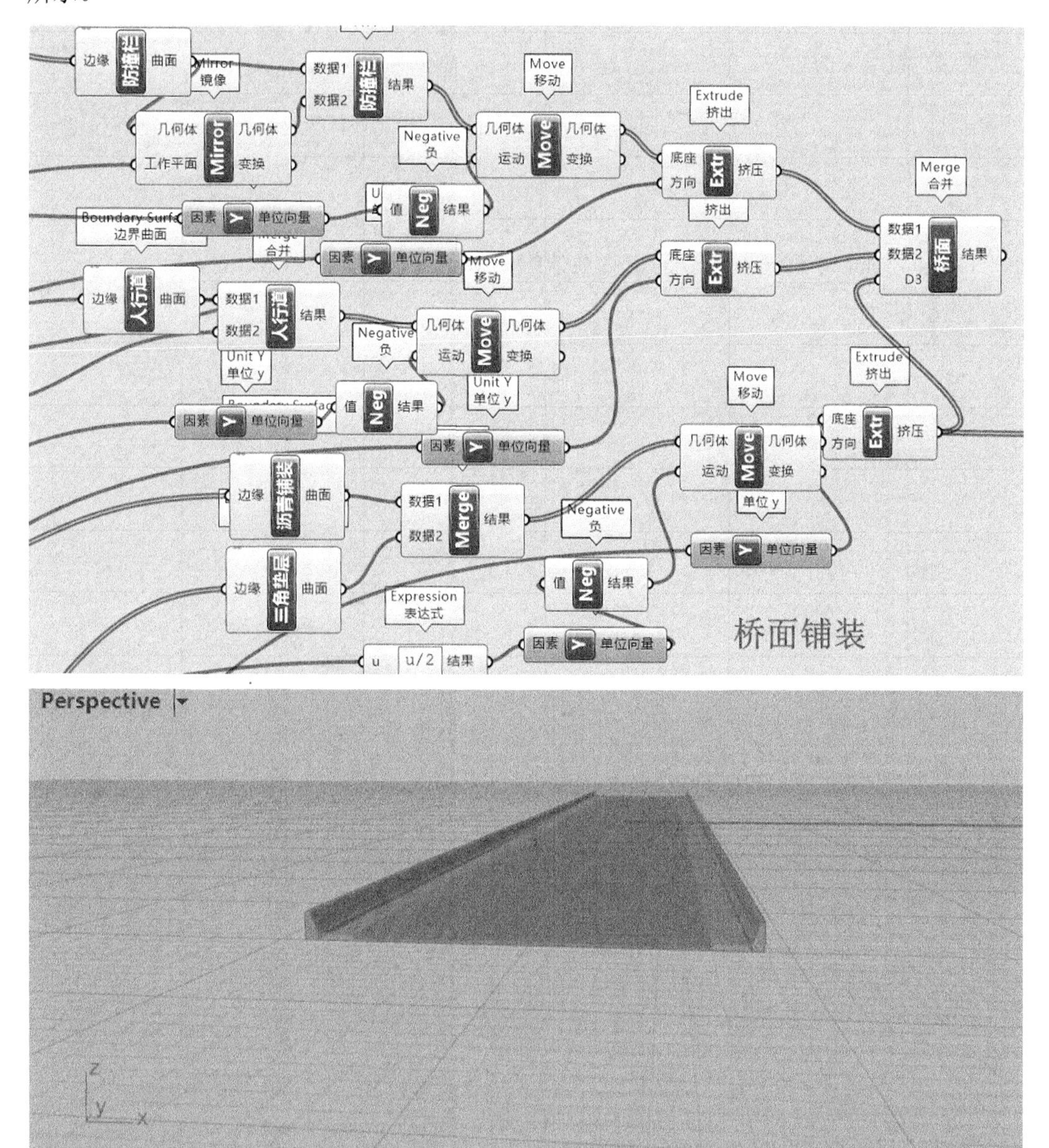

图 11.22　桥面铺装模型

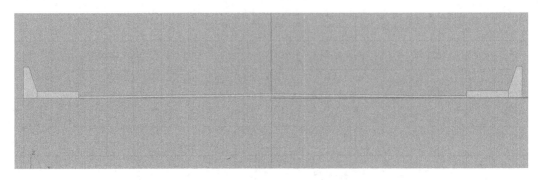

图 11.22（续）

Grasshopper 与 Midas Civil 的交互及建模分析见附录 A。

第 12 章　房屋建筑结构智能化设计

本设计为钢筋混凝土 12 层框架结构体系办公楼，利用 Grasshopper 建立联动参数化模型。其有限元分析模块采用 Grasshopper 的商业插件 Karamba3D 实现，并用遗传算法优化。

12.1　房屋建筑结构设计的特点

每个人的生活都离不开房屋，房屋的质量会直接影响人们的生活质量，因此房屋建筑的合理设计与每个人都息息相关。在房屋建筑的结构设计过程中需要考虑三方面性能：安全性、适用性、耐久性。其中，安全性是为了保证房屋在正常施工和使用条件下，其结构能承受可能出现的各种载荷作用和变形而不发生破坏，在偶然事件发生后，结构仍能保持必要的整体稳定性；适用性是为了保证结构在正常使用条件下具有良好的工作性能；耐久性是为了保证房屋在正常的维护条件下，结构可以在预计使用的年限内满足各项功能要求。安全性是房屋建筑结构的基本要求，房屋结构的安全性决定着人的安全性。然而，在现实生活中，房屋结构的安全性常常会因为偶然事件的发生而受到影响，例如地震。因此，房屋的抗震设计一直以来都是房屋建筑结构设计的核心问题之一。

12.2　基于位移的抗震设计方法

依据《建筑抗震设计规范》(GB 50011—2010）规定，按本规范进行抗震设计的建筑，其基本的抗震设防目标是：小震不坏，中震可修，大震不倒。为了落实上述抗震设防目标，国家现行规范采用两阶段的抗震设计：第一阶段依据多遇地震计算结构的地震效应，再将其与重力荷载进行组合，依据构件的承载力进行计算；第二阶段依据罕遇地震进行大震时的弹塑性验算（此时结构没有任何的安全冗余度)，保证大震不倒。在完成上述两阶段设计工作后，再对结构的变形进行验算。

上海市政工程设计研究院的黄雅捷等将上述方法称为“基于力的抗震设计”，即在结构设计初期，以力作为设计变量。然而，大量研究表明，建筑结构在各阶段的抗震性能与力没有很好的相关性，但是与变形之间有较强的相关性。因此梁兴文等认为，在结构设计的初期，以位移作为设计变量，可以更好地控制结构在地震作用下的响应行为。

西安建筑科技大学的邓明科等通过实验提出，在钢筋混凝土结构中，层间位移角这一指标能够综合反映结构的层间变形的综合结果和层高的影响，并且结构破坏程度同层间位移角之间有很好的相关性。GB 50011—2010 规定，钢筋混凝土框架结构在多遇地震下的弹性层间位移角限值不得超过 1/550。

与“基于力的抗震设计方法”相反，梁兴文等学者所提出的思路即“基于位移的抗震设计方法”。在基于位移的抗震设计方法中，会假定一个合理的位移模式，然后计算等效刚度，之后利用求得的等效刚度，对结构构件的尺寸进行“刚度设计”，使得结构刚度的分配与等效刚度基本吻合，最后依据上步所求的构件尺寸进行构件截面设计。图 12.1 为在基于位移的抗震设计中使用的位移反应谱。

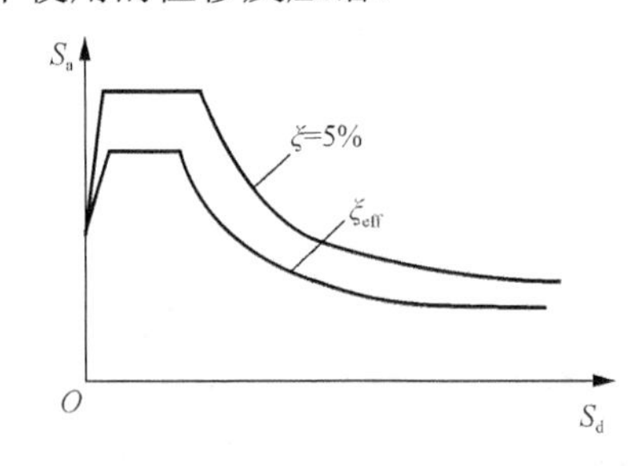

图 12.1　基于位移的抗震设计中使用的位移反应谱

S_a：加速度反应谱；S_d：位移反应谱；ξ：阻尼比；ξ_{eff}：等效阻尼比

我们注意到，GB 50011—2010 中给出的“基于力的抗震设计方法”与事实上表征抗震性能更佳的“基于位移的抗震设计方法”是一对对偶的设计方法。所以，我们很自然地想到，是否存在一种设计方法，这种方法既能够以“力”作为自变量以符合 GB 50011—2010，又能够以“位移”作为衡量结构抗震性能的量化指标？

结果是显而易见的，一定存在这种设计方法。不同尺寸、不同数量的结构构件组合产生了各不相同的刚度矩阵，刚度矩阵的差异使得不同结构在相同的荷载下产生了不同的位移，这意味着只要将不同尺寸、不同数量的结构构件进行排列组合，再计算出每种组合下结构所对应的位移，最后比较这些得到的位移即可。

以上方法听起来并不是一种好方法，任何一位结构工程领域的从业者都不会有时间和精力去将全部组合尝试一遍——况且，即使有时间和精力，这几乎也是不可能完成的：如果可以用 6 个参数简单地将结构刻画，每个参数仅取 10 个可能的值，也将产生 100 万种不同的结构，按照传统的“先建立对应模型再计算”的结构设计方法，这是绝不可能办到的。

在这种背景下，参数化设计被自然地引入房屋建筑结构的智能化抗震设计中，Grasshopper 作为实现参数化设计最有活力的平台，也将自然地作为参数化设计任务的载体。

12.3　参数化设计与传统设计

在传统的设计过程中，设计师往往需要预先确定结构所有待设计对象的设计参数，之后对结构进行更细化的计算，即建立“静态模型”。传统设计的缺点体现在两方面。一方面，设计师在确定全部设计对象的参数时，往往需要依靠大量的先验知识作为基础。一旦设计师没有足够的先验知识作为经验储备，很可能经过大费周章的设计后，发现自己的设计并不符合工程实际。即使是一个经验丰富的设计高手，也难以保证其设计出的结构是最优的。另一方面，如果设计对象的参数需要修改，传统设计必须重新建立模型，这会大大限制修改效率。因此，传统设计难以轻松快捷地完成结构模型的修改，正是这一特点限制了传统设计中结构优化的可能性。

在参数化设计中，不像传统设计一样将各个参数看作常数，而是将其所有可能的取值打包生成带有定义域的自变量。设计参数自变量的每个取值都对应着一种结构设计方案。简单地修改设计参数，经过工程逻辑函数的映射，就可以快速获得对应的设计方案，即建立“联动模型”。

如此，便可将传统的设计过程，转化为一个 $\mathbb{R}^n \to \mathbb{R}^m$ 的向量值隐式函数（工程逻辑函数）作用于一个 n 维向量（n 个参数自变量）的数学过程，如图 12.2 所示。将设计过程转化为数学过程，可以在设计中引入数学工具，这对结构的调整与优化起着至关重要的作用。

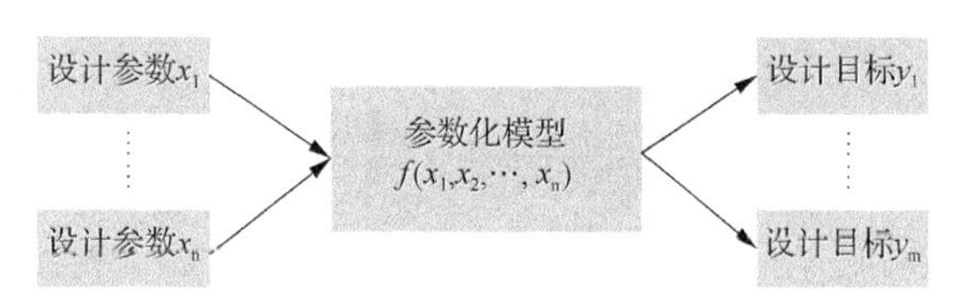

图 12.2　参数化设计示意图

为了避免误解，在此需要特别说明的是：参数化设计中的工程逻辑函数，并非神经网络模型中由激励函数拟合出的黑箱模型，而是由实实在在的真实工程逻辑产生的机理模型（白箱模型）。

在参数化设计的引入下，结构工程师可以避免手动建立 100 万次模型，进行 100 万次计算，但是问题并没有随着参数化设计的引入而得到彻底解决。目前还须解决至少下面两个问题。

（1）虽然可以通过联动模型快速地建立 100 万次模型并进行 100 万次结构计算，但是面对其输出的 100 万个结果却显得无能为力，因为缺少行之有效的方法从海量结果中筛选出符合预期的优质结果。

（2）随着参数数量的增加与参数定义域的扩大，所需的计算量以指数规模持续增长，即使有计算机作为计算工具，计算复杂模型的每一种情况仍显得力不从心，因为缺少足够高效的算法使之快速收敛至最优值。

上节提到，参数化设计的本质是将工程逻辑本身编写为函数的过程，可以发现，这个函数一般情况下无法表示为一个显式的函数。为应对该隐式函数的优化问题，可采用机器学习算法来实现。在众多算法中，遗传算法是一个最直观且最简单的方案，因此遗传算法将被用于本章讨论的参数化设计优化中。

遗传算法基于达尔文创立的自然选择学说，其主要特点是"种群"随着时间而进行的生存、适应、交叉与变异等过程。在所有物种中，环境适应度高的个体，生存并繁衍后代的可能性更大。基于这一原因，高环境适应度个体的基因编码得以被保留，进而让其后代拥有同等或更佳的环境适应度，最终使整个种群进化。

在数学上，遗传算法在初始时，包含任意可能的原始代个体（它们是随机生成的，由二进制代码表示）。在之后的进化过程中，无法适应环境的个体被淘汰，同时强大的个体繁衍了后代。每个个体的适应度都被一个数值所度量，这个数值由目标函数确定。遗传算法通常由选择个体、基因交叉、突变等环节构成，一旦前面的步骤完成，种群就会进入一个新的世代。该过程如图 12.3 所示。上述过程不断重复，直到预设的世代数。目前，这种方法被应用于许多领域，其结果取决于问题的复杂性、可能的解决方案的数量与群体的大小等。遗传算法衍生出许多新的改进算法，总体上分为单目标遗传算法与多目标遗传算法。

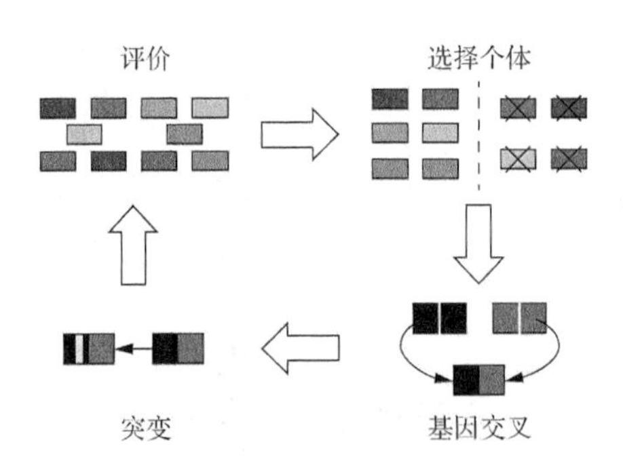

图 12.3　遗传算法图示

我们注意到，遗传算法的运行需要提供适应度函数来进行筛选，最符合适应度函数的个体会使自己的基因遗传至子代。具体到结构的参数化设计中，这意味着：如果有一个结构的设计方案（个体），它的构件尺寸、构件数量（基因）使得其在地震作用下的位移与由规范限值所确定的位移目标（适应度函数）最接近，则这种方案会保留至下轮迭代；反之，那些与由规范限值所确定的位移目标相去甚远的方案将被淘汰而不会出现在最终轮迭代的结果中。细心的读者会发现，这就是在前文提到的“从海量结果中筛选出符合预期的优质结果”的方法。

一般来讲，优秀学者人群的后代成为优秀学者的概率远远超过文盲人群的后代，这种不对等概率的背后，揭示了一个朴实的道理：优秀学者群体之间一定存在着某种共性的特质，这种共性特质使得其后代的成功率远超文盲群体。事实上，这就是遗传算法的核心思想之一：构造有限但足够大的小样本种群，指定适应度函数作为竞争规则，在其中表现出众的个体间寻找共性的“优秀基因”，将“优秀基因”流传至下一代，并淘汰那些不那么优秀的基因。此外，遗传算法中的变异算子使得后代种群获得在初始种群中所不包含的优秀等位基因；遗传算法中的交叉算子使得子代将母本与父本各自的优秀基因集于一体，形成超级子代。因此，遗传算法不必去遍历全部的情况就可以近似得到全局最优解，图 12.4 即遗传算法的收敛曲线。细心的读者又会发现，这就是前文提到的“足够高效的算法使之快速收敛至最优值”的方法。

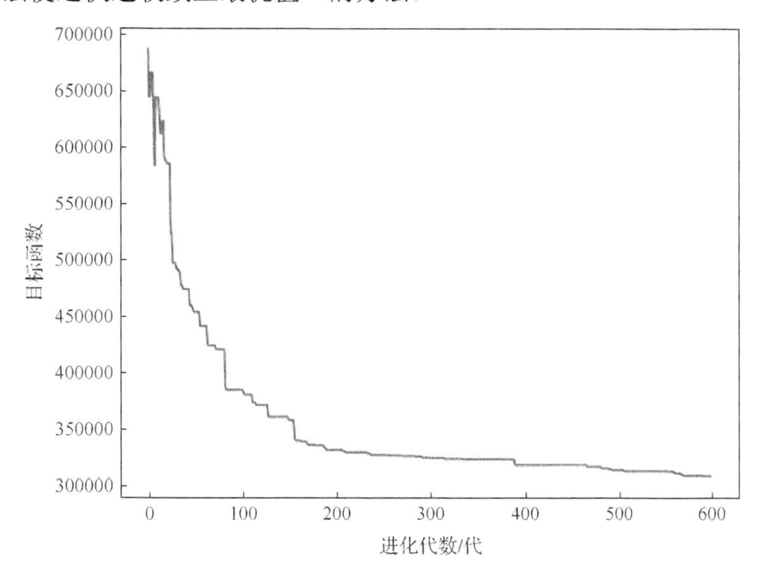

图 12.4 遗传算法的收敛曲线

至此，解决了三个困难：一是在不同参数下需要重新建模的困难，二是缺乏筛选机制的困难，三是缺乏高效算法的困难。针对第一个困难，采用了参数化设计这一工具；针对第二个和第三个困难，采用了遗传算法这一方法。接下来，就可使用该方法进行地震作用下房屋建筑结构智能化参数设计了。为了不使之与“基于力的抗震设计方法”和“基于位移的抗震设计方法”混淆，我们称其为“参数化抗震设计方法”。

12.4 实现参数化抗震设计的两种方案

在前面两节中，我们重点解决了模型建模层面与筛选优化层面的问题，但始终没有谈“模型计算”层面的问题。毫无疑问，相比其他软件平台，在 Grasshopper 中建立联动模型是成本非常低的一种做法，这也是我们希望看到的；另外，由于 Grasshopper 中的设计参数均以数据形式进行流动，因此在 Grasshopper 中进行遗传算法的优化也是成本非常低的做法。

然而，如何在 Grasshopper 中进行结构分析是一个非常重要且复杂的问题。

在一般的结构工程问题中，我们都会使用有限元分析作为求解结构位移的方案，这里自然也不例外。但是真正复杂且重要的问题在于，一款成熟的有限元软件必然需要经过大量的真实工程实践印证，而目前在 Grasshopper 中不存在一款公认精确且好用的有限元插件。

针对这一问题的两种解决方案，将“参数化抗震设计方法”划分为两种方案。

1. 仅基于 Grasshopper 的方案

此方案将使用 Grasshopper 中的有限元插件 Karamba3D 进行结构的有限元计算。由于 Karamba3D 是作为插件植入 Grasshopper 中的，因此其具有无与伦比的便捷性与交互能力。但此款软件的精度从未被任何工程实践验证过，所以无法作为真实工程的设计依据使用。

2. 多软件联合的方案

此方案将使用 Grasshopper 中的 C#运算器编写接口，将数据从 Grasshopper 中导入 SAP2000 软件进行有限元计算。SAP2000 软件诞生以来，已经成为最新结构分析和设计方法的代名词，经历过无数工程实践的验证，具有公认的可靠性。但在 Grasshopper 中使用 C#运算器编写接口启动 SAP2000 是一个门槛较高的操作，本书后面将为读者展示 C#运算器编写接口的编写方法及其对应的代码。

12.5 仅基于 Grasshopper 的方案

12.5.1 运行框架流程

在 Grasshopper 中开发结构参数化设计平台之前，应当首先明确平台的设计计算步骤与数据的流向，之后将各步骤所对应的功能集成为模块，将大目标分解为小目标，再逐个击破，以降低开发难度。本设计平台的运行框架可表述为“三大模块，三大桥梁”。Grasshopper 运行框架示意图如图 12.5 所示。

运行框架的三大模块是平台工作的三大基础程序块，分别为“联动模型模块”、“有限元分析模块”和“遗传算法优化模块”。三个模块相互独立地赋予了平台“建模、分析、优化”的三大基本功能。上述程序框架在 Grasshopper 中实现的总布局如图 12.6 所示。

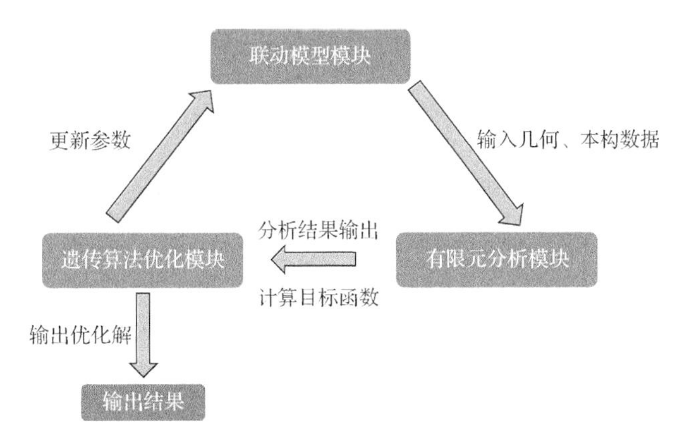

图 12.5　Grasshopper 运行框架示意图

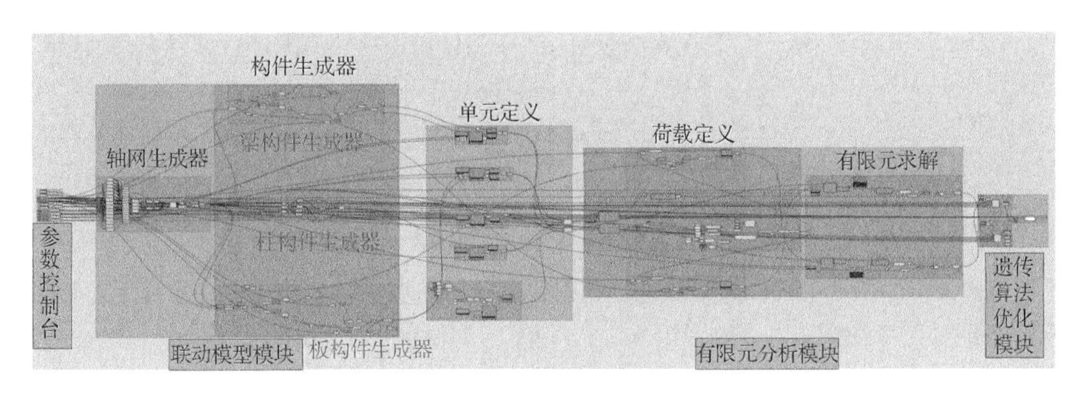

图 12.6　Grasshopper 程序总布局

三大桥梁是平台数据传递的三大基本路径，三大基本路径均为单向路径。按照数据传递的起点模块与终点模块的不同，数据流通的桥梁可分为三种。

（1）模型的第一个桥梁的作用，是在联动模型模块与有限元分析模块间传递数据。处于某一组设计参数下的模型，通过该桥梁将模型的几何信息、本构信息传递给有限元分析模块，使得有限元分析模块可以进行总体刚度矩阵的组装、荷载向量的组装，并进行有限元计算。

（2）模型的第二个桥梁的作用，是在有限元分析模块与遗传算法优化模块间传递数据。处于某一组设计参数下的模型，在进行结构计算后，将输出该结构每一层的位移信息和其他相关信息，经处理后可得到目标函数的计算结果。该桥梁会将目标函数的计算结果传递给优化模块，并依据目标函数的计算结果进行体现结构优劣的非支配排序。

（3）模型的第三个桥梁的作用是进行参数更新，它在遗传算法优化模块与联动模型模块间传递数据，实现数据的回流。遗传算法优化模块是整个平台的动力系统，通过改变参数的方式进行遗传算法中的“交叉”“变异”等过程。之后，遗传算法优化模块会通过参数更新桥梁，将一组全新的参数送回到联动模型模块中，实现数据的回流与遗传算法的循环。

在带精英策略的非支配排序遗传算法（elitist non-dominated sorting genetic algorithm，NSGA-Ⅱ）执行完毕后，程序将自动输出若干帕累托最优解作为最优结构。之后，用户便可按照需求对若干最优结构进行层次聚类分析，挑选心仪的结构。

12.5.2 插件介绍

在参数化抗震设计中，将使用 Grasshopper 中的两款插件。

1. Karamba3D

Karamba3D 是一款参数化结构设计插件，提供了对空间桁架、框架和壳体结构的分析。Karamba3D 是一款完全嵌入 Grasshopper 参数化设计环境的软件，拥有无比优异的交互性能。

在仅基于 Grasshopper 的参数化抗震设计中，将使用 Karamba3D 作为结构计算的内核。插件 Karamba3D 可在其官网下载。

2. Wallacei

Wallacei 是一个多目标遗传算法优化引擎，其搭载 NSGA-Ⅱ。Wallacei 在遗传算法引擎外添加了可选择的内置机器学习工具，如 k 均值聚类（k-means）算法、层次聚类（Hierarchical clustering）算法等，在它们的辅助下，用户在 Grasshopper 中执行遗传算法后，可以更好地了解种群历代的进化过程，同时选择子代个体更为便利。

12.5.3 联动模型模块

联动模型模块包括参数控制台、轴网生成器和构件生成器三部分。本节将对这三部分进行介绍。

1. 参数控制台

参数控制台在 Grasshopper 中的实现如图 12.7 所示。

参数控制台是联动模型的参数接口，负责为联动模型提供参数数据。参数控制台包含两种元件，对应着两种不同性质的参数。第一种参数为“不可变参数”，在 Grasshopper 中以 Panel 的形式赋予数据，如图 12.8 所示；第二种参数为“可变参数”，在 Grasshopper 中以滑块的形式赋予数据，如图 12.9 所示。

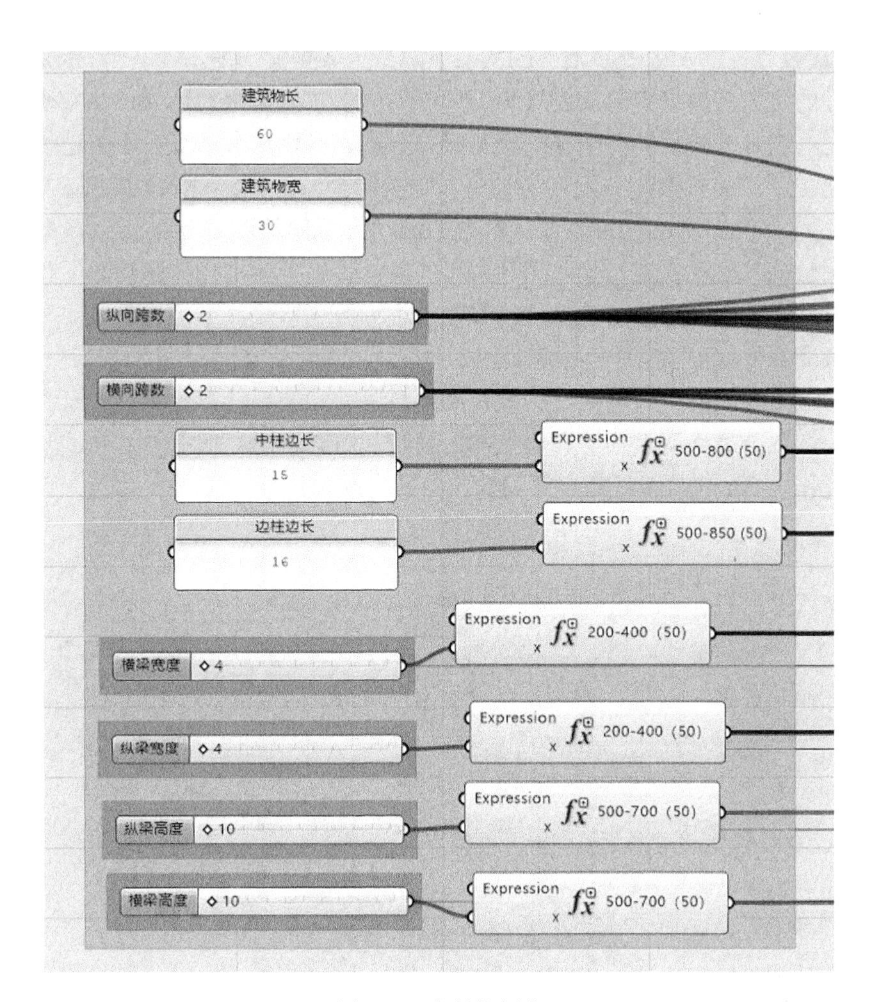

图 12.7　参数控制台

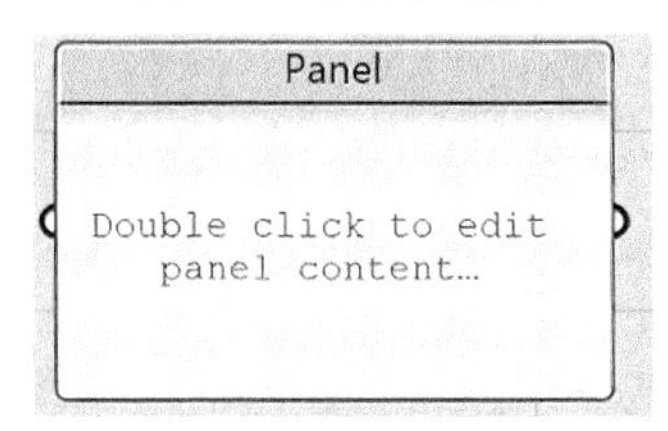

图 12.8　Grasshopper 中的 Panel

图 12.9　Grasshopper 中的滑块

“可变参数”与“不可变参数”的主要区别在于数据流向的不同。“可变参数”是纳入优化过程的参数，数据的流动方式为循环流动：参数以数据的形式，从参数控制台流入联动模型，确定参数后的联动模型经有限元分析、目标函数计算后，由遗传算法驱动器更新，将更新后的参数数据反向传递到参数控制台，开始下一轮的计算。“不可变参数”则是不被纳入优化过程的参数，数据的流动为单向流动：参数仅以数据的形式，从参数控制台流入联动模型，除非用户直接修改，否则不会被遗传驱动器更新。

在本设计中，轴网跨数、梁的尺寸等参数均为可变参数；中柱边长、边柱边长等参数均为不可变参数。

此外，在土木工程中，混凝土构件在浇筑时，尺寸要遵从“模数”的概念。在梁的尺寸参数中，各个滑动变阻器的取值仅能为整数，滑动变阻器的取值变化 1 时，实际的梁的尺寸变化为 50mm，该任务由滑动变阻器后的函数运算器完成。

2. 轴网生成器

轴网生成器在 Grasshopper 中的实现如图 12.10 所示。

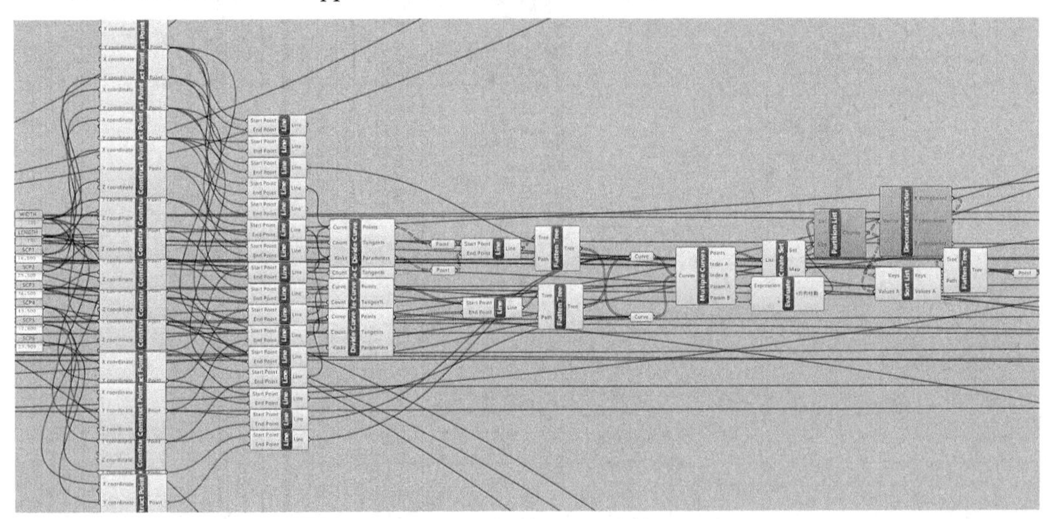

图 12.10　轴网生成器

轴网生成器是联动模型的第一层逻辑。在联动模型的建立过程中，总思路为首先确定轴网的几何构型，接着拾取轴网之间的交点作为柱位置的定位点、依靠柱的定位点连接而确定位梁的位置。所以在联动模型建立时，轴网生成器是第一层逻辑，有了轴网之后，柱和梁的位置也随即被确定下来。

在实际工程中，轴网的布局不仅需要考虑结构方面，还要考虑建筑方面的需求。对于轴网的建筑约束，在后文中将着手解决，方法简而言之，即解决建筑中建筑约束最大的区域，将其列为“非设计区域”。在非设计区域内，轴网的开间与进深将被人工指定，并且在之后的优化中不变（这其实也算是一种隐式的不可变参数）。图 12.10 中左侧的几个运算器，即为控制轴网建筑约束的部分。

在实现过程中，先由直线确定若干“非设计区域”的轴线与建筑物轮廓轴线，在剩余的“设计区域”中定义“横向跨数”与“纵向跨数”两个参数，分别用于控制轴网在横向和纵向的等分数。

在含参数的轴网建立完毕后，将使用“柱位定位器”拾取柱网与柱网的交点。柱网与柱网的交点即柱的位置。柱位定位器是 Grasshopper 自带的一款运算器，其原始用途为拾取曲线组与曲线组的交点，如图 12.11 所示。

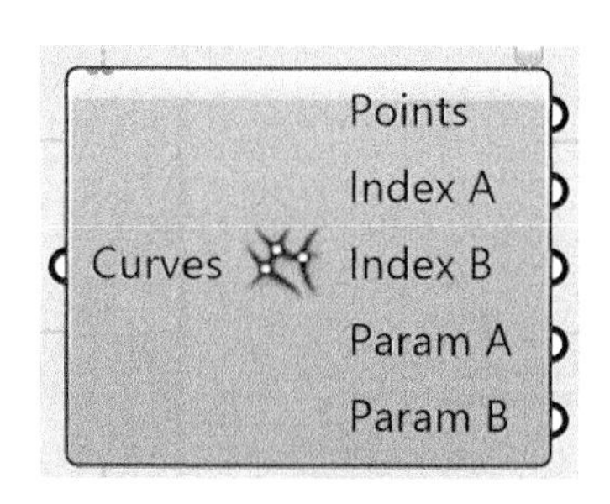

图 12.11　柱位定位器

在柱的位置确定后，梁的位置也随即被确定，按照其方位被划分为纵梁与横梁两部分。读者可按照此思路进行尝试。

3. 构件生成器

构件生成器的柱部分在 Grasshopper 中的实现如图 12.12 所示。

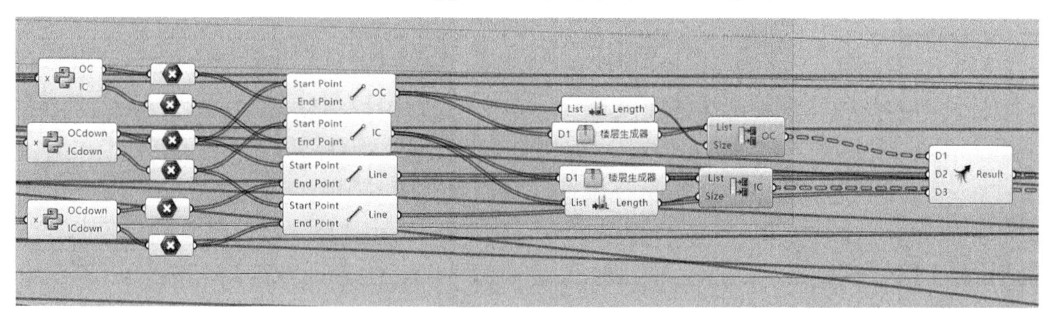

图 12.12　构件生成器的柱部分的实现

由图 12.6 的 Grasshopper 程序总布局图可知，构件生成器包含三部分，由上至下分别为梁构件生成器、柱构件生成器、板构件生成器。由于篇幅问题，而且三者构建思路类似，本节选取柱构件生成器进行介绍。梁构件与板构件的逻辑与柱构件大体无异，柱构件唯一的特殊性在于区分了中柱与边柱。

构件生成器（柱）主要由三部分构成。第一部分为分类器，第二部分为层高偏移器，第三部分为楼层生成器。

（1）分类器的作用是，将柱分为中柱与边柱两个集合。对于每一个柱子的集合，Grasshopper 在单元生成时，将分别从参数控制台对其赋予截面属性，如图 12.13 所示。

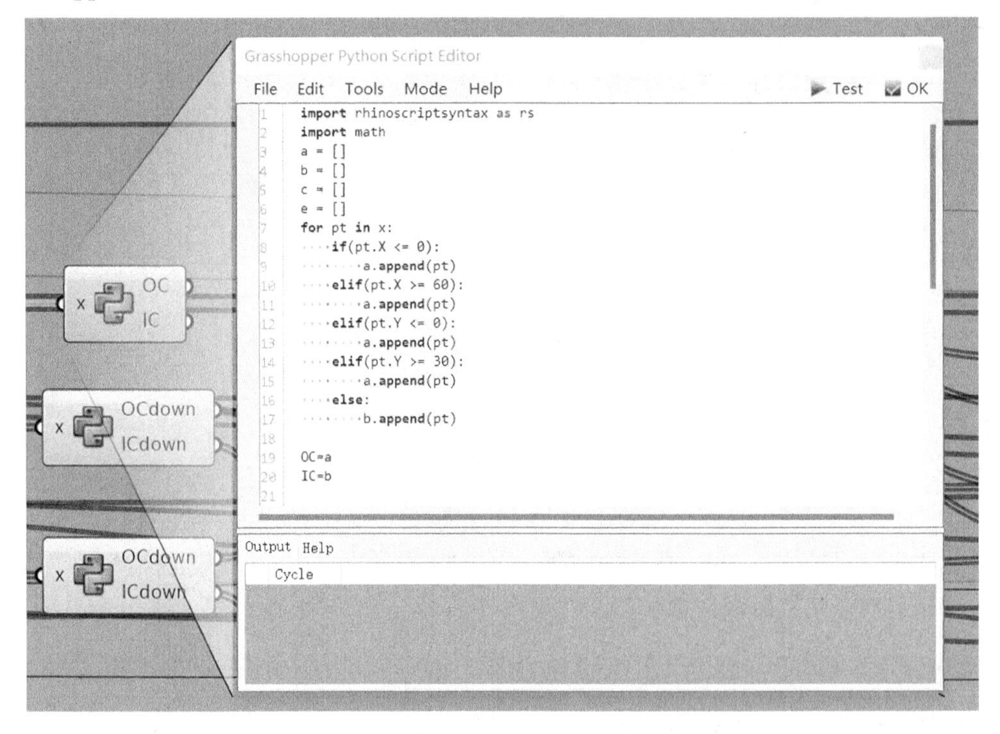
Grasshopper Python Script Editor
File Edit Tools Mode Help
Test OK
import rhinoscriptsyntax as rs
import math
a = []
b = []
c = []
e = []
for pt in x:
if(pt.X <= 0):
a.append(pt)
elif(pt.X >= 60):
a.append(pt)
elif(pt.Y <= 0):
a.append(pt)
elif(pt.Y >= 30):
a.append(pt)
else:
b.append(pt)
OC=a
IC=b
Output Help
Cycle
x OC IC
x OCdown ICdown
x OCdown ICdown

图 12.13　分类器

（2）层高偏移器通过对柱点的竖向偏移为每一层赋予层高。由于在实际工程中，首层的计算层高往往需要加入基础埋深与室内外高差（室内外高差是为了防水防潮），但是 Grasshopper 在层高生成时则是对首层进行连续的复制来生成整楼模型。因此在 Grasshopper 中，会对首层柱单独进行不被层高偏移器所复制的加高处理，之后使用“直线”命令对相关的点进行连接，便可获得柱的几何联动模型。层高偏移器如图 12.14 所示。

（3）楼层生成器由于其内容过于杂乱，因此被封装到箱子中，其解封后的状态如图 12.15 所示。楼层生成器的核心思想是：给定一个层高后，对单层的该类构件完全地进行偏移。

至此，联动模型模块的三个子模块全部介绍完毕。严格来说，参数控制台并不能完全归于联动模型模块，因为参数控制台也会将参数以数据的形式传递给有限元分析模块。但为了叙述方便，仍然将参数控制台归于联动模型模块。

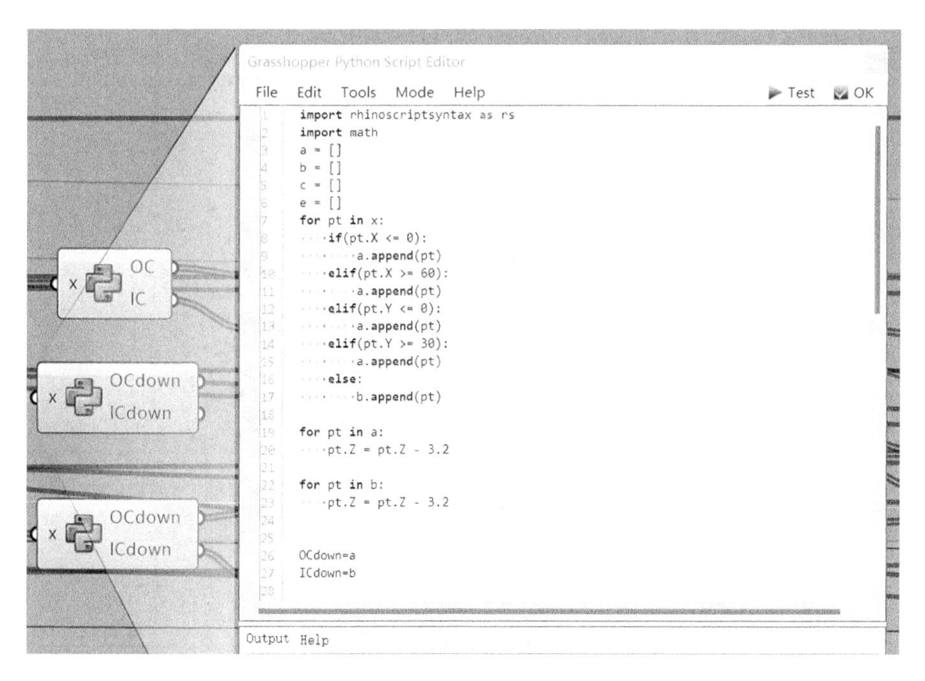

图 12.14 层高偏移器

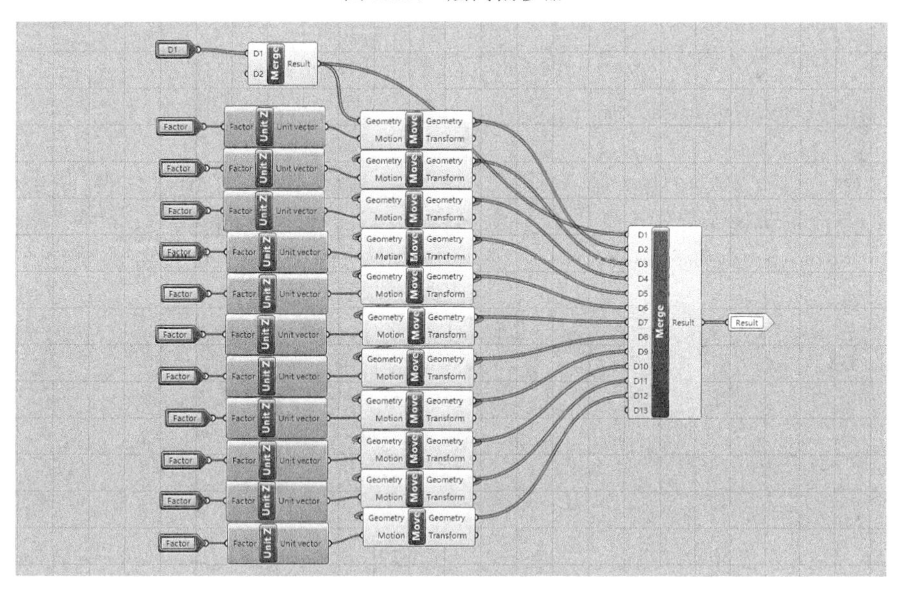

图 12.15 楼层生成器

回顾联动模型模块的构成：参数控制台负责控制生成参数，部分与轴网的形态有关的参数作为原始数据传递到轴网生成器中；轴网生成器按照轴网的形态自动拾取轴网交点，并以此定义柱、梁和板的拓扑模型（此时的柱、梁与板尚未被有限元模块赋予截面属性与本构属性，因此仅能称为拓扑模型，而不是真正意义上的柱、梁与板）。

当联动模型的所有模块全部建立完成后，在 Grasshopper 的交互界面将显示此建筑的整楼模型，如图 12.16 所示。

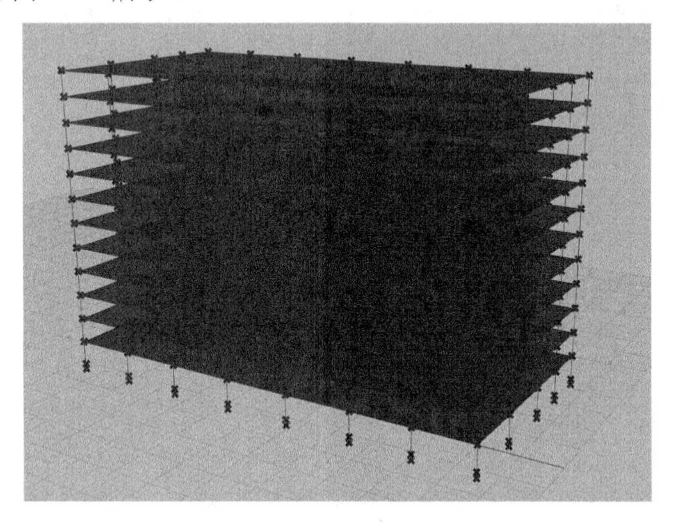

图 12.16 整楼模型

12.5.4 有限元分析模块

有限元分析模块采用 Grasshopper 的商业插件 Karamba3D 实现。

1. 单元定义

单元定义模块在 Grasshopper 中的实现如图 12.17 所示。由于篇幅所限，并且过程基本类似，因此在讲述单元定义时，仅选取纵梁作为单元定义的样本，其余构件的定义过程从略。

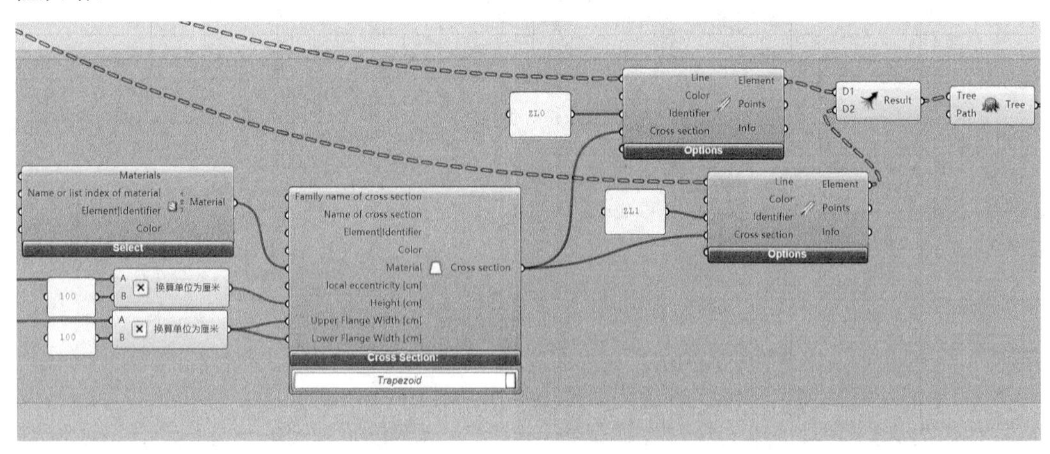

图 12.17 单元定义模块的实现

上文已经提到，由联动模型生成的整楼模型是一个拓扑模型，而并非一个可以直接应用于分析的模型，整楼模型中只包括整体结构的拓扑结构，不包含构件的材料本构信息与构件的截面信息。因此，在本节中，将赋予构件材料本构信息及构件的截面信息。其中，将详细介绍材料定义器、截面定义器与单元定义器。

材料定义器如图 12.18 所示。

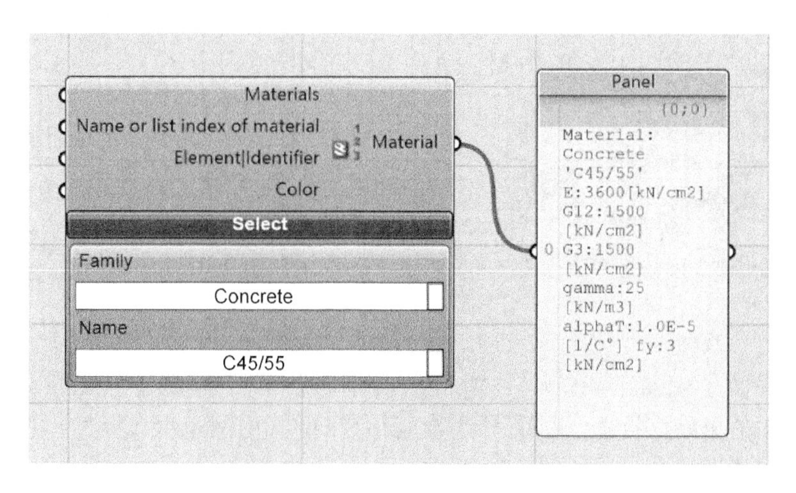

图 12.18　材料定义器

材料定义器是 Karamba3D 插件中内置的运算器，在其中可以选取国标，在国标二级菜单中选择“混凝土”材料，之后可以在下拉菜单中选择混凝土的强度。在 Karamba3D 中，C45/55 的混凝土材料指的是国标中对应的 C50 混凝土。后续截面信息将传递给单元定义器，为构件赋予本构信息。

截面定义器如图 12.19 所示。

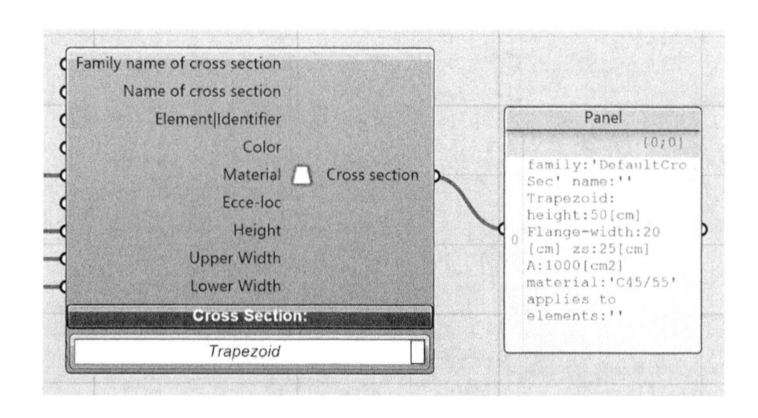

图 12.19　截面定义器

截面定义器是 Karamba3D 插件中内置的运算器。在 Karamba3D 中，截面定义器可采用多种方式对截面进行定义，其中包括圆环截面、工字截面、箱形截面、梯形截面等。由于本设计中采用钢筋混凝土结构，因此采用梯形截面。其中，当梯形截面的上下边的长度相等时，梯形截面就退化为矩形截面。

梁截面的几何尺寸作为本设计中的优化参数，自然要与参数控制台直接连接。参数控制台将参数以数据的形式输入截面定义器中，为构件赋予截面信息。

单元定义器可参考图 12.20 与图 12.21。

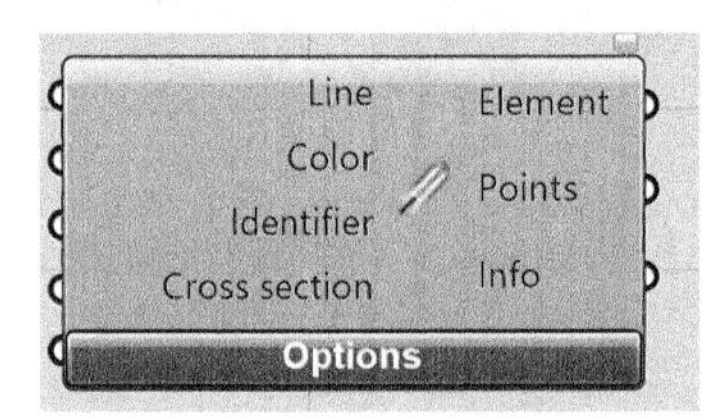

图 12.20 梁柱单元的构件生成器

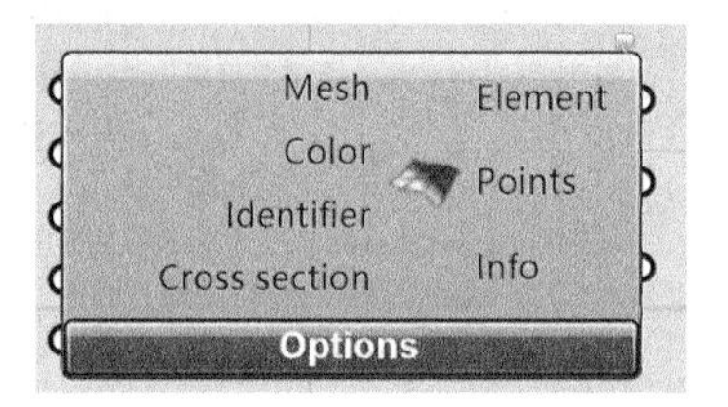

图 12.21 板单元的构件生成器

单元定义器是 Karamba3D 插件中内置的运算器，梁柱单元采用“Line to Beam”（由直线生成梁）的思路，板单元则采用“Mesh to Shell”（由网络生成板壳）的命令。前者可以从联动模型模块中定义的梁柱的拓扑模型，结合本节中定义的材料本构与截面信息，共同定义可以应用于分析的有限元单元。板单元虽然与梁柱单元的命令不同，但思路完全相同。

2. 荷载定义

在本模型中，待优化的目标是多遇地震下的层间位移角，因此在进行荷载定义时，也应当定义与地震作用所对应的侧向力。在本模型中，由于总高没有超过 40m，因此采用底部剪力法，如图 12.22 所示。

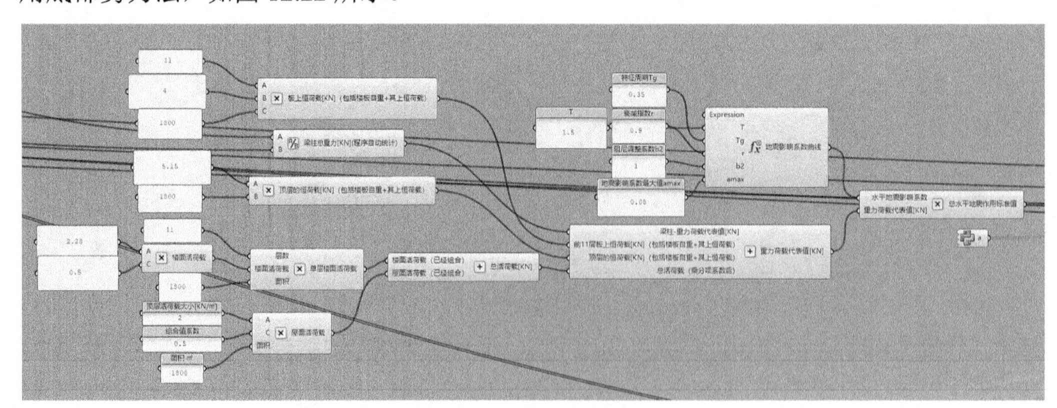

图 12.22 荷载定义

地震作用等效的荷载量值将按照 GB 50011—2010 进行计算。

首先统计重力荷载代表值。重力荷载代表值由四部分组成：板的自重、板上恒荷载、板上活荷载和梁柱的自重。其中，梁柱的自重由定义的单元自动进行统计，板的自重、板上活荷载、板上恒荷载由用户输入。之后，程序将自动累加其重量，作为重力荷载代表值。

接下来为反应谱的求解。用户将手动输入建筑所处场地的地震影响系数最大值及场地特征周期等场地参数，然后由函数计算该场地的地震影响系数。结合在上一步中求得的重力荷载代表值，通过底部剪力法荷载列阵，形成加载在结构上的侧向力。其中，加载过程的实现如图 12.23 所示。

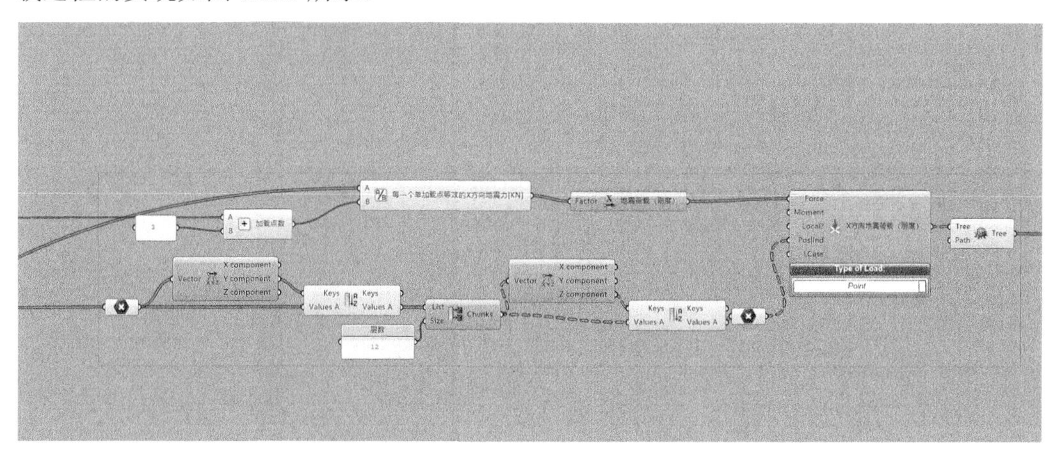

图 12.23　加载过程的实现

加载后的示意图如图 12.24 所示。

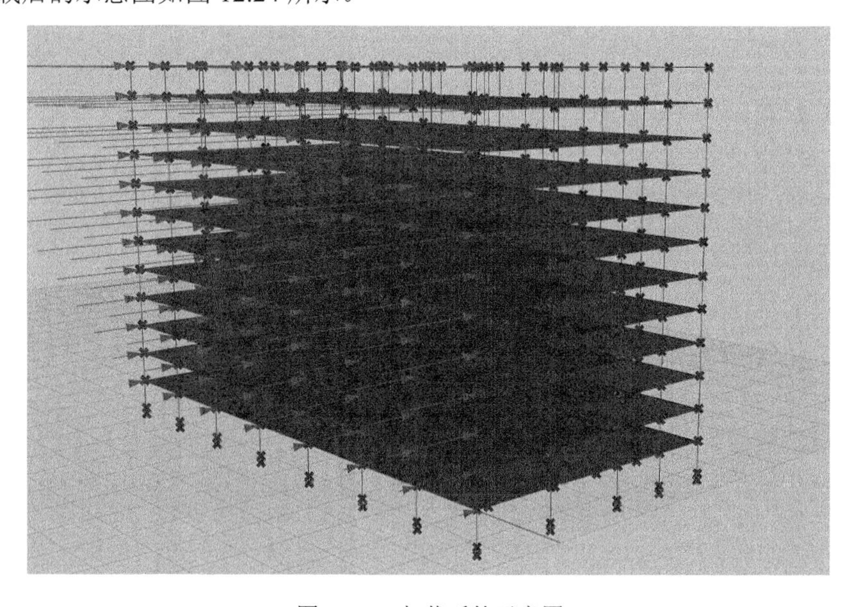

图 12.24　加载后的示意图

12.5.5 遗传算法优化模块

1. 适应度函数的计算

在进入遗传算法驱动器之前，程序将读取有限元分析模块求解出的层间位移角，并计算适应度函数，其实现非常简单，如图 12.25 所示。

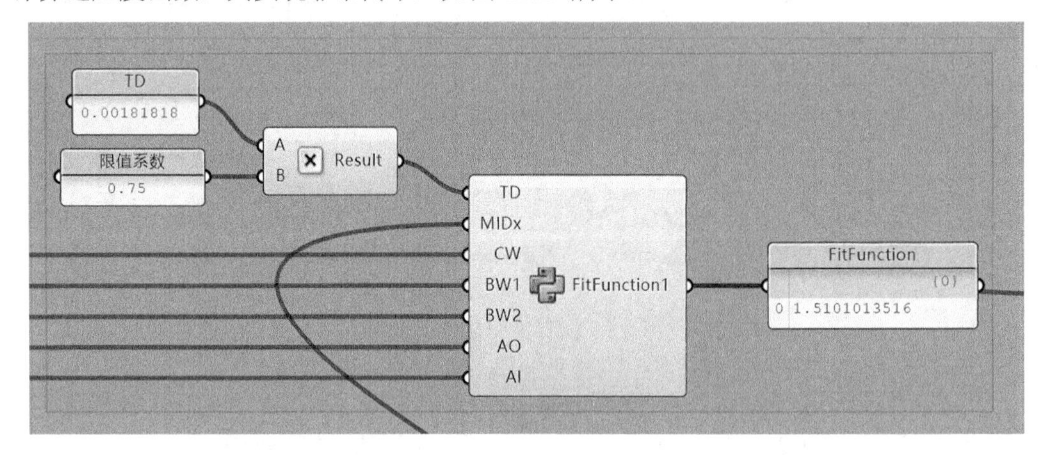

图 12.25 适应度函数的计算

2. 遗传算法驱动器

遗传算法驱动器将使用 Grasshopper 中的 Wallacei 插件进行，如图 12.26 所示，其中左侧 Objectives 端口相连的两个运算器，为本组参数适应度函数计算的结果。

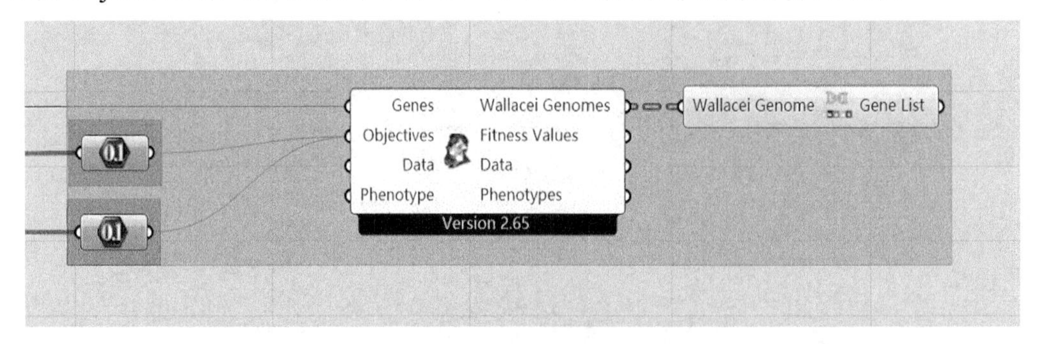

图 12.26 遗传算法驱动器

在此需要特别说明，为了使遗传算法驱动器可以对参数控制台进行反向回馈，Wallacei 运算器中的 Genes 端口需要反向连接到参数控制台。

仅基于 Grasshopper 方案的算例见附录 B。

多软件联合的方案见附录 C。

附录 A Grasshopper 与 Midas Civil 的交互及建模分析

Grasshopper 可以将截面以 dxf 格式导入 Midas Civil 中，从而实现二者之间的交互，以简化设计工作。以跨中截面为例，具体操作流程如下。

首先将跨中截面的轮廓线剪切到 Rhino 中，再以 dxf 格式导出，如图 A.1 所示。

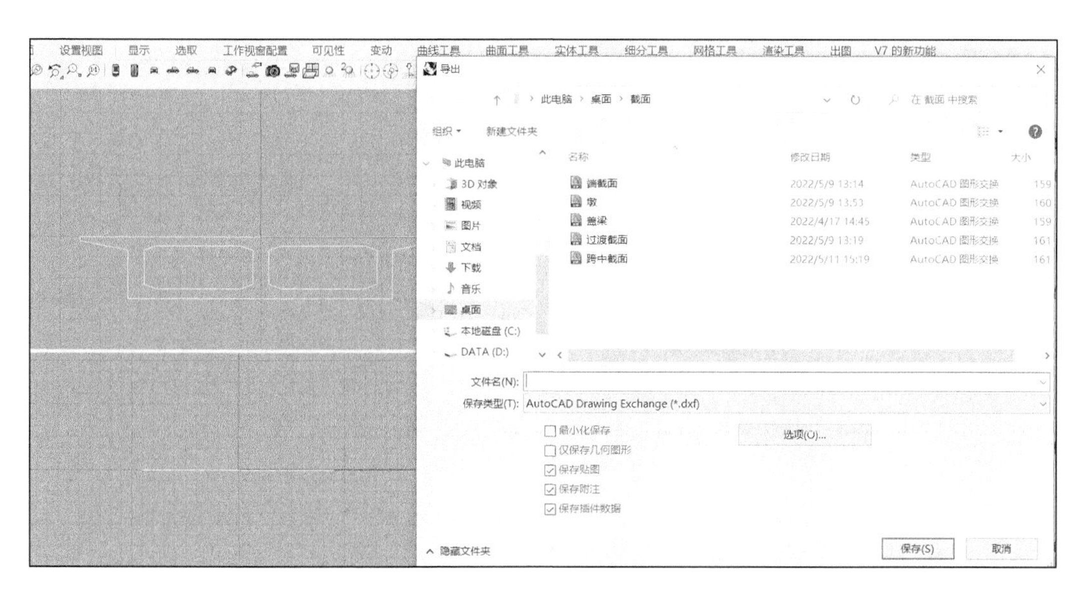

图 A.1 以 dxf 格式导出

接下来以案例为基础进行详细介绍。

1. 建模环境设置

在 Midas Civil 中创建新项目。为了方便后续工作，以及避免不必要的麻烦，首先设置单位体系与结构类型，调整好单位与质量控制参数、温度等。单位体系设置如图 A.2 所示。结构类型设置如图 A.3 所示。

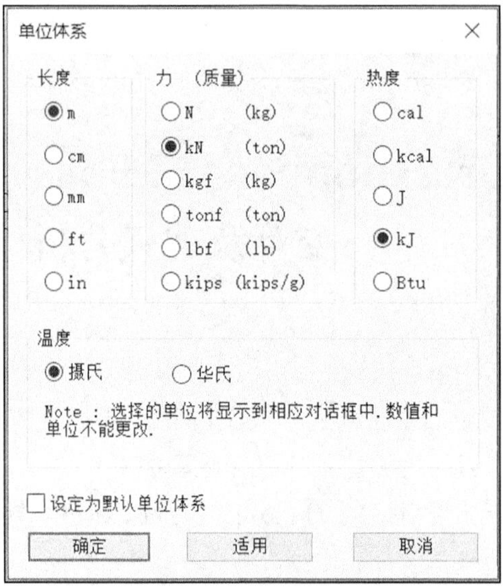

单位体系
长度 ◉m ○cm ○mm ○ft ○in
力（质量） ○N (kg) ◉kN (ton) ○kgf (kg) ○tonf (ton) ○lbf (lb) ○kips (kips/g)
热度 ○cal ○kcal ○J ◉kJ ○Btu
温度 ◉摄氏 ○华氏
Note ：选择的单位将显示到相应对话框中. 数值和单位不能更改.
☐设定为默认单位体系
确定 适用 取消

图 A.2　单位体系设置

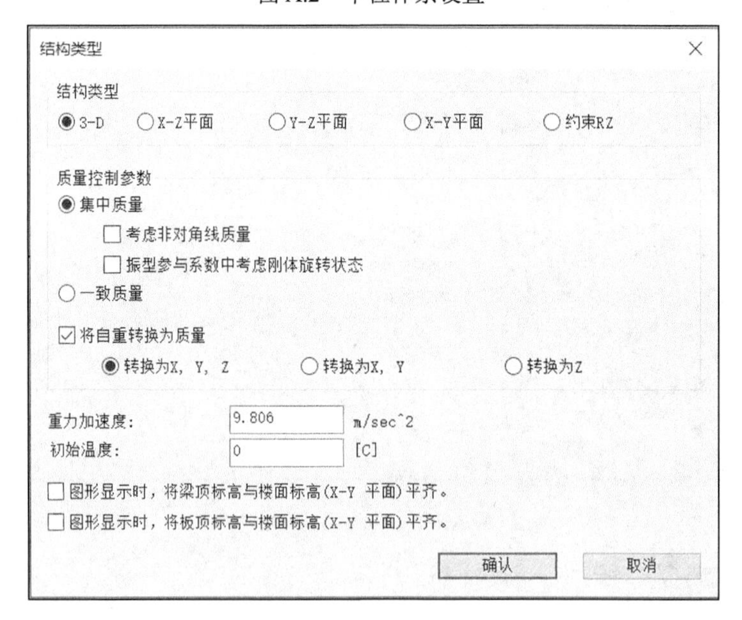

图 A.3　结构类型设置

2. 截面、材料特征定义

单击“特性”→“材料特性值”定义所需材料。主梁、盖梁采用 C55 混凝土，墩采用 C45 混凝土。预应力钢绞线采用直径为 15.2mm、1860MPa 级钢绞线。本次设计所用材料如图 A.4 所示。

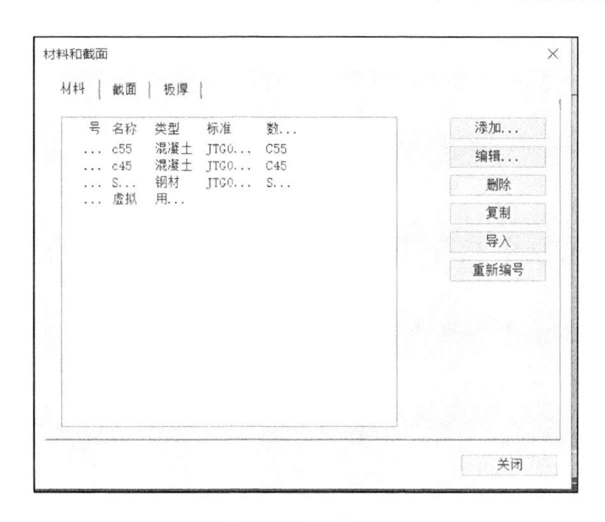

图 A.4 材料设置

截面的设置方法有两种：第一种方法是用 Midas Civil 自带的截面编辑器编辑，第二种方法是将 Rhino 或 CAD 中的图纸通过 dxf 格式导入。本案例采用第二种方法。

3. 模型建立及边界设置

通过节点、单元的建立、复制、拓展等功能的活用并赋予其对应的材料、截面属性，依次建立主梁、盖梁、墩柱，完成桥梁的主体模型的建立，如图 A.5 所示。

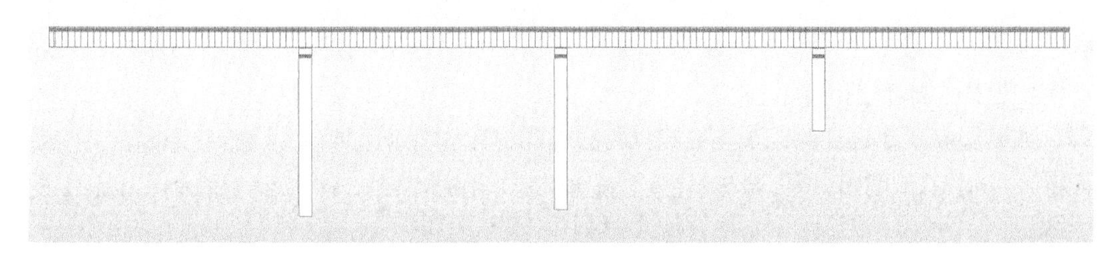

图 A.5 主体模型的建立

模型能否准确模拟桥梁的受力状态很大程度上取决于边界条件的设置。这也是模型建立最关键且最容易出错的一步，这极大地考验了桥梁设计者对桥梁、力学知识的灵活运用能力。

为了成功模拟墩与地面、桥台支座与桥台之间的力学约束，采用“一般支撑”，约束性质采用“固结”，如图 A.6 所示。

本次设计采用弹性连接模拟板式橡胶支座的受力状态。弹性连接的参数设置通过以下计算公式获得：

$$SD_x = E_e A / L \tag{A.1}$$

式中，SD_x 为 x 轴方向刚度；E_e 为弹性模量；A 为支座面积；L 为支座高度（厚度）。

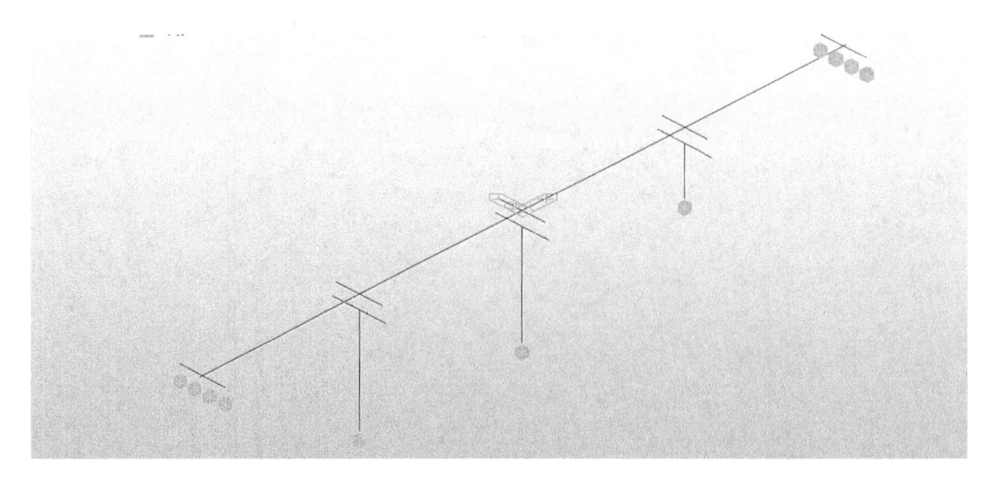

图 A.6　一般支撑

$$SD_y = SD_z = G_e A / L \tag{A.2}$$

式中，SD_y、SD_z分别为y轴、z轴方向刚度；G_e为剪切模量；A为支座面积；L为支座高度（厚度）。

$$SR_x = G_e I_p / L \tag{A.3}$$

式中，SR_x为x轴方向转动刚度；G_e为剪切模量；I_p为截面抗扭惯性矩；L为支座高度（厚度）。

$$SR_y = SR_z = E_e I_y / L \tag{A.4}$$

式中，SR_y、SR_z分别为y轴、z轴方向转动刚度；E_e为弹性模量；I_y为截面抗扭惯性矩；L为支座高度（厚度）。

桥梁支座尺寸设计为1200mm×1200mm×140mm；中间橡胶片厚 tes=13mm，支座面积A=1440000mm^2，形状系数$S=\dfrac{l_{oa} \times l_{ob}}{2t(l_{oa} + l_{ab})}$=23，其中，$l_{oa}$、$l_{ob}$分别为矩形支座加劲钢板短边、长边尺寸；剪切模量$G_e$=1N/mm^2；弹性模量$E_e=5.4G_eS^2$= 2856.6N/mm^2。弹性连接设置如图 A.7 所示。

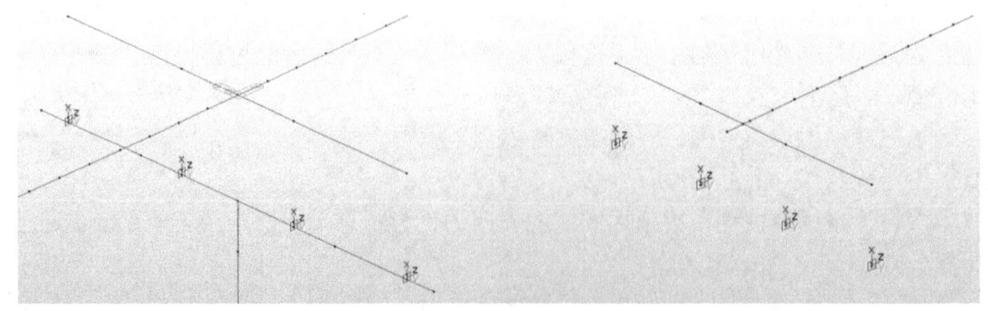

图 A.7　盖梁、桥台处弹性连接

支座各方向参数设置如图 A.8 所示。

号	节点1	节点2	类型	角度([deg])	固定	SDx (kN/m)	SDy (kN/m)	SDz (kN/m)	SRx (kN*m/[rad])	SRy (kN*m/[rad])	SRz (kN*m/[rad])	剪力弹性支承位置	距离比SDy	距离比SDz	组
1	71	51	一般	0.00	000000	3000000	10000.00	10000.00	2400000.00	3500000.00	3500000.00	☐	0.50	0.50	支座组
2	66	46	一般	0.00	000000	3000000	10000.00	10000.00	2400000.00	3500000.00	3500000.00	☐	0.50	0.50	支座组
3	61	41	一般	0.00	000000	3000000	10000.00	10000.00	2400000.00	3500000.00	3500000.00	☐	0.50	0.50	支座组
4	76	56	一般	0.00	000000	3000000	10000.00	10000.00	2400000.00	3500000.00	3500000.00	☐	0.50	0.50	支座组
5	77	57	一般	0.00	000000	3000000	10000.00	10000.00	2400000.00	3500000.00	3500000.00	☐	0.50	0.50	支座组
6	62	42	一般	0.00	000000	3000000	10000.00	10000.00	2400000.00	3500000.00	3500000.00	☐	0.50	0.50	支座组
7	67	47	一般	0.00	000000	3000000	10000.00	10000.00	2400000.00	3500000.00	3500000.00	☐	0.50	0.50	支座组
8	72	52	一般	0.00	000000	3000000	10000.00	10000.00	2400000.00	3500000.00	3500000.00	☐	0.50	0.50	支座组
9	68	48	一般	0.00	000000	3000000	10000.00	10000.00	2400000.00	3500000.00	3500000.00	☐	0.50	0.50	支座组
10	73	53	一般	0.00	000000	3000000	10000.00	10000.00	2400000.00	3500000.00	3500000.00	☐	0.50	0.50	支座组
11	63	43	一般	0.00	000000	3000000	10000.00	10000.00	2400000.00	3500000.00	3500000.00	☐	0.50	0.50	支座组
12	78	58	一般	0.00	000000	3000000	10000.00	10000.00	2400000.00	3500000.00	3500000.00	☐	0.50	0.50	支座组
13	74	54	一般	0.00	000000	3000000	10000.00	10000.00	2400000.00	3500000.00	3500000.00	☐	0.50	0.50	支座组
14	69	49	一般	0.00	000000	3000000	10000.00	10000.00	2400000.00	3500000.00	3500000.00	☐	0.50	0.50	支座组
15	64	44	一般	0.00	000000	3000000	10000.00	10000.00	2400000.00	3500000.00	3500000.00	☐	0.50	0.50	支座组
16	79	59	一般	0.00	000000	3000000	10000.00	10000.00	2400000.00	3500000.00	3500000.00	☐	0.50	0.50	支座组
17	70	50	一般	0.00	000000	3000000	10000.00	10000.00	2400000.00	3500000.00	3500000.00	☐	0.50	0.50	支座组
18	65	45	一般	0.00	000000	3000000	10000.00	10000.00	2400000.00	3500000.00	32000000.00	☐	0.50	0.50	支座组
19	80	60	一般	0.00	000000	3000000	10000.00	10000.00	2400000.00	3500000.00	32000000.00	☐	0.50	0.50	支座组
20	75	55	一般	0.00	000000	3000000	10000.00	10000.00	2400000.00	3500000.00	32000000.00	☐	0.50	0.50	支座组

图 A.8 弹性连接参数

为了使主梁更好地与支座相连，采用虚构梁做主梁的横向连接，虚构梁理论上质量为 0，刚度无穷大。在 Midas Civil 中无法识别无穷大的参数，所以需要采用一定数值进行模拟。同时，为了视觉美观，将截面设置得很小，如图 A.9 所示。

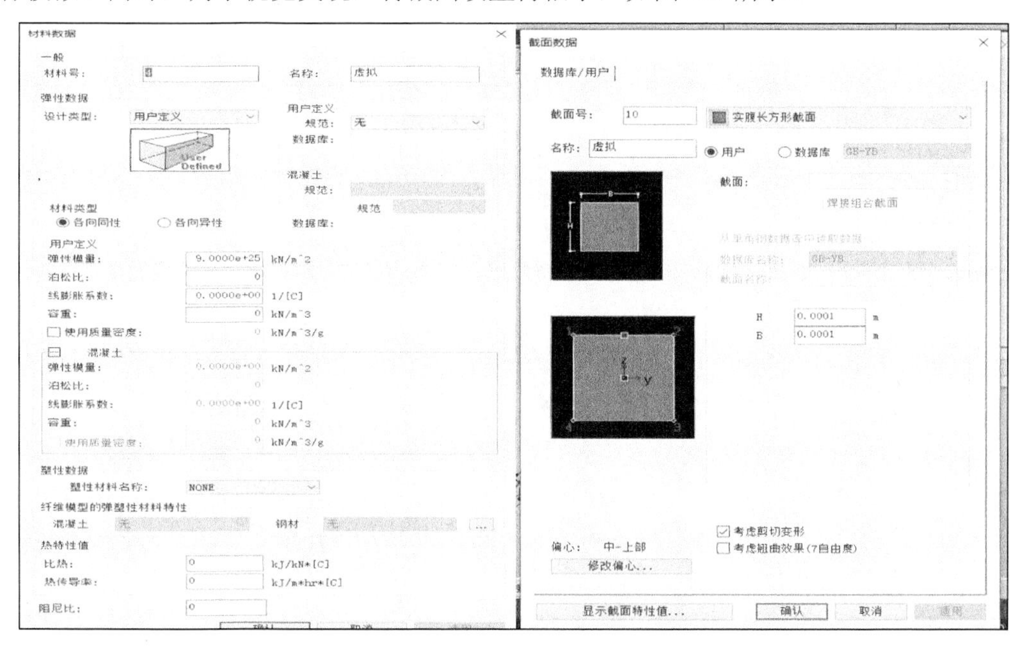

图 A.9 虚构梁材料、尺寸特性定义

虚构梁与支座之间采用刚性连接，如图 A.10 所示。

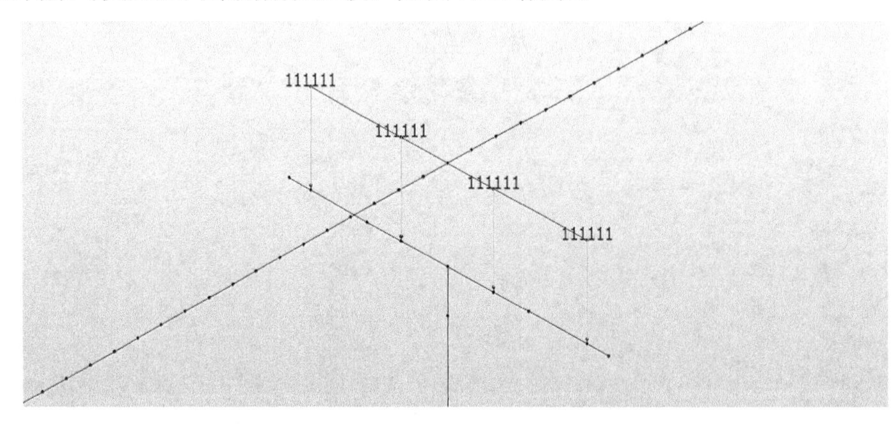

图 A.10　虚构梁与支座刚性连接定义

4. 荷载的添加

（1）定义静力荷载工况，本次设计考虑静力荷载有自重、二期铺装（图中简称二期）、预应力、整体升/降温、梯度升/降温。其中自重、二期铺装属于恒荷载。预应力荷载类型属于预应力，整体升/降温、梯度升/降温属于温度梯度。静力荷载工况定义如图 A.11 所示。

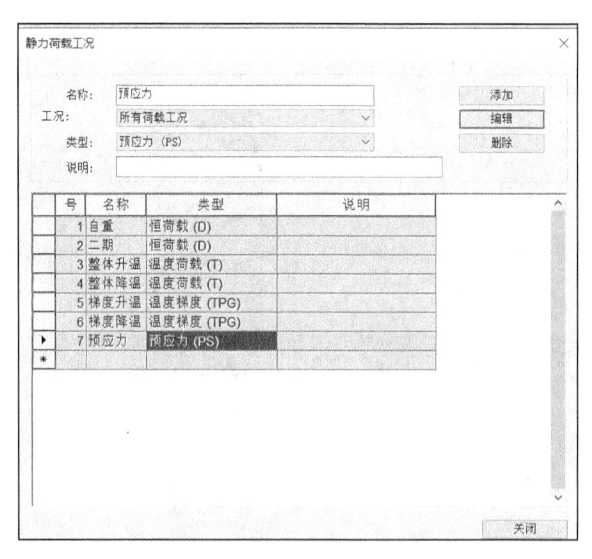

图 A.11　静力荷载工况定义

（2）添加一期荷载自重，因为混凝土容重为 25kN/m^3，未考虑钢筋重量，所以 z 方向系数取-1.04 估算整体钢筋混凝土的重量。自重定义如图 A.12 所示。在这一步可以运行查看弯矩图进行检验。自重下弯矩图如图 A.13 所示。

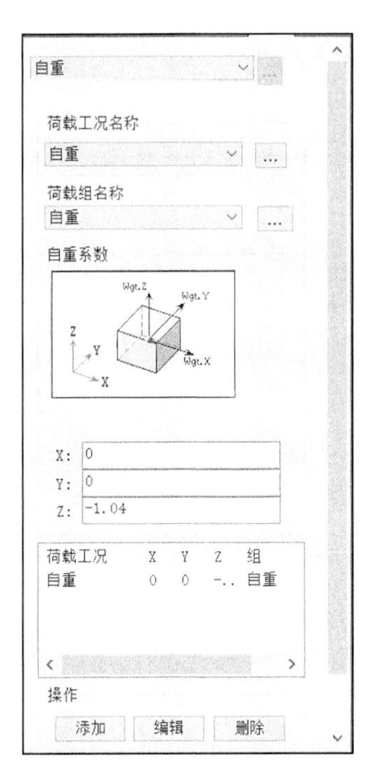

图 A.12 自重定义

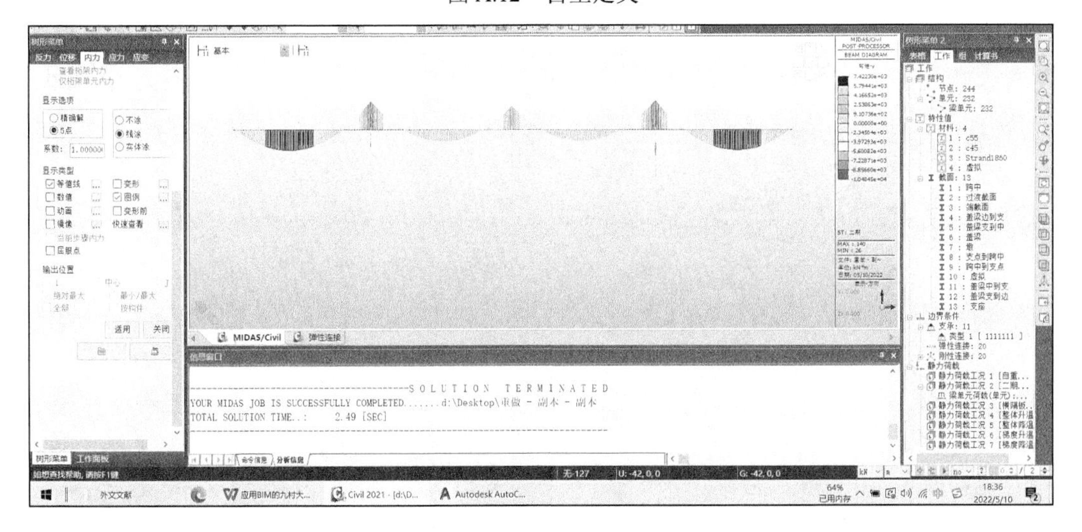

图 A.13 自重下弯矩图

（3）添加二期铺装荷载，其为均布荷载，用梁单元荷载模拟。沥青容重 23kN/m^3，混凝土容重为 25kN/m^3，由下式计算得到二期铺装荷载，荷载集度 w 为 66.66kN/m。二期铺装荷载图如图 A.14 所示。

$q_{铺装}$=(0.08×7×23+0.06×7×0.5×25)×2=36.26kN/m

$q_{人+防}$=30.4kN/m

$w=q=q_{铺装}+q_{人+防}$=66.66kN/m

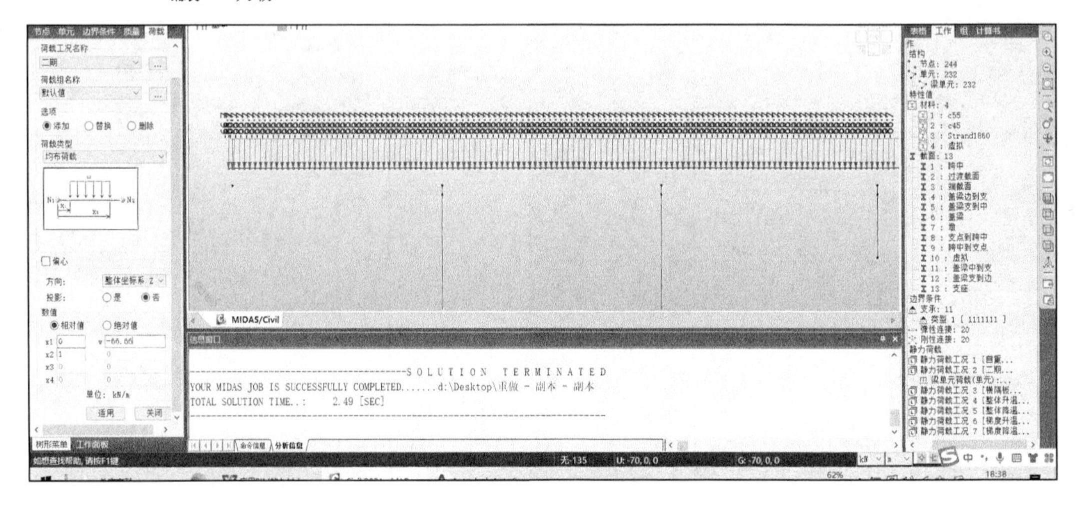

图 A.14　二期铺装荷载图

（4）预应力荷载定义，预应力钢绞线的布置设计及其荷载的定义均在这一步添加。

第一步，设置钢绞线特性，采用 1860MPa 高强低松弛钢绞线。每根钢束由 15 根 15.2mm 钢绞线组成。成孔方式采用预埋金属波纹管，导管直径为 0.102m，钢束与孔道摩擦系数为 0.25，管道每米局部偏差的摩擦影响系数为 0.0015。具体设置如图 A.15 所示。

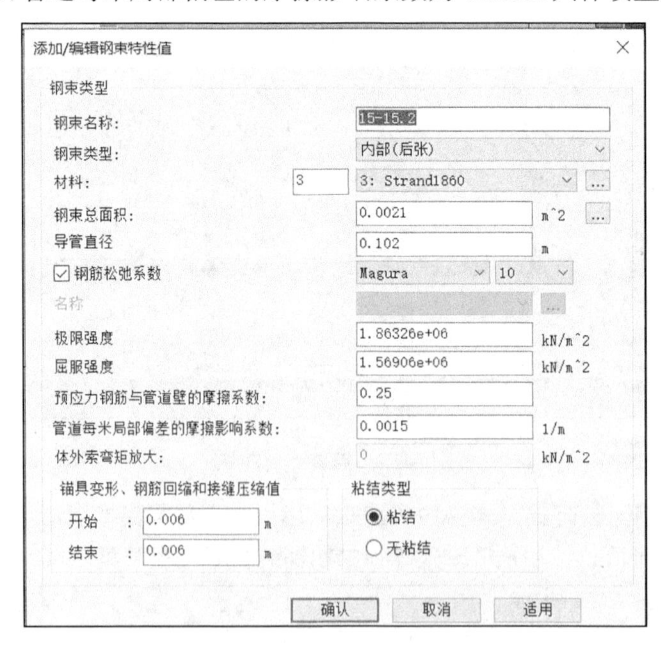

图 A.15　钢束特性图

第二步，定义钢束形状，本桥梁位于海边，如果桥梁出现裂缝，会导致钢筋锈蚀、桥梁老化，所以对抗裂的要求高。每个腹板布置四排钢绞线，每排四根。底板处布置13组钢绞线，每组三根。钢束形状定义如图A.16所示，弯曲钢束坐标如图A.17所示，全桥预应力钢束形状与布置图如图A.18所示。

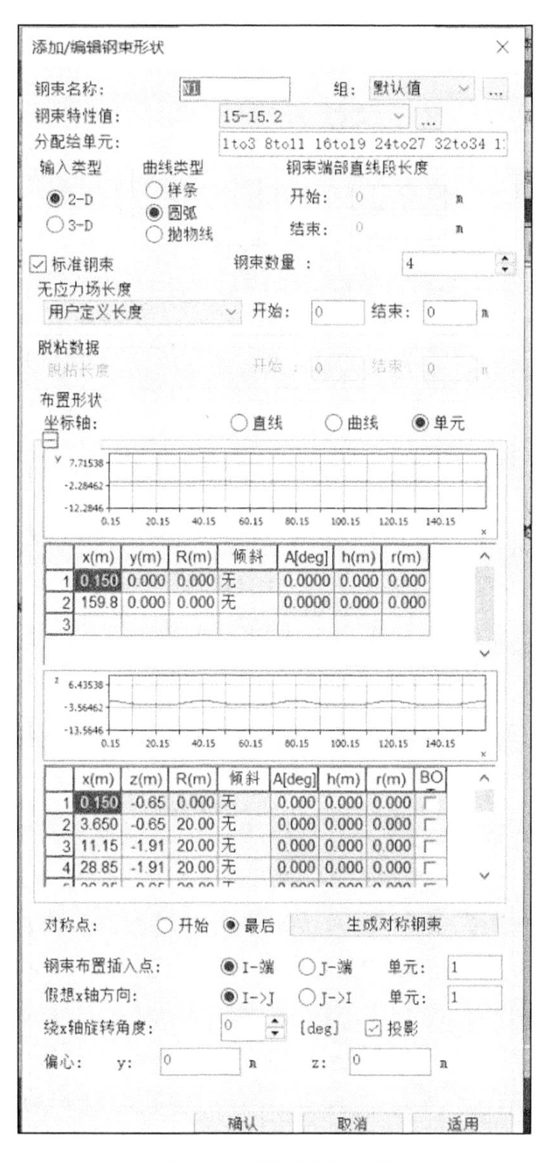

图A.16　钢束形状定义

N1	x	z	r	N2	x	z	r	N3	x	z	r	N4	x	z	r
	0.15	-0.65	0		0.15	-1.175	0		0.15	-1.7	0		0.15	-2.225	0
	3.65	-0.65	20		3.15	-1.175	20		2.65	-1.7	20		2.15	-2.225	20
	11.15	-1.91	20		10.65	-2.12	20		10.15	-2.33	20		9.65	-2.54	20
	28.85	-1.91	20		29.35	-2.12	20		29.85	-2.33	20		30.35	-2.54	20
	36.35	-0.65	20		36.85	-1.175	20		37.35	-1.7	20		37.85	-2.225	20
	40	-0.65	0		40	-1.175	0		40	-1.7	0		40	-2.225	0
	43.65	-0.65	20		43.15	-1.175	20		42.65	-1.7	20		42.15	-2.225	20
	51.15	-1.91	20		50.65	-2.12	20		50.15	-2.33	20		49.65	-2.54	20
	68.85	-1.91	20		69.35	-2.12	20		69.85	-2.33	20		70.35	-2.54	20
	76.35	-0.65	20		76.85	-1.175	20		77.35	-1.7	20		77.85	-2.225	20
	80	-0.65	0		80	-1.175	0		80	-1.7	0		80	-2.225	0
	83.65	-0.65	15		83.15	-1.175	20		82.65	-1.7	20		82.15	-2.225	20
	91.15	-1.91	15		90.65	-2.12	20		90.15	-2.33	20		89.65	-2.54	20
	108.85	-1.91	15		109.35	-2.12	20		109.85	-2.33	20		110.35	-2.54	20
	116.35	-0.65	15		116.85	-1.175	20		117.35	-1.7	20		117.85	-2.225	20
	120	-0.65	0		120	-1.175	0		120	-1.7	0		120	-2.225	0
	123.65	-0.65	20		123.15	-1.175	20		122.65	-1.7	20		122.15	-2.225	20
	131.15	-1.91	20		130.65	-2.12	20		130.15	-2.33	20		129.65	-2.54	20
	148.85	-1.91	20		149.35	-2.12	20		149.85	-2.33	20		150.35	-2.54	20
	156.35	-0.65	20		156.85	-1.175	20		157.35	-1.7	20		157.85	-2.225	20
	159.85	-0.65	0		159.85	-1.175	0		159.85	-1.7	0		159.85	-2.225	0

图 A.17　弯曲钢束坐标

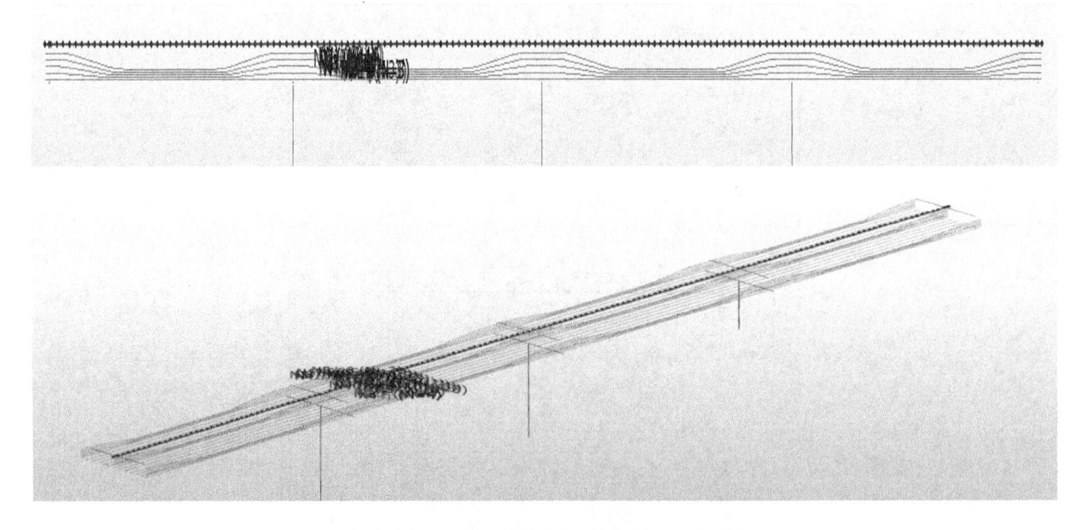

图 A.18　全桥预应力钢束形状与布置图

第三步，设置张拉预应力筋产生的荷载。采用两端张拉的方式，张拉控制应力不能超过 1860MPa 的 75%，本次设计采用 1150MPa。具体设置如图 A.19 所示。

（5）定义移动荷载，移动荷载为车辆荷载。首先选择“China”作为移动荷载参考的规范，如图 A.20 所示。

（6）单击交通车道线，分别定义四条双向车道和两侧人行道。偏心距离按实际车道位置选取，车轮间距固定为 40m，跨径为 40m，移动方向为往返。具体设置如图 A.21 所示。

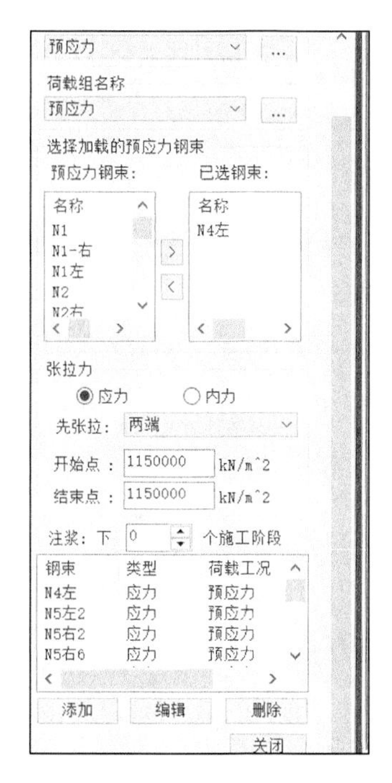

图 A.19　设置张拉预应力筋产生的荷载

图 A.20　定义移动荷载

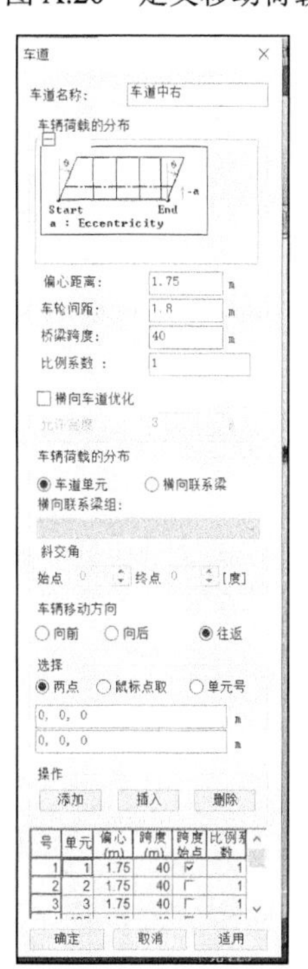

图 A.21　车道线定义

车道荷载在桥梁上的布置情况如图 A.22 所示。

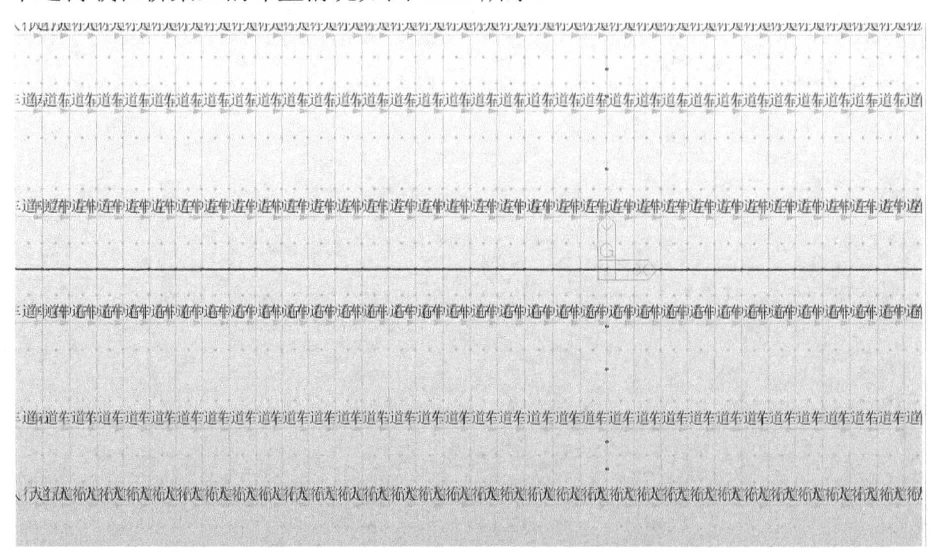

图 A.22 车道荷载在桥梁上的布置情况

（7）定义车辆、人群荷载。本桥梁为二级公路，移动荷载为公路汽车-I 级荷载。车辆、人群荷载布置如图 A.23 所示。

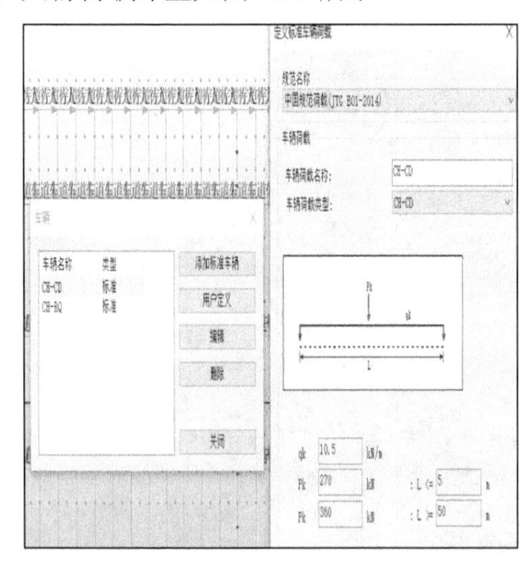

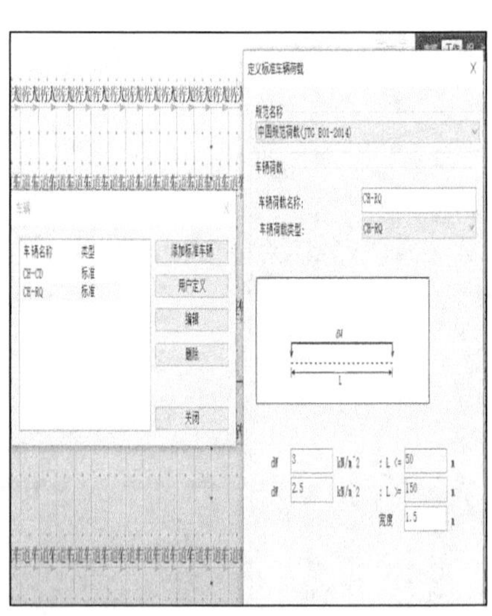

图 A.23 车辆、人群荷载布置 1

之后定义车道与人群荷载工况，将车辆荷载进行相应的组合，具体如图 A.24 所示。

（8）设置“移动荷载分析控制数据”。单击“分析”→“移动荷载分析控制数据”，在弹出的如图 A.25 所示对话框中将结构基频方法设置为“连续梁”。其中，m_c 为主梁上每米的单位质量，I_c 为主梁截面的 I_{yy}（抗弯惯性矩）。

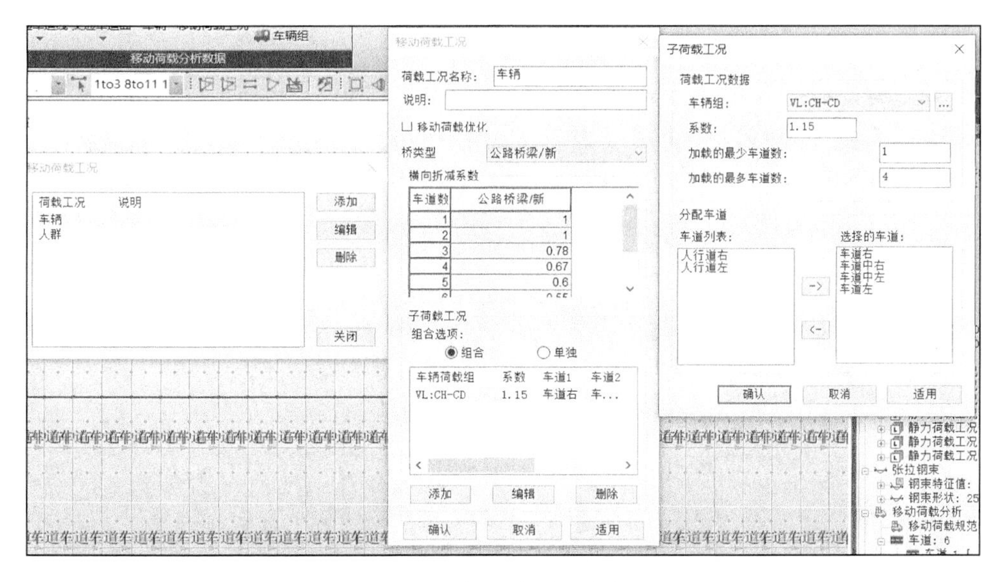

图 A.24　车辆、人群荷载布置 2

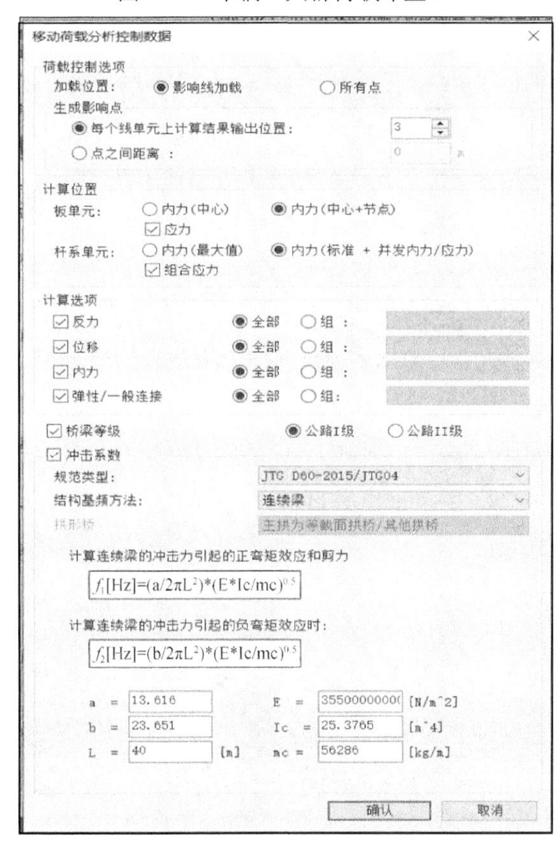

图 A.25　“移动荷载分析控制数据”设置

（9）温度荷载设计。

该工况最高温度设为 34℃，最低温度设为-10℃。为模拟成桥的受力形态，需要定义整体升/降温，以及梯度升/降温。

采用“单元温度”设置整体升/降温，其表格如图 A.26 所示。

1	整体升	34.00	默认
1	整体降	-10.00	默认
2	整体升	34.00	默认
2	整体降	-10.00	默认
3	整体升	34.00	默认
3	整体降	-10.00	默认
8	整体升	34.00	默认
8	整体降	-10.00	默认
9	整体升	34.00	默认
9	整体降	-10.00	默认
10	整体升	34.00	默认
10	整体降	-10.00	默认
11	整体升	34.00	默认
11	整体降	-10.00	默认
16	整体升	34.00	默认
16	整体降	-10.00	默认
17	整体升	34.00	默认
17	整体降	-10.00	默认
18	整体升	34.00	默认
18	整体降	-10.00	默认
19	整体升	34.00	默认
19	整体降	-10.00	默认
24	整体升	34.00	默认
24	整体降	-10.00	默认
25	整体升	34.00	默认
25	整体降	-10.00	默认
26	整体升	34.00	默认
26	整体降	-10.00	默认
27	整体升	34.00	默认

图 A.26　整体升/降温图

采用“梁截面温度”设置梯度升/降温，其定义如图 A.27 所示。

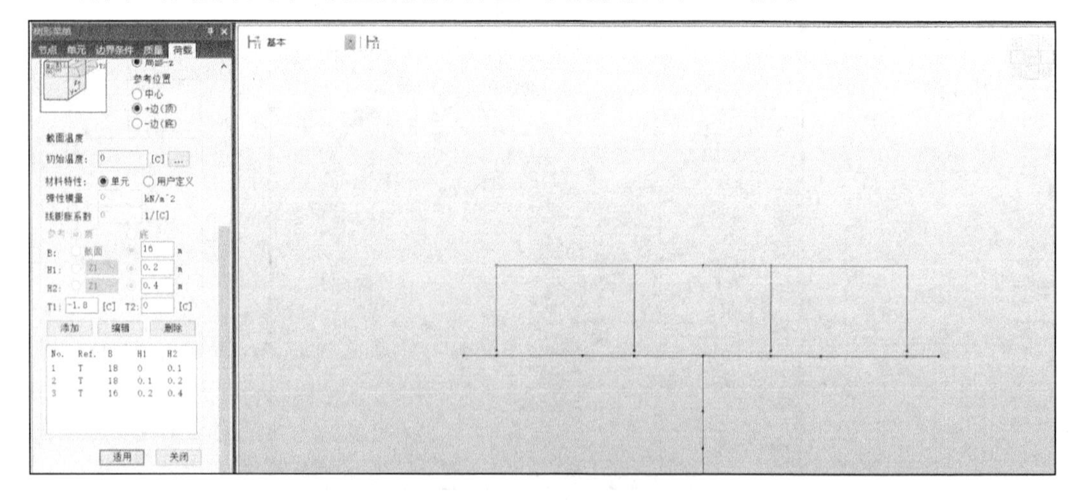

图 A.27　梯度升/降温图

5. 普通钢筋布置

单击菜单栏中的“特性”→“截面管理器”→“钢筋”，在弹出的对话框中设置钢筋参数。纵筋采用ϕ22 钢筋，围绕截面形状进行布置。抗剪箍筋采用ϕ16 钢筋，间距为0.125m。抗扭钢筋根据腹板布置 6 根，间距也为 0.125m。钢筋均为 HRB400 级别。跨中截面、过渡截面、端截面纵向钢筋布置形式如图 A.28～图 A.30 所示。抗剪箍筋设置如图 A.31 所示。

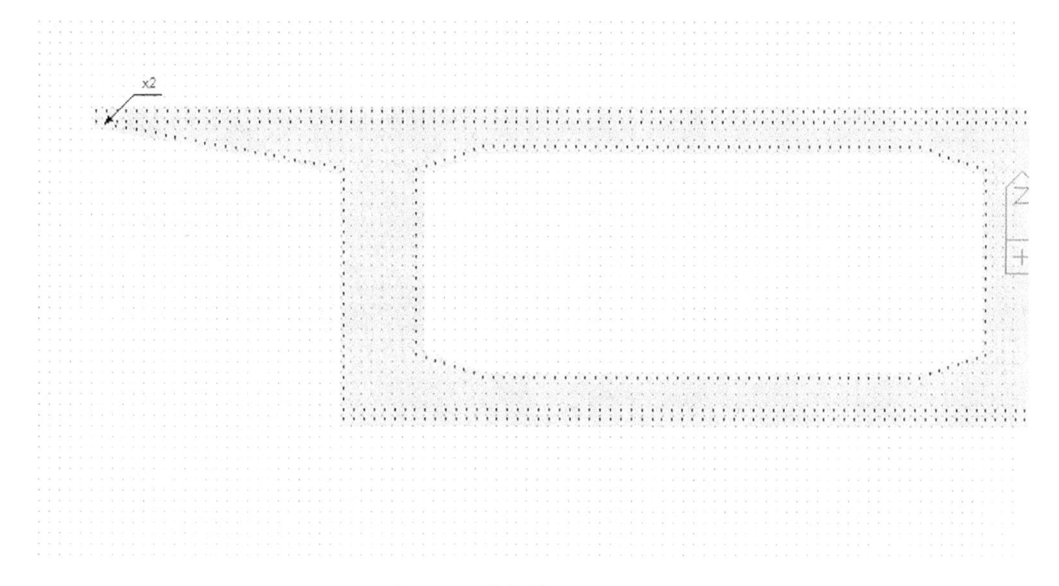

图 A.28　跨中截面钢筋布置图

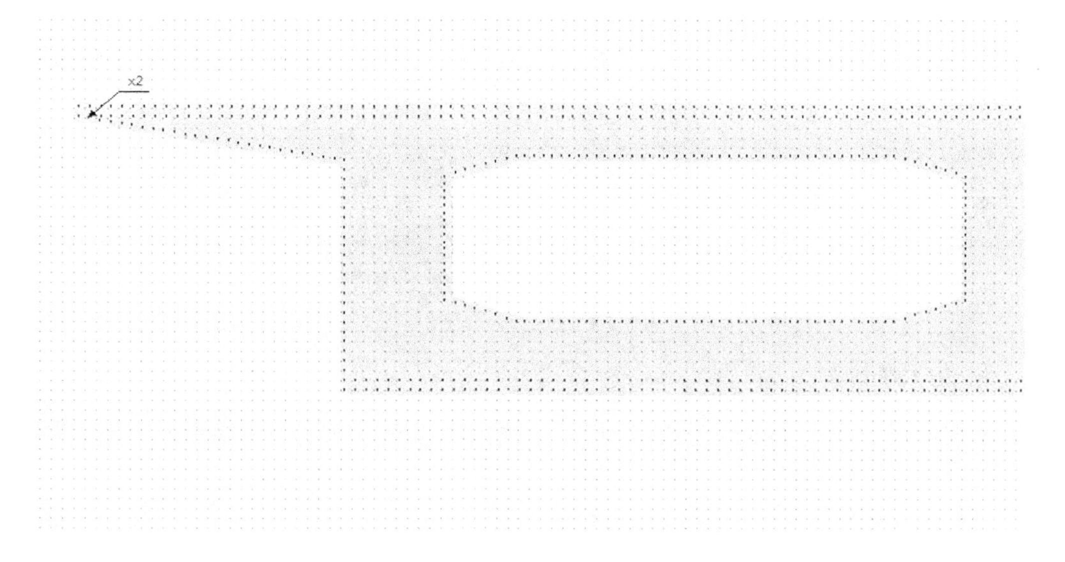

图 A.29　过渡截面钢筋布置图

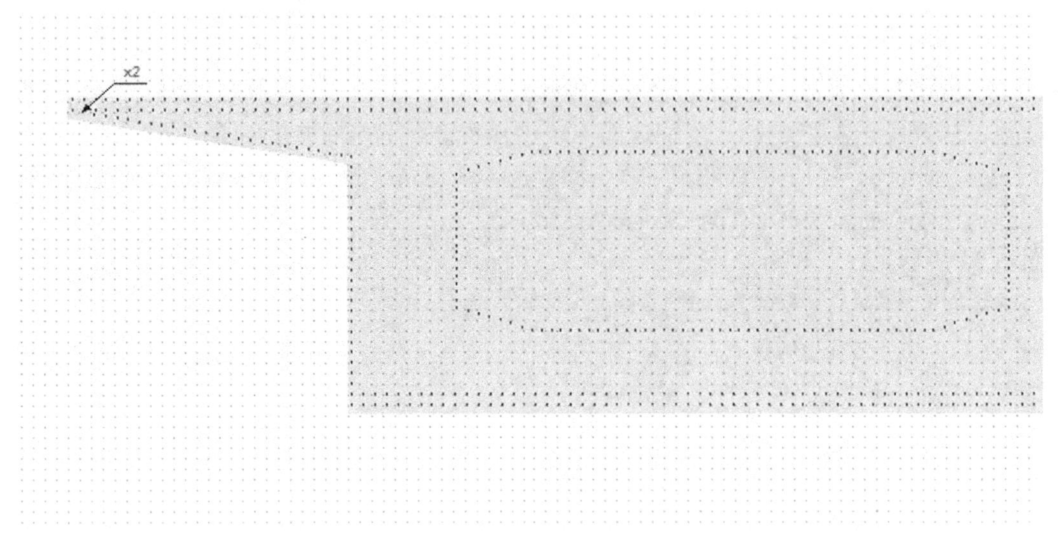

图 A.30　端截面纵向钢筋布置图

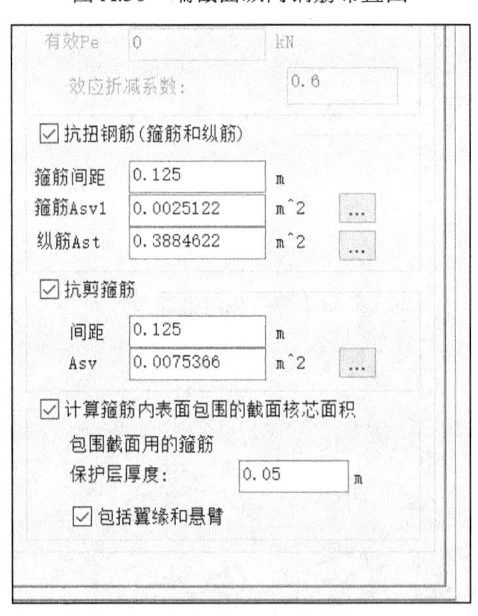

图 A.31　抗剪箍筋设置图

6. 施工阶段定义

首先，单击菜单栏中的“分析”→“主控数据”，在弹出的“主控数据”对话框中对主控数据进行设置，如图 A.32 所示。

主控数据

☑ 约束桁架/平面应力/实体单元的旋转自由度
☑ 约束板的旋转自由度
仅受拉 / 仅受压单元(弹性连接)
迭代次数(荷载工况)： 20
收敛误差： 0.001
☐ 在应力计算中考虑截面刚度调整系数
☑ 转换从属节点反力为主节点反力
☐ 计算等效梁单元应力 (Von-Mises and Max-Shear)
☑ 在PSC截面刚度计算中考虑普通钢筋
☐ 修改变截面局部坐标轴进行内力/应力计算
确定　取消

图 A.31　主控数据设置

在定义施工阶段前，需要先在主梁的对应节点上用一般支撑设置支架边界。最左侧的一般支撑约束 D_X、D_Y、D_Z、R_X。其中，D_X、D_Y、D_Z 分别为 x 轴、y 轴、z 轴方向位移；R_X 为 x 轴方向转角。其他节点的一般支撑只约束 D_Y、D_Z 即可。这么做的目的是模拟主梁浇筑施工过程中支架所起的力学作用，如图 A.32 所示。

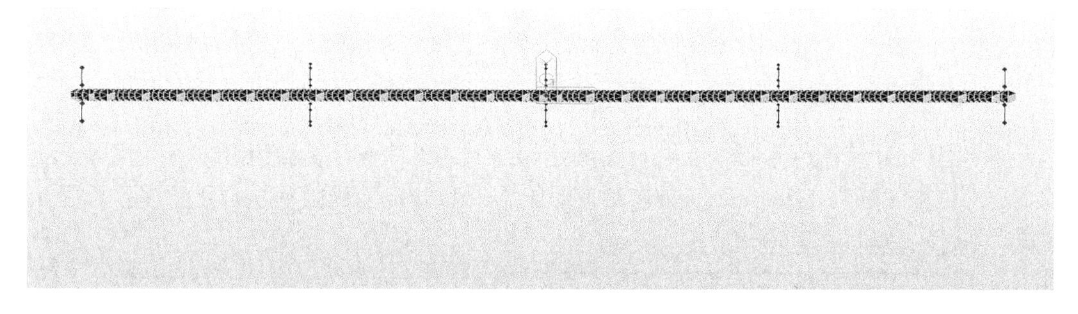

图 A.32　支架设置图

然后，定义施工阶段。在这一步将对整个桥梁建设的整个施工阶段进行定义。施工阶段定义如图 A.33 所示。

施工阶段

名称	持续时间	日期	步骤	结果
主梁浇筑	10	10	0	施工阶段
预应力...	1	11	0	施工阶段
撤销支架	2	13	0	施工阶段
桥面铺装	20	33	0	施工阶段
收缩徐变	3650	3683	0	施工阶段

添加　前插　后插　生成　编辑/显示　删除　关闭

图 A.33　施工阶段定义图

单击“分析”→“定义施工阶段分析控制数据”，在弹出的“施工阶段分析控制数据”对话框中对各种数据进行定义，如图 A.34 所示。

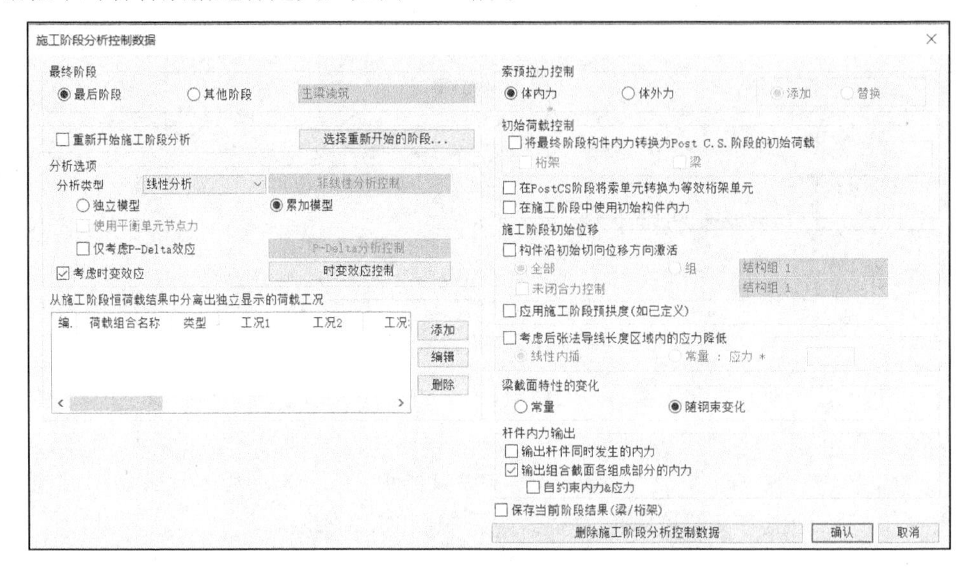

图 A.34 “施工阶段分析控制数据”对话框

7. 运行结果查看分析

将模型运行结束后，在“结果”模块处单击“结果”→“荷载组合”→“混凝土设计”→“自动生成”。Midas Civil 会自动按照结构的承载能力极限状态与正常使用极限状态进行组合，如图 A.35 所示。

号	名称	激活	类型	E	说明
1	基本1	基本组	相加		基本组合(永久荷载
2	基本2	基本组	相加		基本: 1.2(cD)+1.2(
3	基本3	基本组	相加		基本: 1.2(cD)+1.2(
4	基本4	基本组	相加		基本: 1.2(cD)+1.2(
5	基本5	基本组	相加		基本: 1.2(cD)+1.2(
6	基本6	基本组	相加		基本: 1.2(cD)+1.2(
7	基本7	基本组	相加		基本: 1.2(cD)+1.2(
8	基本8	基本组	相加		基本: 1.2(cD)+1.2(
9	基本9	基本组	相加		基本: 1.2(cD)+1.2(
10	基本10	基本组	相加		基本: 1.2(cD)+1.2(
11	基本11	基本组	相加		基本: 1.2(cD)+1.2(
12	基本12	基本组	相加		基本: 1.2(cD)+1.2(
13	基本13	基本组	相加		基本: 1.2(cD)+1.2(
14	基本14	基本组	相加		基本: 1.2(cD)+1.2(
15	基本15	基本组	相加		基本: 1.2(cD)+1.2(
16	基本16	基本组	相加		基本: 1.2(cD)+1.2(
17	基本17	基本组	相加		基本组合(永久荷载
18	基本18	基本组	相加		基本: 1.0(cD)+1.0(
19	基本19	基本组	相加		基本: 1.0(cD)+1.0(
20	基本20	基本组	相加		基本: 1.0(cD)+1.0(
21	基本21	基本组	相加		基本: 1.0(cD)+1.0(
22	基本22	基本组	相加		基本: 1.0(cD)+1.0(

荷载工况	系数
恒荷载(CS)	1.2000
钢束二次(CS)	1.2000
徐变二次(CS)	1.0000
收缩二次(CS)	1.0000

图 A.35 荷载组合图

单击“结果”→“内力”→“梁单元内力图”，如图 A.36 所示，选择想要的荷载组合及内力，便可得到相应的结构内力图。其基本组合 1 作用下的弯矩如图 A.37 所示。

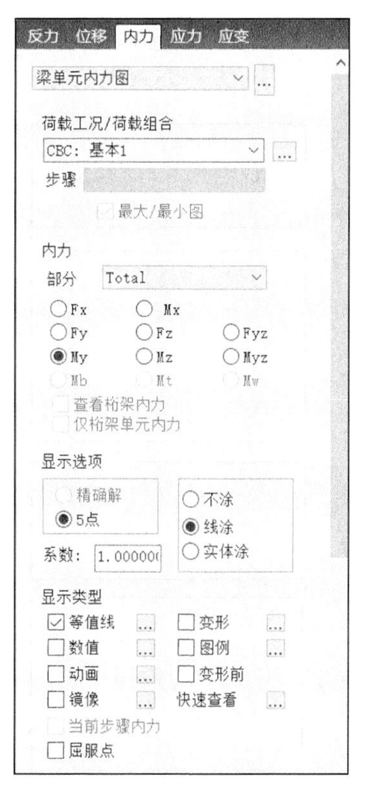

图 A.36 “梁单元内力图”设置界面

图 A.37 基本组合 1 作用下的弯矩

8. PSC 设计

（1）单击“PSC”→“参数”，在弹出的“PSC 设计参数”对话框中设置 PSC 设计参数，如图 A.38 所示。

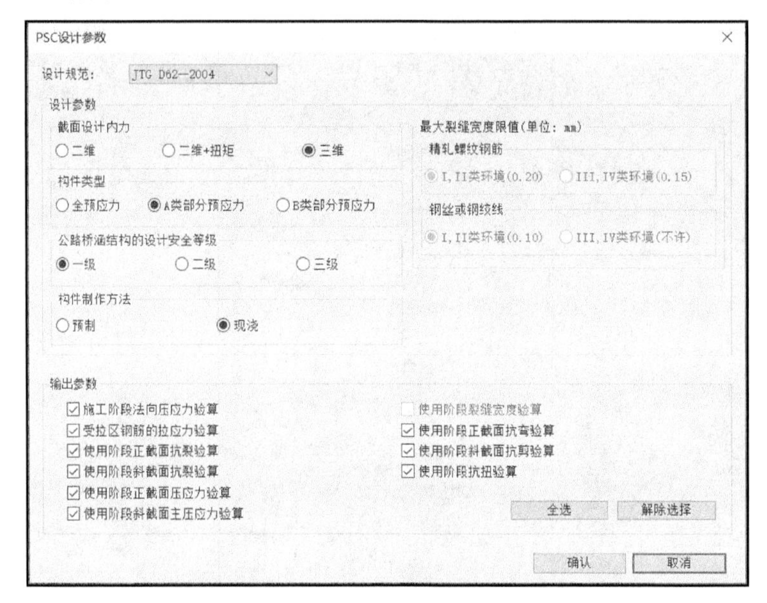

图 A.38 “PSC 设计参数”对话框

注意：本模型建立时采用的是“JTG D62—2004”，读者参照时，可自主选择新规范 JTG 3362—2018。

（2）单击“PSC”→“PSC 设计材料”，在弹出的对话框中设置钢筋混凝土的材料特性，如图 A.39 所示。

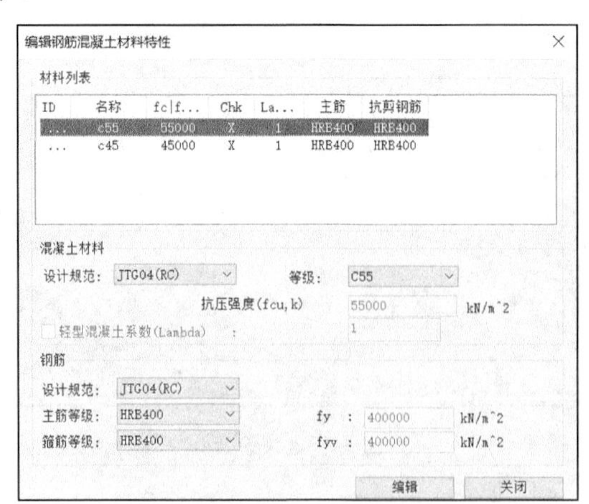

图 A.39 设置钢筋混凝土的材料特性

（3）单击“PSC”→“输出/位置”，弹出如图 A.40 所示对话框，其设计位置、输出位置均选取全部单元。

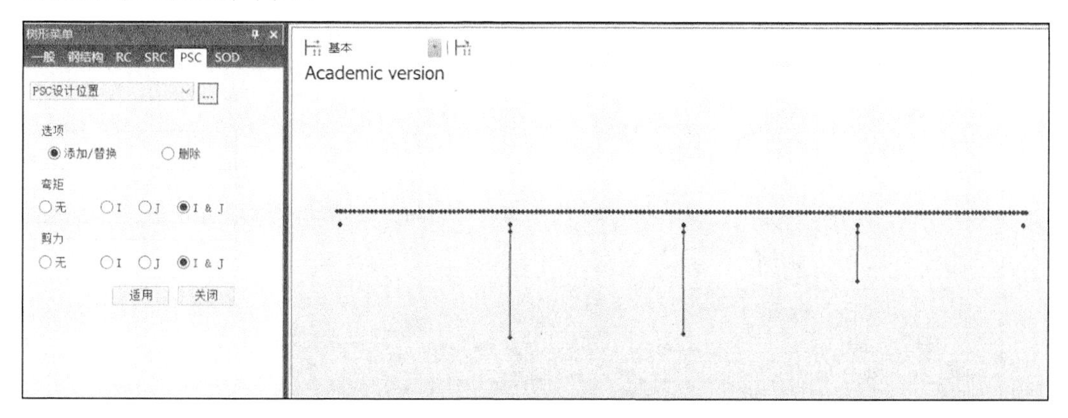

图 A.40　设置设计位置和输出位置

（4）单击“PSC”→“PCS 裂缝宽度系数”，依然选取全部单元。根据规范要求输入裂缝系数，如图 A.41 所示。

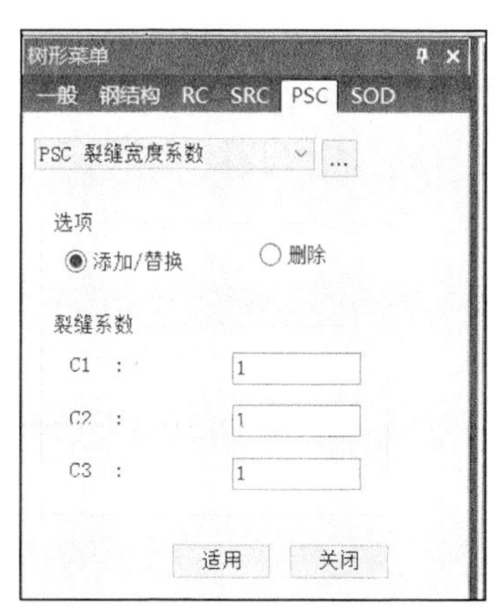

图 A.41　输入裂缝系数

（5）单击“运行设计”→“梁设计”，软件便可进行运算。运算结束后，单击“结果表格”便可查看 PSC 分析结果。PSC 分析结果如下。

① 施工阶段法向压应力验算，按照下式计算，如图 A.42 所示。

$$\sigma_{cc}^{t} \leqslant 0.70 f_{ck}^{t} \tag{A.5}$$

式中，σ_{cc}^{t} 为受压区混凝土边缘纤维应力；f_{ck}^{t} 为混凝土抗压强度标准值。

② 受拉区钢筋的拉应力验算，按照下式计算，如图 A.43 所示。

$$\sigma_{pe} + \sigma_{p} \leqslant 0.65 f_{pk} \tag{A.6}$$

式中，σ_{pe} 为受拉钢筋应力；σ_{p} 为受拉钢绞线应力；f_{pk} 为钢筋抗拉强度标准值。

单元	位置	最大/最小	阶段	验算	Sig_T (kN/m^2)	Sig_B (kN/m^2)	Sig_TL (kN/m^2)	Sig_BL (kN/m^2)	Sig_TR (kN/m^2)	Sig_BR (kN/m^2)	Sig_MAX (kN/m^2)	Sig_ALW (kN/m^2)
1	I[1]	最小	预应力张	OK	-294.7152	106.4316	-294.7152	106.4316	-294.7152	106.4316	-294.7152	-1534.4000
1	I[1]	最大	预应力张	OK	-294.7152	106.4316	-294.7152	106.4316	-294.7152	106.4316	106.4316	19880.0000
1	J[2]	最小	撤销支架	OK	-442.6644	9503.3407	-442.6644	9503.3407	-442.6644	9503.3407	-442.6644	-1534.4000
1	J[2]	最大	撤销支架	OK	-442.6644	9503.3407	-442.6644	9503.3407	-442.6644	9503.3407	9503.3407	19880.0000
2	I[2]	最大	桥面铺装	OK	125.7671	8847.6549	125.7666	8847.6545	125.7676	8847.6553	8847.6553	19880.0000
2	I[2]	最小	主梁浇筑	OK	-1.2571	1.3830	-1.2571	1.3830	-1.2571	1.3830	-1.2571	-1534.4000
2	J[3]	最小	主梁浇筑	OK	-1.7472	1.9224	-1.7472	1.9224	-1.7472	1.9224	-1.7472	-1534.4000
2	J[3]	最大	桥面铺装	OK	319.6152	8632.7441	319.6147	8632.7437	319.6157	8632.7444	8632.7444	19880.0000
3	I[3]	最小	主梁浇筑	OK	-1.2675	2.7655	-1.2675	2.7655	-1.2675	2.7655	-1.2675	-1534.4000
3	I[3]	最大	桥面铺装	OK	2287.1564	10915.8463	2287.1551	10915.8455	2287.1576	10915.8472	10915.8472	19880.0000
3	J[4]	最大	撤销支架	OK	4385.4603	13911.4429	4385.4590	13911.4420	4385.4615	13911.4439	13911.4439	19880.0000
3	J[4]	最小	主梁浇筑	OK	-2.0474	0.7518	-2.0474	0.7518	-2.0474	0.7518	-2.0474	-1534.4000
8	I[8]	最小	主梁浇筑	OK	-3.1804	2.1420	-3.1804	2.1420	-3.1804	2.1420	-3.1804	-1534.4000
8	I[8]	最大	撤销支架	OK	9988.9990	7962.7942	9989.0013	7962.7959	9988.9967	7962.7925	9989.0013	19880.0000
8	J[9]	最小	主梁浇筑	OK	-2.6964	4.3488	-2.6964	4.3488	-2.6964	4.3488	-2.6964	-1534.4000
8	J[9]	最大	撤销支架	OK	7564.5165	5606.2641	7564.5185	5606.2656	7564.5145	5606.2626	7564.5185	19880.0000
9	I[9]	最小	主梁浇筑	OK	-3.0519	3.3584	-3.0519	3.3584	-3.0519	3.3584	-3.0519	-1534.4000
9	I[9]	最大	撤销支架	OK	5047.6060	3690.2318	5047.6072	3690.2327	5047.6049	3690.2310	5047.6072	19880.0000
9	J[10]	最小	主梁浇筑	OK	-3.1899	3.5104	-3.1899	3.5104	-3.1899	3.5104	-3.1899	-1534.4000
9	J[10]	最大	撤销支架	OK	4733.1470	4006.3803	4733.1482	4006.3812	4733.1458	4006.3794	4733.1482	19880.0000
10	I[10]	最大	撤销支架	OK	4733.4632	4001.2859	4733.4642	4001.2866	4733.4621	4001.2851	4733.4642	19880.0000
10	I[10]	最小	主梁浇筑	OK	-3.1911	3.5118	-3.1911	3.5118	-3.1911	3.5118	-3.1911	-1534.4000
10	J[11]	最小	主梁浇筑	OK	-3.0523	3.3590	-3.0523	3.3590	-3.0523	3.3590	-3.0523	-1534.4000
10	J[11]	最大	撤销支架	OK	5125.4704	3577.3288	5125.4714	3577.3296	5125.4693	3577.3280	5125.4714	19880.0000
11	I[11]	最小	主梁浇筑	OK	-2.6968	4.3495	-2.6968	4.3495	-2.6968	4.3495	-2.6968	-1534.4000

施工阶段法向压应力验算

MIDAS/Civil　受拉区钢筋的拉应力验算　施工阶段法向压应力验算

图 A.42　施工阶段法向压应力图

钢束	验算	Sig_DL (kN/m^2)	Sig_LL (kN/m^2)	Sig_ADL (kN/m^2)	Sig_ALL (kN/m^2)
N1	OK	958952.0933	1036205.2050	1395000.0000	1209000.0000
N1左	OK	958952.0933	1036205.2121	1395000.0000	1209000.0000
N1-右	OK	958952.0933	1036205.1980	1395000.0000	1209000.0000
N2	OK	970950.0102	1043860.6991	1395000.0000	1209000.0000
N2右	OK	970950.0102	1043860.6916	1395000.0000	1209000.0000
N2左	OK	970950.0102	1043860.7065	1395000.0000	1209000.0000
N3	OK	993636.0563	1059187.2096	1395000.0000	1209000.0000
N3右	OK	993636.0563	1059187.1994	1395000.0000	1209000.0000
N3左	OK	993636.0563	1059187.2198	1395000.0000	1209000.0000
N4	OK	1024847.4821	1074926.6926	1395000.0000	1209000.0000
N4右	OK	1024847.4821	1074926.6801	1395000.0000	1209000.0000
N4左	OK	1024847.4821	1074926.7050	1395000.0000	1209000.0000
N5	OK	1060780.1589	1091221.9600	1395000.0000	1209000.0000
N5右	OK	1060780.1589	1091221.9594	1395000.0000	1209000.0000
N5左1	OK	1060780.1589	1091221.9607	1395000.0000	1209000.0000
N5右2	OK	1060780.1589	1091221.9588	1395000.0000	1209000.0000
N5左2	OK	1060780.1589	1091221.9613	1395000.0000	1209000.0000
N5左3	OK	1060780.1589	1091221.9620	1395000.0000	1209000.0000
N5右3	OK	1060780.1589	1091221.9581	1395000.0000	1209000.0000
N5左4	OK	1060780.1589	1091221.9627	1395000.0000	1209000.0000
N5右4	OK	1060780.1589	1091221.9574	1395000.0000	1209000.0000
N5右5	OK	1060780.1589	1091221.9568	1395000.0000	1209000.0000
N5左5	OK	1060780.1589	1091221.9633	1395000.0000	1209000.0000
N5右6	OK	1060780.1589	1091221.9562	1395000.0000	1209000.0000
N5左6	OK	1060780.1589	1091221.9639	1395000.0000	1209000.0000

受拉区钢筋的拉应力验算

图 A.43　受拉区钢筋的拉应力验算图

③ 使用阶段正截面抗裂验算，按照下式计算，如图 A.44 所示。

$$\sigma_{st} - 0.85\sigma_{pc} \leqslant 0 \tag{A.7}$$

式中，σ_{st} 为在作用频遇组合下构件抗裂验算截面边缘混凝土的法向拉应力；σ_{pc} 为扣除全部预应力损失后在抗裂验算边缘混凝土的预压力。

单元	位置	组合名称	短/长	类型	验算	Sig_T (kN/m^2)	Sig_B (kN/m^2)	Sig_TL (kN/m^2)	Sig_BL (kN/m^2)	Sig_TR (kN/m^2)	Sig_BR (kN/m^2)	Sig_MAX (kN/m^2)	Sig_ALW (kN/m^2)
2	J[3]	频遇34	长期	-	OK	321.8934	8615.1903	321.8929	8615.1899	321.8939	8615.1906	321.8929	-1918.0000
2	J[3]	频遇45	短期	MY-MIN	OK	-1435.3433	8638.1121	-1435.3438	8638.1117	-1435.3428	8638.1124	-1435.3438	-1918.0000
3	I[3]	频遇34	长期	-	OK	2286.4850	10894.4598	2286.4838	10894.4589	2286.4862	10894.4607	2286.4838	-1918.0000
3	I[3]	频遇45	短期	MY-MIN	OK	612.3493	10969.9292	612.3481	10969.9283	612.3505	10969.9300	612.3481	-1918.0000
3	J[4]	频遇34	长期	-	OK	4378.2131	13854.8896	4378.2117	13854.8886	4378.2144	13854.8906	4378.2117	-1918.0000
3	J[4]	频遇45	短期	MY-MIN	OK	2800.2210	13961.8456	2800.2196	13961.8446	2800.2223	13961.8466	2800.2196	-1918.0000
8	I[8]	频遇34	长期	-	OK	9553.8994	8356.0585	9553.9019	8356.0603	9553.8969	8356.0567	8356.0567	-1918.0000
8	I[8]	频遇47	短期	MY-MIN	OK	7370.0936	8983.7205	7370.0961	8983.7224	7370.0910	8983.7187	7370.0910	-1918.0000
8	J[9]	频遇34	长期	-	OK	7115.4693	6011.2733	7115.4715	6011.2749	7115.4671	6011.2717	6011.2717	-1918.0000
8	J[9]	频遇47	短期	MY-MIN	OK	4899.7550	6542.9010	4899.7573	6542.9027	4899.7528	6542.8994	4899.7528	-1918.0000
9	I[9]	频遇34	长期	-	OK	4650.1975	4071.5542	4650.1987	4071.5551	4650.1963	4071.5533	4071.5533	-1918.0000
9	I[9]	频遇47	短期	MY-MIN	OK	2419.9574	4528.8823	2419.9587	4528.8832	2419.9562	4528.8813	2419.9562	-1918.0000
9	J[10]	频遇34	长期	-	OK	4271.0425	4456.2187	4271.0438	4456.2197	4271.0412	4456.2178	4271.0412	-1918.0000
9	J[10]	频遇47	短期	MY-MIN	OK	1984.9691	4973.2495	1984.9704	4973.2504	1984.9678	4973.2485	1984.9678	-1918.0000
10	I[10]	频遇34	长期	-	OK	4274.4260	4447.7838	4274.4271	4447.7847	4274.4248	4447.7830	4274.4248	-1918.0000
10	I[10]	频遇45	短期	MY-MIN	OK	2016.3997	5019.6668	2016.4008	5019.6676	2016.3985	5019.6659	2016.3985	-1918.0000
10	J[11]	频遇34	长期	-	OK	4724.0117	3963.8867	4724.0129	3963.8876	4724.0105	3963.8858	3963.8858	-1918.0000
10	J[11]	频遇45	短期	MY-MIN	OK	2498.7709	4500.7057	2498.7722	4500.7066	2498.7697	4500.7048	2498.7697	-1918.0000
11	I[11]	频遇34	长期	-	OK	7194.0984	5893.2718	7194.0990	5893.2722	7194.0978	5893.2714	5893.2714	-1918.0000
11	I[11]	频遇47	短期	MY-MIN	OK	4994.9701	6398.6991	4994.9707	6398.6996	4994.9695	6398.6987	4994.9695	-1918.0000
11	J[12]	频遇34	长期	-	OK	9714.9402	8052.1114	9714.9410	8052.1120	9714.9394	8052.1109	8052.1109	-1918.0000
11	J[12]	频遇46	短期	MY-MAX	OK	13459.2510	7380.7394	13459.2518	7380.7400	13459.2502	7380.7388	7380.7388	-1918.0000
16	I[16]	频遇34	长期	-	OK	6897.1560	9278.0803	6897.1625	9278.0850	6897.1495	9278.0755	6897.1495	-1918.0000
16	I[16]	频遇47	短期	MY-MIN	OK	4803.1620	9796.4470	4803.1684	9796.4516	4803.1557	9796.4423	4803.1557	-1918.0000
16	J[17]	频遇34	长期	-	OK	4686.1552	7110.8483	4686.1608	7110.8524	4686.1496	7110.8442	4686.1496	-1918.0000
16	J[17]	频遇47	短期	MY-MIN	OK	2560.8292	7539.8422	2560.8347	7539.8462	2560.8237	7539.8382	2560.8237	-1918.0000
17	I[17]	频遇34	长期	-	OK	2645.5661	5251.1861	2645.5696	5251.1887	2645.5626	5251.1835	2645.5626	-1918.0000
17	I[17]	频遇47	短期	MY-MIN	OK	498.2798	5615.0658	498.2832	5615.0683	498.2764	5615.0633	498.2764	-1918.0000
17	J[18]	频遇34	长期	-	OK	2103.8862	5806.7188	2103.8897	5806.7214	2103.8826	5806.7161	2103.8826	-1918.0000
17	J[18]	频遇47	短期	MY-MIN	OK	-78.2995	6208.2341	-78.2960	6208.2367	-78.3030	6208.2315	-78.3030	-1918.0000
18	I[18]	频遇34	长期	-	OK	2111.9534	5800.4301	2111.9568	5800.4326	2111.9499	5800.4276	2111.9499	-1918.0000
18	I[18]	频遇47	短期	MY-MIN	OK	-65.8767	6196.8557	-65.8734	6196.8582	-65.8801	6196.8533	-65.8801	-1918.0000
18	J[19]	频遇34	长期	-	OK	2652.1110	5244.6916	2652.1144	5244.6941	2652.1076	5244.6891	2652.1076	-1918.0000
18	J[19]	频遇47	短期	MY-MIN	OK	506.1609	5606.7618	506.1643	5606.7642	506.1576	5606.7593	506.1576	-1918.0000
19	I[19]	频遇34	长期	-	OK	4693.3847	7104.3362	4693.3871	7104.3380	4693.3823	7104.3345	4693.3823	-1918.0000

使用阶段正截面抗裂验算

图 A.44 使用阶段正截面抗裂验算图

④ 使用阶段斜截面抗裂验算，按照下式计算，如图 A.45 所示。

$$\sigma_{tp} \leqslant 0.6 f_{tk} \tag{A.8}$$

式中，σ_{tp} 为由作用频遇组合和预加力产生的混凝土主拉应力；f_{tk} 为混凝土抗拉强度标准值。

单元	位置	组合名称	类型	验算	Sig_P1 (kN/m^2)	Sig_P2 (kN/m^2)	Sig_P3 (kN/m^2)	Sig_P4 (kN/m^2)	Sig_P5 (kN/m^2)	Sig_P6 (kN/m^2)	Sig_P7 (kN/m^2)	Sig_P8 (kN/m^2)	Sig_P9 (kN/m^2)	Sig_P10 (kN/m^2)	Sig_MAX (kN/m^2)	Sig_ (kN/
126	J[129]	频遇44	MX-MIN	OK	-1.1470	-1.1472	-0.7378	-0.7377	-54.5531	-96.4305	-47.1413	-80.3864	-29.3077	-52.8726	-96.4305	-137
127	I[129]	频遇44	MX-MIN	OK	-1.1470	-1.1472	-0.7378	-0.7377	-55.4592	-97.6221	-47.9179	-81.3935	-29.7993	-53.5301	-97.6221	-137
127	J[130]	频遇44	MX-MIN	OK	-1.0772	-1.0775	-0.7205	-0.7204	-13.1396	-36.2193	-11.7630	-30.2738	-7.1596	-20.3659	-36.2193	-137
128	I[130]	频遇44	MX-MIN	OK	-1.0773	-1.0775	-0.7205	-0.7204	-12.9999	-35.9887	-11.6401	-30.0772	-7.0822	-20.2356	-35.9887	-137
128	J[131]	频遇44	MX-MIN	OK	-1.0234	-1.0237	-0.6986	-0.6985	-2.6518	-15.7850	-2.5141	-13.1141	-1.4329	-9.0322	-15.7850	-137
129	I[131]	频遇44	MX-MIN	OK	-1.0234	-1.0237	-0.6986	-0.6985	-2.8537	-16.2704	-2.6966	-13.5260	-1.5443	-9.3083	-16.2704	-137
129	J[132]	频遇44	MX-MIN	OK	-0.9764	-0.9768	-0.6753	-0.6752	-0.1996	-7.5174	-0.2371	-6.1686	-0.0978	-4.3663	-7.5174	-137
130	I[132]	频遇44	MX-MIN	OK	-0.9764	-0.9767	-0.6753	-0.6752	-0.2587	-7.8599	-0.2966	-6.4580	-0.1292	-4.5632	-7.8599	-137
130	J[133]	频遇47	MZ-MIN	OK	-1.4841	-1.4858	-0.4705	-0.4704	-6.2914	-0.5148	-5.5506	-0.5583	-4.0614	-0.3038	-6.2914	-137
131	I[133]	频遇47	MZ-MIN	OK	-1.4840	-1.4858	-0.4705	-0.4704	-5.9942	-0.4322	-5.2821	-0.4754	-3.8713	-0.2534	-5.9942	-137
131	J[134]	频遇47	MZ-MIN	OK	-1.4395	-1.4414	-0.4499	-0.4497	-12.8372	-3.3412	-11.4582	-3.2793	-8.1962	-2.0478	-12.8372	-137
132	I[134]	频遇47	MZ-MIN	OK	-1.4394	-1.4414	-0.4499	-0.4497	-12.3887	-3.1139	-11.0513	-3.0630	-7.9115	-1.9067	-12.3887	-137
132	J[135]	频遇44	MX-MIN	OK	-0.8614	-0.8618	-0.5978	-0.5977	-2.6910	-14.3881	-2.5433	-12.0300	-1.4780	-8.3313	-14.3881	-137
133	I[135]	频遇44	MX-MIN	OK	-0.8614	-0.8618	-0.5978	-0.5977	-3.3422	-15.8428	-3.1319	-13.2716	-1.8428	-9.1686	-15.8428	-137
133	J[136]	频遇44	MX-MIN	OK	-0.8078	-0.8082	-0.5753	-0.5752	-131.0535	-181.4149	-117.2843	-159.2060	-76.8190	-107.7794	-181.4149	-137
134	I[136]	频遇44	MX-MIN	OK	-0.8078	-0.8082	-0.5753	-0.5752	-132.6146	-183.2280	-118.6831	-160.8219	-77.7495	-108.8757	-183.2280	-137
134	J[137]	频遇44	MX-MIN	OK	-0.7456	-0.7460	-0.5671	-0.5669	-156.4926	-208.8313	-143.8581	-188.6631	-96.3186	-130.1070	-208.8313	-137
135	I[137]	频遇44	MX-MIN	OK	-0.7456	-0.7460	-0.5671	-0.5669	-158.2024	-210.7852	-145.4309	-190.4508	-97.3871	-131.3429	-210.7852	-137
135	J[138]	频遇44	MX-MIN	OK	-0.6876	-0.6880	-0.5624	-0.5622	-172.6955	-225.3230	-163.3514	-209.7051	-111.8942	-147.6258	-225.3230	-137
136	I[138]	频遇44	MX-MIN	OK	-0.6876	-0.6880	-0.5624	-0.5622	-174.4631	-227.3212	-165.0241	-211.5859	-113.0567	-148.9543	-227.3212	-137
136	J[139]	频遇44	MX-MIN	OK	-0.6354	-0.6358	-0.5570	-0.5567	-141.3755	-187.9137	-137.3658	-179.3497	-95.8188	-128.7480	-187.9137	-137
137	I[139]	频遇44	MX-MIN	OK	-0.6354	-0.6358	-0.5570	-0.5567	-142.9624	-189.7267	-138.9051	-181.0963	-96.9071	-130.0034	-189.7267	-137
137	J[140]	频遇44	MX-MIN	OK	-0.5897	-0.5901	-0.5503	-0.5501	-114.1243	-155.0416	-113.6078	-151.3351	-80.5751	-110.6504	-155.0416	-137
138	I[140]	频遇44	MX-MIN	OK	-0.5897	-0.5901	-0.5503	-0.5501	-115.5400	-156.6787	-115.0123	-152.9458	-81.5840	-111.8273	-156.6787	-137
138	J[141]	频遇44	MX-MIN	OK	-0.5495	-0.5499	-0.5424	-0.5422	-90.5153	-126.2333	-92.0894	-125.6764	-66.2959	-93.4765	-126.2333	-137
139	I[141]	频遇44	MX-MIN	OK	-0.5495	-0.5499	-0.5424	-0.5422	-91.7680	-127.7024	-93.3577	-127.1495	-67.2202	-94.5694	-127.7024	-137
139	J[142]	频遇44	MX-MIN	OK	-0.5139	-0.5143	-0.5333	-0.5330	-70.1940	-101.0910	-72.8200	-102.3858	-53.1121	-77.3693	-102.3858	-137
140	I[142]	频遇44	MX-MIN	OK	-0.5139	-0.5143	-0.5333	-0.5330	-71.2908	-102.3993	-73.9510	-103.7199	-53.9471	-78.3732	-103.7199	-137
140	J[143]	频遇44	MX-MIN	OK	-0.4823	-0.4827	-0.5228	-0.5224	-52.8666	-79.2814	-55.8066	-81.4731	-41.1502	-62.4690	-81.4731	-137
141	I[143]	频遇44	MX-MIN	OK	-0.4823	-0.4827	-0.5228	-0.5224	-53.8138	-80.4352	-56.7993	-82.6669	-41.8915	-63.3789	-82.6669	-137
141	J[144]	频遇44	MX-MIN	OK	-0.4541	-0.4544	-0.5109	-0.5106	-38.2910	-60.5266	-41.0541	-62.9452	-30.5294	-48.9095	-62.9452	-137
142	I[144]	频遇44	MX-MIN	OK	-0.4541	-0.4544	-0.5109	-0.5106	-39.0939	-61.5313	-41.9076	-63.9976	-31.1729	-49.7210	-63.9976	-137
142	J[145]	频遇44	MX-MIN	OK	-0.4287	-0.4291	-0.4981	-0.4978	-26.2733	-44.6033	-28.5745	-46.8226	-21.3695	-36.8344	-46.8226	-137
143	I[145]	频遇44	MX-MIN	OK	-0.4287	-0.4291	-0.4981	-0.4978	-26.9365	-45.4636	-29.2885	-47.7329	-21.9116	-37.5437	-47.7329	-137
143	J[146]	频遇44	MX-MIN	OK	-0.4060	-0.4064	-0.4841	-0.4837	-16.6473	-31.3121	-18.3526	-33.0840	-13.7488	-26.3294	-33.0840	-137

使用阶段斜截面抗裂验算

图 A.45 使用阶段斜截面抗裂验算图

⑤ 使用阶段正截面压应力验算，按照下式计算，如图 A.46 所示。

$$\sigma_{\mathrm{kc}}+\sigma_{\mathrm{pt}} \leqslant 0.5 f_{\mathrm{ck}} \tag{A.9}$$

式中，σ_{kc} 为混凝土法向压应力；σ_{pt} 为受拉钢绞线应力；f_{ck} 为混凝土抗压强度标准值。

单元	位置	组合名称	类型	验算	Sig_T (kN/m^2)	Sig_B (kN/m^2)	Sig_TL (kN/m^2)	Sig_BL (kN/m^2)	Sig_TR (kN/m^2)	Sig_BR (kN/m^2)	Sig_MAX (kN/m^2)	Sig_ALW (kN/m^2)
1	I[1]	标准74	MZ-MIN	OK	4050.9858	441.3542	4051.7962	441.9485	4050.1754	440.7599	4051.7962	17750.0000
1	J[2]	标准74	MY-MIN	OK	3590.1837	9930.7458	3590.1837	9930.7458	3590.1837	9930.7458	9930.7458	17750.0000
2	I[2]	标准74	MY-MIN	OK	4124.9081	9391.1304	4124.9075	9391.1300	4124.9086	9391.1308	9391.1308	17750.0000
2	J[3]	标准74	MY-MIN	OK	4347.0867	9145.8318	4347.0862	9145.8315	4347.0872	9145.8322	9145.8322	17750.0000
3	I[3]	标准74	MY-MIN	OK	6109.6592	11380.9998	6109.6580	11380.9989	6109.6604	11381.0007	11381.0007	17750.0000
3	J[4]	标准74	MY-MIN	OK	8083.9415	14260.1187	8083.9401	14260.1177	8083.9428	14260.1197	14260.1197	17750.0000
8	I[8]	标准74	MY-MAX	OK	14403.6872	7502.0799	14403.6898	7502.0818	14403.6847	7502.0781	14403.6898	17750.0000
8	J[9]	标准74	MY-MAX	OK	12007.6395	5388.3530	12007.6417	5388.3546	12007.6372	5388.3513	12007.6417	17750.0000
9	I[9]	标准74	MY-MAX	OK	9635.9978	3574.3564	9635.9990	3574.3574	9635.9965	3574.3555	9635.9990	17750.0000
9	J[10]	标准74	MY-MAX	OK	9259.5911	3956.0103	9259.5924	3956.0112	9259.5898	3956.0093	9259.5924	17750.0000
10	I[10]	标准76	MY-MAX	OK	9166.5532	3975.8823	9166.5543	3975.8831	9166.5521	3975.8815	9166.5543	17750.0000
10	J[11]	标准76	MY-MAX	OK	9623.9150	3483.8740	9623.9162	3483.8749	9623.9138	3483.8731	9623.9162	17750.0000
11	I[11]	标准74	MY-MAX	OK	11978.6375	5399.5383	11978.6381	5399.5388	11978.6369	5399.5379	11978.6381	17750.0000
11	J[12]	标准74	MY-MAX	OK	14462.4077	7335.9591	14462.4085	7335.9597	14462.4070	7335.9586	14462.4085	17750.0000
16	I[16]	标准74	MY-MAX	OK	11573.6874	8647.5797	11573.6946	8647.5849	11573.6803	8647.5744	11573.6946	17750.0000
16	J[17]	标准74	MY-MAX	OK	9404.3366	6691.1609	9404.3428	6691.1654	9404.3304	6691.1563	9404.3428	17750.0000
17	I[17]	标准74	MY-MAX	OK	7471.8541	4939.4779	7471.8580	4939.4807	7471.8502	4939.4750	7471.8580	17750.0000
17	J[18]	标准74	MY-MAX	OK	6920.6420	5505.1122	6920.6461	5505.1152	6920.6379	5505.1092	6920.6461	17750.0000
18	I[18]	标准74	MY-MAX	OK	6922.0463	5507.1475	6922.0502	5507.1504	6922.0425	5507.1447	6922.0502	17750.0000
18	J[19]	标准74	MY-MAX	OK	7469.9985	4943.2904	7470.0022	4943.2932	7469.9947	4943.2877	7470.0022	17750.0000
19	I[19]	标准74	MY-MAX	OK	9399.9086	6693.4201	9399.9113	6693.4221	9399.9060	6693.4182	9399.9113	17750.0000
19	J[20]	标准74	MY-MAX	OK	11565.2131	8653.6266	11565.2162	8653.6289	11565.2100	8653.6243	11565.2162	17750.0000
24	I[24]	标准74	MY-MAX	OK	14343.7336	7469.3765	14343.7415	7469.3823	14343.7257	7469.3707	14343.7415	17750.0000
24	J[25]	标准74	MY-MAX	OK	11870.8209	5512.9631	11870.8277	5512.9681	11870.8142	5512.9581	11870.8277	17750.0000
25	I[25]	标准74	MY-MAX	OK	9513.3090	3689.3946	9513.3124	3689.3971	9513.3055	3689.3921	9513.3124	17750.0000
25	J[26]	标准74	MY-MAX	OK	9060.6525	4174.8549	9060.6559	4174.8574	9060.6490	4174.8524	9060.6559	17750.0000
26	I[26]	标准74	MY-MAX	OK	9152.4596	4071.3216	9152.4628	4071.3240	9152.4563	4071.3192	9152.4628	17750.0000
26	J[27]	标准74	MY-MAX	OK	9525.9656	3691.2834	9525.9688	3691.2857	9525.9624	3691.2811	9525.9688	17750.0000
27	I[27]	标准74	MY-MAX	OK	11882.6212	5512.6683	11882.6196	5512.6672	11882.6228	5512.6695	11882.6228	17750.0000
27	J[28]	标准74	MY-MAX	OK	14265.6430	7647.8760	14265.6411	7647.8745	14265.6450	7647.8774	14265.6450	17750.0000
32	I[32]	标准74	MY-MIN	OK	8111.1096	14227.0227	8111.1185	14227.0292	8111.1007	14227.0162	14227.0292	17750.0000
32	J[33]	标准74	MY-MIN	OK	6138.8930	11346.7540	6138.9002	11346.7593	6138.8858	11346.7487	11346.7593	17750.0000
33	I[33]	标准74	MY-MIN	OK	4373.7565	9114.0946	4373.7569	9114.0949	4373.7560	9114.0943	9114.0949	17750.0000
33	J[34]	标准74	MY-MIN	OK	4153.5146	9356.3914	4153.5149	9356.3917	4153.5141	9356.3911	9356.3917	17750.0000
34	I[34]	标准74	MY-MIN	OK	3590.5319	9931.1809	3590.5319	9931.1809	3590.5319	9931.1809	9931.1809	17750.0000

图 A.46　使用阶段正截面压应力验算图

⑥ 使用阶段斜截面主压应力验算，按照下式计算，如图 A.47 所示。

$$\sigma_{\mathrm{cp}} \leqslant 0.6 f_{\mathrm{ck}} \tag{A.10}$$

式中，σ_{cp} 为由作用频遇组合和预加力产生的混凝土主压应力；f_{ck} 为混凝土抗压强度标准值。

单元	位置	组合名称	类型	验算	Sig_P1 (kN/m^2)	Sig_P2 (kN/m^2)	Sig_P3 (kN/m^2)	Sig_P4 (kN/m^2)	Sig_P5 (kN/m^2)	Sig_P6 (kN/m^2)	Sig_P7 (kN/m^2)	Sig_P8 (kN/m^2)	Sig_P9 (kN/m^2)	Sig_P10 (kN/m^2)	Sig_MAX (kN/m^2)	Sig_ (kN/
1	I[1]	标准74	MZ-MIN	OK	4051.7962	4050.1754	440.7599	441.9485	0.0000	0.0000	0.0000	0.0000	0.0000	0.0000	4051.7962	2130
1	J[2]	标准74	MY-MIN	OK	3590.1837	3590.1837	9930.7458	9930.7458	4239.9010	4239.9010	4088.1719	4088.1719	4277.5821	4277.5821	9930.7458	2130
2	I[2]	标准74	MY-MIN	OK	4124.9075	4124.9086	9391.1308	9391.1300	4326.3053	4326.3088	4191.5665	4191.5701	4359.6775	4359.6810	9391.1308	2130
2	J[3]	标准74	MY-MIN	OK	4347.0862	4347.0872	9145.8322	9145.8315	4310.9749	4310.9784	4182.2373	4182.2409	4342.8601	4342.8636	9145.8322	2130
3	I[3]	标准74	MY-MIN	OK	6109.6580	6109.6604	11381.0007	11380.9989	3967.7976	3967.8075	6245.4143	6245.4217	8017.4704	8017.4764	11381.0007	2130
3	J[4]	标准74	MY-MIN	OK	8083.9401	8083.9428	14260.1197	14260.1177	5548.4967	5548.5046	8464.1729	8464.1792	11684.8504	11684.8552	14260.1197	2130
8	I[8]	标准74	MY-MAX	OK	14403.6898	14403.6847	7502.0781	7502.0818	9031.1675	9031.1657	8525.5013	8525.4998	7963.0554	7963.0538	14403.6898	2130
8	J[9]	标准74	MY-MAX	OK	12007.6417	12007.6372	5388.3513	5388.3546	6598.3291	6598.3263	6227.3714	6227.3686	5938.6950	5938.6922	12007.6417	2130
9	I[9]	标准74	MY-MAX	OK	9635.9990	9635.9965	3574.3555	3574.3574	4153.5988	4153.5952	4168.0929	4168.0894	4149.9588	4149.9552	9635.9990	2130
9	J[10]	标准74	MY-MAX	OK	9259.5924	9259.5898	3956.0093	3956.0112	4150.9516	4150.9481	4155.3513	4155.3478	4149.8223	4149.8188	9259.5924	2130
10	I[10]	标准76	MY-MAX	OK	9166.5543	9166.5521	3975.8815	3975.8831	4125.7972	4125.7990	4128.6618	4128.6635	4125.0333	4125.0350	9166.5543	2130
10	J[11]	标准76	MY-MAX	OK	9623.9162	9623.9138	3483.8731	3483.8749	4104.7149	4104.7162	4120.2408	4120.2421	4100.8158	4100.8172	9623.9162	2130
11	I[11]	标准74	MY-MAX	OK	11978.6381	11978.6369	5399.5379	5399.5388	6579.6205	6579.6193	6217.6145	6217.6133	5935.9928	5935.9916	11978.6381	2130
11	J[12]	标准74	MY-MAX	OK	14462.4085	14462.4070	7335.9586	7335.9597	9038.3379	9038.3340	8472.8534	8472.8492	7845.6483	7845.6442	14462.4085	2130
16	I[16]	标准74	MY-MAX	OK	11573.6946	11573.6803	8647.5744	8647.5849	7082.9204	7082.9014	7622.9866	7622.9677	8205.9976	8205.9800	11573.6946	2130
16	J[17]	标准74	MY-MAX	OK	9404.3428	9404.3304	6691.1563	6691.1654	5081.8967	5081.8784	5591.4697	5591.4517	5979.5317	5979.5146	9404.3428	2130
17	I[17]	标准74	MY-MAX	OK	7471.8580	7471.8502	4939.4750	4939.4807	3780.8955	3780.8849	3748.6423	3748.6317	3788.8165	3788.8050	7471.8580	2130
17	J[18]	标准74	MY-MAX	OK	6920.6461	6920.6379	5505.1092	5505.1152	3779.9857	3779.9748	3732.9677	3732.9569	3791.5799	3791.5691	6920.6461	2130
18	I[18]	标准74	MY-MAX	OK	6922.0502	6922.0425	5507.1447	5507.1504	3779.8456	3779.8507	3732.7997	3732.8050	3791.4492	3791.4543	6922.0502	2130
18	J[19]	标准74	MY-MAX	OK	7470.0022	7469.9947	4943.2877	4943.2932	3766.4972	3766.5014	3734.0681	3734.0724	3774.4810	3774.4852	7470.0022	2130
19	I[19]	标准74	MY-MAX	OK	9399.9113	9399.9060	6693.4182	6693.4221	5052.8101	5052.8198	5562.8222	5562.8314	5956.0345	5956.0423	9399.9113	2130
19	J[20]	标准74	MY-MAX	OK	11565.2162	11565.2100	8653.6243	8653.6289	7046.4864	7046.4920	7588.3254	7588.3310	8183.2374	8183.2414	11565.2162	2130
24	I[24]	标准74	MY-MAX	OK	14343.7415	14343.7257	7469.3707	7469.3823	8967.5922	8967.5798	8467.0605	8467.0479	7913.8564	7913.8439	14343.7415	2130
24	J[25]	标准74	MY-MAX	OK	11870.8277	11870.8142	5512.9581	5512.9681	6534.0166	6534.0020	6222.4323	6222.4172	5979.3419	5979.3268	11870.8277	2130
25	I[25]	标准74	MY-MAX	OK	9513.3124	9513.3055	3689.3921	3689.3971	4162.5926	4162.5796	4173.8580	4173.8450	4159.7362	4159.7232	9513.3124	2130
25	J[26]	标准74	MY-MAX	OK	9060.6559	9060.6490	4174.8524	4174.8574	4171.5419	4171.5293	4170.3522	4170.3396	4171.7845	4171.7719	9060.6559	2130
26	I[26]	标准74	MY-MAX	OK	9152.4628	9152.4563	4071.3192	4071.3240	4154.6621	4154.6740	4156.0947	4156.1066	4154.2691	4154.2810	9152.4628	2130
26	J[27]	标准74	MY-MAX	OK	9525.9688	9525.9624	3691.2811	3691.2857	4147.4885	4147.4985	4158.9979	4159.0078	4144.6016	4144.6116	9525.9688	2130
27	I[27]	标准74	MY-MAX	OK	11882.6196	11882.6228	5512.6695	5512.6672	6546.2669	6546.2514	6232.7043	6232.6867	5987.2831	5987.2656	11882.6228	2130
27	J[28]	标准74	MY-MAX	OK	14265.6411	14265.6450	7647.8774	7647.8745	8976.1197	8976.0863	8549.5363	8549.4984	8066.0899	8066.0534	14265.6450	2130
32	I[32]	标准74	MY-MIN	OK	8111.1185	8111.1007	14227.0162	14227.0292	5560.1333	5560.0505	8460.7349	8460.6726	11664.7102	11664.6646	14227.0292	2130
32	J[33]	标准74	MY-MIN	OK	6138.9002	6138.8858	11346.7487	11346.7593	3977.2995	3977.1960	6241.6055	6241.5307	8003.1404	8003.0818	11346.7593	2130
33	I[33]	标准74	MY-MIN	OK	4373.7569	4373.7560	9114.0943	9114.0949	4307.8397	4307.8075	4179.8499	4179.8168	4339.5399	4339.5078	9114.0949	2130
33	J[34]	标准74	MY-MIN	OK	4153.5149	4153.5141	9356.3911	9356.3917	4322.6513	4322.6179	4188.7236	4188.6893	4355.8226	4355.7895	9356.3917	2130
34	I[34]	标准74	MY-MIN	OK	3590.5319	3590.5319	9931.1809	9931.1809	4240.3029	4240.3029	4088.5729	4088.5729	4277.9842	4277.9842	9931.1809	2130

使用阶段斜截面主压应力验算

图 A.47　使用阶段斜截面主压应力验算图

⑦ 普通钢筋估算，如图 A.48 所示。

单元	位置	顶/底	组合名称	类型	验算	Mj (kN*m)	Ag_REQ (m^2)	Ag_USE (m^2)
1	J[2]	底	基本23	-	OK	-279.5228	0.0000	0.1650
2	I[2]	顶	基本14	MY-MIN	OK	-22212.2817	0.0802	0.2235
2	I[2]	底	基本22	-	OK	-9423.8303	0.0000	0.1650
2	J[3]	顶	基本14	MY-MIN	OK	-18081.2196	0.0802	0.2235
2	J[3]	底	基本22	-	OK	-6381.6489	0.0000	0.1650
3	I[3]	顶	基本14	MY-MIN	OK	-18049.6696	0.0704	0.2235
3	I[3]	底	基本22	-	OK	-6390.5473	0.0000	0.1650
3	J[4]	顶	基本14	MY-MIN	OK	-5824.6901	0.0263	0.2227
3	J[4]	底	基本31	MY-MAX	OK	4702.2388	0.0000	0.1688
8	I[8]	顶	基本16	MY-MIN	OK	-99945.2338	0.0263	0.2227
8	I[8]	底	基本20	-	OK	-37545.1837	0.0000	0.1657
8	J[9]	顶	基本16	MY-MIN	OK	-116850.6499	0.0704	0.2235
8	J[9]	底	基本20	-	OK	-49340.9749	0.0000	0.1650
9	I[9]	顶	基本16	MY-MIN	OK	-116843.4517	0.0802	0.2235
9	I[9]	底	基本20	-	OK	-49383.6582	0.0000	0.1650
9	J[10]	顶	基本16	MY-MIN	OK	-136098.5126	0.0802	0.2235
9	J[10]	底	基本20	-	OK	-62188.1095	0.0000	0.1650
10	I[10]	顶	基本14	MY-MIN	OK	-135522.6637	0.0802	0.2235
10	I[10]	底	基本22	-	OK	-63776.5784	0.0000	0.1650
10	J[11]	顶	基本14	MY-MIN	OK	-119136.9630	0.0802	0.2235
10	J[11]	底	基本22	-	OK	-51818.5435	0.0000	0.1650
11	I[11]	顶	基本14	MY-MIN	OK	-119099.0461	0.0704	0.2235
11	I[11]	底	基本22	-	OK	-51830.2782	0.0000	0.1650
11	J[12]	顶	基本14	MY-MIN	OK	-104059.0810	0.0263	0.2227
11	J[12]	底	基本22	-	OK	-40780.7548	0.0000	0.1657
16	I[16]	顶	基本16	MY-MIN	OK	-84137.0591	0.0263	0.2227
16	I[16]	底	基本20	-	OK	-32315.5119	0.0000	0.1657
16	J[17]	顶	基本16	MY-MIN	OK	-98181.1059	0.0704	0.2235
16	J[17]	底	基本20	-	OK	-42746.1765	0.0000	0.1650
17	I[17]	顶	基本16	MY-MIN	OK	-98170.5341	0.0802	0.2235
17	I[17]	底	基本20	-	OK	-42799.2746	0.0000	0.1650
17	J[18]	顶	基本16	MY-MIN	OK	-113940.2983	0.0802	0.2235
17	J[18]	底	基本20	-	OK	-54257.7663	0.0000	0.1650
18	I[18]	顶	基本16	MY-MIN	OK	-113623.8393	0.0802	0.2235
18	I[18]	底	基本20	-	OK	-54457.8294	0.0000	0.1650

普通钢筋量估算

图 A.48　普通钢筋估算图

⑧ 预应力钢筋估算，如图 A.49 所示。

单元	位置	顶/底	Mg1 (kN*m)	Msum (kN*m)	Mj (kN*m)	ey (m)	Ny (kN)	Ay (m^2)
1	I[1]	底	0.0000	0.0000	0.0000	-0.9116	0.0000	0.0000
1	I[1]	顶	-0.0354	-0.0000	-0.0000	0.7934	0.0000	0.0000
1	J[2]	底	-27.0810	-279.5228	-279.5228	-1.0073	0.0000	0.0000
1	J[2]	顶	-279.5228	-1305.5915	-1771.0360	0.5302	983.9089	0.0008
2	I[2]	顶	-12972.7172	-18422.7911	-22212.2817	0.5302	12340.1565	0.0098
2	I[2]	底	-28.2975	-9922.3755	-9423.8303	-1.0073	0.0000	0.0000
2	J[3]	底	-39.3304	-6854.9903	-6381.6489	-1.0073	0.0000	0.0000
2	J[3]	顶	-10087.4383	-15055.4667	-18081.2196	0.5302	10045.1220	0.0080
3	I[3]	底	-39.3306	-6860.9727	-6390.5473	-0.9858	0.0000	0.0000
3	I[3]	顶	-10086.0155	-15025.7271	-18049.6696	0.5517	10027.5942	0.0080
3	J[4]	顶	-999.6726	-5005.3828	-5824.6901	0.5071	3235.9389	0.0026
3	J[4]	底	-23.0024	3848.3826	4702.2388	-1.0309	2625.9108	0.0021
8	I[8]	底	-43.7365	-42165.9912	-37545.1837	-1.0309	0.0000	0.0000
8	I[8]	顶	-63054.7726	-82932.1816	-99945.2338	0.5071	55525.1299	0.0441
8	J[9]	底	-68.7065	-54916.6166	-49340.9749	-0.9858	0.0000	0.0000
8	J[9]	顶	-75588.6210	-96907.9192	-116850.6499	0.5517	64917.0277	0.0515
9	I[9]	底	-68.7063	-54947.5374	-49383.6582	-1.0073	0.0000	0.0000
9	I[9]	顶	-75590.0438	-96900.7684	-116843.4517	0.5302	64913.0287	0.0515
9	J[10]	底	-71.8140	-68349.5601	-62188.1095	-1.0073	0.0000	0.0000
9	J[10]	顶	-89056.6182	-112689.4073	-136098.5126	0.5302	75610.2848	0.0600
10	I[10]	顶	-88545.5205	-112314.4061	-135522.6637	0.5302	75290.3687	0.0598
10	I[10]	底	-71.8411	-69236.4983	-63776.5784	-1.0073	0.0000	0.0000
10	J[11]	底	-68.7167	-56943.8433	-51818.5435	-1.0073	0.0000	0.0000
10	J[11]	顶	-76430.9398	-98802.8899	-119136.9630	0.5302	66187.2016	0.0525
11	I[11]	底	-68.7168	-56951.9731	-51830.2782	-0.9858	0.0000	0.0000
11	I[11]	顶	-76430.0100	-98766.9061	-119099.0461	0.5517	66166.1367	0.0525
11	J[12]	底	-43.7442	-45190.0318	-40780.7548	-1.0309	0.0000	0.0000
11	J[12]	顶	-65247.2481	-86371.5152	-104059.0810	0.5071	57810.6005	0.0459
16	I[16]	底	-43.7375	-34438.3412	-32315.5119	-1.0309	0.0000	0.0000
16	I[16]	顶	-51863.9213	-69544.2382	-84137.0591	0.5071	46742.8106	0.0371
16	J[17]	顶	-62303.1651	-81110.0449	-98181.1059	0.5517	54545.0588	0.0433
16	J[17]	底	-68.7073	-45490.4610	-42746.1765	-0.9858	0.0000	0.0000
17	I[17]	底	-68.7072	-45528.5914	-42799.2746	-1.0073	0.0000	0.0000
17	I[17]	顶	-62304.0949	-81099.8191	-98170.5341	0.5302	54539.1856	0.0433
17	J[18]	底	-71.8144	-57119.7225	-54257.7663	-1.0073	0.0000	0.0000

预应力钢筋量估算　预应力钢筋最小配筋率验算

图 A.49　预应力钢筋估算图

⑨ 预应力钢筋最小配筋率验算，如图 A.50 所示。

单元	位置	最大/最小	组合名称	验算	Mcr (kN*m)	Mud (kN*m)
1	J[2]	最小	频遇33	OK	108165.3843	282948.6235
2	I[2]	最小	频遇33	OK	135934.2793	499763.2925
2	I[2]	最大	标准63	OK	325353.9507	499763.2925
2	J[3]	最大	标准63	OK	323298.4848	499777.7853
2	J[3]	最小	频遇33	OK	137674.9420	499777.7853
3	I[3]	最大	标准63	OK	331448.3298	495779.7339
3	I[3]	最小	频遇33	OK	158160.6476	495779.7339
3	J[4]	最小	频遇33	OK	163233.8081	510499.6018
3	J[4]	最大	标准63	OK	354147.2563	510499.6018
8	I[8]	最大	标准63	OK	295834.6413	509814.9892
8	I[8]	最小	频遇33	OK	141574.4128	509814.9892
8	J[9]	最大	标准63	OK	309566.9900	495151.4665
8	J[9]	最小	频遇33	OK	125470.2064	495151.4665
9	I[9]	最大	标准63	OK	286263.8674	499122.8898
9	I[9]	最小	频遇33	OK	115940.4581	499122.8898
9	J[10]	最大	标准63	OK	322311.0280	499082.0628
9	J[10]	最小	频遇33	OK	127465.5189	499082.0628
10	I[10]	最小	频遇33	OK	127856.9355	499082.0628
10	I[10]	最大	标准63	OK	321854.3117	499082.0628
10	J[11]	最大	标准63	OK	288834.7019	499041.2895
10	J[11]	最小	频遇33	OK	112545.2106	499041.2895
11	I[11]	最大	标准63	OK	312211.4504	495074.2602
11	I[11]	最小	频遇33	OK	122069.4042	495074.2602
11	J[12]	最大	标准63	OK	301048.0767	509643.9750
11	J[12]	最小	频遇33	OK	133669.8483	509643.9750
16	I[16]	最大	标准63	OK	271140.5927	504544.3665
16	I[16]	最小	频遇33	OK	198527.9489	504544.3665
16	J[17]	最小	频遇33	OK	186401.0459	490208.9520
16	J[17]	最大	标准63	OK	269734.5509	490208.9520
17	I[17]	最大	标准63	OK	252552.0940	493997.6454
17	I[17]	最小	频遇33	OK	178403.8712	493997.6454
17	J[18]	最大	标准63	OK	251260.8592	493961.9803
17	J[18]	最小	频遇33	OK	179189.2647	493961.9803
18	I[18]	最大	标准63	OK	251332.0669	493961.8485
18	I[18]	最小	频遇33	OK	179177.1626	493961.8485

预应力钢筋量估算 \ 预应力钢筋最小配筋率验算

图 A.50　预应力钢筋最小配筋率验算图

⑩ 使用阶段正截面抗弯验算，在最不利荷载作用下满足下式，如图 A.51 所示。

$$\gamma M_u \leqslant M_n \tag{A.11}$$

式中，γ 为桥涵结构重要系数；M_u 为使用阶段弯矩设计值；M_n 为使用阶段抗弯承载力。

单元	位置	最大/最小	组合名称	类型	验算	rMu (kN*m)	Mn (kN*m)
1	I[1]	最大	基本7	-	OK	0.0000	122934.5672
1	I[1]	最小	基本20	-	OK	-0.0000	168410.2214
1	J[2]	最小	基本13	MY-MIN	OK	-1948.1396	282948.6235
1	J[2]	最大	基本23	-	OK	-307.4751	282948.6235
2	I[2]	最大	基本6	-	OK	21604.9150	499763.2925
2	I[2]	最小	基本30	MY-MIN	OK	7441.4263	499763.2925
2	J[3]	最大	基本6	-	OK	27357.5080	499777.7853
2	J[3]	最小	基本30	MY-MIN	OK	12827.0267	499777.7853
3	I[3]	最大	基本6	-	OK	27317.5394	495779.7339
3	I[3]	最小	基本30	MY-MIN	OK	12836.0076	495779.7339
3	J[4]	最大	基本15	MY-MAX	OK	47479.4919	510499.6018
3	J[4]	最小	基本30	MY-MIN	OK	29251.8998	510499.6018
8	I[8]	最大	基本4	-	OK	199927.0554	509814.9892
8	I[8]	最小	基本32	MY-MIN	OK	116514.6323	509814.9892
8	J[9]	最大	基本4	-	OK	190042.8932	495151.4665
8	J[9]	最小	基本32	MY-MIN	OK	105550.0002	495151.4665
9	I[9]	最大	基本4	-	OK	190026.1219	499122.8898
9	I[9]	最小	基本32	MY-MIN	OK	105583.6425	499122.8898
9	J[10]	最大	基本4	-	OK	178883.3527	499082.0628
9	J[10]	最小	基本32	MY-MIN	OK	92286.3664	499082.0628
10	I[10]	最大	基本6	-	OK	176823.1323	499082.0628
10	I[10]	最小	基本30	MY-MIN	OK	92452.9036	499082.0628
10	J[11]	最大	基本6	-	OK	190678.2597	499041.2895
10	J[11]	最小	基本30	MY-MIN	OK	106175.3678	499041.2895
11	I[11]	最大	基本6	-	OK	190631.1226	495074.2602
11	I[11]	最小	基本30	MY-MIN	OK	106188.1771	495074.2602
11	J[12]	最大	基本6	-	OK	203345.2572	509643.9750
11	J[12]	最小	基本30	MY-MIN	OK	118688.1406	509643.9750
16	I[16]	最大	基本4	-	OK	144900.2825	504544.3665
16	I[16]	最小	基本32	MY-MIN	OK	78740.4713	504544.3665
16	J[17]	最大	基本4	-	OK	129102.6291	490208.9520
16	J[17]	最小	基本32	MY-MIN	OK	63899.2462	490208.9520
17	I[17]	最大	基本4	-	OK	129078.4502	493997.6454
17	I[17]	最小	基本32	MY-MIN	OK	63939.7743	493997.6454
17	J[18]	最大	基本4	-	OK	112008.5569	493961.9803

使用阶段正截面抗弯验算 / 受压区高度验算 / 普通钢筋最小配筋率

图 A.51　使用阶段正截面抗弯验算图

附录B　仅基于Grasshopper方案的算例

1. 项目概述

本设计为钢筋混凝土12层框架结构体系办公楼，拟建场区位于中国辽宁省沈阳市沈河区，层数为地上12层，长60m，宽30m，剖面为规则的矩形，抗震等级为Ⅱ级，抗震设防烈度为7度，基本设计加速度为0.1g（7度设防），场地为第一组。

2. 设计说明

（1）在本设计中，位移的优化目的为：通过优化使框架结构在常遇地震作用下，层间位移角接近给定的限值。

（2）在本设计中，将总共使用6个参数对待设计的框架结构进行刻画。

（3）在本设计中，求解地震作用下的位移时，使用底部剪力法。

3. 参数的选择

在建筑的平面布置中，建筑平面的轴网形态决定着柱与梁的位置。在参数化设计中，可以在轴网中引进参数，通过改变轴网的参数间接改变平面布置中梁、柱的位置，以获得更多的结构可能性。本设计包含两个平面布置参数，分别为“纵向跨数”与“横向跨数”，这两个参数会对结构的轴网布置产生影响。另外，为了兼容建筑设计中的诸多规范，在本设计中将轴网划分为“设计区域”与“非设计区域”。参数只影响设计区域而不影响非设计区域。

1）平面布置中的设计区域与非设计区域

建筑设计中的平面布置，需要满足《建筑设计防火规范（2018年版）》（GB 50016—2014）等国家标准。在参数化设计的过程中，将所有的建筑设计规范以数学的形式，作为约束嵌入参数化设计中，意味着需要巨大且冗长的工作量。“非设计区域”包含“楼梯”“电梯”等在标准中约束较为严格的垂直交通设施区域，是主要矛盾，这部分的设计将由人工手动进行。“设计区域”包含除“非设计区域”外的其他区域，这部分区域在标准中约束较少，属于次要矛盾，在后续的结构优化中，无论优化给出了何种布置方案，在建筑设计上均可以进行灵活的布置。

2）平面布置参数

按照上文所述，在本设计考虑GB 50016—2014的限制后，标注区域所代表的部分为非设计区域。在非设计区域内布局有楼梯、电梯等垂直交通设施。其余部分为设计区域。非设计区域的纵向为3跨，横向为2跨，开间均为9000mm，进深均为6100mm。

非设计区域的示意如图B.1所示。

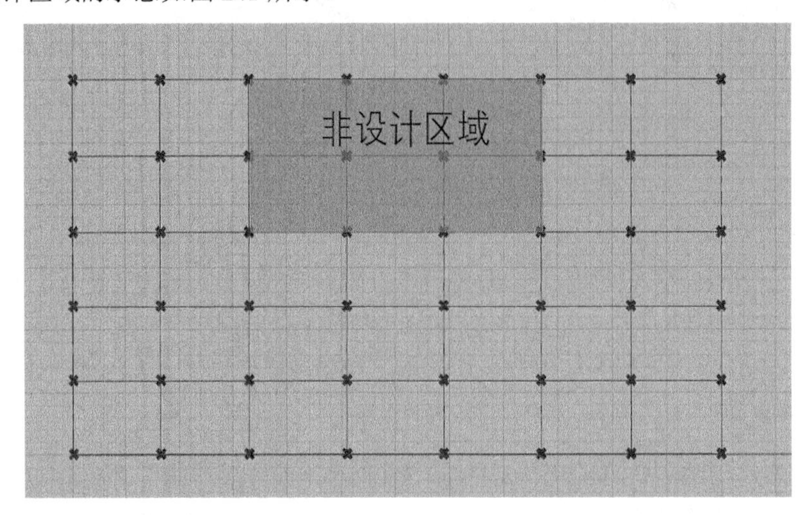

图B.1 非设计区域

平面布置参数有下面两个。

（1）参数1：纵向跨数。

纵向跨数的参数取值范围为2～4，代表非设计区域两侧的任意一侧的跨数，这之中每一跨的跨长均相等。

图B.2所示为“纵向跨数”参数为2时的轴网。

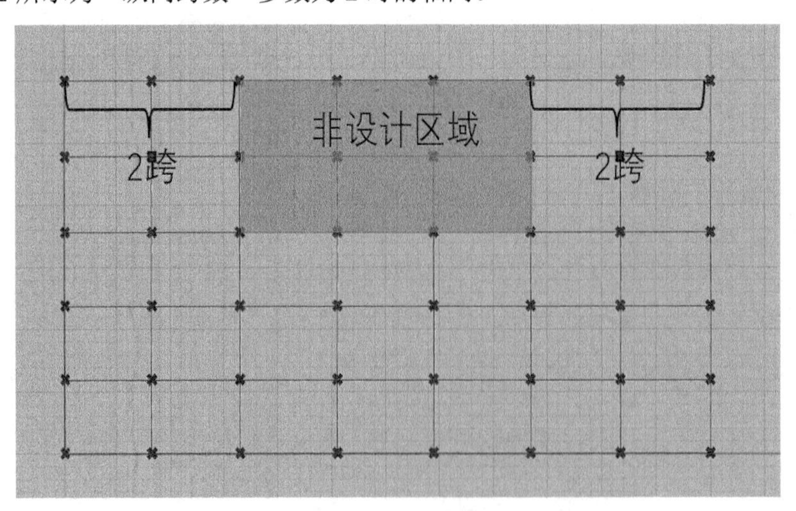

图B.2 “纵向跨数”参数为2时的轴网

（2）参数 2：横向跨数。

横向跨数的取值为 2～4，代表非设计区域下侧的跨数，这之中每一跨的跨长均相等。图 B.3 所示为“横向跨数”参数为 3 时的轴网。

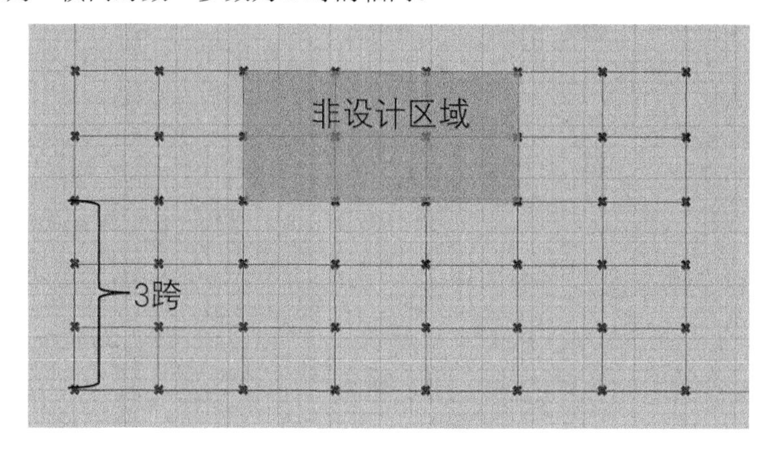

图 B.3　“横向跨数”参数为 3 时的轴网

3）梁的几何参数

梁的几何尺寸对于结构在地震作用下的侧移影响很大。

梁的截面形状选为矩形，每一组梁对应两个参数——梁宽与梁高。梁构件分为两组，分别为横梁与纵梁。由于次梁的存在对结构的抗侧刚度并没有显著的影响，因此在本设计中不考虑次梁的存在。

4）柱的几何参数

柱的几何尺寸对于结构在地震作用下的侧移影响并不明显，但柱的截面尺寸对于结构的竖向承载力的影响很大。在本设计中，本应考虑柱的几何参数并纳入优化，但由于以下两点原因而暂不考虑。

（1）在工程计算中，柱轴力设计值的计算需要结构在恒荷载、活荷载、横向地震荷载、风荷载 4 种荷载的作用下，经过规范中给定的内力组合方式进行组合，取最大值为柱轴力的设计值。上述过程，若仅仅依靠 Grasshopper 内置的有限元插件 Karamba3D 进行计算和组合是比较困难的。

（2）柱的几何尺寸对结构在侧向地震下的位移影响并不显著，柱的几何尺寸在本设计中的结构优化中，更多是起到约束作用，而非设计作用。

基于以上两点，秉持化简的原则，不对柱进行参数化设计，而是直接指定柱的截面尺寸。虽然柱的截面未参与参数化设计，但为了尽可能贴近工程实际，仍将柱分为中柱与边柱两组柱，分别赋予截面。在本设计中，中柱与边柱的截面均为正方形。中柱的截面尺寸为 750mm×750mm，边柱的截面尺寸为 800mm×800mm。

5）板的几何参数

在本设计中，板厚不作为参数进行设计，板厚取 120mm。

6）小结

至此，模型的所有参数均已说明，如表 B.1 所示。

表 B.1 参数汇总

参数类型	参数名称	变化范围
平面布置参数	纵向跨数	2～4 跨
	横向跨数	2～4 跨
构件几何参数	纵梁高度	500～700mm
	纵梁宽度	200～400mm
	横梁高度	500～700mm
	横梁宽度	200～400mm

4. 基于遗传算法的结构优化

1）适应度函数的构造

适应度函数的构造是遗传算法中最重要的步骤之一。一个好的适应度函数可以使优化问题快速收敛，每个适应度函数的优化方向都是向着其函数值减小的方向。

在本设计中，优化的目标为在地震时获得尽可能贴近程序给定的层间位移角。因此，适应度函数应按下式构造：

$$F=\begin{cases} I_{\mathrm{MID}}=\left(\dfrac{\mathrm{MID}}{\mathrm{TD}}+1\right)^{20}, & \mathrm{MID}>\mathrm{TD} \\ I_{\mathrm{MID}}=\dfrac{\mathrm{TD}}{\mathrm{MID}}, & \mathrm{MID}\leqslant \mathrm{TD} \end{cases} \tag{B.1}$$

式中，MID 是由有限元程序求解出的楼层最大层间位移角；TD 为层间位移角限值，在本设计中取为 75%的规范限值。

当结构实际求解出的层间位移角大于限值（$\mathrm{MID}>\mathrm{TD}$）时，程序判定该结构的柔度超限。当这种情况发生时，该个体的适应度函数将取为$\left(\dfrac{\mathrm{MID}}{\mathrm{TD}}+1\right)^{20}$。这一适应度函数会计算出相当大的值，这是为了在优化过程中迅速抛掉这类个体。

当结构实际求解出的层间位移角小于给定的限值（$\mathrm{MID}\leqslant\mathrm{TD}$）时，程序判定该结构的柔度符合规范。但是符合规范的结构并不一定是最优的，将此时的个体适应度函数取为$\dfrac{\mathrm{TD}}{\mathrm{MID}}$。这一适应度函数的最小值为 1，对应着最优情况，即程序求出的最大层间位移角刚好等于给定的限值。

在实际的工程中，地震可能沿着任何方向袭来。依据 GB 50011—2010 中 5.1.1 第一条的规定，一般情况下，应至少在建筑结构的两个主轴方向分别计算水平地震作用。本设计中的结构为一个标准的长方形，两个主轴分别为 x 轴与 y 轴。因此在计算时，分别计算地震从 x 方向与 y 方向袭来时的水平地震作用。为了优化结构在各方向地震时的位移反应，本设计将采用 NSGA-Ⅱ，计算公式为

$$
F_1=\begin{cases} I_{\mathrm{MID}}=\left(\dfrac{\mathrm{MID_x}}{\mathrm{TD}}+1\right)^{20}, & \mathrm{MID_x}>\mathrm{TD} \\ I_{\mathrm{MID}}=\dfrac{\mathrm{TD}}{\mathrm{MID_x}}, & \mathrm{MID_x}\leqslant \mathrm{TD} \end{cases}
$$

$$
F_2=\begin{cases} I_{\mathrm{MID}}=\left(\dfrac{\mathrm{MID_y}}{\mathrm{TD}}+1\right)^{20}, & \mathrm{MID_y}>\mathrm{TD} \\ I_{\mathrm{MID}}=\dfrac{\mathrm{TD}}{\mathrm{MID_y}}, & \mathrm{MID_y}\leqslant \mathrm{TD} \end{cases} \tag{B.2}
$$

式中，F_1 为 x 方向地震时的适应度函数；F_2 为 y 方向地震时的适应度函数。

2）优化历程

在本次优化中，种群数目设置为 30 个，进化代数设置为 40 代，交叉概率为 0.9，变异概率由当前种群的收敛性而定。

（1）适应度函数 F_1。

图 B.4 所示为 F_1 的适应度随着种群进化代数的增加而变化的曲线，F_1 代表 x 方向地震时结构的最大层间位移角与给定限制的差异。

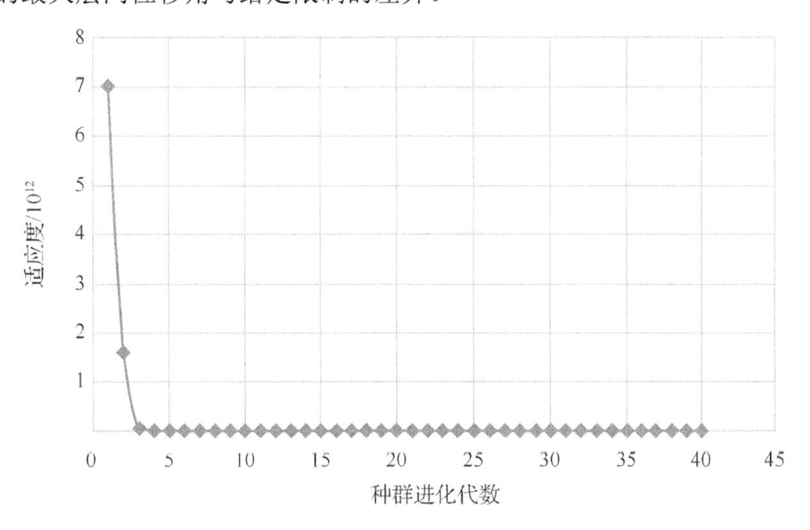

图 B.4　适应度函数 F_1 的优化历程 1

其中，由于前几代中的适应度函数值过高，难以观察到后续代数中的进化过程，因此在图 B.5 中展示基本收敛后的进化过程。

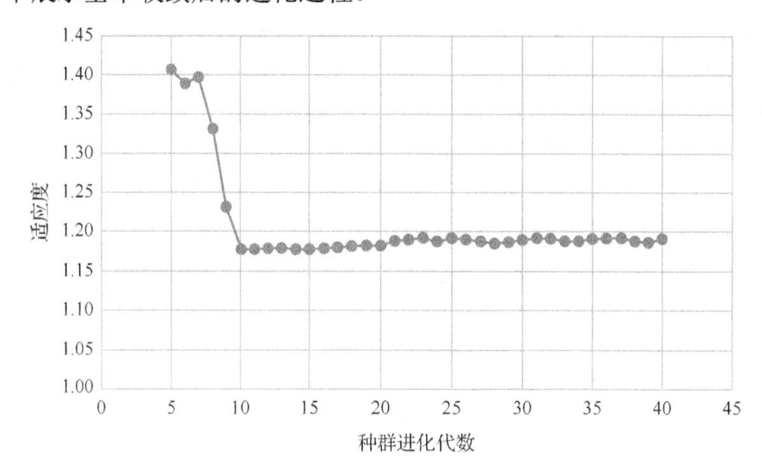

图 B.5　适应度函数 F_1 的优化历程 2

（2）适应度函数 F_2。

图 B.6 为 F_2 的适应度随着进化代数的增加而变化的曲线，F_2 代表 y 方向地震时结构的最大层间位移角与给定限制的差异。

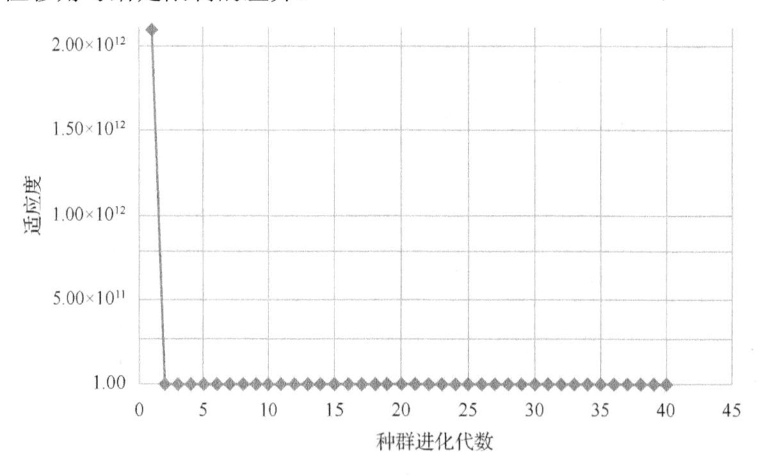

图 B.6　适应度函数 F_2 的优化历程 1

其中，由于前几代中的适应度取值过高，难以观察到后续代数中的进化过程，因此在图 B.7 中展示基本收敛后的进化过程。

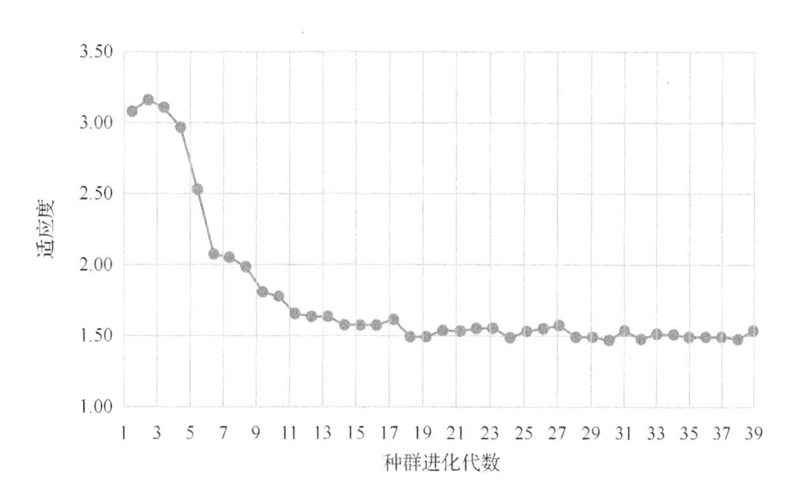

图 B.7 适应度函数 F_2 的优化历程 2

可以看出，适应度函数 F_1 在 3 代后趋于平稳，适应度函数 F_2 在 2 代后趋于平稳，二者均有很好的收敛性。

5. 优化结果的选择

优化的结果将在最终代中选择。经过遗传算法的优化，在最终一代中仅存在三种表现型不同的个体，这三种个体均为帕累托最优解，如图 B.8 所示。

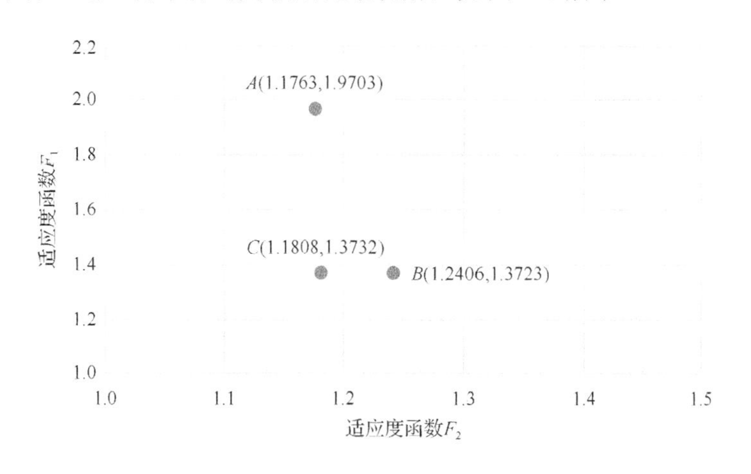

图 B.8 优化结果的选择

考虑地震可能从任意方向袭来，因此优秀的结构在沿着两个主轴方向的反应基本相当。因此，选择最终的 C 个体。C 个体的参数如表 B.2 所示。

表 B.2　C 个体的参数

参数类型	参数名称	取值
平面布置参数	纵向跨数	2 跨
	横向跨数	2 跨
构件几何参数	纵梁高度	500mm
	纵梁宽度	250mm
	横梁高度	500mm
	横梁宽度	200mm

由于上述全过程均未考虑配筋的可能性，在实际操作中，纵梁高度取 500mm，经实验的确会在配筋上遇到困难。因此，在后续的计算中，取纵梁高度为 550mm。

附录C　多软件联合的方案

1. 仅基于 Grasshopper 方案的局限性

在 12.4 节曾经提到过，实现参数化抗震设计有两种不同的方案，第一种方案是仅基于 Grasshopper 的方案，在 12.5 节中也做了相关的介绍。然而，在 12.5 节中没有提及仅基于 Grasshopper 方法的局限性。

仅基于 Grasshopper 方案的局限性主要有如下两点。

1）Karamba3D 仅能实现底部剪力法

进行有限元分析的插件 Karamba3D 主要用于静力学的计算，作为拟静力法的底部剪力法可以通过 Karamba3D 实现，但是对于振型分解反应谱法，Karamba3D 则无能为力。根据 GB 50011—2010，底部剪力法仅能在建筑结构高度不超过 40m、以剪切变形为主且刚度沿高度分布均匀的结构，以及近似于单质点体系的结构中使用，这在实际生产中有着很大的局限性。

2）Karamba3D 的分析准确性存疑

相对成熟的有限元分析软件 Ansys、Abaqus、SAP2000 而言，Karamba3D 的计算结果至今未被学术界与工业界承认。为了使参数化抗震设计方法能够指导生产活动，寻找一款被广泛实践验证过的软件作为有限元分析软件的替代品，是合理且必要的。

考虑以上两点，下面为读者介绍一个新方案——多软件联合的参数化抗震设计，选用成熟的结构工程商用软件 SAP2000 作为联合对象。

2. GH-SAP 联动简介

在开发 Grasshopper 与 SAP2000 联动的方案时，应当先明确数据的流向，其流向示意图如图 C.1 所示。与仅基于 Grasshopper 的方案类似，信息在遗传算法优化器模块到结构几何模型的传递仍然在 Grasshopper 内部进行。其间传递的目的是，按照遗传算法给出的种群新基因，重新生成结构。

与仅基于 Grasshopper 方案的不同之处在于另外两组数据的传递。如何将 Grasshopper 中的结构几何模型导入 SAP2000 中，并且赋予相对应的截面属性与本构属性是第一个问题；如何从 SAP2000 中将有限元分析的结果（在前例中是指各层的层间位移角）导出到 Grasshopper 中是第二个问题。这两个问题均涉及跨平台传输，跨平台的数据传输与之前所遇到的问题不属于同一个性质的问题，解决了这两个问题，多软件联合的方案就可以落地了。

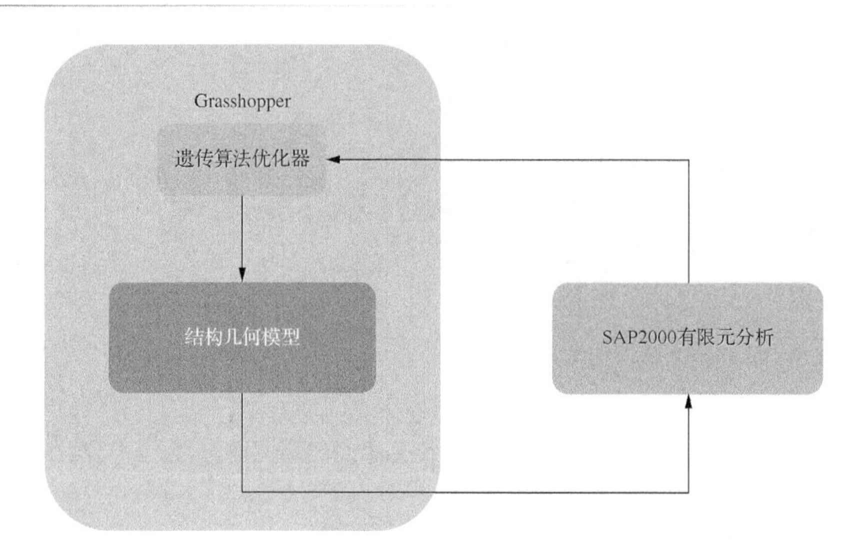

图 C.1　数据流向示意图

下文首先介绍 SAP2000 中的应用程序编程接口（SAP2000-API），接着介绍在 Grasshopper 中调用 SAP2000-API 的 C#运算器，然后介绍在 Grasshopper 中调用 SAP2000-API 的系统性布局，最后为读者展示部分用于调用 SAP2000-API 的 C#运算器代码。

3. SAP2000-API

应用程序编程接口（application program interface，API）是一套被明确定义的各种软件组件之间的通信方法，被定义为应用程序可用以与计算机操作系统交换信息和命令的标准集。例如，程序员 A 开发了软件 a，程序员 B 正在计划开发软件 b。有一天，程序员 B 需要调用软件 a 中的部分功能，秉持不重复造轮子的原则，程序员 B 不打算从头参考 a 的源代码和功能实现过程，希望能直接从软件 a 中调用功能。于是程序员 A 将软件 a 中的功能打包好，封装成一个函数（API），只需要在平台 G 上调用这个函数，就可以直接使用软件 a 中的功能。

不少读者可能已经发现，在上述例子中，程序员 B 就是自己，程序 a 就是希望调用其函数的 SAP2000，平台 G 就是选用的开发平台 Grasshopper。SAP2000 的开发人员将 SAP2000 中的功能封装为函数（API）等待调用。通过调用 SAP2000-API，就可以在 Grasshopper 中调用 SAP2000 的功能。

接下来介绍 SAP2000-API 中各功能函数的查询方法。

如图 C.2 所示，首先在计算机中打开 SAP2000 的安装目录，在安装目录下找到文件“CSI_OAPI_Documentation.chm”，此文件为 SAP2000 官方发布的二次开发帮助文档，详细记录了 SAP2000 中所有功能的调用方法。官方文档中记录的可用于调用 SAP2000-API 的语言包括 VB、MATLAB、Python 及 C#。Grasshopper 中自带的可编程运算器包括 C#运算器与 Python 运算器，值得注意的是，Grasshopper 中的 Python 是 Iron-Python，而官方文档中则是使用 Python，二者在语法上会有一些区别。为了与官方文档保持一致，本部分使用 C#语言。

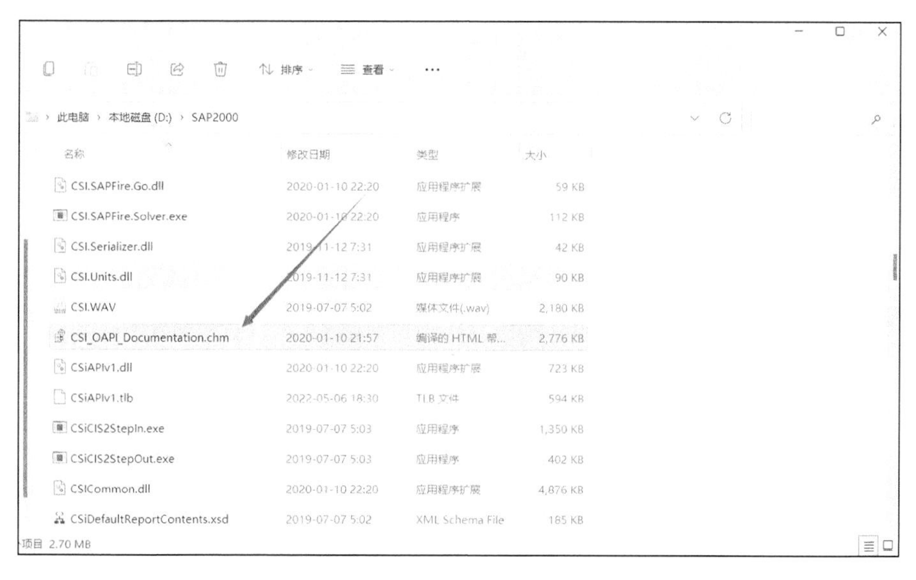

图 C.2 文件“CSI_OAPI_Documentation.chm”位置

下面介绍 SAP2000-API 文档的阅读方法。

以地震荷载的侧向力设置功能为例，侧向力规范选择“Chinese2010”。

打开文件“CSI_OAPI_Documentation.chm”。

单击左侧栏目中的“搜索”选项卡，在“搜索”选项卡中输入关键字进行查找，由于需要找有关 Chinese2010 的侧向力规范，因此需要输入的关键词为“Chinese”。如图 C.3 所示，SetChinese2010(Auto Seismic)即所找函数。

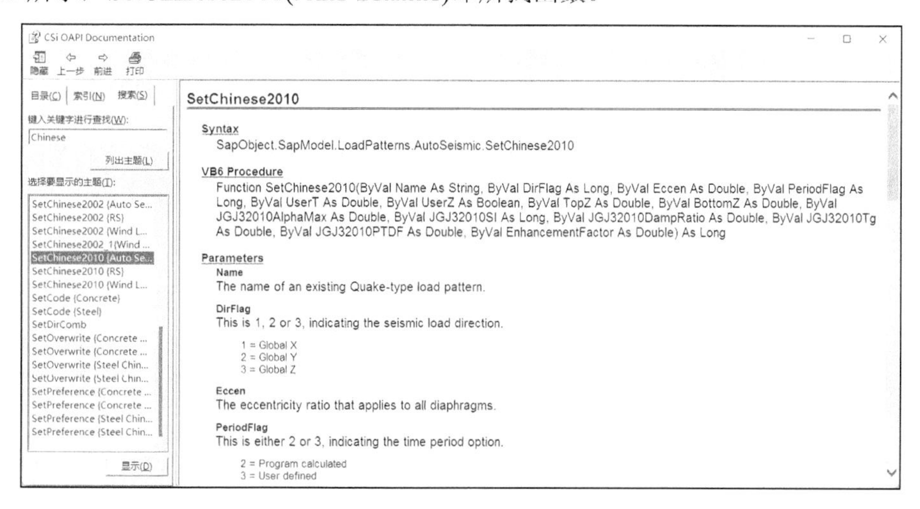

图 C.3 SAP2000-API 文档样例

在“VB6 Procedure”栏中查看调用 SetChinese2010 函数所需要的参数，其对参数的详细说明可见“Parameters”栏。

以 SetChinese2010 为例：可以从“VB6 Procedure”得知调用该函数所需要的参数及参数类型。

“VB6 Procedure”栏中的说明如下。

```
Function SetChinese2010(
ByVal Name As String,
ByVal DirFlag As Long,
ByVal Eccen As Double,
ByVal PeriodFlag As Long,
ByVal UserT As Double,
ByVal UserZ As Boolean,
ByVal TopZ As Double,
ByVal BottomZ As Double,
ByVal JGJ32010AlphaMax As Double,
ByVal JGJ32010SI As Long,
ByVal JGJ32010DampRatio As Double,
ByVal JGJ32010Tg As Double,
ByVal JGJ32010PTDF As Double,
ByVal EnhancementFactor As Double) As Long
```

首先可以看到，在上述所有变量的开头，均为“ByVal”，这意味着在写代码时不必做其他额外的书写。如果开头为“ByRef”，则意味着在函数中调用它时必须在参数名前写上“ref”的字头。

接下来可以看到，每个变量都被赋予了一个类型。其中，有 String（字符串型）、Double（双精度浮点型）、Long（长整型）、Boolean（布尔型）。这些变量的值由 C#运算器的输入端输入。请务必注意一点：对于 Grasshopper 的 C#运算器，其输入端的变量均不需要在运算器内部手动进行声明。因此，请使用 C#运算器的读者注意，务必在运算器外部输入端的变量名上右击，手动选择适配于 SAP2000-API 的函数所要求的变量类型，否则运算器将会报错。

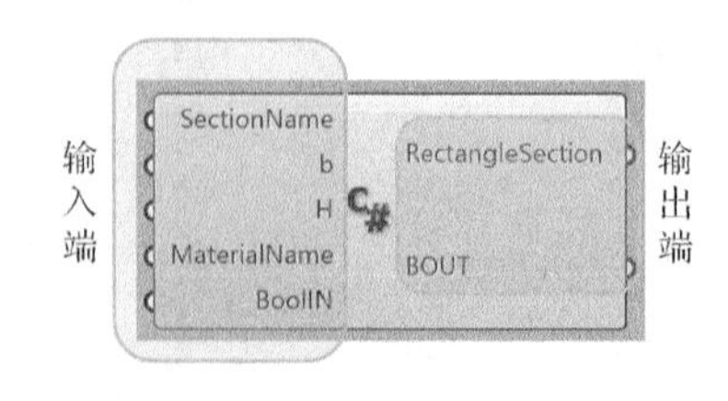

图 C.4　Grasshopper 自带的 C#运算器

4. Grasshopper 中的 C#运算器

在 Grasshopper 中，除了使用软件自带的运算器连接生成理想的模型，也可以由脚本实现运算器连接的简化或者用来实现一些更加方便、不同的功能。图 C.4 所示为 Grasshopper 自带的 C#运算器。

顾名思义，输入端为输入运算器的端口，输入端的输入可以是参数或者 Rhino 中的几何对象。在放大运算器后，可以通过加号或者减号对参数的输入数量进行控制。

输出端则为运算器的计算结果，计算结果连接到运算器上进行后处理。

在输入端参数名上右击，在弹出的快捷菜单中可以修改参数的类型。具体路径为 Type hint→Bool（布尔型）/Int（整型）/Double（双精度浮点型）/String（字符串型）/Point3d（Rhino 中的点对象）/ Line（Rhino 中的线对象）。

与 SAP2000 联动的 C#运算器，在使用前需要配置参考程序集。如图 C.5 所示，在 C#运算器上右击，在弹出的快捷菜单中选择“Manage Assemblies…”命令，进入文件配置界面。

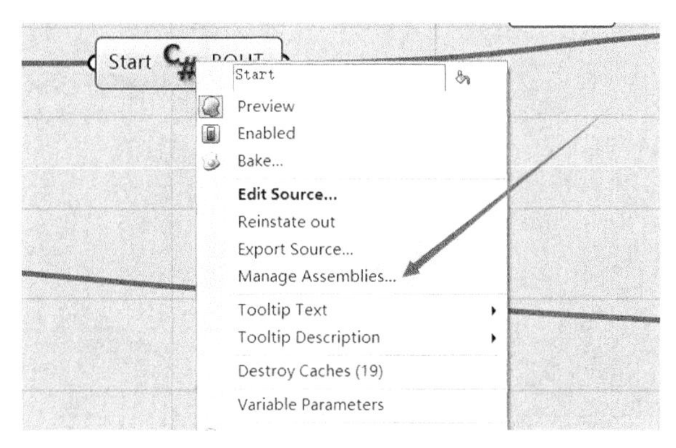

图 C.5 配置文件 1

文件配置界面如图 C.6 所示，单击左侧窗体右上角的“Add”按钮，进入选择文件配置界面。

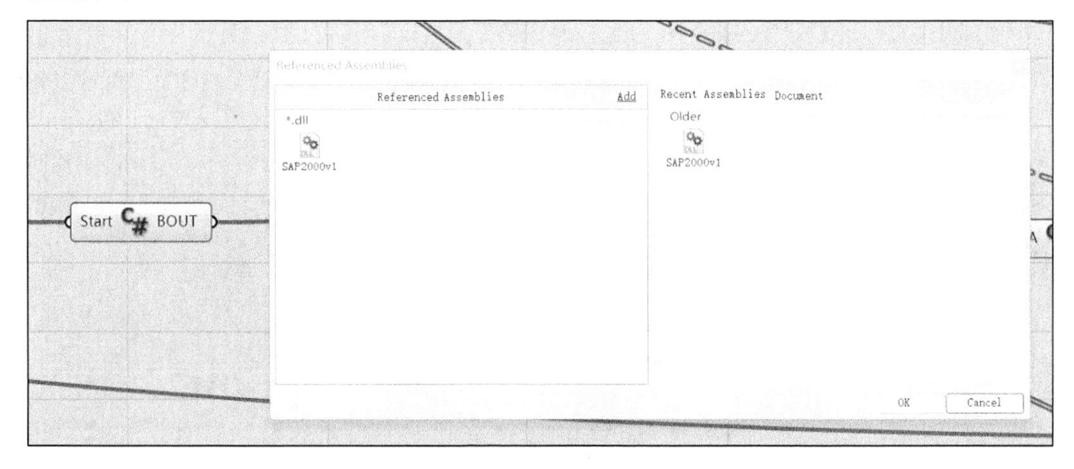

图 C.6 配置文件 2

如图 C.7 所示，在 SAP2000 安装位置，找到文件名为“SAP2000v1.dll”的文件，单击打开后，在文件配置界面单击 OK 按钮完成配置。

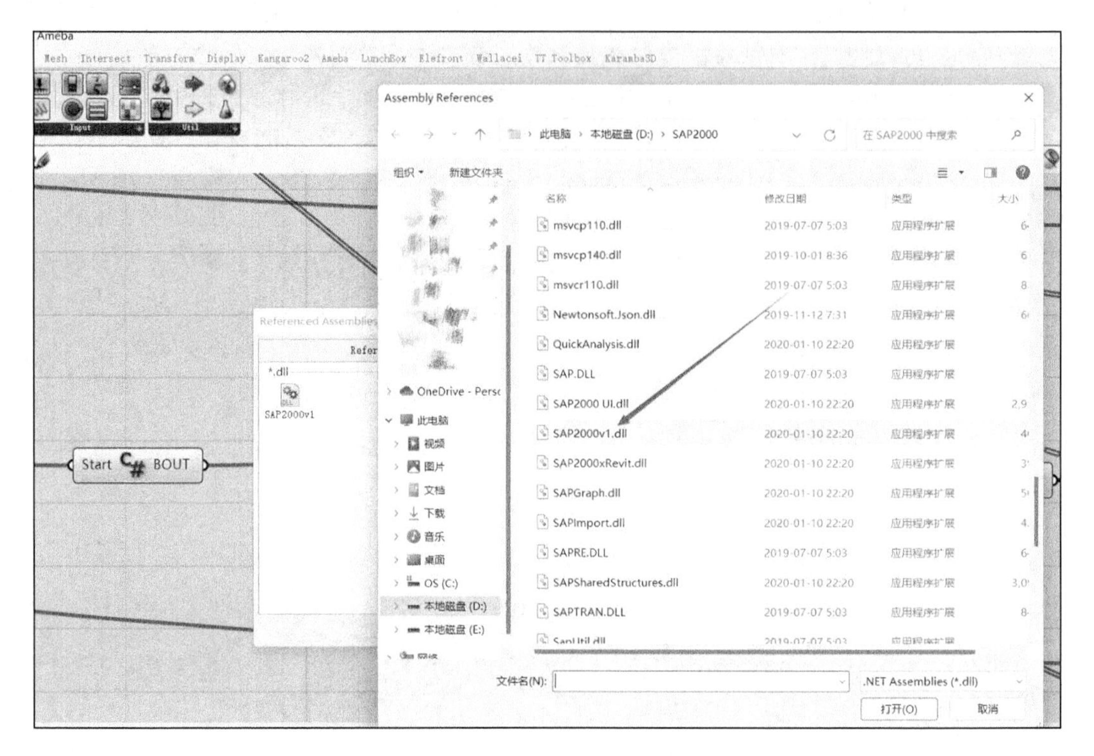

图 C.7 配置文件 3

如图 C.8 所示，双击打开 C#运算器，在箭头所指区域输入 SAP200-API 中的指令即可。

```
Script Editor
Script component: Start
1   using System;
2   using System.Collections;
3   using System.Collections.Generic;
4
5   using Rhino;
6   using Rhino.Geometry;
7
8   using Grasshopper;
9   using Grasshopper.Kernel;
10  using Grasshopper.Kernel.Data;
11  using Grasshopper.Kernel.Types;
12
13  using SAP2000v1;
14
15  /// <summary>
16  /// This class will be instantiated on demand by the Script component.
17  /// </summary>
18  public class Script_Instance : GH_ScriptInstance
19  {
20  Utility functions
35
36  Members
49
50    /**/
55    private void RunScript(bool Start, ref object BOUT)
56    {
57      bool re = false;
58      if (!Start){return;}
59      cOAPI mySapObject = null;
60      mySapObject = (cOAPI) System.Runtime.InteropServices.Marshal.GetActiveObject("CSI.SAP2000.API.SapObject");
61      cSapModel mySapModel = mySapObject.SapModel;
62      mySapModel.InitializeNewModel(eUnits.N_m_C);
63      mySapModel.File.NewBlank();
64      re = true;
65      BOUT = re;
66
Cache   Recover from cache                                    OK
```

图 C.8 配置文件 4

下文主要围绕图 C.9 所示的功能运算器进行讨论。

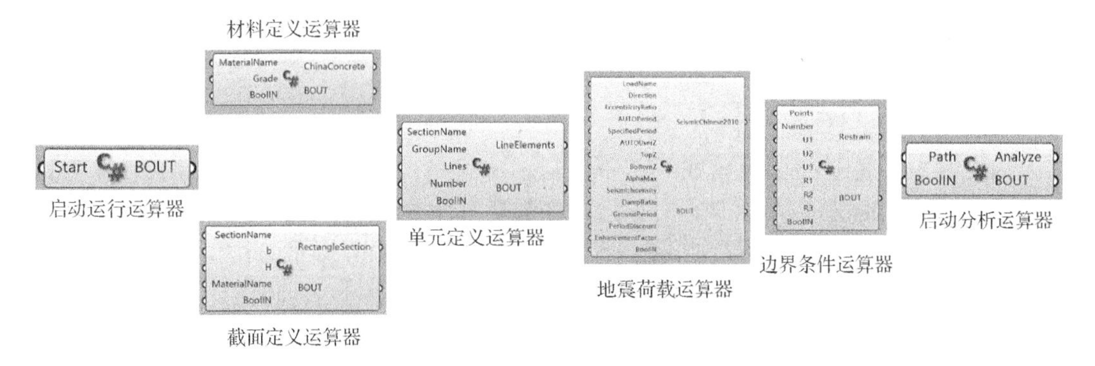

图 C.9　功能运算器

1）启动运行运算器

启动运行运算器负责将 SAP2000 与一个已经启动的 SAP2000 进程相关联，并且在该进程下启动一个空的新项目。

此运算器默认生成一个空的项目，默认单位均为国际单位，如有个性化需求，可参考 SAP2000 的官方 API 文档，通过修改参考代码中的参数进行个性化设置。

2）材料定义运算器

材料定义运算器负责进行材料的定义。此运算器默认材料为符合国标的混凝土，如须定义钢材等其他材料，可参考 SAP2000 的官方 API 文档，通过修改参考代码中的参数进行个性化设置。

3）截面定义运算器

截面定义运算器负责进行截面的定义。此运算器默认截面为实心矩形截面，如须定义工字形截面等其他材料，可参考 SAP2000 的官方 API 文档，通过修改参考代码中的参数进行个性化设置。注意，在设置非矩形的截面时，可能运算器的输入端需要更多参数以满足截面的参数要求。

4）单元定义运算器

单元定义运算器负责进行单元的定义。此运算器仅能进行直线单元的定义，如须定义其他类型的单元（如点、面），可以参考 SAP2000 的官方 API 文档。

5）地震荷载运算器

地震荷载运算器负责在 Chinese2010 标准下进行定义侧向力，该运算器的参数数量比较多，可以参考 SAP2000 的官方 API 文档。

6）边界条件运算器

边界条件运算器负责设置边界条件。其中，U1\U2\U3\R1\R2\R3 为三个方向的平动自由度与三个方向的转动自由度，它们均为布尔变量。

7）启动分析运算器

启动分析运算器负责启动 SAP2000 的有限元分析。其中，Path 为 SAP2000 在分析过程中产生文件的存储地址。

5. 实现联动的系统性布局

前文讨论了通过 C#运算器在 Grasshopper 中调用 SAP2000 的 API，使 SAP2000 中的功能可以在 Grasshopper 中实现，可以通过参数传递的方式进行即时联动。

目前，读者已经掌握了在 Grasshopper 中调用 SAP2000 功能的方法，看似全部工作已经告一段落了。但如果期望使 SAP2000 完全取代 Karamba3D，仍然还有一大步需要迈出。

分析以下案例：

现结构有两组单元需要定义，第一组单元数量少，需要 10ms。第二组单元数量多很多，需要 100ms。之后荷载与边界条件的定义需要 5ms，启动分析 10ms，如图 C.10 所示。

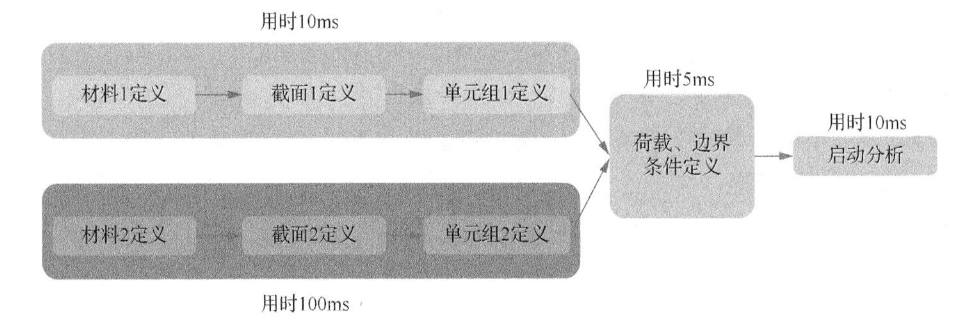

图 C.10　案例分析

此时，大家会惊奇地发现，如果直接零散地拼接上之前制作的 C#运算器，那么当单元组 1 完成定义后，顺势进入荷载与边界条件的定义，之后启动分析，前后总共用时 25ms。然而，在 25ms 这个时间点上，单元组 2 的定义甚至还没有完成。这意味着，模型无法输出一个正确的位移——因为 SAP2000 根本没有获得一个完整的待分析模型。

为了避免上述案例中所述的情况发生，引入“与门”运算器（图 C.11），通过布尔值的传递，判断某一阶段的过程是否已进展完毕。

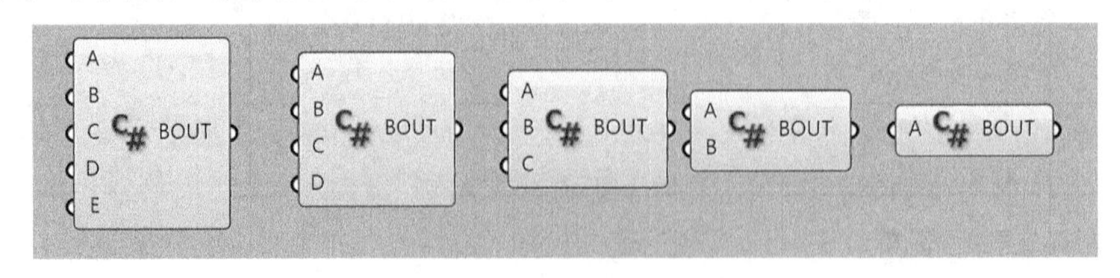

图 C.11　“与门”运算器

“与门”的输入可以是任意多的，实现它的代码也非常简单。以有四个输入端 A、B、C、D 的运算器为例，其代码如下：

```
BOUT = A & B & C & D ;
```

其中，A、B、C、D 的输入为各个功能运算器的 BOUT 输出值，根据“与”的逻辑，四个输入全部为 True 时，则“与门”运算器的输出 BOUT 为 True，否则为 False。之后，“与门”运算器的输出 BOUT 与各个功能运算器的 BoolIN 连接。如果功能运算器收到的 BoolIN=True，则立刻开始工作，否则处于休眠状态。

图 C.12 为“与门”运算器和功能运算器连接样例图。

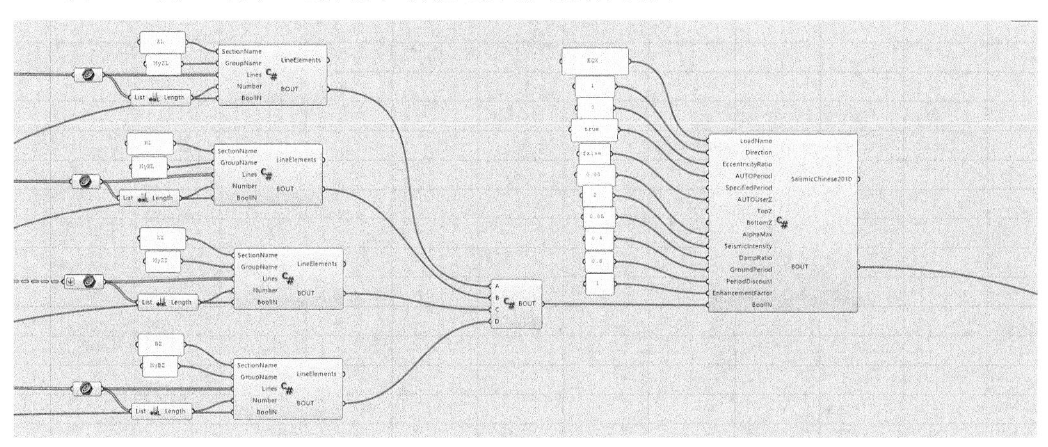

图 C.12 “与门”运算器和功能运算器连接样例图

通过必要的“与门”电路，就可以完全规避之前案例中出现的异常情况。

6. 参考代码

以下为各运算器代码，供读者参考。

1）启动运行运算器（见图 C.13）

图 C.13 启动运行运算器

启动运行运算器程序代码如下：

```
bool re = false;
if (!Start){return;}
cOAPI mySapObject = null;
mySapObject = (cOAPI) System.Runtime.InteropServices.Marshal.
GetActiveObject("CSI.SAP2000.API.SapObject");
```

```
        cSapModel mySapModel = mySapObject.SapModel;
        mySapModel.InitializeNewModel(eUnits.N_m_C);
        mySapModel.File.NewBlank();
        re = true;
        BOUT = re;
```

2）材料定义运算器（见图 C.14）

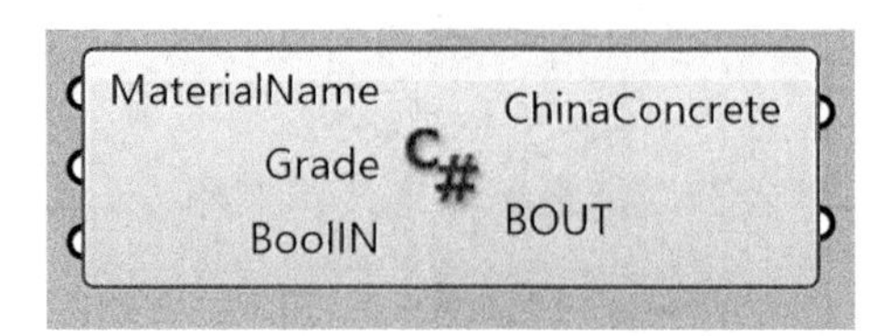

图 C.14　材料定义运算器

材料定义运算器程序代码如下：

```
        bool re = false;
        if (!BoolIN){return;}
        cOAPI mySapObject = null;
        mySapObject = (cOAPI) System.Runtime.InteropServices.Marshal.
GetActiveObject("CSI.SAP2000.API.SapObject");
        cSapModel mySapModel = mySapObject.SapModel;
        mySapModel.PropMaterial.AddMaterial(ref MaterialName, eMatType.
Concrete, "China", "GB", "GB50010 " + Grade, MaterialName);
        re = true;
        BOUT = re;
```

3）截面定义运算器（见图 C.15）

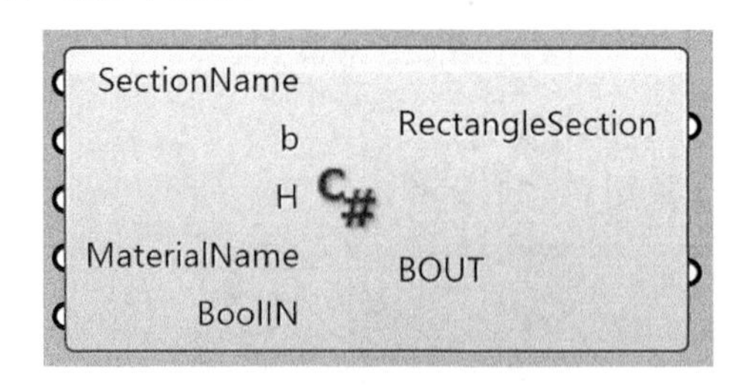

图 C.15　截面定义运算器

截面定义运算器程序代码如下：

```
        bool re = false;
        if (!BoolIN){return;}
        cOAPI mySapObject = null;
        mySapObject = (cOAPI) System.Runtime.InteropServices.Marshal.
GetActiveObject("CSI.SAP2000.API.SapObject");
```

```
        cSapModel mySapModel = mySapObject.SapModel;
        mySapModel.PropFrame.SetRectangle(SectionName, MaterialName, b, H);
        re = true;
        BOUT = re;
```

4）单元定义运算器（见图 C.16）

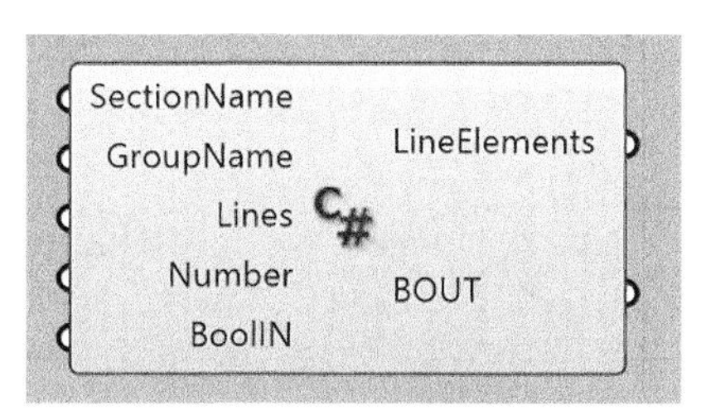

图 C.16 单元定义运算器

单元定义运算器程序代码如下：

```
        if (!BoolIN){return;}
        cOAPI mySapObject = null;
        mySapObject = (cOAPI) System.Runtime.InteropServices.Marshal.
GetActiveObject("CSI.SAP2000.API.SapObject");
        cSapModel mySapModel = mySapObject.SapModel;
        bool re = false;
        int num;
        num = Number - 1;
        string[] Obj = new string[num];
        for(int i = 0;i < num;i++)
        {
          Point3d startPoint = Lines[i].PointAtStart;
          Point3d endPoint = Lines[i].PointAtEnd;
          double s1 = startPoint.X;
          double s2 = startPoint.Y;
          double s3 = startPoint.Z;
          double e1 = endPoint.X;
          double e2 = endPoint.Y;
          double e3 = endPoint.Z;
          string name = GroupName + Convert.ToString(i);
          string Frame = "Frame";
          mySapModel.FrameObj.AddByCoord(s1, s2, s3, e1, e2, e3, ref
Frame, SectionName, GroupName + Convert.ToString(i), "Global");
            }
        re = true;
        BOUT = re;
```

5）地震荷载运算器（见图 C.17）

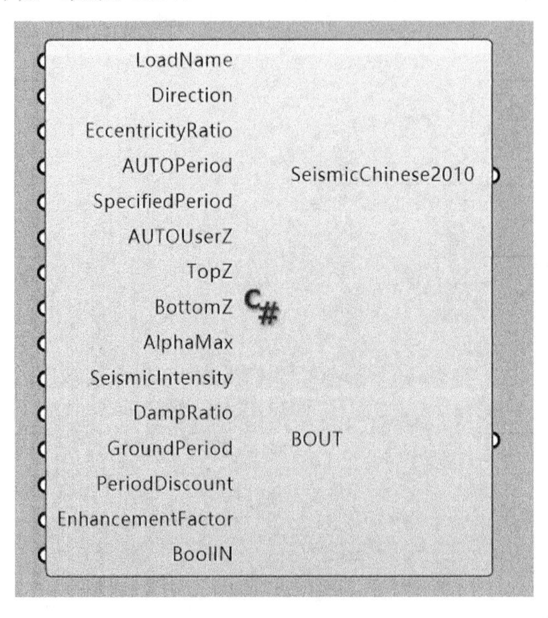

图 C.17　地震荷载运算器

地震荷载运算器程序代码如下：

```
        if (!BoolIN){return;}
        cOAPI mySapObject = null;
        mySapObject = (cOAPI) System.Runtime.InteropServices.Marshal.
GetActiveObject("CSI.SAP2000.API.SapObject");
        cSapModel mySapModel = mySapObject.SapModel;
        bool re = false;
        if(!AUTOUserZ)
        {
          TopZ = 0;
          BottomZ = 0;
        }
        int PeriodOption;
        if (!AUTOPeriod)
        {
          PeriodOption = 3;
        }
        else
        {
          PeriodOption = 2;
          SpecifiedPeriod = 0;
        }
```

```
        mySapModel.LoadPatterns.Add(LoadName, eLoadPatternType.Quake);
        mySapModel.LoadPatterns.AutoSeismic.SetChinese2010(LoadName,
Direction, EccentricityRatio, PeriodOption, SpecifiedPeriod, AUTOUserZ,
TopZ, BottomZ, AlphaMax, SeismicIntensity, DampRatio, GroundPeriod,
PeriodDiscount, EnhancementFactor);
        re = true;
        BOUT = re;
```

6）边界条件运算器（见图 C.18）

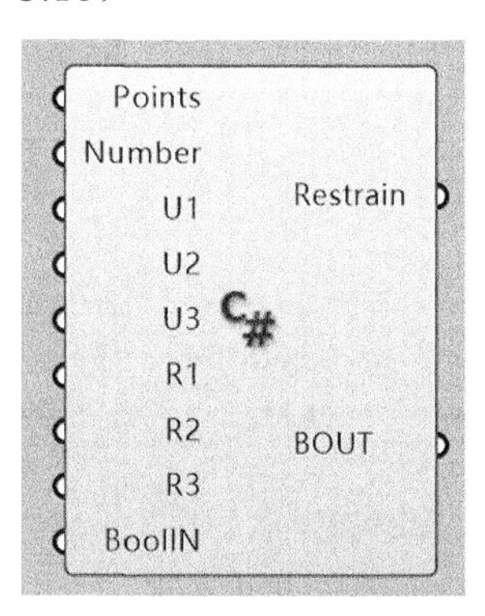

图 C.18　边界条件运算器

边界条件运算器程序代码如下：

```
        if (!BoolIN){return;}
        cOAPI mySapObject = null;
        mySapObject = (cOAPI) System.Runtime.InteropServices.Marshal.
GetActiveObject("CSI.SAP2000.API.SapObject");
        cSapModel mySapModel = mySapObject.SapModel;
        bool re = false;
        int num;
        num = Number - 1;
        bool[] Res = { U1, U2, U3, R1, R2, R3 };
        for(int i = 0;i < num + 1;i++)
        {
          Point3d aimPoint = Points[i];
          double s1 = aimPoint.X;
          double s2 = aimPoint.Y;
          double s3 = aimPoint.Z;
          string Name = "jrd" + Convert.ToString(i);
          mySapModel.PointObj.AddCartesian(s1, s2, s3, ref Name, Name);
          mySapModel.PointObj.SetRestraint(Name, ref Res, eItemType.
Objects);
        }
```

```
        re = true;
        BOUT = re;
```

7）启动分析运算器（见图 C.19）

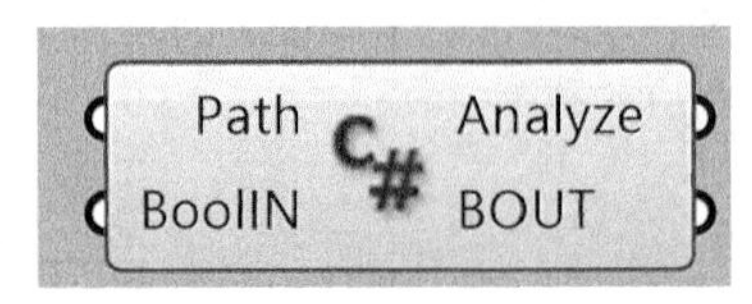

图 C.19　启动分析运算器

启动分析运算器程序代码如下：

```
        if (!BoolIN){return;}
        cOAPI mySapObject = null;
        mySapObject = (cOAPI) System.Runtime.InteropServices.Marshal.
GetActiveObject("CSI.SAP2000.API.SapObject");
        cSapModel mySapModel = mySapObject.SapModel;
        bool re = false;
        string mypath = @"your path";
        mySapModel.File.Save(mypath);
        mySapModel.Analyze.RunAnalysis();
        re = true;
        BOUT = re;
```

参 考 文 献

程罡, 2017. Grasshopper 参数化建模技术[M]. 北京: 清华大学出版社.

丁源, 2018. 智慧建造概论[M]. 北京: 北京理工大学出版社.

付汉东, 2020. Grasshopper 形式解析案例与模式[M]. 南京: 东南大学出版社.

李久林, 2017. 智慧建造关键技术与工程应用[M]. 北京: 中国建筑工业出版社.

李久林, 魏来, 王勇, 2015. 智慧建造理论与实践[M]. 北京: 中国建筑工业出版社.

梁兴文, 黄雅捷, 杨其伟. 钢筋混凝土框架结构基于位移的抗震设计方法研究[J]. 土木工程学报, 2005(9): 53-60.

梁兴文, 马恺泽, 辛力, 等. 直接基于位移的钢骨混凝土剪力墙结构抗震设计方法研究[J]. 建筑结构学报, 2009, 30(S2): 159-164.

梁兴文, 邓明科, 李晓文, 等. 钢筋混凝土高层建筑结构基于位移的抗震设计方法研究[J]. 建筑结构, 2006(7): 15-20.

刘界鹏, 周绪红, 伍洲, 等, 2021. 智能建造基础算法教程[M]. 北京: 中国建筑工业出版社.

毛超, 刘贵文, 汪军, 等, 2021. 智慧建造概论[M]. 重庆: 重庆大学出版社.

王宇航, 罗晓蓉, 2021. 智慧建造概论[M]. 北京: 机械工业出版社.

徐淳, 2022. 智慧建造[M]. 北京: 北京大学出版社.

叶志明, 2001. 土木工程概论[M]. 北京: 高等教育出版社.

中国建筑业协会, 2022. 2021 年建筑业发展统计分析[R/OL]. (2022-03-10)[2023-06-14]. https://mp.weixin.qq.com/s?__biz=MzUyNjM4NzkzOQ==&mid=2247490151&idx=1&sn=ddc2f4415f2dc28907d9341129bb89d3&chksm=fa0ec5ebcd794cfd281603a9e628d1d8438eaa338a267df4e713cd157fee259e93fc0096b750#rd.

周晨光, 段晨东, 柯吉, 2020. 智慧建造——物联网在建筑设计与管理中的实践[J]. 北京: 清华大学出版社.